“十二五”普通高等教育本科国家级规划教材

国家级线下一流本科课程配套教材

全国电力行业“十四五”规划教材

中国电力教育协会
高校电气类专业精品教材

FUNDAMENTALS OF ELECTRICAL ENGINEERING

电气工程基础

（第四版）下册

主　编　陈慈萱
副主编　向铁元　徐　箭　彭　辉

中国电力出版社
CHINA ELECTRIC POWER PRESS

内 容 提 要

本书为“十二五”普通高等教育本科国家级规划教材，全国电力行业“十四五”规划教材。

本书分为上、下册，此为下册。全书主要内容包括电力系统组成的特点和接线方式，电力系统中的电气主设备和负荷，电力系统在稳态或故障时分析计算的基本理论和方法，电力系统稳定的基本概念，远距离输电技术，电力系统的内部过电压和防雷保护，电力系统继电保护、控制与信号系统，电力系统自动化技术以及变电站电气部分课程设计的基本方法。

本书可作为高等院校电气类专业的本科教学用书，也可作为职业教育相关专业教材，同时可供电气工程相关专业的技术人员参考。

图书在版编目（CIP）数据

电气工程基础．下册/陈慈萱主编．--4版．--北京：中国电力出版社，2024.6（2025.9重印）
-- ISBN 978-7-5198-8618-9

Ⅰ．TM

中国国家版本馆CIP数据核字第2024SK8241号

出版发行：中国电力出版社
地　　址：北京市东城区北京站西街19号（邮政编码100005）
网　　址：http://www.cepp.sgcc.com.cn
责任编辑：雷　锦（010-63412530）
责任校对：黄　蓓　郝军燕
装帧设计：郝晓燕
责任印制：吴　迪

印　　刷：廊坊市文峰档案印务有限公司
版　　次：2004年2月第一版　2024年6月第四版
印　　次：2025年9月北京第二次印刷
开　　本：787毫米×1092毫米　16开本
印　　张：18.75
字　　数：455千字
定　　价：58.00元

版 权 专 有　侵 权 必 究

本书如有印装质量问题，我社营销中心负责退换

前言

《电气工程基础（第四版）》是面向电气工程及其自动化和相关专业的专业编写的一部宽口径专业基础教材。本书第一版于2003年出版发行，得到广大使用者的认可，第二版、第三版在2012年和2016年由本书编写组先后两次对教材进行了修订，并于2014年入选“十二五”普通高等教育本科国家级规划教材。2023年本书编写组响应国家教材委员会办公室“党的二十大精神进教材”的要求，在第一章增补了面向能源结构优化和绿色低碳转型的发展战略需求，新型电力系统发展趋势等内容；第三章补充了直流断路器的相关内容；第四章补充了一些典型的城市配电网接线方式；在第十章增补了特高压输电系统对于“党的二十大”所倡导的绿色低碳转型发展战略的支撑作用以及我国特高压输电的发展动态等内容。同时，结合第三版教材使用过程中发现的某些问题和不足进行了增补修订，形成了第四版。

本书分上、下册，共十六章，由陈慈萱任主编，向铁元、徐箭和彭辉任副主编，其中第一、八章由徐箭修订补充，第三章由徐箭和乔卉修订补充，第四章由柯德平修订补充，第五章由李勇汇、柯德平和乔卉修订补充，第六、十三章由郭晓云修订补充，第九章由唐飞修订补充，第十章由田翠华修订补充，第十一章由陈小月修订补充，第十二章由蓝磊修订补充，第十四章由彭辉修订补充，第十五章由赵洁修订补充。本书上册由徐箭统稿，下册由彭辉统稿，终稿由陈慈萱、向铁元审定。

限于编者水平，书中疏漏和不足之处在所难免，恳切希望使用本书的广大读者提出宝贵意见。

编　者

2024年6月

第一版前言

《电气工程基础》是为宽口径的“电气工程与自动化”或“电气工程及其自动化”专业编写的一部专业基础教材，是在“电工基础”“电机学”“电子技术”“计算机技术”等基础课程后的一门大型专业平台课。

本课程以电能的生产、输送以及确保电力系统运行中的“安全、可靠、优质、经济”原则为主线，将“电力系统分析”“继电保护”“自动化”“高电压技术”“电力电子技术”以及“通信技术”等传统专业课中的相关内容融合成一体，介绍了电力系统的组成及其主要设备和接线方式、远距离输电技术、简单的潮流和短路计算方法以及电力系统稳定的基本概念、电力系统运行中的过电流和过电压保护、电能质量的控制以及电力系统中的通信和自动控制的特点，最后通过相关的课程设计巩固所学内容，并为学生选择和学习相关专业课程打下基础。

全书共17章，分上、下两册，上册为1～9章，下册为10～17章。其中第1章由关根志编写，第2、5、6、8章由向铁元编写（其中第2章的第3节由刘涤尘编写），第4、14、17章由陈丽华编写，第7、9章由陈昆薇编写，第10章由陈柏超编写，第13章由肖军华编写，第15章由殷小贡编写，第16章由张承学编写。陈慈萱编写了第3、11、12章并对全书进行统稿。陈允平教授主审了全书，并提出许多宝贵意见。

本书是在全院教师的大力支持下完成的。谈顺涛教授在本书的编写和统稿过程中做了大量组织工作，张元芳教授在本书的定稿过程中花费了很多心血。“电气工程基础”课程教学小组阅读了初稿，提出了很多修改意见。在此表示衷心的感谢。

由于编写时间仓促，错误和不足之处在所难免，恳切希望使用此书的教师和学生提出意见。

编　者

2003年6月

第二版前言

《电气工程基础》是为宽口径的“电气工程与自动化”或“电气工程及其自动化”专业编写的一部专业基础教材。该书第一版于2003年出版发行，得到广大使用者的认可，沿用至今。

随着我国电力工业的发展，近年来新知识、新技术、新工艺、新设备不断涌现，为更好地满足教学需要，我们就使用过程中发现的一些问题和不足之处，在第一版的基础上对各章进行了修订和补充。本版将第一版的第15章电力系统通信和第16章电力系统自动控制技术两章的内容进行了整合，构成为第二版的第十五章电力系统自动化技术。

全书共16章，分上、下两册，上册为一～九章，下册为十～十六章。

第一版各章节的编者（陈慈萱、向铁元、肖军华、张承学、关根志、刘涤尘、陈丽华、陈昆薇、陈柏超、殷小贡）和张元芳、丁坚勇、乔卉、郭晓云、田翠华、方华亮等共同完成了第二版的修订和补充工作。陈慈萱对全书进行了统稿。

华中科技大学涂光瑜教授和武汉大学谈顺涛教授担任了本书的审稿工作，提出了许多宝贵的修改意见，在此表示衷心感谢。

限于编者水平，书中错误与不足之处在所难免，恳切希望使用此书的教师和学生提出意见。

编　者

2012年9月

第三版前言

《电气工程基础》是为电气工程及其自动化和相关专业编写的一部宽口径专业基础教材。本书第一版于2003年出版发行，得到广大使用者的认可。2012年修订后出版发行的第二版于2014年入选“十二五”普通高等教育本科国家级规划教材。现针对使用过程中发现的一些问题和不足之处，结合我国电力工业的发展，增补修订为第三版。

本书分上、下册，共十六章，由陈慈萱任主编，向铁元任副主编，其中第一章由关根志修订补充，第四、十四、十六章由陈丽华、彭辉修订补充，第五章由向铁元、徐箭修订补充，第十章由徐箭、田翠华修订补充，第十五章由张莲梅补充。本书上册由徐箭统稿，下册由彭辉统稿，终稿由陈慈萱、向铁元审定。

对书中疏漏和不足之处，恳切希望使用本书的广大读者提出宝贵意见。

编　者

2016年3月

目录

综合资源码
（下册）

第十章　远距离输电

随着电力负荷的日益快速增长，大型和特大型发电机组群不断投入运行，为将电能从发电能源中心输送到远方负荷中心地区，必然会涉及远距离输电问题。输电技术的发展，基本目标是提高输送容量和减少线路损耗。提高输电电压是提高输送容量的有效方法，同时也是降低线损的有效方法。

要实现经济、可靠的远距离的大功率传输，需采用超高压或特高压输电技术。在超（特）高压输电技术中有交流输电和直流输电两种方案。其中，交流输电是目前国内外最基本的远距离输电方式，其特点是中间抽能方便、经济，但其输送功率极限受到同步稳定性等条件的约束。直流输电不存在同步稳定性等问题，是大区域电网互联、远距离、大容量输电的理想方式，但由于直流输电系统换流设备造价高且中间抽能困难，也限制了其应用范围。

我国电能输送距离在 50～300km 时，采用 110、220kV 的高压交流（HV）输电；输送距离在 300～1000km 时，采用 330、500、750kV 的超高压交流（EHV）输电，以及±500kV的超高压直流（EHVDC）输电；输送距离超过 1000km 时，采用 1000kV 的特高压交流（UHV）输电，以及±800kV、±1100kV 的特高压直流（UHVDC）输电。

第一节　远距离交流输电

由于远距离输电一般在 300km 以上，与 50Hz 工频交流电的 1/4 波长（1500km）的数值接近或相当，所以在对远距离输电线路进行分析计算时，应考虑其电气参数的分布特性。本节着重阐述交流输电的传输容量、自然功率、沿线电压分布及过电压抑制等方面的内容。

一、　长线基本方程及稳态解

远距离输电实质上是一种波的传播过程、交流线路电能传输是通过建立线路电磁场的电磁波沿线路的传输实现的，该电磁场由流过导线的电流产生的磁场与线路相间、相对地电压产生的电场组成。

图 10-1（a）所示为一长度为 l 的单导体长线。设线路单位长度的电阻、电感、电容、电导分别为 R_0、L_0、C_0、G_0（三相电路等效为单相分析，各参数为线路的正序参数）在离线路端口 2 距离 x 处取一微元段 dx 的等效电路，如图 10-1（b）所示。根据基尔霍夫电压定理有

$$u+\mathrm{d}u=iR_0\mathrm{d}x+L_0\mathrm{d}x\frac{\partial i}{\partial t}+u \tag{10-1}$$

同理，由基尔霍夫电流定理得

$$i+\mathrm{d}i=G_0\mathrm{d}x(u+\mathrm{d}u)+C_0\mathrm{d}x\left[\frac{\partial}{\partial t}(u+\mathrm{d}u)\right]+i \tag{10-2}$$

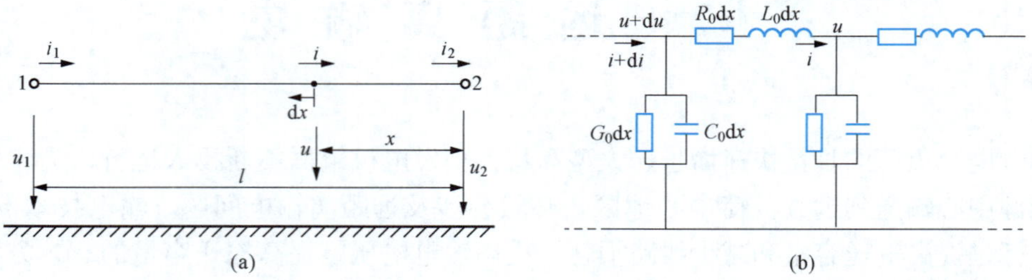

图 10-1　单导体长线及微元等效电路示意图

（a）单导体线路示意图；（b）微元等效电路示意图

对式（10-1）、式（10-2）进行整理，并忽略高阶微分项，可得微分方程组为

$$\left.\begin{aligned}\frac{\partial u}{\partial x}&=R_0 i+L_0\frac{\partial i}{\partial t}\\ \frac{\partial i}{\partial x}&=G_0 u+C_0\frac{\partial u}{\partial t}\end{aligned}\right\} \tag{10-3}$$

式（10-3）表明线路电流和电压的瞬时值不仅与时间有关，而且与线路长度（位置）有关，是两个变量的函数。式（10-3）对于电流和电压随时间的任意变化都是成立的，即对于稳态和暂态都是成立的。

对于电压、电流均为正弦波的稳态情况，式（10-3）可改写为

$$\left.\begin{aligned}\frac{\mathrm{d}\dot{U}}{\mathrm{d}x}&=(R_0+\mathrm{j}\omega L_0)\dot{I}\\ \frac{\mathrm{d}\dot{I}}{\mathrm{d}x}&=(G_0+\mathrm{j}\omega C_0)\dot{U}\end{aligned}\right\} \tag{10-4}$$

将式（10-4）中的第二式代入第一式，可得出关于电压相量的二阶微分方程

$$\frac{\mathrm{d}^2\dot{U}}{\mathrm{d}x^2}=(R_0+\mathrm{j}\omega L_0)(G_0+\mathrm{j}\omega C_0)\dot{U} \tag{10-5}$$

由式（10-4）中的第一式得电流表达式为

$$\dot{I}=\frac{1}{R_0+\mathrm{j}\omega L_0}\frac{\mathrm{d}\dot{U}}{\mathrm{d}x} \tag{10-6}$$

令 $\gamma=\sqrt{(R_0+\mathrm{j}\omega L_0)(G_0+\mathrm{j}\omega C_0)}$，$Z=\sqrt{\dfrac{R_0+\mathrm{j}\omega L_0}{G_0+\mathrm{j}\omega C_0}}$，则式（10-5）和式（10-6）可分别表示为

$$\left.\begin{aligned}\frac{\mathrm{d}^2\dot{U}}{\mathrm{d}x^2}&=\gamma^2\dot{U}\\ \dot{I}&=\frac{1}{\gamma Z}\frac{\mathrm{d}\dot{U}}{\mathrm{d}x}\end{aligned}\right\} \tag{10-7}$$

式中：γ 为线路的传播系数；Z 为线路的波阻抗。

传播系数和波阻抗是反映长线电气性能的特征量，与线路参数和运行频率有关，而与线路电压、电流的大小无关。

式（10-7）的通解为

$$\left.\begin{aligned}\dot{U}_x &= M\mathrm{ch}(\gamma x) + N\mathrm{sh}(\gamma x)\\ \dot{I}_x &= \frac{1}{Z}[M\mathrm{sh}(\gamma x) + N\mathrm{ch}(\gamma x)]\end{aligned}\right\} \tag{10-8}$$

式中：$\dot{U}_x$、$\dot{I}_x$ 分别为距离线路端口 $2x$ 处的电压、电流相量；M、N 为待定系数。

根据图 10-1（a）所示的边界条件：$x=0$ 时，$\dot{U}_x=\dot{U}_2$，$\dot{I}_x=\dot{I}_2$，可求出 $M=\dot{U}_2$，$N=Z\dot{I}_2$，于是式（10-8）可写成如下的矩阵形式，即

$$\begin{bmatrix}\dot{U}_x\\ \dot{I}_x\end{bmatrix}=\begin{bmatrix}A_x & B_x\\ C_x & A_x\end{bmatrix}\begin{bmatrix}\dot{U}_2\\ \dot{I}_2\end{bmatrix} \tag{10-9}$$

式中：$A_x=\mathrm{ch}(\gamma x)$，$B_x=Z\mathrm{sh}(\gamma x)$，$C_x=\mathrm{sh}(\gamma x)/Z$，$A_x^2-B_xC_x=1$。

若已知线路端口 2 的电压和电流，则通过式（10-9）可解出距端口 2 任意点 x 处的电压与电流的大小与相位。显然，将 $x=l$ 代入式（10-9），即可得出线路两端的电压、电流关系为

$$\begin{bmatrix}\dot{U}_1\\ \dot{I}_1\end{bmatrix}=\begin{bmatrix}A & B\\ C & A\end{bmatrix}\begin{bmatrix}\dot{U}_2\\ \dot{I}_2\end{bmatrix} \tag{10-10}$$

式中：$A=\mathrm{ch}(\gamma l)$，$B=Z\mathrm{sh}(\gamma l)$，$C=\dfrac{\mathrm{sh}(\gamma l)}{Z}$。

通常交流远距离输电线路，线路电阻和泄漏电导相对很小，满足 $R_0<<\omega L_0$，$G_0<<\omega C_0$，为了简化分析，故忽略线路的损耗，即认为 $R_0\approx0$，$G_0\approx0$，将线路视为无损导线，据此导线的传播系数 γ 和波阻抗 Z 分别简化为

$$\gamma=\sqrt{(R_0+\mathrm{j}\omega L_0)(G_0+\mathrm{j}\omega C_0)}\approx \mathrm{j}\omega\sqrt{L_0C_0}=\mathrm{j}\frac{\omega}{v}=\mathrm{j}\alpha$$

$$Z=\frac{\mathrm{d}u}{\mathrm{d}i}=\sqrt{\frac{R_0+\mathrm{j}\omega L_0}{G_0+\mathrm{j}\omega C_0}}\approx\sqrt{\frac{L_0}{C_0}}=Z_\mathrm{c} \tag{10-11}$$

式中：v 为波在无损架空导线上的传播速度，$v=\dfrac{\mathrm{d}x}{\mathrm{d}t}=\dfrac{1}{\sqrt{L_0C_0}}=\dfrac{1}{\sqrt{\mu_0\varepsilon_0}}$，其值约为 3×10^5km/s；α 为传播系数的虚部，描述电磁波相位随距离的变化情况。

式（10-11）中 Z_c 为无损导线的波阻抗，表征了线路对电磁波的阻抗特性，定义为同一方向传播的电压波和电流波比值的大小。从变量定义可知其具有电阻的量纲，但又不是通常意义下的电阻。表示向同一方向传播的电压波和电流波比值的大小，从变量来看，它具有电阻的性质，但又不是通常意义下的电阻。电磁波通过波阻抗为 Z_c 的无损线路时，其能量以电磁能的形式储存于周围介质中，而不像通过电阻那样被消耗掉。波阻抗的大小受到线路的结构（如导线材料、直径、间距等）、传输媒介（如空气、绝缘材料等）以及运行频率因素的影响，与线路运行电压、电流的大小、线路的长度无关，通常架空线路的波阻抗约为 370～410Ω，若为分裂导线，则 Z_c 约为 190～310Ω，若为电缆，则 Z_c 约为 10～

100Ω。此时根据化简式（10 - 9）可得到无损线路的基本方程为

$$\begin{bmatrix}\dot{U}_x\\ \dot{I}_x\end{bmatrix}=\begin{bmatrix}\cos(\alpha x) & jZ_c\sin(\alpha x)\\ j\dfrac{1}{Z_c}\sin(\alpha x) & \cos(\alpha x)\end{bmatrix}\begin{bmatrix}\dot{U}_2\\ \dot{I}_2\end{bmatrix} \tag{10 - 12}$$

将 $x=l$ 代入式（10 - 12）中即得到线路首端与末端电压、电流的基本方程为

$$\begin{bmatrix}\dot{U}_1\\ \dot{I}_1\end{bmatrix}=\begin{bmatrix}\cos(\alpha l) & jZ_c\sin(\alpha l)\\ j\dfrac{1}{Z_c}\sin(\alpha l) & \cos(\alpha l)\end{bmatrix}\begin{bmatrix}\dot{U}_2\\ \dot{I}_2\end{bmatrix} \tag{10 - 13}$$

传播系数 γ 也可表达为

$$\gamma = j\frac{\omega}{v} = j\frac{\omega l}{v}\times\frac{1}{l} = j\frac{\lambda}{l}$$

$$\lambda = \frac{\omega l}{v} = \omega\sqrt{L_0C_0}\,l = \alpha l$$

式中：λ 为导线长度的电角度。取 $v=3\times10^5$km/s，则有

$$\lambda = \frac{\omega l}{3\times10^5}(\mathrm{rad}) = \frac{2\pi\times50l}{3\times10^5}(\mathrm{rad}) = \frac{\pi l}{3000}(\mathrm{rad}) = \frac{180^\circ l}{3000} = 0.06^\circ l$$

据此可知，架空输电线路电压，每千米移相约0.06°，当 $l=100$km 时，$\lambda=6^\circ$，当 $l=1500$km 时 $\lambda=90^\circ=\pi/2$。由于电缆中电磁波的传播速度降低，若降低到真空中光速的 1/3，则每千米电压的相移角度约 0.18°。

二、 线路的自然功率

线路的自然功率是指线路末端接入的负荷阻抗与线路波阻抗相等时，该负荷消耗的功率，用 P_n 表示，其计算公式为

$$P_n = \frac{U^2}{Z_c} \tag{10 - 14}$$

式（10 - 14）中计算三相线路总的自然功率时，电压取线电压。

当线路首端电压固定，线路末端电压将随线路传输功率的变化而变化。假定线路由 1（首端）向 2（末端）传输有功功率 P（不考虑无功功率），则由式（10 - 13）可得

$$\dot{U}_1 = \dot{U}_2\cos\lambda + jZ_c\left(\frac{P}{\overset{*}{U}_2}\right)\sin\lambda \tag{10 - 15}$$

式中：$\lambda=\alpha l$；$\overset{*}{U}_2$ 为 $\dot{U}_2$ 的共轭。

取 $\dot{U}_2=U_2\angle0^\circ$ 为参考相量，则有 $\dot{U}_2=\overset{*}{U}_2=U_2$，$U_1$ 为系统额定电压，由式（10 - 15）可推导出

$$\frac{U_2}{U_1} = \frac{\sqrt{1+\sqrt{1-(P_*)^2\sin^2(2\lambda)}}}{\sqrt{2}\cos\lambda} \tag{10 - 16}$$

式中：$P_* = \dfrac{P}{\dfrac{U_1^2}{Z_c}} = P/P_n$。

$P_n = \dfrac{U_1^2}{Z_c}$，P_n 为自然功率。

当 $P_* = 1$，即 $P = P_n$ 时，线路所传输的功率等于线路的自然功率，此时由式（10-16）可得 $U_2/U_1 = 1$，即线路末端电压等于首端电压。

同理，由式（10-12）不难导出 $\dot{U}_x = \dot{U}_2 e^{j\alpha x}$，即在传输功率等于自然功率的条件下，线路任意点的电压大小处处相等，相位移动相应的电角度。其物理意义为：此时在长线输电系统中，线路电容所吸收的容性无功功率（或发出的感性无功功率），等于线路电感所消耗的无功功率。

这也说明，线路在传输自然功率时，本身不需要从系统吸取或向系统提供无功功率。当线路输送的功率大于自然功率时，线路电感所消耗的无功功率大于线路电容所发出的无功功率，此时线路末端的电压将低于送端的电压，需采用串联电容器或并联电容器的方法来补偿线路电感所消耗的无功功率，以降低线路的电压损耗。当线路输送的功率小于自然功率时，线路电感所消耗的无功功率小于线路电容所发出的无功功率，此时线路末端的电压将高于送端的电压，需用并联电抗器的方法来补偿线路电容发出的无功功率，以抑制线路末端电压升高。

由于波阻抗只是线路单位长度电感和电容的函数，因此对相同结构的线路来说，长线路和短线路的波阻抗是一样的，线路自然功率也是一样的，都是表征输电线路输电能力的重要参数，与线路长度及实际输电功率无关。

线路的自然功率和输电电压的平方成正比，提高输电电压是提高线路输电能力的有效措施，以1000kV交流特高压输电为例，其输送的自然功率约为500kV超高压输电的4倍。当输电电压确定后，降低线路波阻抗可以有效提高线路的自然功率。例如采用分裂导线、紧凑型线路或电缆线路，其中紧凑型输电技术是通过缩小导线相间距离，增加相导线分裂相数和导线等效半径，从而减小波阻抗，以达到大幅度提高自然输送功率，有效压缩送电走廊的目的。

表10-1列出了各级电压架空线路在额定电压运行时的自然功率。

表10-1　　架空输电线路自然功率参考值

电压等级（kV）	35	110		220		330	500		750	1000
	单导线	单导线	双分裂	单导线	双分裂	双分裂	四分裂	六分裂（紧凑型）	六分裂	八分裂
自然功率（MW）	4	35	45	130	170	390	1000	1300	2160	4500

注　表中线路参数采用我国近年来的平均值。

线路自然功率是线路自身的一种电气参数，不能简单地把它等同于线路的实际输电容量和输电能力，对短线路，输电能力一般大于自然功率；对中长距离线路，输电能力一般小于自然功率，应采取必要的措施，调高输电能力，使实际输电容量达到或超过自然功率。

三、空载线路的电压分布

空载长线路末端电压升高是远距离交流输电必须解决的问题。由式（10-12）和式（10-13）可求得线路末端开路（$I_2 = 0$）时，沿线电压分布为

$$\dot{U}_x=\dot{U}_2\cos\alpha x=\dot{U}_1\frac{\cos\alpha x}{\cos\alpha l} \qquad (10-17)$$

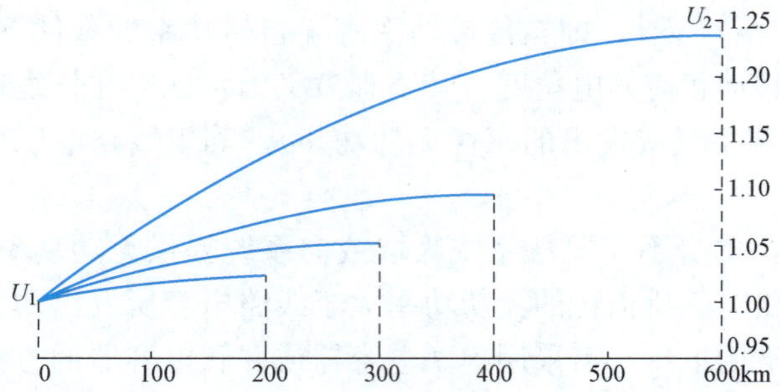

图 10-2　空载长线沿线电压分布

线路末端电压和首端电压间的关系为

$$\dot{U}_1=\dot{U}_2\cos\alpha l \text{ 或 } \dot{U}_2=\frac{\dot{U}_1}{\cos\alpha l} \qquad (10-18)$$

式（10-17）表明无损空载长线沿线电压与线路的长度及电位移角度有关，如图 10-2 所示。图中绘制了线路长度分别为 200、300、400 和 600km 无补偿空载长线的沿线电压分布图。无补偿空载长线沿线电压按余弦规律分布，线路末端电压最高，且末端电压随线路长度的增长而加大，沿线电压也随线路长度的增长而加大。

将 $\alpha l=\frac{\pi}{2}$代入式（10-17），计算可得线路末端电压将趋于无穷大，此时相应的线路长度 $l=\frac{\pi}{2\alpha}=\frac{\pi}{2}\times\frac{v}{\omega}=1500$（km），即为 50Hz 工频波长的 1/4，该工况称为 1/4 波长谐振。

有时为了便于计算和分析，也可将线路用集中参数阻抗的电路来代替。当长线末端开路时，从首端向线路看去，线路可等值为一个阻抗 Z_{BK}，即等值为末端开路的首端入口电抗。由式（10-13）可知

$$Z_{BK}=\frac{\dot{U}_{1(I_2=0)}}{\dot{I}_{1(I_2=0)}}=\frac{\cos\alpha l}{\mathrm{j}\frac{\sin\alpha l}{Z_c}}=-\mathrm{j}Z_c\cot\alpha l \qquad (10-19)$$

由于 $\alpha l<\pi/2$，$Z_{BK}<0$，即末端开路的空载线路等效为一个电容，同理可得，末端短路的线路等效为一个电感。上述空载长线末端电压高于首端电压的现象称为电容效应（或容升效应），是由长线线路电容电流流经电感所引起的。法拉第效应所引起的工频电压升高（称为工频过电压）会对线路绝缘造成危害，必须采取措施加以限制。采用并联电抗器对线路电容进行补偿是限制长线工频过电压的主要手段。

【例 10-1】 已知一条 400km 的 500kV 超高压长线路（参见图 10-1），$L_0=0.89$mH/km，$C_0=16.1$nF/km，忽略线路电阻和泄漏导纳，末端开路。试求：

（1）线路末端（2 端）与首端（1 端）相对地电压幅值大小之比；

（2）线路沿线相对地电压分布。

解　（1）在式（10-13）中令 $l=400$km，$\dot{I}_2=0$（末端开路），则有

$$\frac{U_2}{U_1}=\frac{1}{\cos\alpha l}=\frac{1}{\cos(\omega\sqrt{L_0C_0}l)}=\frac{1}{\cos(100\pi\times\sqrt{0.89\times10^{-3}\times16.1\times10^{-9}}\times400)}=1.125$$

（2）由式（10-11）可得线路沿线电压分布为

$$\frac{U_x}{U_1}=\frac{U_x}{U_2}\frac{U_2}{U_1}=1.125\cos(\omega x\sqrt{L_0C_0})=1.125\cos(0.001189x)$$

根据上面计算结果，即可画出 400km 线路的沿线电压分布。

四、 远距离输电线路的功率—电压特性

当线路非空载运行，在线路受端接有不同功率因数负荷时，线路的受端电压将随负载功率的变化而变化。

给定受端负荷为 $P_2-\mathrm{j}Q_2$，则有

$$\dot{I}_2=\frac{P_2-\mathrm{j}Q_2}{\overset{*}{U}_2}$$

代入式（10-13）中可得

$$\dot{U}_1=\dot{U}_2\cos\alpha l+\mathrm{j}Z_c\sin\alpha l\left(\frac{P_2-\mathrm{j}Q_2}{\overset{*}{U}_2}\right) \tag{10-20}$$

对于任意给定的受端负荷和送端电压，可由式（10-20）求出受端电压。图 10-3 给出的是在送端电压 U_1 固定的情况下，受端电压 U_2/U_1 和受端负荷 P_2/P_n 之间的关系曲线。以［例 10-1］参数为例，线路长度为 280km 时，空载时末端电压与首端电压之比为 1.058，图中 A（1，1）点为线路传输自然功率时的运行点。

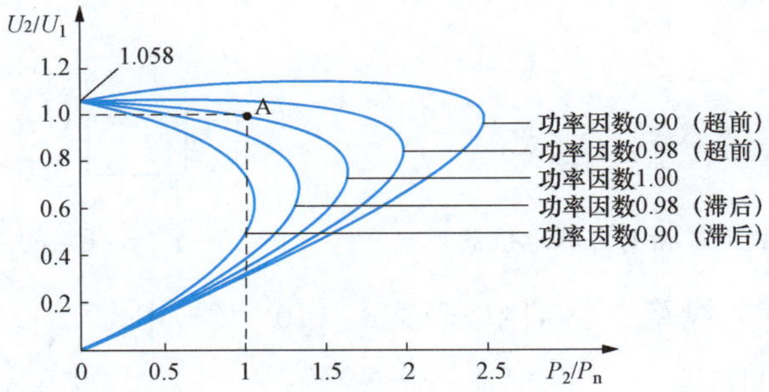

图 10-3　送端电压固定时，线路的电压—功率特性

由图 10-3 可以看出：①对应于每个负荷功率因数，都有一个固有的最大传输功率极限。②低于最大传输功率极限值运行时可以有两个不同的电压值，正常运行时电压应取较高的值，即应限制在 1.0pu 左右的较小范围内。③负荷功率因数对电压 U_2 和最大传输功率极限有明显的影响。当受端为感性负荷时，最大传输功率极限和 U_2 均较小；当受端为容性负荷时，最大传输功率极限和 U_2 较高，而且 U_2 随 P_2 的变化比较平稳。据此可知，在受端安装并联电容器或静止式动态无功功率补偿装置（SVC）补偿，将能较好地调节电压，提高输送功率极限。

五、 并联电抗器

在交流远距离输电时，普遍装设并联电抗器来吸收线路电容的充电无功。直接装设在超（特）高压线路上的并联电抗器，在工程上称为高抗，其主要功能是补偿线路的容抗、限制线路工频过电压、配合中性点小电抗抑制潜供电流等。超（特）高压电网中的并联电抗器亦可设计为 220、110kV 或 35kV 电压等级，分别接至超（特）高压变压器的中压和低压第三绕组上，在工程上分别称为中抗和低抗，低抗的主要作用是调节变压器界面或线路的无功潮流。

1. 对空载长线末端电压的限制

采用并联电抗器对超（特）高压线路电容进行补偿是限制长线工频过电压的主要手段。并联电抗器可以设置在线路的一端、两端或者中部。下面以图 10 - 4 所示电抗器（感抗为 X_L）接在无损线路末端为例来进行分析。将图 10 - 4 的线路和并联电抗器分别用无源二端口网络代替，得到图 10 - 5 所示长线路的复合无源二端口网络。

$$\begin{bmatrix}\dot{U}_2\\ \dot{I}_2\end{bmatrix}=\begin{bmatrix}1 & 0\\ \dfrac{1}{\mathrm{j}X_L} & 1\end{bmatrix}\begin{bmatrix}\dot{U}'_2\\ \dot{I}'_2\end{bmatrix} \tag{10 - 21}$$

写出并联电抗器的二端口网络表达式为

$$\begin{bmatrix}\dot{U}_2\\ \dot{I}_2\end{bmatrix}=\begin{bmatrix}1 & 0\\ \dfrac{1}{\mathrm{j}X_\mathrm{L}} & 1\end{bmatrix}\begin{bmatrix}\dot{U}'_2\\ \dot{I}'_2\end{bmatrix} \tag{10 - 22}$$

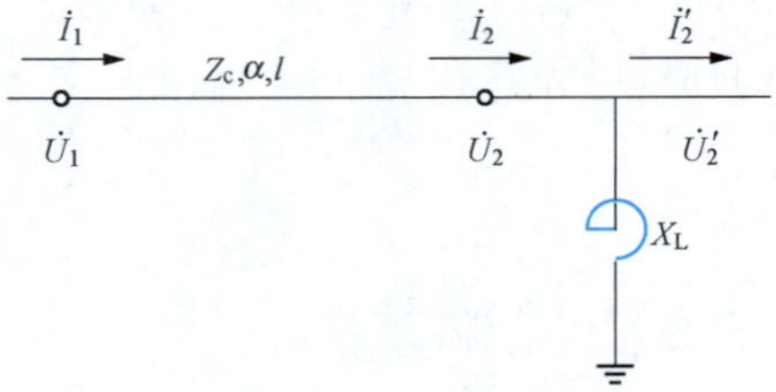

图 10 - 4　无损线路末端接有并联电抗器

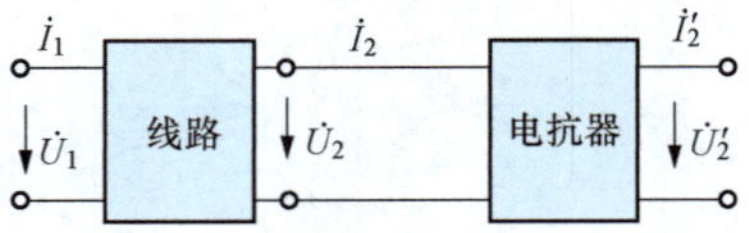

图 10 - 5　长线路的复合无源二端口网络

将式（10 - 22）代入线路二端口网络表达式（10 - 12）中得

$$\begin{aligned}\begin{bmatrix}\dot{U}_x\\ \dot{I}_x\end{bmatrix}&=\begin{bmatrix}\cos\alpha x & \mathrm{j}Z_\mathrm{c}\sin\alpha x\\ \mathrm{j}\dfrac{1}{Z_\mathrm{c}}\sin\alpha x & \cos\alpha x\end{bmatrix}\begin{bmatrix}1 & 0\\ \dfrac{1}{\mathrm{j}X_\mathrm{L}} & 1\end{bmatrix}\begin{bmatrix}\dot{U}'_2\\ \dot{I}'_2\end{bmatrix}\\ &=\begin{bmatrix}\cos\alpha x+\dfrac{Z_\mathrm{c}}{X_\mathrm{L}}\sin\alpha x & \mathrm{j}Z_\mathrm{c}\sin\alpha x\\ \mathrm{j}\left(\dfrac{\sin\alpha x}{Z_\mathrm{c}}-\dfrac{\cos\alpha x}{X_\mathrm{L}}\right) & \cos\alpha x\end{bmatrix}\begin{bmatrix}\dot{U}'_2\\ \dot{I}'_2\end{bmatrix}\end{aligned} \tag{10 - 23}$$

因为空载，末端开路，$\dot{I}'_2=0, \dot{U}'_2=\dot{U}_2$，所以有

$$\dot{U}_x=\left(\cos\alpha x+\frac{Z_\mathrm{c}}{X_\mathrm{L}}\sin\alpha x\right)\dot{U}_2 \tag{10 - 24}$$

$$\dot{U}_1=\left(\cos\alpha l+\frac{Z_\mathrm{c}}{X_\mathrm{L}}\sin\alpha l\right)\dot{U}_2 \tag{10 - 25}$$

于是可得

$$\dot{U}_x=\frac{\cos\alpha x+\dfrac{Z_\mathrm{c}}{X_\mathrm{L}}\sin\alpha x}{\cos\alpha l+\dfrac{Z_\mathrm{c}}{X_\mathrm{L}}\sin\alpha l}\dot{U}_1 \tag{10 - 26}$$

取 $\tan\beta=\dfrac{Z_\mathrm{c}}{X_\mathrm{L}}$，可得

$$\dot{U}_x=\frac{\cos(\alpha x-\beta)}{\cos(\alpha l-\beta)}\dot{U}_1 \tag{10 - 27}$$

线路末端电压为

$$\dot{U}_2 = \frac{\cos\beta}{\cos(\alpha l - \beta)}\dot{U}_1 \quad (10-28)$$

根据式（10-27）即可作出电压沿线路的分布曲线，如图10-6所示。由式（10-27）并可知当$\alpha x-\beta=0$时，将出现最大电压U_m，即最大电压出现在离线路末端$x=\beta/\alpha$处，其值为

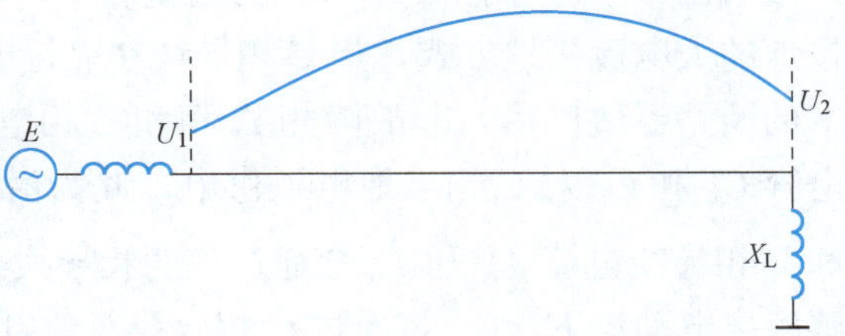

图10-6　末端有并联电抗器时线路的沿线电压分布

$$U_m = \frac{U_1}{\cos(\alpha l - \beta)} \quad (10-29)$$

与式（10-18）相比可知，当线路末端有电抗器时，线路上出现的最高电压比无电抗器时要低。

显然，并联电抗器调整电压的作用与电抗器的容量Q_L以及所补偿长线电容的无功功率Q_C有关。Q_L和Q_C的比值称为补偿度，用T_K表示，可得

$$T_K = \frac{Q_L}{Q_C} = \frac{U_N^2/X_L}{U_N^2\omega C_0 l} = \frac{1}{X_L\omega C_0 l}$$

$$= \frac{\sqrt{L_0/C_0}}{X_L} \times \frac{1}{\omega\sqrt{L_0C_0}l} = \frac{Z_c}{X_L} \times \frac{1}{\alpha l} = \frac{\tan\beta}{\alpha l} \quad (10-30)$$

式中：U_N为线路的额定电压。

【例10-2】 在［例10-1］中的线路末端接入一感抗值为970Ω的高抗，求此时的末端电压与首端电压之比（忽略线路有功损耗），以及沿线最高电压和首端电压之比。

解　$\lambda = \alpha l = \omega l\sqrt{L_0C_0} = 100\pi \times 400\sqrt{0.89 \times 10^{-3} \times 16.1 \times 10^{-9}} = 0.4757(\text{rad})$

$$Z_c = \sqrt{\frac{L_0}{C_0}} = \sqrt{\frac{0.89 \times 10^{-3}}{16.1 \times 10^{-9}}} = 235(\Omega)$$

$$\beta = \arctan\frac{235}{970} = 0.2377(\text{rad})$$

$$\frac{U_2}{U_1} = \frac{\cos 0.2377}{\cos(0.4757 - 0.2377)} = 1.0$$

$$\frac{U_m}{U_1} = \frac{1}{\cos(0.4757 - 0.2377)} = 1.029$$

可见，例［10-2］中在线路末端并入电抗器后，空载线路末端电压降至与首端电压相等。沿线电压最高值从首端电压的1.125倍（见［例10-1］）降低为1.029倍，高抗补偿度为50.9%。

2. 对潜供电流的抑制

在超（特）高压交流线路运行中，时常会发生因雷击闪络等原因所产生的单相电弧接地故障。在具有单相重合闸的线路中，当故障相被切除后，通过健全相对故障相的静电和电磁耦合，在接地电弧通道中仍将流过不大的感应电流，称为潜供电流或二次电流。潜供电流的存在可能会使单相重合闸失败。为此，在超（特）高压输电线路中，要采用在并联电抗器中性点加小电抗的潜供电流补偿方法来减小潜供电流，使接地电弧迅速熄灭，以保证单相重合闸的成功。

参看图 10 - 7，图中 A、B 相为健全相，C 相为故障相。由于输电网采用电源中性点直接接地的大电流接地方式，当 C 相导线在靠近电源端的 k 点发生电弧接地时，在 C 相线路两端的断路器跳闸后，非故障相 A 相和 B 相电源将经过该两相导线和 C 相导线间的互部分电容 C_{13} 和 C_{23} 对 C 相接地电弧供电，此为潜供电流的横分量（即静电分量）。同时，A 相和 B 相导线电流 $\dot{I}_A$ 和 $\dot{I}_B$ 会通过该两相导线与 C 相导线间的互感 M_{13} 和 M_{23} 在 C 相导线上感应出电动势 E，E_M 将通过 C 相导线对地电容 C_{33} 向 f 点的接地电弧供电，这叫潜供电流的纵分量（即电磁分量）。于是接地电弧将不能自熄。

分析可知线路潮流越大，潜供电流越大，且送端故障的潜供电流最大。在线路长度确定的情况下，影响潜供电流大小的各种因素是随机的，限制潜供电流的目标是提高单相自动重合闸的成功率，而不是保证 100%的绝对成功。

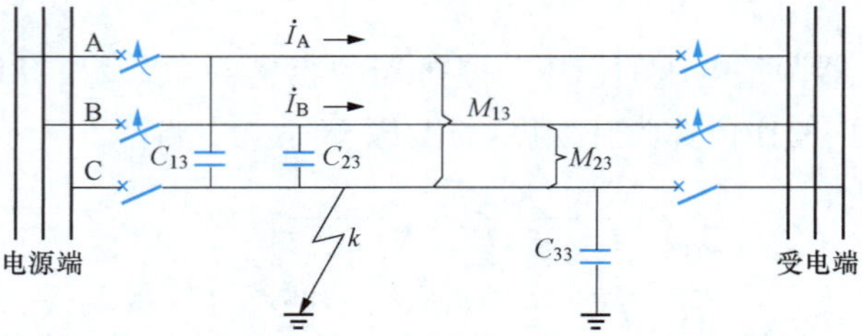

图 10 - 7　潜供电流示意图

不难看出，对于三个单相电抗器而言，图 10 - 8（a）中所示的 YN 连接与 Y 连接的电抗器并联后的正序电抗为 $X_1=X_{YN}X_Y/(X_{YN}+X_Y)$，而其零序电抗为 X_{YN}。图 10 - 8（b）中在正序电抗为 X，零序电抗为 $X+3X_n$。如用图 10 - 8（b）的结构来等效代替图 10 - 8（a），则

$$\left.\begin{aligned} X &= X_{YN}X_Y/(X_{YN}+X_Y) \\ X_{YN} &= X+3X_n \end{aligned}\right\} \tag{10 - 31}$$

由式（10 - 31）可解得

$$X_n=\frac{1}{3}[X_{YN}-X_{YN}X_Y/(X_{YN}+X_Y)] \tag{10 - 32}$$

采用图 10 - 8（b）的并联电抗器（电抗为 X）中性点加小电抗器（电抗为 X_n）的方法可有效减小单相电弧接地故障时的潜供电流，使单相重合闸的成功率大为提高。

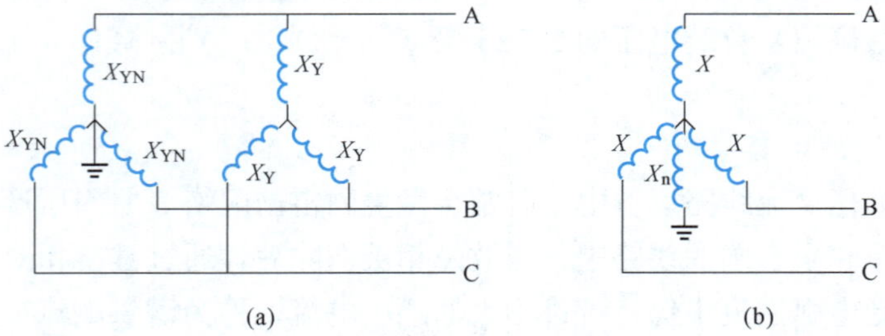

图 10 - 8　计算各序电抗器

（a）电路图；（b）等效电路

第二节 高压直流输电

目前，高压直流输电已发展为一种重要的远距离传输电能的形式。随着大功率电力电子器件、装置及其控制技术的不断改进和完善，直流输电系统的可靠性将越来越高，经济性也越来越好。

一、高压直流输电的基本概念

高压直流输电系统主要包括换流站（包括整流站和逆变站）和直流线路两大部分。图 10-9 为其接线示意图，图中系统Ⅰ为送端系统，系统Ⅱ为受端系统。直流输电是指在送端换流站将送端系统的正弦交流电经换流变压器升压后，由整流器整流，通过直流线路传输到受端换流站，由逆变器逆变成正弦工频交流后，再经换流变压器降压与受端系统相连。换流站的整流和逆变功能借晶闸管阀系统来实现。高压直流输电系统中换流站出线端对地电位为正的称为正极，与之相连的导线称为正极导线（或线路）；对地电位为负的则称为负极。

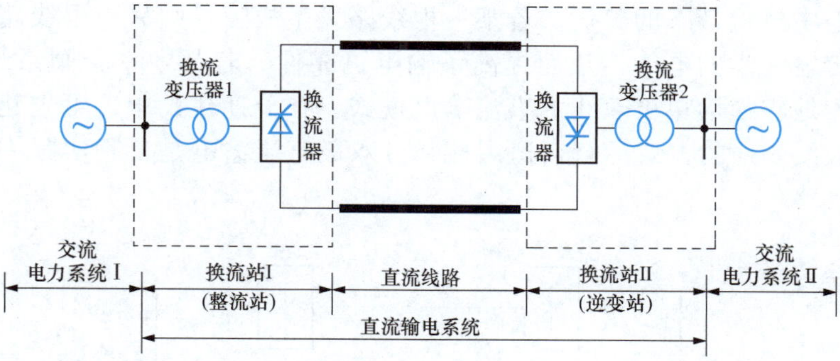

图 10-9 直流输电系统接线示意图

直流输电一般只需用两根导线，在借助接地极，利用大地作回流导线时，还可减少为一根导线。为减少地中电流对换流站或其他地中设施形成不利影响，直流输电的接地极一般设置在离换流站十几千米以外的郊区或海水中。按接地极与直流输电线路的接线方式划分，即所用输电线的数目和是否采用大地回流划分，直流输电系统有以下三种基本接线方式：单极线—地直流输电、单极两线直流输电和双极直流输电。

1. 单极线—地直流输电

如图 10-10 所示为单极线—地直流输电的接线示意图，输电线路由一根导线（通常为负极）和大地形成的回路组成。利用大地回流可大大降低输电线路的造价，但对接地极的材料、设置方式有较高的要求，且地中电流会对地下埋设的金属物，如管道、接地网等发生电化学腐蚀，会使中性点接地的变压器出现直流偏磁引起变压器的磁饱和，并可对附近的通信或磁性罗盘等产生影响。

2. 单极两线直流输电

单极两线直流输电的接线示意图如图 10-11 所示。其与单极线—地直流输电方式相

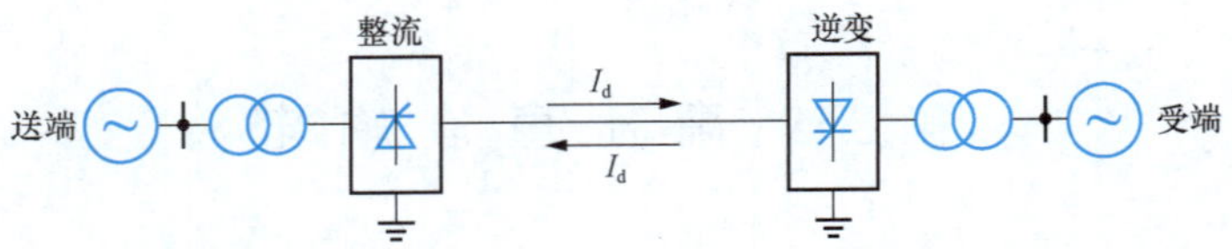

图 10 - 10　单极线—地直流输电接线示意图

比，无大地回流所造成的腐蚀及对交流系统的影响等问题，且电磁干扰小。

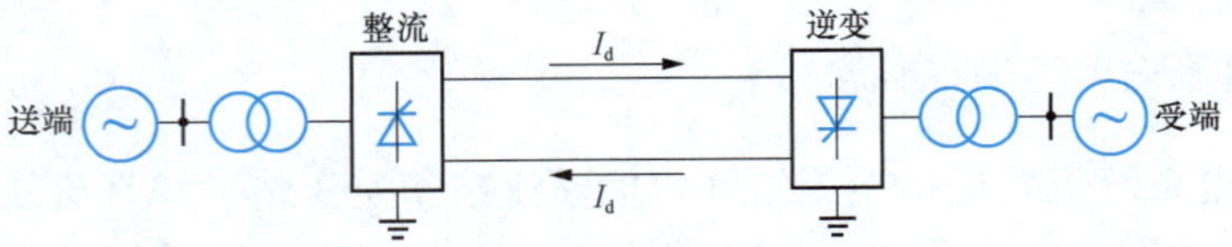

图 10 - 11　单极两线直流输电接线示意图

3. 双极直流输电

双极直流输电的接线示意图如图 10 - 12 所示。送、供端各设两套阀系统（双极），其中点接地。两条输电线，其中一根为正极性，另一根为负极性分别与地线构成独立的直流输电回路。当电网正常运行时，控制两极电流大小相等，则流经大地的电流为零，避免了地中电流带来的弊病。若某一根线路发生故障，则另一根线路以大地为回路，还可以传输一半的电能，从而提高了输电可靠性。若其中一套阀系统退出运行，该方式可方便地转换为单极双线的直流输电模式。在分期建设中，可先建成其中的一个极，按单极线—地的方式运行，适用性强。双极直流输电是工程实际中应用得最多的接线方式。

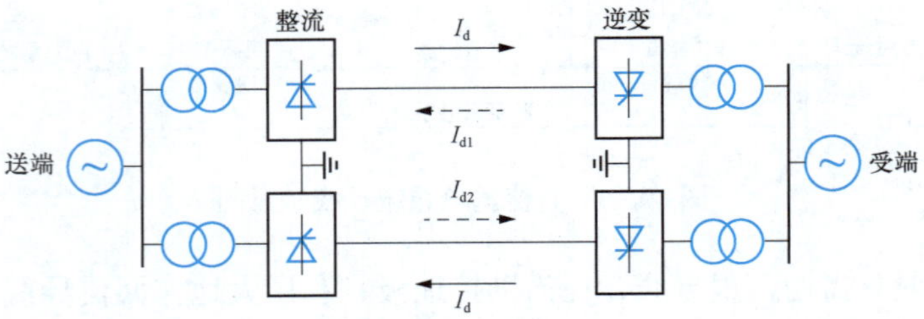

图 10 - 12　双极直流输电接线示意图

双极直流输电是工程实际中应用得最多的接线方式。图 10 - 13 为典型双极直流输电系统的结构图。

上述用一个整流站和一个逆变站与交流电力系统相连的直流输电系统统称为双端直流输电系统。当直流输电系统中有 3 个或 3 个以上换流站，每个换流站都各自与交流电力系统相连，直流输电线路相互连接构成直流网络时，也可形成多端直流输电系统。由于高压直流断路器制造上的困难（不能利用电流过零的条件来熄弧），目前的直流输电工程多采用双端直流输电系统。2014 年投入运行的中国舟山多端柔性直流输电工程是世界上第一个实现了商业运行的多端直流工程，运行电压为±200kV。

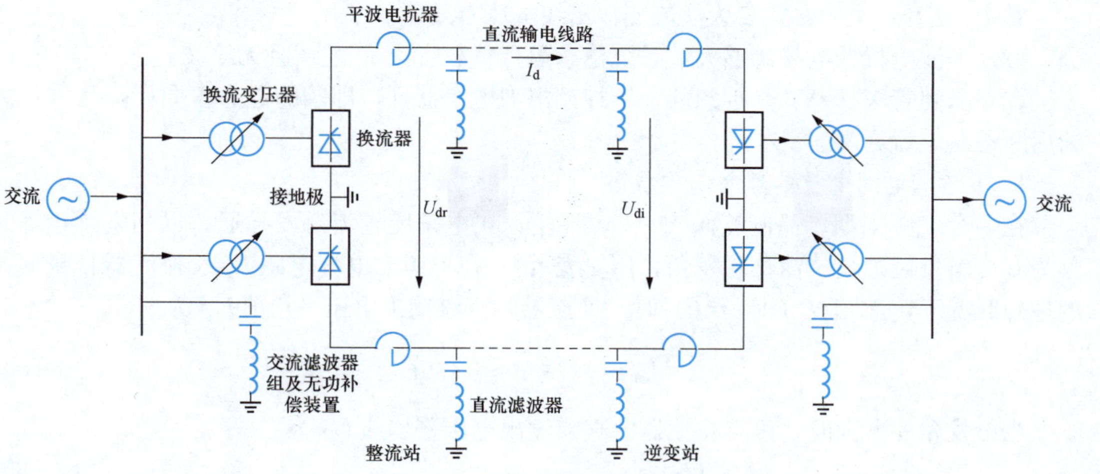

图 10-13　典型双极直流输电系统结构图

二、 换流站的工作原理

换流站由换流变压器、换流器（整流器或逆变器）、平波电抗器等组成。图 10-14 为其基本接线。三相桥式换流器由 6 个桥臂组成，每一个桥臂可由数十支串联的晶闸管元件组成。图 10-14 中，e_A、e_B、e_C 为换流变压器提供的三相交流电源电动势，L_s 为电源电感，L_d 为减小直流侧电压电流脉动的平波电抗器电感，I_d 为负载电流（直流），V1～V6 为起换流作用的晶闸管。改变晶闸管的触发角，可以使换流器在整流状态（称整流器）和逆变状态（称逆变器）间变化。换流器是换流站的核心部分，具有整流及逆变两种工作状态。下面介绍换流器在不同工作状态下的工作原理。在分析前先假定：

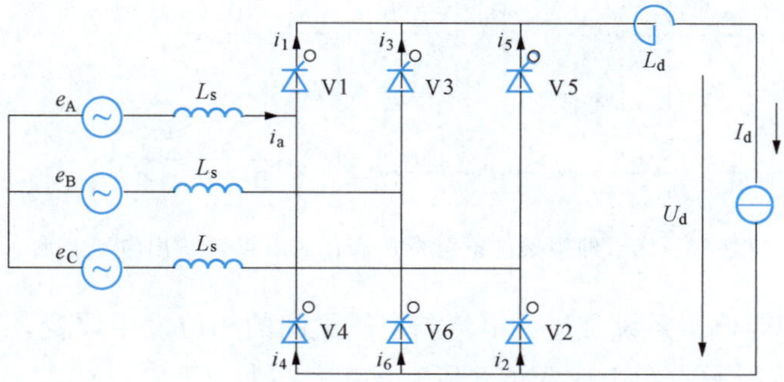

图 10-14　换流站的基本接线

（1）三相电源电动势 e_A、e_B、e_C 是频率和幅值都相同的三相对称正弦波电动势，即

$$\left.\begin{aligned} e_A &= E_m\sin\left(\omega t+\frac{\pi}{6}\right) \\ e_B &= E_m\sin\left(\omega t-\frac{\pi}{2}\right) \\ e_C &= E_m\sin\left(\omega t+\frac{5\pi}{6}\right) \end{aligned}\right\} \tag{10-33}$$

其中：$E_m=\sqrt{2/3}E$，E 为换流变输出线电压有效值。

(2) 平波电抗器电感足够大，系统稳态运行负载直流 I_d 连续且无纹波。

(3) 晶闸管 V1～V6 是理想的，半控型电力电子器件，即阀的通态正向压降为零，关断后断态漏电流为零。

1. 不考虑电源电抗的理想工作状态

在一个工频周期，晶闸管阀 V1～V6 每隔 60°电角度轮流触发导通，以相电压相等时刻为 0 度触发延迟角（简称触发角，用 α 表示）。在不考虑电源电感 L_s 及换流器自身损耗的理想状况下，无相控（即 $\alpha=0$）时，换流器的直流输出电压平均值 U_{d0} 为

$$U_{d0}=\frac{3\sqrt{2}}{\pi}E\approx 1.35E \tag{10-34}$$

当触发角 α 增大时，可得换流器的直流输出电压平均值 U_{dr} 为

$$U_{dr}=U_{d0}\cos\alpha=1.35E\cos\alpha \tag{10-35}$$

理想状态下，换流器能够满足换相条件的触发角范围为 0～180°，随着触发角度的变化，输出电压的波形如图 10-15 所示。由于直流 I_d 的方向始终不变，由式（10-35）可知，直流电压 U_{dr} 将在 $+U_0$～$-U_0$ 之间变化。当 $0<\alpha<90°$ 时，$U_{dr}>0$，此时换流器处于整流工作状态，随着触发角的增加，直流输出电压逐渐减小，当 $\alpha=90°$ 时，下降为零，相电流的基波分量滞后相电压 90°，此时换流装置与电网间没有有功交换，仅有无功交换；$90°<\alpha<180°$ 时，$U_{dr}<0$，此时换流器处于逆变状态，并随着触发角度的增加，直流输出电压的幅值逐渐增加。换流器仅需调整控制角度就可在整流与逆变状态间切换，并可调控输出电压的大小。

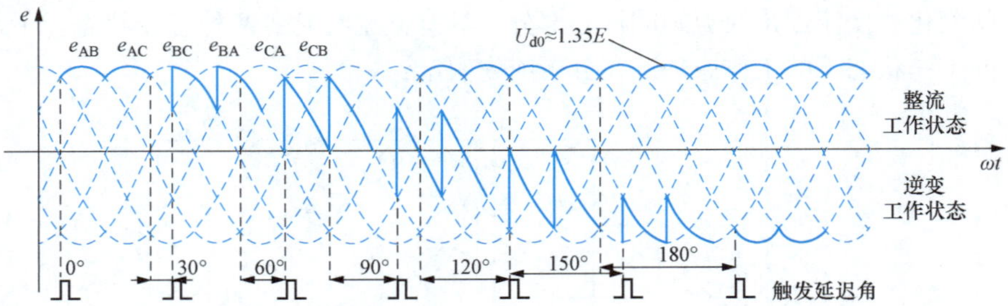

图 10-15 理想条件下触发角变化时变换器输出电压波形

随着触发角的变化，系统交流侧电流与电压之间的相位发生改变，现以 a 相为例进行说明，如图 10-15 所示，图中逆变角 β 与触发角 α 满足 $\alpha+\beta=180°$。a 相的电流 i_a 由 V1 的电流 i_1 与 V4 的电流 i_4 组成，每组阀连续导通 120°，a 相的电流波形即为幅值 I_d，正负宽度 120°的阶梯方波，由傅里叶级数分解可得该电流的基波分量 i_{a1} 为

$$i_{a1}=\frac{\sqrt{6}}{\pi}I_d=0.79I_d \tag{10-36}$$

由图 10-15 可知，换流站输出直流电压中含有谐波分量，需要在直流侧安装直流滤波器。同时由图 10-16 可知，换流站在整流与逆变的工况下，均消耗大量的无功，交流电源侧功率因数与触发角度有关，且电源侧电流中含有大量的谐波，因此换流站中需配置大量的无功补偿及滤波设备。

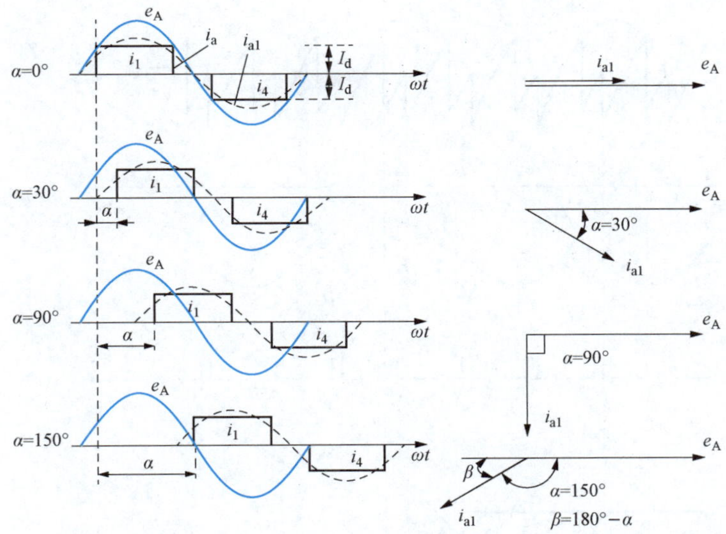

图 10-16　a 相电压、电流、基波电流与触发角的变化关系

2. 考虑电源电抗的整流工作状态

实际应用中，不可忽视的电源电抗导致阀之间的换相过程不能瞬间完成，存在一个换相过程，从换相开始到换相完成的换相时间用换相角 γ 表示，也称叠弧角。以晶闸管阀 V5 换相到 V1 为例，换相过程从 $\omega t=\alpha$ 到 $\omega t=\alpha+\gamma$ 的时间里，V1、V5 同时导通，V1 中的电流 i_1 从零上升到 I_d，V5 中的电流 i_5 则由 I_d 逐渐降为零，交流侧的电流不再是标准的 120°阶梯方波，如图 10-16 所示，存在一个换相的过渡过程。换相过程满足以下方程

$$L_S\frac{di_1}{dt}-L_S\frac{d(I_d-i_1)}{dt}=2L_S\frac{di_1}{dt} \\ =e_a-e_c=\sqrt{3}E_m\sin(\omega t)=\sqrt{2}E\sin(\omega t) \tag{10-37}$$

式中：L_S 为电源等效电感。

利用边界条件 $\omega t=\alpha$ 时，$i_1=0$；$\omega t=\alpha+\gamma$ 时，$i_1=I_d$，由式（10-37）解得

$$I_d=\frac{\sqrt{3}E_m}{2\omega L_S}[\cos\alpha-\cos(\alpha+\gamma)] \tag{10-38}$$

$$\gamma=-\alpha+\arccos\left(\cos\alpha-\frac{\sqrt{2}\omega L_S}{\sqrt{3}E_m}I_d\right) \tag{10-39}$$

式中：γ 为换相角；ωL_s 称为换相电抗。

由式（10-39）可知换相角 γ 随着换相电抗 ωL_S、直流电流 I_d 的增大而增大，随着交流电动势最大值 E_m 的减小而增大。因此，提高交流电压或减小换相电抗可以加速换相过程。

考虑电源电感时，从阀 V5 到 V1 的换相过程中，上端直流侧母线相对于中性点的电位为 $\frac{1}{2}$（e_A+e_C），而不是理想情况下（忽略 L_S）的 e_a，直流母线电压的平均值为

$$U_{dr}=\frac{3}{\pi}\left[\int_{\alpha}^{\alpha+\frac{\pi}{3}}(e_A-e_B)d(\omega t)-\int_{\alpha}^{\alpha+\gamma}\left(e_A-\frac{e_A+e_C}{2}\right)d(\omega t)\right]$$

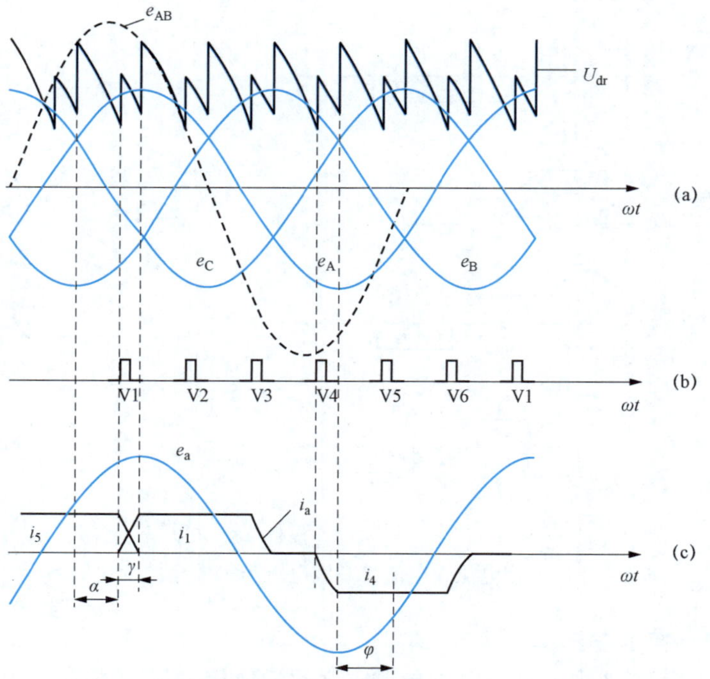

图 10-17　考虑电源电抗时的换流器电压、电流波形（整流状态）

(a) 换流变输出电压及直流母线电压 U_{dr}；(b) 触发为 α 的脉冲列；

(c) i_1、i_5、i_4 及 a 相电流 i_a 波形

$$=\frac{U_{d0}}{2}[\cos\alpha+\cos(\alpha+\gamma)] \tag{10-40}$$

联立式（10-38）和式（10-40）可求得

$$U_{dr}=U_{d0}\cos\alpha-\frac{3\omega L_S}{\pi}I_d=U_{d0}\cos\alpha-RI_d \tag{10-41}$$

式中：R 为换相等值电阻 $R=\frac{3\omega L_S}{\pi}$；$RI_d$ 为换相所引起的电压降，与直流电流和电源电抗（换相电抗）成正比。

由式（10-41）可知，在直流输电系统中，直流母线电压的平均值 U_{dr} 可以通过调整触发角 α 及换流变压器次级交流电压的大小来控制。

整流器的等效电路和电压—电流特性如图 10-18 所示。为减小无功功率的消耗，整流时触发角 α 不宜过大，一般在10°～20°范围内。当 α 与 γ 都比较小时，$\varphi\approx\alpha+\frac{\gamma}{2}$。

3. 考虑电源电抗的逆变工作状态

进一步增加触发角 α，由式（10-41）可得直流侧电压将由正变为负值。由于流过晶闸管的电流方向不变，说明直流侧吸收的是负功率，即此时是由直流端向交流电网供电，换流器的工作已转变为逆变状态。考虑电源电抗的影响，逆变状态下的电压、电流波形如图 10-18 所示。

将两个换流器交叉连接组成具有整流和逆变电路结构的直流输电系统如图 10-19 所示。图中，U_{dr} 为由整流器输出的直流电压，U_{di} 为作用在逆变器输入的直流电压，其参考

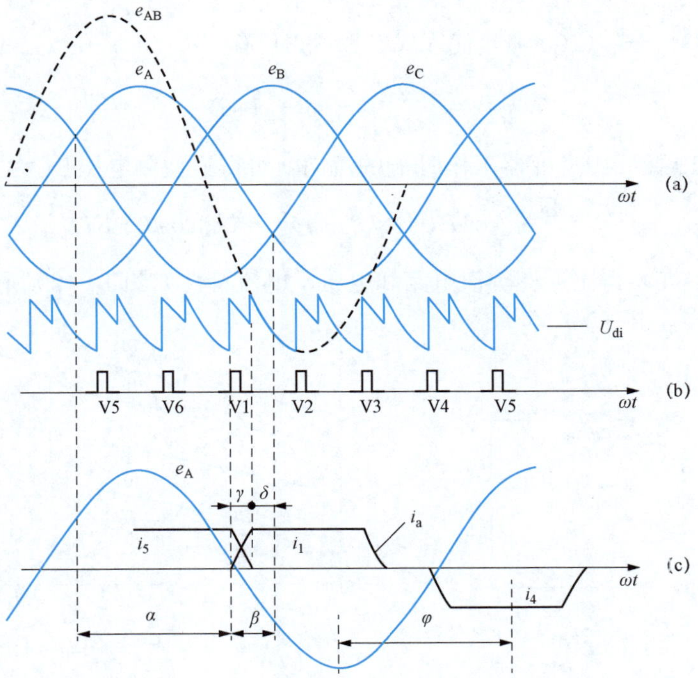

图 10-18 考虑电源电抗时的换流器电压、电流波形（逆变状态）

(a) 换流变输出电压及直流母线电压 U_{di}；(b) 控制角为 α 的脉冲列；

(c) i_1、i_5 及 a 相电流 i_a 波形

方向如图中标示，U_{dr}的方向为共阴极指向共阳极，U_{di}的方向为共阳极指向共阴极。

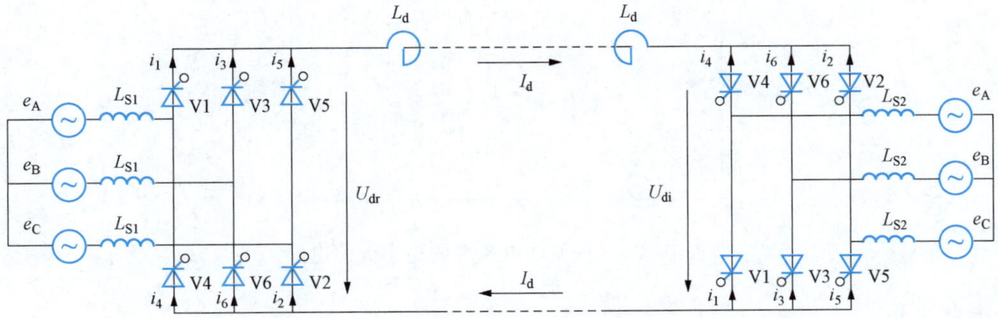

图 10-19 单桥直流输电系统接线图

常用触发超前角（简称逆变角）β或熄弧角δ描述逆变器的工作状态（如图 10-18 所示）。

$$\beta = 180^\circ - \alpha \tag{10-42}$$

刚关断的晶闸管需要承受一段时间的负向电压，才能恢复正向阻断能力，实现可靠关断，否则会在正向电压的作用下无需触发脉冲重新导通，造成换相失败。因此，逆变工作状态下，逆变角β不能太小，晶闸管关断后到$\omega t = \pi$时刻之间要留有一关断裕度（也称熄弧角）δ，必须保证熄弧角δ的取值应不小于最小允许值δ_{min}，一般取为 10°～15°。熄弧角δ与逆变角β的关系为

$$\beta=\gamma+\delta \tag{10-43}$$

将式（10-43）、式（10-44）代入式（10-38）有

$$I_d=\frac{\sqrt{2}E}{2\omega L_S}(\cos\delta-\cos\beta) \tag{10-44}$$

考虑图 10-19 接线中逆变器工作时 I_d 的流向，可得逆变侧电压 U_{di} 为

$$U_{di}=\frac{U_{d0}}{2}[\cos\delta+\cos(\delta+\gamma)]=U_{d0}\cos\beta+RI_d \tag{10-45}$$

根据式（10-45）得出逆变等值电路和电压—电流特性如图 10-20 所示。

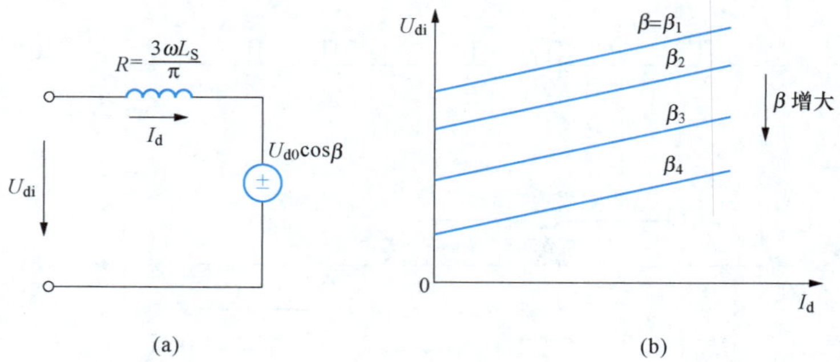

图 10-20　逆变器等值电路和电压—电流特性

（a）等值电路；（b）电压—电流特性

综合以上分析可得直流输电系统的稳态等值电路，如图 10-21 所示。

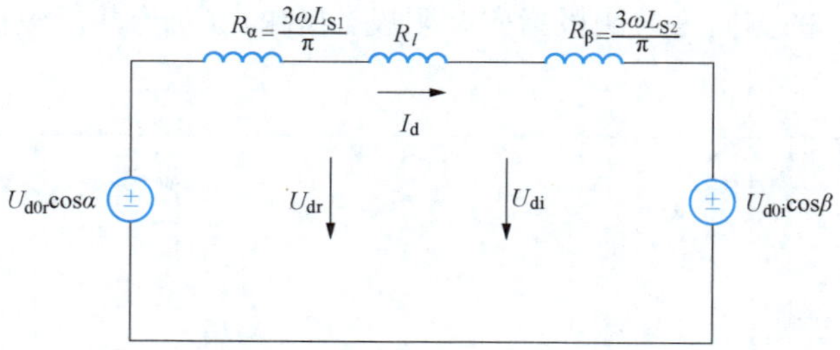

图 10-21　直流输电系统的稳态等值电路

据此可得

$$I_d=\frac{U_{d0r}\cos\alpha-U_{d0i}\cos\beta}{R_\alpha+R_l+R_\beta} \tag{10-46}$$

式中：U_{d0r}、U_{d0i} 分别为 $\alpha=0$ 时理想整流器和 $\beta=0$ 时理想逆变器的直流侧母线电压平均值；R_α、R_β 分别为整流器和逆变器的等值电阻；R_l 为直流线路的电阻。

整流端送出的有功功率 P_{dr} 和逆变端接收的有功功率 P_{di} 分别为

$$\left.\begin{aligned}P_{dr}&=U_{dr}I_d\\P_{di}&=U_{di}I_d=P_{dr}-R_lI_d^2\end{aligned}\right\} \tag{10-47}$$

三、直流输电系统的稳态等值电路及控制方式

综合以上分析可得直流输电系统的稳态等效电路，如图 10-22 所示。据此可得

$$I_d(R_\alpha + R_l + R_\beta) = U_{dor}\cos\alpha - U_{doi}\cos\beta$$

$$I_d = \frac{U_{dor}\cos\alpha - U_{doi}\cos\beta}{R_\alpha + R_l + R_\beta} \tag{10-48}$$

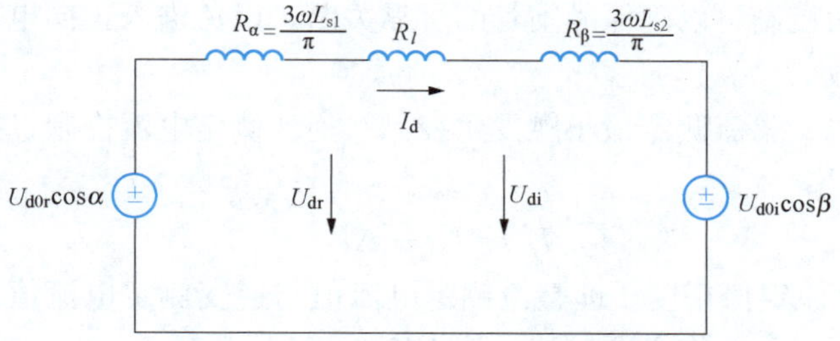

图 10-22 直流输电系统的稳态等值电路

式中：U_{dor}、U_{doi}分别为 $\alpha=0$ 时理想整流器和 $\beta=0$ 时理想逆变器的直流侧母线电压平均值；R_α、R_β 分别为整流器和逆变器的等值电阻；R_l 为直流线路的电阻。

整流端送出的有功功率 P_{dr}和逆变端接收的有功功率 P_{di}分别为

$$\left.\begin{aligned} P_{dr} &= U_{dr}I_d \\ P_{di} &= U_{di}I_d = P_{dr} - R_l I_d^2 \end{aligned}\right\} \tag{10-49}$$

可见直流输电系统中，一方面可通过调整整流器的触发角 α 和逆变器的逆变角 β 来实现对直流电压、电流和有功功率的控制，其调节速度快、调节范围大，在正常情况下能保证稳定的输出，在事故情况下，能对发生事故的交流系统迅速提供备用补充功率。此外由于调节控制迅速，直流线路短路时，短路电流峰值一般只有其额定电流的 1.7～2 倍；另一方面可以利用换流变压器分接头的带负荷切换调节换流器的交流电动势，进行慢速控制，适当的控制能够减小控制角（α、β），提高系统的功率因数，减少换流装置对交流系统无功的消耗。

需要注意的是，由于直流输电线路的电阻很小，交流系统电压的微小变化将引起直流电流的巨大变化。为防止直流电流大幅度波动，快速调整换流器（整流器或逆变器）的触发角以跟踪交流电压的变化是直流输电系统正常运行的必要条件。另外，换流器的稳态运行调整应尽可能使直流电压在额定值附近，并保证较高的功率因数。

交直流电力系统的运行必须根据系统的运行要求对直流系统中各个换流器的控制方式加以指定。换流器常用的控制方式有以下两种。

(1) 控制方式一：整流侧定电流（或定功率）控制、逆变侧定熄弧角（或定电压）控制。

系统正常运行时一般采取这种方式，控制方程为

$$\left.\begin{aligned} I_d = I_{ds} \text{ 或 } P_d = P_{ds} \\ \delta = \delta_s \text{ 或 } U_{di} = U_{ds} \end{aligned}\right\} \tag{10-50}$$

定功率控制实质上是将定电流控制的给定值设为

$$I_{ds} = \frac{P_{ds}}{U_d} \tag{10-51}$$

上两式中：下标中带 s 的为控制给定值，P_{ds}为定功率控制的给定值；I_{ds}为定电流控制的

给定值；U_{ds}为定电压控制的给定值；δ_s 为设定熄弧角；U_d 为实际直流电压。

定功率控制本质上也是定电流控制，即通过比较实际直流电流 I_d 和给定值 I_{ds}的偏差来调节整流器的触发角，从而实现定电流或定功率控制的目的。

逆变侧定熄弧角控制可以确保晶闸管的可靠关断，以免进入正向电压状态时晶闸管误导通而造成换向失败。

（2）控制方式二：整流侧定最小触发角控制、逆变侧定电流控制，控制方程为

$$\left.\begin{aligned} \alpha &= \alpha_{min} \\ I_d &= I_{ds} - \Delta I_d \end{aligned}\right\} \tag{10-52}$$

式中：ΔI_d 为直流电流定值裕度，即整流侧定电流值与逆变侧定电流值之差，为了保证整流器与逆变器的协调运行，有必要维持电流裕度为正。

系统运行中有时出现不正常工况，例如整流侧交流母线电压过低，若逆变侧为定电压控制，保持U_{di}恒定，整流侧为定电流控制，保持 I_d 恒定，U_{dr}就要满足

$$U_{dr} = U_{di} + I_d R_l \tag{10-53}$$

即整流侧要维持足够高的直流电压水平。根据式（10-53）可知，要维持足够高的 U_{dr}，在整流侧交流电压较低时，只能通过增大 $\cos\alpha$，即减小 α 使之趋于零来解决。但 α 太小不安全，如 $\alpha<0$，则阀电压处于反向未过零，点火脉冲无法触发阀导通，导致换向失败，一般要求 $\alpha_{min}=5°$，以确保可靠导通。

因此，在整流侧定电流控制中，当检测到 $\alpha=\alpha_{min}=5°$时，就自动转为定最小触发角控制，以确保直流系统的安全。与此同时，为了继续控制直流电流并保证系统有稳定的运行点，逆变侧应改为定电流控制，并且逆变侧的电流定值应该比整流侧小一个 ΔI_d，一般取直流线路额定电流的 10%～15%，以确保因为测量误差或其他原因引起误差的情况下整流侧和逆变侧的两条恒电流特性不会相交。

控制方式二一般发生在整流侧交流电压过低或逆变侧交流电压过高的情况下。

在直流电流控制的基础上，如果修改控制指令，即可发展成为功率控制、交流系统频率控制以及潮流翻转控制等。

四、直流输电的优缺点

1. 直流输电的优点

从技术性能、经济性及可靠性等方面与高压交流输电相比较时，高压直流输电具有许多优越性。

（1）直流输电的输送容量大。直流输电可充分利用走廊资源，直流输电线路走廊宽度约为交流输电线路的一半，但输电容量更大，单位走廊宽度的送电功率约为交流的 4 倍，例如典型的±500kV直流输电的额定容量为 3000MW，走廊宽度约为 30m，交流 500kV 线路走廊宽度约 55m，送电容量 1000MW；特高压±800kV 直流输电的额定容量已达 8000MW，特高压±1100kV 直流输电的额定容量已达到 12000MW。

（2）直流线路的造价低。对于架空输电线，交流需用三根导线，而直流一般只需用两根导线，杆塔结构简单，若采用大地或海水作回路时可减少到一根；对于电缆，由于绝缘介质的直流强度远高于交流强度，直流电缆的造价要低于交流电缆。因此采用直流输电能节省大量的有色金属、钢材和绝缘子等线路建设费用。

(3) 每个极可以作为一个独立回路运行，便于检修，分期投资和建设。

(4) 线路有功损耗小，运行费用低。在输电线路导线截面积相等、对地绝缘水平相同的条件下，现就双极直流输电的功率输送能力以及功率损耗方面与三相交流输电做一比较。

设双极直流输电的最大对地电压为$\pm U_D$，导线允许通过的电流为 I_D，则其输送功率 P_D为

$$P_D = 2U_D I_D \tag{10-54}$$

不考虑集肤效应，在同一导线截面下，导线允许通过的交流电流有效值 $I_A = I_D$，而在同一最大对地电压下，交流输电的对地电压有效值则为 $U_A = \frac{1}{\sqrt{2}}U_D$。据此可求出三相交流输电的输送功率 P_A为

$$P_A = 3U_A I_A \cos\varphi \tag{10-55}$$

比较式（10-54）和式（10-55）可见，当 $\cos\varphi = 0.943$ 时，有 $P_D = P_A$，即采用 2 根输电线的直流输电可以输送与采用 3 根输电线的交流输电输送相同的功率，从而使直流输电线路的造价降低为交流输电线路造价的 2/3 左右。

导线数目的减少还可使线路的功率损耗减少，运行费用降低。设每根导线的电阻为 R，则可求出直流输电时的功率损耗 ΔP_D为

$$\Delta P_D = 2I_D^2 R = \frac{P_D^2}{2U_D^2}R \tag{10-56}$$

交流输电时的功率损耗 ΔP_A为

$$\Delta P_A = 3I_A^2 R = \frac{2}{3}\frac{P_A^2}{U_D^2 \cos^2\varphi}R \tag{10-57}$$

当 $P_D = P_A$时，由式（10-57）和式（10-58）可求得

$$\frac{\Delta P_D}{\Delta P_A} = \frac{3}{4}\cos^2\varphi = \frac{2}{3} \tag{10-58}$$

即在输送功率相同的条件下，2 根导线的直流输电与 3 根导线的交流输电的输电能力相当，采用直流输电所产生的功率损耗可下降为交流输电所产生的损耗的 2/3，即输电损耗减少 1/3 左右。

(5) 直流线路仅存在电阻性压降，电压降较小，沿线电压分布平稳。直流输电线路在稳态运行时没有电容电流，因此线路部分不需要无功补偿装置，输电容量不受输电距离的影响。

(6) 输送功率的大小和方向可以快速控制和调节，具有稳定性好，控制灵活、迅速等优点。

(7) 直流输电没有相位和功角，也就没有系统稳定问题，有利于远距离大容量输电。在交流电力系统中，所有连接在电力系统中的同步发电机都要保持同步运行。当系统受到某种扰动后，就有可能造成稳定破坏。为了保证系统可靠运行，必须保持必要的静稳定储备并使输送功率限制在暂态稳定的极限以下。

直流输电可应用在以下场合：采用交流输电在技术上有困难或无法实现，只能采用直流输电，例如不同频率电网之间的联网、无法采用同步运行的交流系统联网、因稳定问题不能采用交流联网、远距离电缆送电因交流线路充电功率大而无法正常使用的联网；在技术上采用两种输电方式均可行，但采用直流输电比交流输电的技术经济性能好。目前直流输电主要应用于远距离大容量输电和电力系统联网。

2. 直流输电的缺点

直流输电与交流输电相比，存在如下缺点。

（1）换流设备价格昂贵。由于换流装置要采用大量大容量、高电压的晶闸管器件串联组成一个换流阀，并附带有均压电阻、电容、电抗器、冷却装置以及电子控制与触发装置等组成，价格约占总投资 1/3。换流站的造价较高，部分抵消了因线路投资低而带来的经济效益。在输送功率相同和可靠性指标相当的可比条件下，直流输电与交流输电相比，虽然换流站的建设投资高，但是直流输电线路的投资比交流输电线路的投资要低。当输电距离增加到一定值时，采用直流输电其线路所节省的费用（即交直流输电的线路和两端设备的总费用相等），这个距离称为交、直流输电比较的等价距离。如图 10-23 所示。当输电距离大于等价距离时，通常电缆线路大于 50km，架空输电线路大于 500km 时，采用直流输电比交流输电更经济。

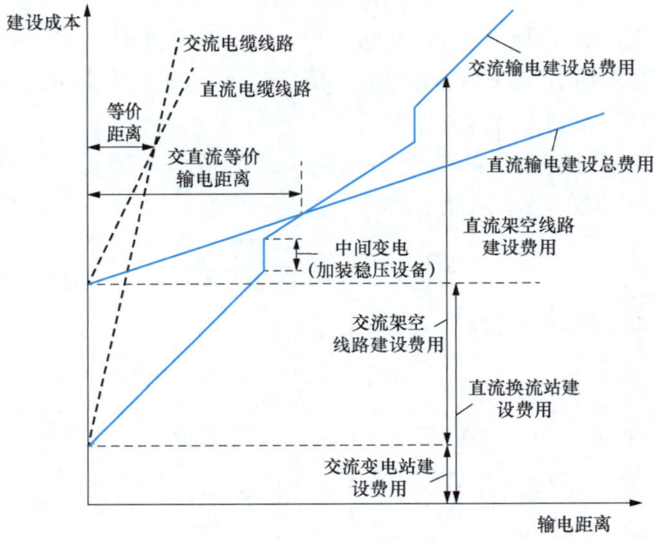

图 10-23 交直流输电等价输电距离

（2）消耗无功功率多。由于触发角和逆变角的存在，不论换流装置工作于整流状态还是逆变状态，其交流侧的电流相位总是滞后于电源电压相位，如图 10-16 所示，因此换流装置运行时消耗大量无功功率，通常整流侧所需的无功功率约为输送功率的 30%～50%，逆变侧为 40%～60%，所以必须进行大容量可调节的无功功率补偿，而在系统发生故障闭锁再恢复期间，该部分无功将引起系统过电压。

（3）大容量输电中断影响大。直流输电一旦出现换相失败、脉冲闭锁都将使得大容量功率传输中断，对两端的交流系统都是一个大扰动，可能引起系统稳定问题，尤其是在直流输电多落点的接收端。

（4）设备制造受局限。高压直流断路器不能利用电流过零的条件来熄弧，其制造困难，限制了直流输电向多端直流电网的发展。因此，直流输电通常只能实现点对点的输送，就像直达快车一样，不利于沿途地区的用电，必须依附于坚强的交流输电网才能发挥作用。

（5）静电吸尘。直流具有“静电吸尘效应”，直流线路的清扫及防污闪比交流线路更为困难，由此引起的污秽放电比交流线路更为严重。

上述缺点使传统型直流输电的应用范围受到很大的限制。

五、基于电流换流器的柔性直流输电（HVDC）系统

传统型高压直流输电技术所存在的问题多是由于晶闸管的半控特性所产生的，由于晶闸管没有自关断的能力，必须依赖所连接的交流电网为其提供关断电压，所以高压直流输电系统只能连接短路容量较大的交流电网，难以用来连接小容量电厂，更不能给无源负荷供电；晶闸管的半控特性使其一般工作在相控方式，在交流电压过零点之后才能触发导通，需要从交流系统吸收大量的无功功率；晶闸管相控方式的开关频率较低，输出电流的波形质量较差，使得高压直流输电系统向交流电网注入了大量的谐波。

随着新型全控半导体器件的出现，采用绝缘栅双极晶体管（Insulated Gate Bipolar Transistor，IGBT）等门极关断全控器件构成电压源型换流站（Voltage-Sourced Converter，VSC）来进行直流输电成为可能。1997 年，世界首个采用电压源换流技术的实验性直流输电工程——赫尔斯杨工程投入运行，其输送功率和电压分别为 3MW 和 10kV。其中，换流器采用 IGBT 阀和两电平三相桥结构，并使用脉宽调制技术（Pulse Width Modulation，PWM）控制 IGBT 阀的开关和换流器交流输出。由于 IGBT 具有全控型的可关断能力，使得由 IGBT 构成的直流输电系统在很多方面不同于常规直流，有效地克服了常规直流的一些固有缺陷。对于这种新型的柔性直流输电技术，国际权威组织将其学术名称定义为“VSC - HVDC”，即“基于电压源换流器的高压直流输电”，ABB 公司称此为“轻型直流（HVDC - Light）”。IGBT 应用于换流器以及控制技术的发展，使得电压源型直流输电（VSC - HVDC）得到更加广泛的应用。由于 VSC - HVDC 既可实现有功、无功的独立控制，也可以向孤岛等无源网络供电，还可以通过调制技术改变输出电压的相角，从而改变潮流的流向等优点，它在输电方向特别是新能源如风电、太阳能发电、储能等分布式发电方向得到很大的应用。

1. 柔性直流输电的基本原理

以 VSC - HVDC 为例，其基本原理如图 10 - 24 所示，送端和受端换流器采用相同结构的电压源换流器（VSC）。VSC 由换流桥、换流电抗器、直流电容器和交流滤波器组成。换流桥每个桥臂均由多个 IGBT 串联而成。换流电抗器是 VSC 与交流侧能量交换的纽带，同时也起到滤波的作用。直流电容器 C_z 的作用是为逆变器提供电压支撑、缓冲桥臂关断时的冲击电流、减小直流侧谐波。交流滤波器的作用是滤除交流侧高频谐波。

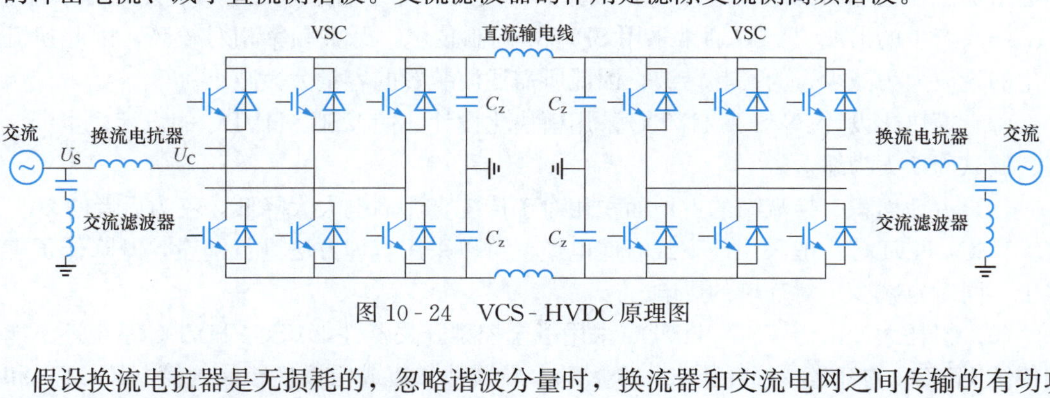

图 10 - 24　VCS - HVDC 原理图

假设换流电抗器是无损耗的，忽略谐波分量时，换流器和交流电网之间传输的有功功率 P 及无功功率 Q 分别为

$$P=\frac{U_SU_C}{X_1}\sin\delta \tag{10-59}$$

$$Q=\frac{U_C(U_S\cos\delta-U_C)}{X_1} \tag{10-60}$$

式中：U_C 为换流器输出电压的基波分量；U_S 为交流母线电压的基波分量；δ 为 $\dot{U}_C$ 和 $\dot{U}_S$ 之间的相角差；X_1 为换流电抗器的电抗。

由于有功功率的传输主要取决于 δ，无功功率的传输主要取决于 U_C，而换流器输出电压的大小与相位是可以独立控制的，因此通过对 δ 的控制就可以控制直流电流的方向及输送有功功率的大小，通过控制 U_C 就可以控制 VSC 发出或吸收无功功率的大小，实现四象限独立控制。

2. 柔性直流输电的特点

以 VSC - HVDC 系统为例，其主要优点与采用全控型开关器件和脉宽调制（PWM）技术这两个基本特征有关。VSC - HVDC 系统比基于相控（PCC）换流器的传统 HVDC 输电有很大的技术改进，在经济上也有一定的优势。VSC - HVDC 有以下显著特点：

（1）换相的方式。VSC 换流器的电流能够自关断，可以工作在无源逆变方式，不需要外加的换向电压，受端可以是无源网络，也可以是小容量交流系统，克服了传统 HVDC 受端必须是有源网络的根本缺陷，使 VSC - HVDC 向远距离孤立负荷输送电能得以实现。

（2）控制的灵活性。正常运行时，VSC - HVDC 可以在其运行范围内根据指令值调节输出的有功功率和无功功率大小，实现有功和无功的独立控制，使控制更加灵活方便。

（3）对潮流的控制。直流电流反向便可实现潮流的反转，而直流电压极性不变。这个特点可以构成既能方便地控制潮流，又具有较高可靠性的并联多端直流系统，同时与交流系统具有相同拓扑结构，运行控制方式灵活多变。

（4）提供无功支持。VSC 不需要交流侧提供无功功率，而且可以起到 STATCOM 动态无功补偿的作用，即动态补偿母线的无功功率，稳定交流母线电压。所以故障时 VSC - HVDC 系统在容量允许的范围内，可向故障区有效提供有功功率和无功功率的紧急支援，从而达到提高系统的电压和功角稳定性的目的。

（5）对交流系统短路容量的影响。VSC 交流侧电流可以控制，所以系统的短路容量不会增加。在增加新的 VSC - HVDC 线路后，交流系统继电保护的整定不会受到影响。

（6）产生的谐波。VSC 通常采用 SPWM 调制技术，开关频率相对较高，因此换流器产生的谐波大为减少，为高频谐波，因此所需滤波装置的容量大大减小。

（7）模块化设计。VSC - HVDC 采用模块化设计，使 VSC - HVDC 的设计、生产、安装、调试周期大为缩短。

（8）占地面积。换流站的占地面积相对于传统直流输电大大降低，仅为后者的 20%左右。VSC - HVDC 一般采用地下或海底电缆，可以采用直埋方法进行铺设，既降低了工程造价，同时也减少了对环境的影响。

（9）损耗大。由于 VSC - HVDC 采用了全控型开关器件，VSC - HVDC 系统还不能达到传统 HVDC 的容量及损耗要求。今后随着新器件如集成门极换相晶闸管（IGCT）和碳化硅等新型半导体器件的开发利用，直流输电技术将会有更好的发展。

VSC - HVDC 系统克服了常规直流的固有缺陷，可以独立地控制与交流系统交换的有功功率和无功功率，潮流翻转灵活，可以自换相，因此具有提高交流系统电压稳定性、功角稳定性、降低损耗、事故后恢复快速、便于电力交易等功能。

以交流电网电压等级为参照，VSC-HVDC在中低压电网中的广泛应用主要侧重于它的功率传输功能，而在高压领域中的应用则主要侧重于它对电网的控制作用。目前电网已有将传统直流输电与柔性直流输电相结合的混合型直流输电工程投入运行。

第三节 灵活交流输电系统

随着电力系统的日益庞大，电网结构和电力负荷越来越复杂，有最终形成统一大电网的趋势。在这种状态下，如何根据电网运行的要求，快速地对电力系统中影响输送功率和电网稳定的电压、阻抗、功角等电量进行调节，显得尤为重要。以交流输电系统为例，为控制电压波动和系统无功潮流常采用并联补偿装置；为控制线路在正常运行时所传输的功率，或增加线路传输功率到热稳定极限值，或提高系统稳定性，常在线路中串入补偿装置，如可调电容器等。但传统的补偿装置是利用机械投切或分接头转换的方式进行参数变换，不能适应现代电力系统发展的要求。为保证大电力系统稳定、安全地运行，迫切需要一种灵活可靠的潮流控制技术。

一、 灵活交流输电系统的概念

灵活交流输电系统（Flexible AC Transmission System，FACTS）也称为柔性交流输电系统，是指具有基于电力电子技术的或其他静态的控制器以提高可控性和传输容量的交流输电系统，其灵活性（柔性）是指电力传输系统在维持足够稳态和暂态稳定裕度的条件下适应电网及其运行方式变动的能力。

FACTS技术主要特点是基于现代大功率电力电子技术构成的各种控制设备（称FACTS控制器），结合先进的控制理论和计算机信息处理技术等，实现对交流输电网运行参数和变量（如电压、相角、阻抗、潮流等）更加快速、连续和频繁的调节，即所谓柔性输电控制。电力电子开关理论上可以无限次操作而无机械磨损，因而提高了系统控制的灵活性和可靠性，从而能在不改变现有电网结构的情况下，提高输电系统的可控性，提高系统运行效率，增加其稳定性。

FACTS控制设备是灵活交流输电系统的核心，按其接入电力系统的方式可分为并联型和串联型两种。可控并联型控制设备主要有静止无功补偿器（Static Var Compensator，SVC）、静止同步调相器（Static-synchronous Compensator，STATCOM）等。可控串联型装置主要有晶闸管投切串联电容器（Thyristor Switched Series Capacitor，TSSC）、晶闸管控制串联电容器（Thyristor Controlled Series Capacitor，TCSC），静止同步串联补偿器（Static synchronous Series Compensator，SSSC）。此外，还有一种综合并、串联两种形式的FACTS控制设备：统一潮流控制器UPFC（Unified Power Flow Controller）。

二、 可控并联补偿装置

并联补偿是电力系统无功控制和电压调节最基本的手段，也是提高电力系统稳定性的重要措施之一。

可控并联补偿是 FACTS 技术发展的基础，从原理上可分为阻抗变化型与变换器型两种。阻抗变化型主要有晶闸管控制的电抗器（Thyristor Controlled Reactor，TCR）、晶闸管投切的电容器（Thyristor Switched Capacitor，TSC）、磁控式可调电抗器（Magnetically Controlled Reactor，MCR）等，它们单独应用时只能提供感性的或容性的无功补偿功率，若需获得从感性到容性可调的无功，则应将容性和感性补偿装置进行组合。变换器型补偿装置主要为基于各种电压源变换器型的补偿装置，统称为静止同步调相器 STATCOM，既可提供超前的无功补偿，也能提供滞后的无功补偿。

1. 晶闸管控制的电抗器 TCR

TCR 的原理接线如图 10 - 25 所示。图中 L 为电抗器的线性电感，V1、V2 为反向并联的双向晶闸管，u_s 为电源电压。在电源电压正半周，晶闸管 V1 承受正向电压，V2 承受反向电压。若此时晶闸管 V1 不被触发导通，则电抗器 L 被切除，回路电流为零。若在电源电压正半周电压最大值后的 α 电角度将触发信号施加于 V1，使其导通，则在电抗器 L 中将流过电流 i。电角度 α 称为相控角。间隔 $\alpha+\pi$ 电角度使 V2 导通，则电抗感 L 中将流过反向对称电流。以后每隔 π 电角度轮流触发导通晶闸管 V1、V2，则形成图 10 - 25 所示的感性电流。相控角 α 可在 $0\sim\frac{\pi}{2}$ 范围内变化，α 越小，电流 i 越大。$\alpha=0$ 时电流最大，波形为正弦波；$\alpha=\frac{\pi}{2}$ 时电流为零；在 $0<\alpha<\frac{\pi}{2}$ 的范围内，流过电抗器的电流为不完整的正弦波，含有高次谐波分量。忽略电抗器电阻损耗，假定电源电压为 $u_s=U_s\cos\omega t$，则根据图 10 - 25 可写出回路的电压方程为

$$L\frac{\mathrm{d}i}{\mathrm{d}t}-u_s=0 \tag{10 - 61}$$

由此可得

$$i(t)=\frac{1}{L}\int u_s\mathrm{d}t+C=\frac{U_s}{\omega L}\sin\omega t+C \tag{10 - 62}$$

已知相控角为 α，故有 i（$\omega t=\alpha$）$=0$，代入式（10 - 62）可得电流表达式为

$$i=\begin{cases}\dfrac{U_s}{\omega L}(\sin\omega t-\sin\alpha) & (\alpha\leqslant\omega t\leqslant\pi-\alpha)\\ 0 & (0\leqslant\omega t\leqslant\alpha)\cup(\pi-\alpha\leqslant\omega t\leqslant\pi)\end{cases} \tag{10 - 63}$$

电流波形如 10 - 26 所示。当 $\alpha\neq0$ 时，TCR 输出电流为间断波，随着 α 角度的增加，其基波电流幅值逐步减小。

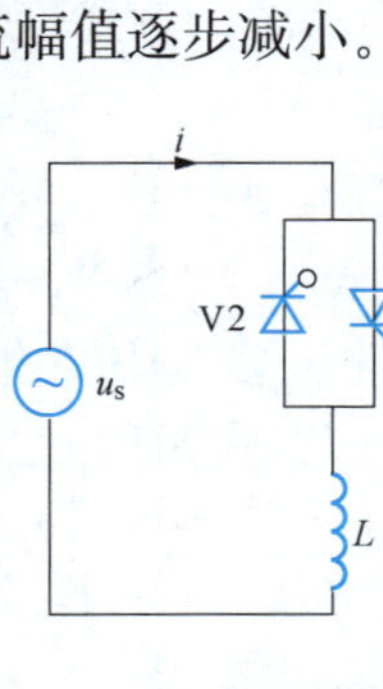

图 10 - 25　TCR 的原理接线

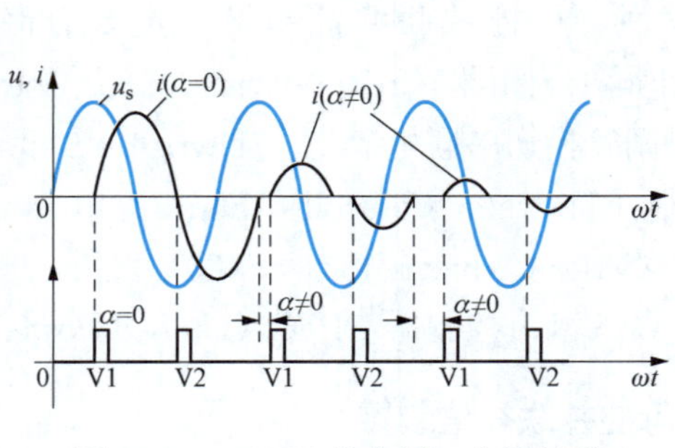

图 10 - 26　TCR 的电压、电流波形

MCR是近年来研制出的一种动态无功补偿装置。其基本工作原理是通过直流控制电流使电抗器铁心饱和，改变等效磁导系数，从而达到控制电抗器容量的目的。MCR和TCR相比，具有可靠性高、体积小、产生谐波少等优点。

上述两种可控电抗器与电容器组并联使用后能提供从容性到感性范围的连续可调的动态无功补偿，在工程上常称为静补装置。

2. 磁控电抗器MCR

磁控电抗器MCR是一种基于磁放大器原理的动态感性无功补偿装置，通过控制直流励磁电流改变电抗器铁芯饱和程度，即改变铁心的等效磁导系数，从而实现无级调节电抗器容量的目的。

图10-27（a）和（b）所示为自耦励磁结构的磁控电抗器原理结构及接线图，它包含两个对称的铁心工作柱，其上分布有面积、长度不等的小截面段，称为磁阀，铁心柱上分别对称绕有两个匝数为$N/2$的绕组，每个铁心柱的上、下两个绕组各有一抽头比$\delta=N_2/N$的抽头，它们之间接有晶闸管V1、V2，不同铁心柱的上、下两个绕组交叉连接后，并联至电网电源，二极管D则横跨在交叉端点。图中，交流绕组产生同向的交流磁通，并通过侧边旁轭形成回路，在电源正负半周轮流触发导通V1、V2，将在绕组中产生直流电流，分别在两个工作柱铁心上产生相反的直流励磁并沿中间两个工作柱与上下轭形成回路，直流励磁大小与晶闸管的触发角度正相关。工作过程中，通过控制直流回路电流大小改变铁心中的直流励磁，从而改变了铁心中磁阀段的饱和程度，即可平滑无级地改变磁控电抗器的输出容量。

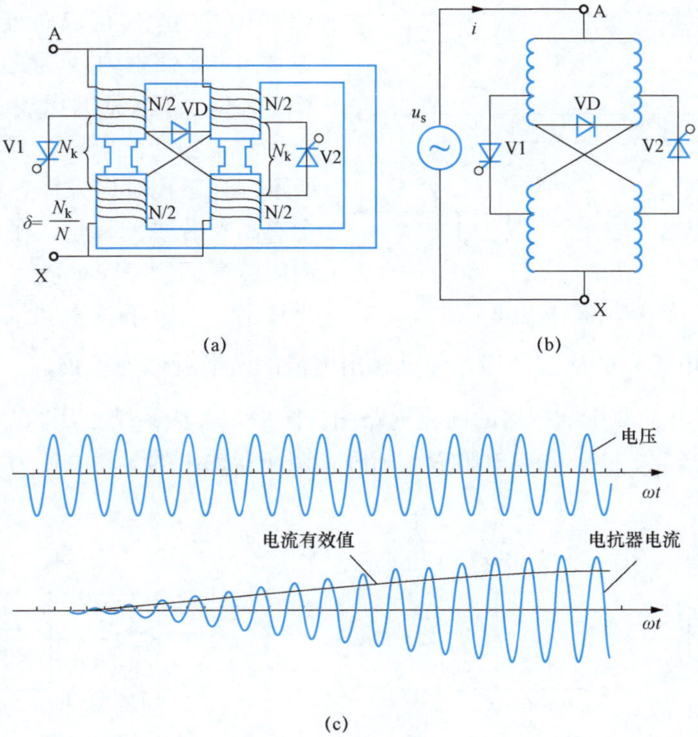

图10-27　磁控电抗器原理

（a）MCR的原理结构图；（b）MCR的电路原理接线图；（c）MCR的电压、电流波形

MCR 和 TCR 相比，具有可靠性高、体积小、产生谐波少等优点。这两种可控电抗器与电容器组并联使用后能提供从容性到感性范围的连续可调的动态无功补偿，在工程上常称为 SVC 静补装置。

3. 静止同步调相器（STATCOM）

静止同步调相器，简称静止调相器，也称为静止无功发生器（Advanced Static Var Generator，ASVG），是由可关断电力电子器件、储能元件所组成的动态无功补偿装置，可实现从容性到感性范围内的快速动态无功补偿。静止同步调相器可分为电压型和电流型两种，现以电压型为例说明，图 10-28 所示为其原理接线图。

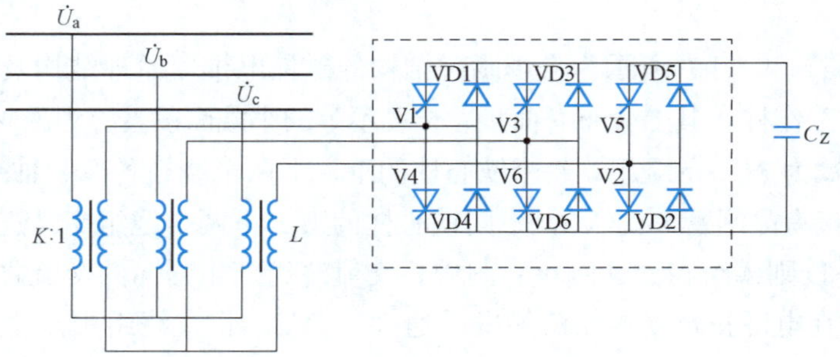

图 10-28　电压器静止调相器的工作原理接线图

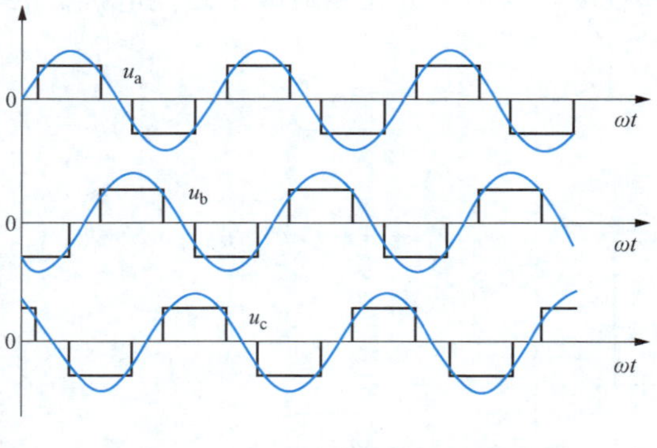

图 10-29　静止调相器输出电压波形

静止调相器以电容器 C_Z 为电压源，借助由可关断晶闸管 V1～V6 和二极管 VD1～VD6 构成的电流可双向流动的电力电子开关（图中虚线框内），通过轮流触发和关断 V1～V6，将直流电压逆变为与系统电压同相的三相交流电压。其波形如图 10-29 所示，为三相对称方波，即除基波外还包含有高次谐波。因此，在实际应用中还应利用脉宽调制 PWM 技术、级联或多重合化技术、多电平技术和耦合电感 L（例如图中变压器的漏电感）的滤波作用，使其输出电流的波形近似为正弦。

图 10-30 给出了静止调相器的简化电路图。图中，$\dot{U}_s$ 为系统电压，$\dot{U}_i$ 为静止调相器的端口电压，L 为耦合电感。忽略电阻 R，则静止调相器输出的无功电流为

$$\dot{I}=\frac{\dot{U}_s-\dot{U}_i}{j\omega L} \tag{10-64}$$

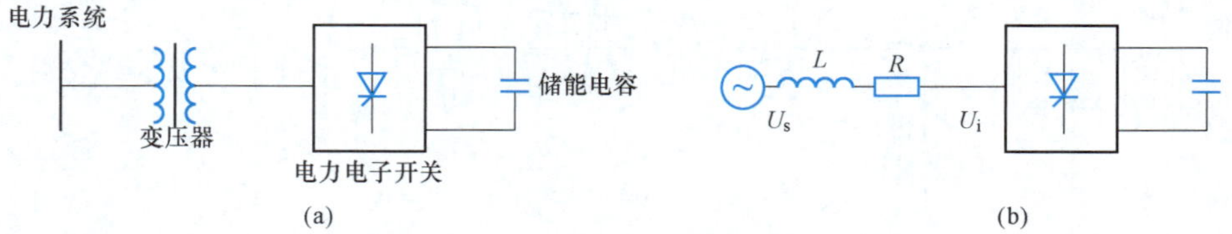

图 10-30　静止调相器的简化电路图

（a）原理电路；（b）等效电路

若 $\dot{U}_i$ 与 $\dot{U}_s$ 同相，则由式（10-60）不难看出：$U_i>U_s$ 时，$\dot{I}$ 超前 $\dot{U}_s$90°，静止调相器等效为电容器，向系统发出无功功率；若 $U_i<U_s$，则 $\dot{I}$ 滞后 $\dot{U}_s$90°，静止调相器等效为电抗器，从系统吸收无功功率；在 $U_i=U_s$ 时，$\dot{I}=0$，等效于静止调相器被切除，与系统间没有无功功率交换。可见，控制静止调相器输入电压 $\dot{U}_i$ 的大小可调节其无功输出。

三、可控串联补偿装置

在线路中串入电容器 C（见图 10-31）可达到补偿线路电抗、调节有功功率、增大输送功率稳定极限值的目的。可调的串联电容器为可控串联补偿装置，是 FACTS 技术最重要的基石。实现可控串联补偿中的电容调节的方式主要有晶闸管投切串联电容器和晶闸管控制串联电容器两种。

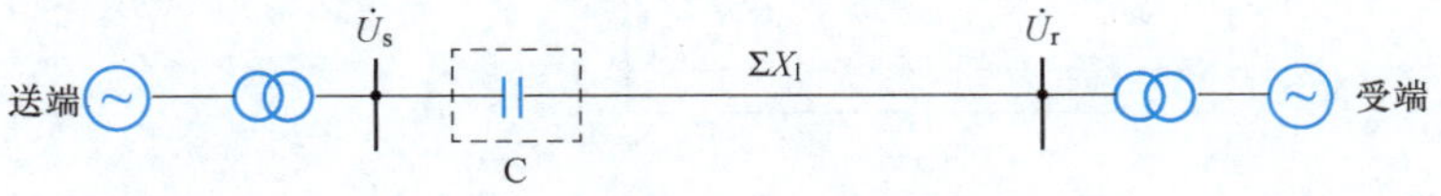

图 10-31　具有串补的双端电源系统

1. 晶闸管投切串联电容器（TSSC）

晶闸管投切串联电容器（Thyristor-Switched Series Capacitor，TSSC）的原理接线如图 10-32 所示。它由双向晶闸管 V 投切的电容器串联而成。当晶闸管导通时，与之并接的电容器被短接而切除。按一定规律控制各晶闸管开关的通断可获得离散调节串联电容的效果。

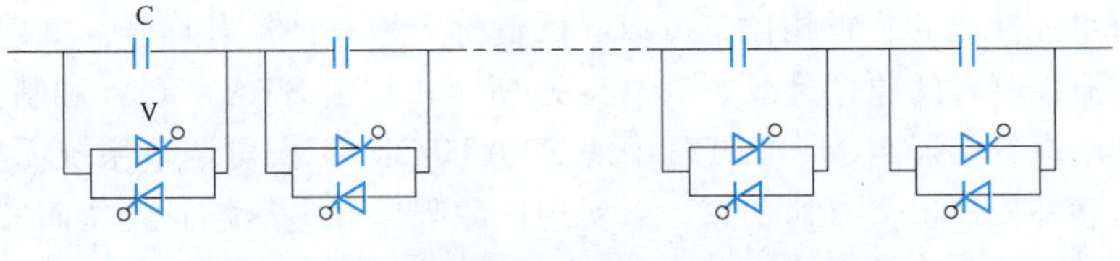

图 10-32　晶闸管投切串联电容器原理接线

2. 晶闸管控制串联电容器（TCSC）

晶闸管控制串联电容器（Thyristor-Controlled Series Capacitor，TCSC）的原理接线如图 10-33 所示。它由电容器 C 与 TCR 并联组成。通过改变 TCR 的电抗值可以实现等效串补电容值的连续变化。该类型装置已经在我国的 220、500、1000kV 输电线路中得到应用，并取得了显著成效。

3. 静止同步串联补偿器（SSSC）

近年来，一种基于电力电子开关的电压源型串联补偿技术得到了发展，称为静止同步串联补偿器（Static Synchronous Series Compensator，SSSC），图 10-34 为其原理接线图。在电压源型串联补偿技术中，电力电子开关（图中虚线框内）电源通过变压器串接于线路的送端（或

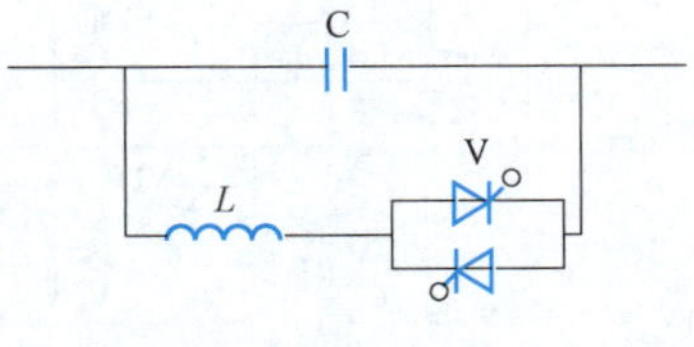

图 10-33　晶闸管控制串联电容器原理接线

受端）。由电压源型逆变器产生一个与线路电流垂直的横向可变工频电压 $\delta\dot{U}$，在该横向电压作用下，使线路送端（或受端）电压大小发生变化，达到控制线路电流和功率的目的。

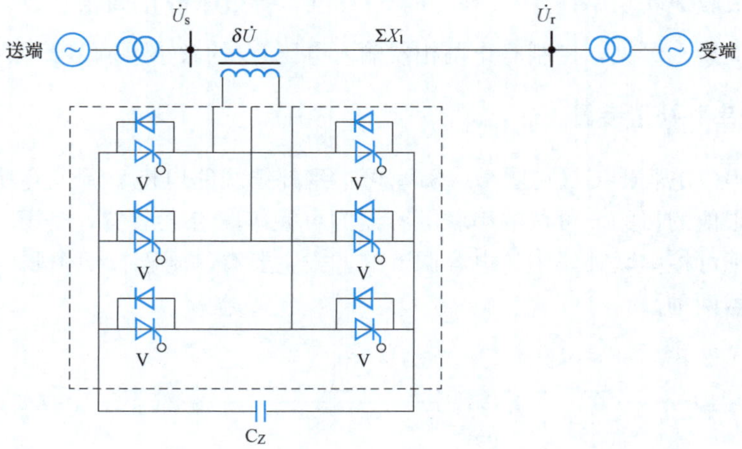

图 10-34　基于电力电子开关的电压源型串联补偿器原理接线

四、潮流控制器

1. 统一潮流控制器（UPFC）

统一潮流控制器（Unified Power Flow Controller，UPFC）将可控并联补偿和可控串联补偿融为一体，协调控制，不仅可对电网实施电压控制，还能有效地调节系统潮流，与同时安装多个单一性能的装置相比，可以降低造价，是一种具有良好发展前景的 FACTS 装置。统一潮流控制器的原理接线如图 10-35 所示。它由 STATCOM 和基于电力电子开关的电压源型串联补偿器组成。UPFC 中的 STATCOM 不仅可调节系统无功，还能通过直流环节向串联补偿器提供有功功率，以实现四象限串联电压控制，从而实现线路有功、无功、电压的准确调节，并可改善系统稳定性，提高输电能力和抑制系统振荡。

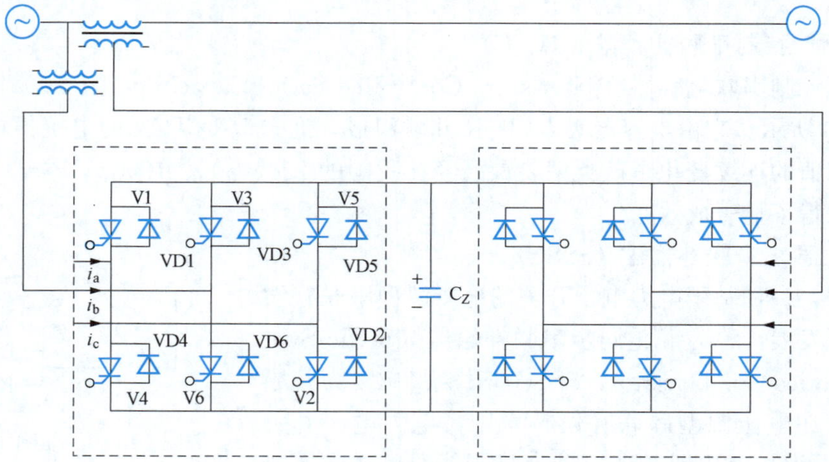

图 10-35　统一潮流控制器的原理接线

2. 线间潮流控制器（IPFC）和广义统一潮流控制器（GUPFC）

线间潮流控制器（Interline Power Flow Controller，IPFC）、广义统一潮流控制器（Generalized Unified Power Flow Controller，GUPFC）的概念于1999年提出，以实现多线路潮流的灵活控制为目标。如图10-36所示，IPFC将多个换流器通过耦合变压器各自串入输电线路中，不但能够独立提供无功补偿，还可通过换流器中的直流侧电容器C_Z的连接，实现线路间的有功功率传输，从过载线上向欠载线上传输有功功率，补偿线路的电阻性压降和相应的无功功率，增加系统抗动态干扰的能力。IPFC还可以优化整个电网的配置，平衡多线路的有功和无功功率。GUPFC是比IPFC功能更为强大的FACTS装置，原理接线如图10-37所示。与IPFC不同，GUPFC在母线侧并联了一个换流器，拓展了IPFC对节点电压和单条线路潮流的控制，可同时控制多条线路或系统中的某一子网络潮流。

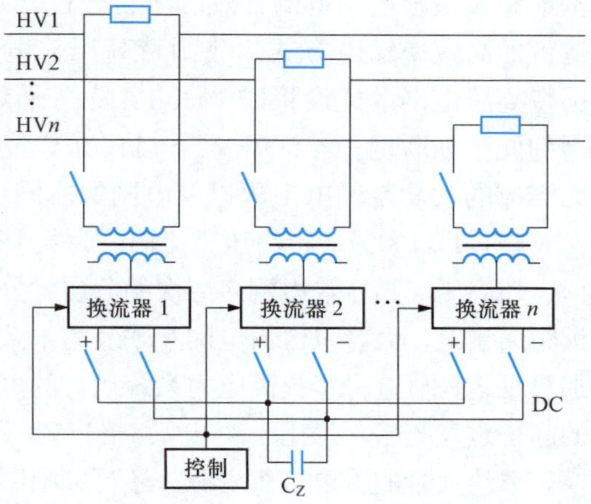

图10-36 IPFC原理接线

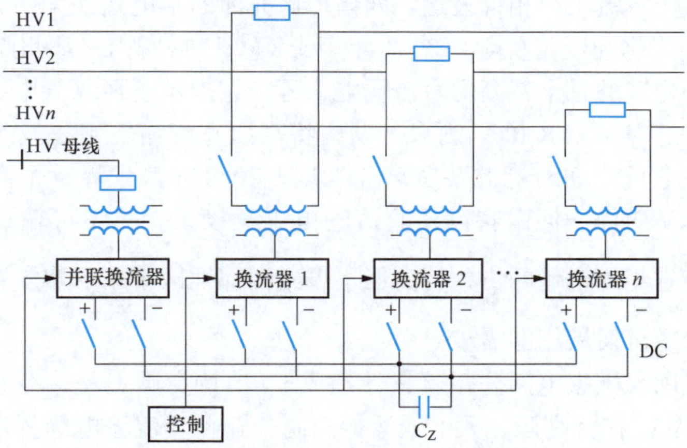

图10-37 GUPFC原理接线

FACTS的出现使交流输电系统的功率有高度的可控性，可降低系统网损和发电成本，具有良好的经济性，还可大幅度提高系统的稳定性和可靠性。FACTS技术的应用对FACTS装置与电厂、电网已有自动装置之间以及FACTS装置自身间的控制规律，以及继电保护方法和电力系统分析方法都提出了新的要求，有待于进一步研究。

第四节 特高压输电

一、我国特高压输电的发展概况

我国地域辽阔，能源资源与负荷中心呈逆向分布，为了满足更大容量、更远距离的电力传输，发展特高压输电成为中国电网发展的战略方向。特高压输电能够适应东西 2000～3000km，南北 800～2000km 远距离大容量电力输送的需求，有利于大煤电基地、大水电基地和大型核电站群的开发和电力外送，是一种节省线路走廊、降低输电损耗及电网工程造价的高效率输电方式。我国特高压输电的电压等级为交流 1000kV，直流±800kV。我国特高压电网的建设将以 1000kV 特高压交流输电为主形成骨干网架，以实现各大区域电网的同步强联网；±800kV、±1100kV 特高压直流输电，主要用于远距离、中间无落点、无支撑的大功率输电工程以及电网的非同步互联。

建设以 1000kV 特高压交流输电为主干网架，配合特高压和超高压直流输电，形成特高压、超高压、高压输电网多层次的分层、分区、结构清晰合理的互联大电网，可解决大容量远距离输电、大容量区域电网互联及主干系统潮流增加所带来的系统稳定和短路电流水平增加等难题，可进一步提高电力系统运行的可靠性。随着西电东送线路的增加，输电走廊紧张的问题愈发突出，采用±800kV、±1100kV 特高压直流输电技术，不仅有利于加大输电规模，节约大量的输电走廊资源，还可以限制负荷中心短路容量，提高电网的安全稳定水平。

党的十八大到二十大这 10 年间，是我国特高压输电工程高速发展期。特高压在促进我国西部大开发、服务新能源发展中发挥着重要作用，为我国实现碳达峰与碳中和的目标做出了巨大的贡献。2012 年以来，±800kV 锦屏—苏南、溪洛渡—浙江、雅中—江西、白鹤滩—江苏特高压直流工程相继投运，西南地区充沛的水电送往华中、华东地区，有力促进西部资源优势转化为经济优势。2014 年，±800kV 哈密南—郑州特高压直流工程投运，这是“疆电外送”的首个特高压直流输电工程，它推动了西北煤电、风电、太阳能发电集约化开发。2017 年，±800kV 酒泉—湖南特高压直流输电工程投运，服务甘肃清洁能源消纳，拉动发电行业和新能源装备产业发展。2020 年，世界首个新能源远距离输送大通道——±800kV 青海—河南特高压直流输电工程投运，每年可输送绿电 400 亿千瓦时，约占目前河南省年用电量的$\frac{1}{8}$。特高压不仅给西部地区带来了实实在在的效益，也满足了东中部地区的经济发展用能需求。

在这期间，我国仅国家电网公司就累计建成 30 项特高压工程，经营区跨区跨省输电能力达到 2.5 亿 kW，在特高压、大电网运行控制、新型直流输电等领域取得了一批具有自主知识产权、世界领先的原创成果，积极推动了先进技术向标准转化，在世界上率先建立特高压、智能电网标准体系，提升了国际话语权和影响力，成为我国走向世界的又一张“新名片”。

表 10-2 列出了截至 2022 年中国特高压交直流输电工程已经建设完成并投入使用的部分线路。

表 10-2　截至 2022 年我国已投运的特高压交直流输电工程（部分）

序号	工程名称	额定功率（MW）	输送距离（km）	额定电压（kV）	投运时间
1	晋东南—南阳—荆门	—	640	1000kV 交流	2009 年 1 月
2	云南—广东	5000	1413	±800kV 直流	2010 年 6 月
3	向家坝—上海	7200	1935	±800kV 直流	2010 年 7 月
4	锦屏—苏南	7200	2100	±800kV 直流	2012 年 12 月

续表

序号	工程名称	额定功率（MW）	输送距离（km）	额定电压（kV）	投运时间
5	淮南—浙北—上海	—	2×649	1000kV 交流	2013 年 9 月
6	哈密南—郑州	8000	2210	±800kV 直流	2014 年 1 月
7	溪洛渡—浙江	8000	1680	±800kV 直流	2014 年 7 月
8	浙北—福州	—	2×603	1000kV 交流	2014 年 12 月
9	锡盟—山东	—	2×730	1000kV 交流	2016 年 7 月
10	宁东—浙江	8000	1720	±800kV 直流	2016 年 9 月
12	淮南—南京—上海	—	2×760	1000kV 交流	2016 年 11 月
13	蒙西—天津南	—	2×608	1000kV 交流	2016 年 11 月
14	酒泉—湖南	8000	2383	±800kV 直流	2017 年 6 月
15	晋北—南京	8000	1119	±800kV 直流	2017 年 6 月
16	榆横—潍坊	—	2×1049	1000kV 交流	2017 年 8 月
17	锡盟—胜利	—	2×240	1000kV 交流	2017 年 8 月
18	锡盟—泰州	8000	1620	±800kV 直流	2017 年 10 月
19	扎鲁特—青州	10000	1234	±800kV 直流	2017 年 12 月
20	滇西北—广东	5000	1959	±800kV 直流	2018 年 5 月
21	上海庙—临沂	10000	1238	±800kV 直流	2019 年 1 月
22	北京西—石家庄	—	2×228	1000kV 交流	2019 年 6 月
23	准东—皖南	12000	3324	±1100kV 直流	2019 年 9 月
24	苏通 GIL 综合管廊	—	34.1	1000kV 交流	2019 年 9 月
25	山东—河北环网	—	2×820	1000kV 交流	2020 年 1 月
26	张北—雄安	—	2×220	1000kV 交流	2020 年 8 月
27	乌东德—广东、广西（昆柳龙直流工程）	8000	1452	±800kV 三端混合直流	2020 年 12 月
28	青海—河南	8000	1587	±800kV 直流	2020 年 12 月
29	雅中—江西	8000	1696	±800kV 直流	2021 年 6 月
30	陕北—湖北	8000	1137	±800kV 直流	2021 年 8 月

二、 特高压线路的输电能力

1. 特高压线路的输电能力分析模型

与超高压线路输电能力一样，特高压输电线路实际运行时所输送的功率必须满足电力系统功角稳定，包括静态稳定、暂态稳定和电压稳定的要求。

特高压输电的特点是能输送比超高压输电大得多的功率。如果特高压输电线路突然中断大功率的输送，使受端系统出现大的功率缺额时，将给下一级 500kV 电网带来严重的运行安全问题。为了使包括特高压电网在内的整个电力系统能够安全稳定运行，特高压输电线路通常采用双回线。在计算和分析特高压输电线路的输电能力时，可采用图 10-38 所示的系统接线图。

发电机 G 经升压变压器 T1 直接接入特高压输电线路 l_1 和 l_2。l_1 和 l_2 线路两端均接有

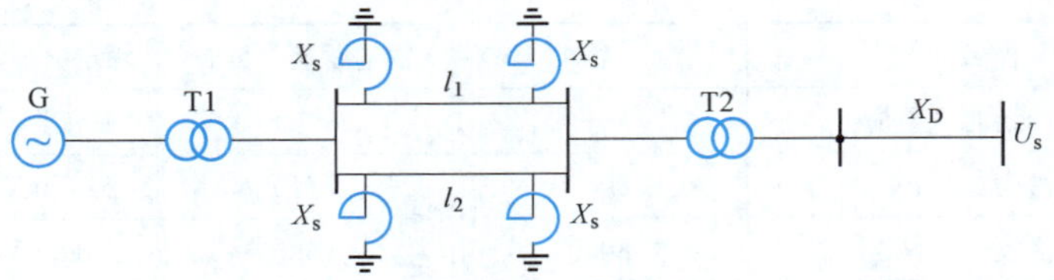

图 10-38 特高压输电的系统接线图

并联电抗器（电抗为 X_s）以补偿线路的容抗或电纳。线路 l_1 和 l_2 再经降压变压器 T2 接入超高压输电系统。X_D 为特高压输电系统以外的电力系统的等效电抗。

根据特高压输电的系统接线图 10-38 可以绘出特高压输电的系统等效电路图，如图 10-39 所示。图中 $\dot{E}_g$ 和 X'_d 为发电机等值参数，B_1 为线路电容的等值电纳，B_s 为并联电抗器的等值电纳。取 $B=\frac{1}{2}(B_1-B_s)$，$X_1=j(X'_d+X_{T1})$，$Z_L=R_L+jX_L$，$X_2=j(X_{T2}+X_D)$，则图 10-39 可简化为图 10-40 所示的研究特高压线路输电能力的基本分析模型。

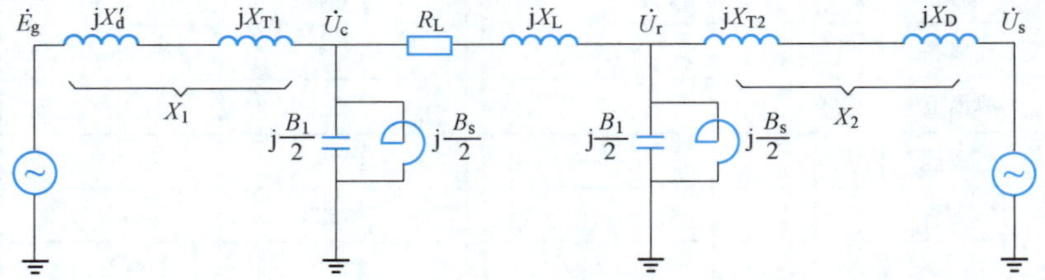

图 10-39 特高压输电的系统等效电路图

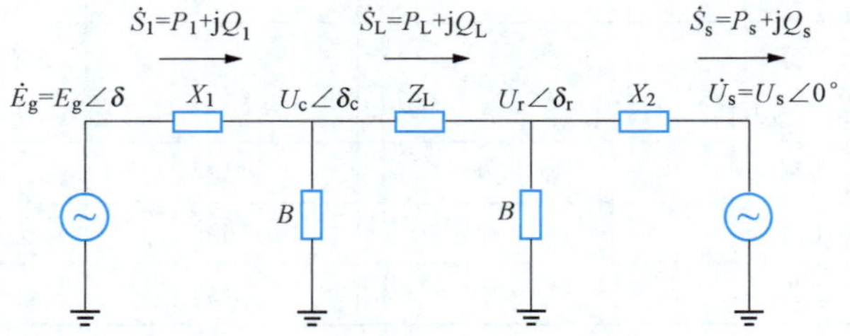

图 10-40 特高压线路输电能力基本分析模型

2. 特高压线路输电能力的计算方程式

特高压线路输电能力是指输电线路满足静态稳定储备系数或静态稳定裕度，以及线路电压降落的百分比限制或线路最高运行电压限制值所传输的功率值。

设 $\dot{U}_s=U_s\angle 0°$，$\dot{E}_g=E_g\angle\delta$，为满足静态稳定裕度要求，功角 δ 须按 44°～40°考虑，相应的静态稳定裕度为 30%～50%。为使 U_s 在任何运行情况下不超过最高运行电压 U_{sm}，应将 U_s 和 U_r 之间电压降落限制到 5%。因此，特高压线路输电能力的计算可归纳为：在给定受端功率情况下，计算分析模型各节点电压 U_s、U_r 和 $\dot{E}_g$ 的相量值以及相关的功角值和电压降落值。

已知受端功率 $\dot{S}_s=P_s+jQ_s$，受端电压 $\dot{U}_s=U_s\angle 0°$，则各节点电压和潮流方程为

$$\begin{aligned}\dot{U}_r&=\dot{U}_s+\left(\frac{P_s+jQ_s}{\dot{U}_s}\right)^* jX_2\\&=\left(U_s+\frac{Q_sX_2}{U_s}\right)+j\,\frac{P_sX_2}{U_s}\\&=U_{rR}+jU_{rm}=U_r\angle\delta_r\end{aligned}\tag{10-65}$$

式中：$U_{rR}=U_s+\dfrac{Q_sX_2}{U_s}$；$U_{rm}=\dfrac{P_sX_2}{U_s}$；$\delta_r=\arctan\left(\dfrac{U_{rm}}{U_{rR}}\right)$。

$$\begin{aligned}\dot{S}_L&=P_s+jQ_s+\frac{P_s^2+Q_s^2}{U_s^2}jX_2+\dot{U}_r(\dot{U}_r jB)^*\\&=P_s+j\left(Q_s+\frac{P_s^2+Q_s^2}{U_s^2}X_2-U_r^2B\right)\\&=P_L+jQ_L\end{aligned}\tag{10-66}$$

式中：$P_L=P_s$；$Q_L=Q_s+\dfrac{P_s^2+Q_s^2}{U_s^2}X_2-U_r^2B$。

$$\begin{aligned}\dot{U}_c&=\dot{U}_r+\left(\frac{\dot{S}_L}{\dot{U}_r}\right)^* Z_L=U_{rR}+jU_{rm}+\frac{P_L-jQ_L}{U_{rR}-jU_{rm}}(R_L+jX_L)\\&=U_{cR}+jU_{cm}=U_c\angle\delta_c\end{aligned}\tag{10-67}$$

式中：$U_{cR}=U_{rR}+\dfrac{(P_LR_L+Q_LX_L)U_{rR}-(P_LX_L-Q_LR_L)U_{rm}}{U_{rR}^2+U_{rm}^2}$；

$U_{cm}=U_{rm}+\dfrac{(P_LX_L-Q_LR_L)U_{rR}+(P_LR_L+Q_LX_L)U_{rm}}{U_{rR}^2+U_{rm}^2}$；$\delta_c=\arctan\left(\dfrac{U_{cm}}{U_{cR}}\right)$。

$$\begin{aligned}\dot{S}_1&=\dot{S}_L+\frac{P_L^2+Q_L^2}{U_r^2}(R_L+jX_L)-jU_c^2B\\&=P_L+\frac{P_L^2+Q_L^2}{U_r^2}R_L+j\left(Q_L+\frac{P_L^2+Q_L^2}{U_r^2}X_L-U_c^2B\right)\\&=P_1+jQ_1\end{aligned}\tag{10-68}$$

式中：$P_1=P_L+\dfrac{P_L^2+Q_L^2}{U_r^2}R_L$；$Q_1=Q_L+\dfrac{P_L^2+Q_L^2}{U_r^2}X_L-U_s^2B$。

$$\begin{aligned}\dot{E}_g&=\dot{U}_c+\left(\frac{\dot{S}_1}{\dot{U}_c}\right)^* jX_1\\&=U_{cR}+jU_{cm}+\frac{(Q_1X_1U_{cR}-P_1X_1U_{cm})+j(Q_1X_1U_{cm}+P_1X_1U_{cR})}{U_{cR}^2+U_{cm}^2}\\&=E_{gR}+jE_{gm}=E_g\angle\delta\end{aligned}\tag{10-69}$$

式中：$E_{gR}=U_{cR}+\dfrac{Q_1X_1U_{cR}-P_1X_1U_{cm}}{U_{cR}^2+U_{cm}^2}$；$E_{gm}=U_{cm}+\dfrac{Q_1X_1U_{cm}+P_1X_1U_{cR}}{U_{cR}^2+U_{cm}^2}$；$\delta=\arctan\left(\dfrac{E_{gm}}{E_{gR}}\right)$。

电压 U_c 和 U_r 之间电压降落百分比值定义为

$$\Delta U=\frac{U_c-U_r}{U_r}\times 100\%\tag{10-70}$$

式中：$U_c=\sqrt{U_{cR}^2+U_{cm}^2}$；$U_r=\sqrt{U_{rR}^2+U_{rm}^2}$。

3. 超高压和特高压线路输电能力比较

特高压线路输电能力的计算方法同样适用于超高压线路。按照相同的体系结构、相同的静态稳定裕度和相同的电压降落限制条件，可以计算不同电压等级线路的输电能力随输电距离的变化关系，并进行比较。

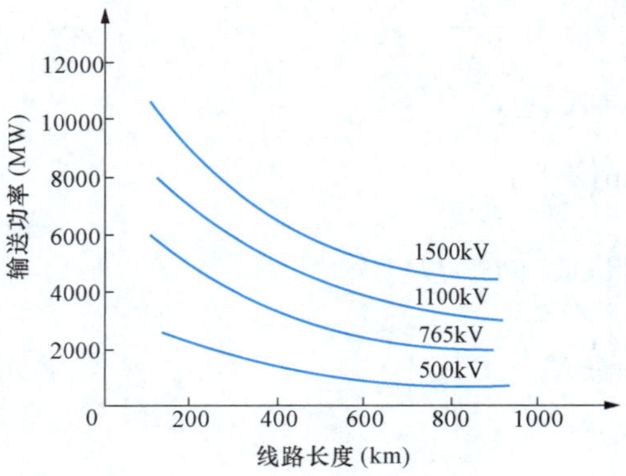

图 10-41　超高压、特高压线路输电能力与输电距离的关系

图 10-41 给出了超高压 500、765kV 和特高压 1100、1500kV 输电线路的输电能力随输电距离的变化曲线。在输电线路输电能力与发电机容量相匹配，升压变压器和降压变压器与发电机容量相匹配，以及受端系统强度相同的情况下，一回 1100kV 输电线路的输电能力大约为 500kV 输电线路输电能力的5～6倍。无论是超高压输电，还是特高压输电，输电能力随输电距离的增加而降低。

三、 特高压输电的发展目标

从当前特高压输电技术的发展趋势来看，发展特高压输电有三个主要目标。

（1）从发电中心（送端）向负荷中心（受端）大容量、远距离输送电能。

（2）超高压电网之间的强互联，形成坚强的互联电力系统，更有效地利用整个电力系统内各种可以利用的发电资源，提高互联的各个电力系统的可靠性和稳定性。

（3）在已有的、强大的超高压输电网之上覆盖一个特高压输电网，将送端和受端之间大容量输电的主要任务从原来超高压输电网转到特高压输电网上来，以减少超高压输电的距离和网损，使整个电力系统能继续扩大覆盖范围，并更经济、可靠地运行。

上述特高压输电发展的三个主要目标，实际上也是特高压输电的三大作用。如何围绕这三大作用来发挥特高压输电的优势，需要根据各国电力工业的发展环境决定，同时也受到自然环境的制约。

我国电力系统发展的必然趋势是采取以特高压输电网为骨干网架的互联大电力系统，特高压输电技术为我国电力系统发展构建了一幅美好蓝图。特高压可以提高电力系统安全性和可靠性；减少输电线路走廊回路数、节约大量土地资源；有利于优化我国电网和电源布局；通过开发西部的煤电基地和水电基地，促进西部大开发，促进区域经济协调发展，减轻铁路煤炭运输和中、东部地区环保压力。总之，特高压输电是我国电力工业发展的必由之路，发展特高压输电有利于提高能源的开发和利用效率，符合建设资源节约型、环境友好型社会的总体战略，是保障电力系统安全、提高社会综合经济效益的重要途径。

本章小结

本章介绍了超高压交流和直流远距离输电系统有关内容。分析了超高压交流输电线路的波阻抗、自然功率、入口阻抗、线路沿线电压分布、并联高抗、紧凑型输电、潜供电流抑制等相关特性。由于输电线路电压等级高，距离长，线路充电功率大，严重影响线路的稳态运行。由于电容—电感效应，长线路末端电压随线路所传输的功率而变化，在轻载和空载运行方式下，末端电压比首端高（即工频过电压）。应用并联电抗器可限制长线工频过电压，并联电抗器配合中性点小电抗也是抑制单相接地故障潜供电流的有效措施。

直流输电系统中，换流装置将超高压交流变换成直流后传输至远方负荷，逆变装置再将超高压直流逆变成交流，经降压后提供给用户。在直流输电系统中，可通过整流器的触发角 α 和逆变器的逆变角 β 来实现对直流电压、电流和有功的快速控制，充分理解传统直流输电系统及柔性直流输电系统的优缺点及适用范围。

灵活交流输电系统（FACTS）是将现代电力电子技术、现代控制技术应用于交流输电系统中，利用各种 FACTS 控制器对系统电压、功角、线路阻抗等参数进行调节和补偿，满足系统潮流快速控制的要求，从而大大提高系统运行的效率和稳定性。FACTS 控制器从接线方式上可分为并联型、串联型及串并联混合型三种，从实现原理上可分为阻抗型与逆变器型两种，并联型控制器的主要功能是调节无功和电压，串联型控制器则主要用于有功功率的控制，混合型控制器的典型代表为统一潮流控制器，其将串联补偿和并联补偿相结合，协调控制，一种重要的 FACTS 控制器。

随着电力负荷的日益快速增长，使得远距离、大容量输电要求成为必然，环境问题变得日益突出，输电走廊用地更显局促，采取特高压输电成为实现这一要求的必然选择。特高压输电特性与一般超高压输电无异。由于电压等级升高了，输电容量大幅度增加的同时，也使得特高压交流输电、特高压直流输电的无功电压问题更加突出。

思考题与习题

10 - 1　什么是线路的波阻抗？什么是线路的自然功率？当忽略线路损耗，线路传输的功率等于线路自然功率时，有何特点？

10 - 2　某 500kV 线路长为 l（单位为 m），试求将电抗器接在该空载线路末端和电抗器接在空载线路中点两种情况下的沿线电压分布曲线（设 $\beta=\frac{\lambda}{2}$）。

10 - 3　什么是潜供电流？作图分析其形成原因以及抑制措施？

10 - 4　分析传统型高压直流输电的优缺点，并说明理由？

10 - 5　对比传统的直流输电，试分析轻型直流输电的优点。

10 - 6　什么是灵活交流输电系统？

10 - 7　试分析相控电抗器（TCR）基波和谐波电流与相控角 α 的关系。

10 - 8　同步调相器（STATCOM）和静止无功补偿器（SVC）都可作为电力系统中的动态无功补偿装置，试比较它们的优点和局限性。

10 - 9　简述我国发展特高压输电的必要性和可行性。

第十一章　电力系统内部过电压

电力系统的工作可靠性与电压的大小密切相关。当电力系统的电压超过正常运行电压时，称为过电压。过电压会危及电气设备的绝缘。据统计，在电力系统各种事故中，由于过电压引起的绝缘事故占主导地位。了解过电压产生的机理及其限制措施，是做好过电压保护的基础。过电压保护工作做好了，不仅可以使电力系统安全运行，而且还能降低电力系统的造价与运行维护的工作量。

过电压可以分为内部过电压和雷电（外部）过电压两大类。本章介绍的是内部过电压，有关雷电过电压将在第十二章中介绍。

第一节　概　　述

电力系统内部过电压可划分为工频过电压、操作过电压和谐振过电压三大类。

电力系统在正常或故障时出现的幅值超过最大工作相电压、频率为工频或接近工频的电压升高，称为工频过电压。线路单相接地所引起的健全相（或非故障相）电压的升高（见第八章），空载长线由电感—电容效应引起的电压升高（见第十章）以及发电机突然甩负荷等，是产生工频过电压的主要原因。工频过电压是稳态性质的，如不采取措施，将会长期存在。

电力系统在断路器操作（关合、开断或重合）或发生故障（断线或接地），由一种工作状态过渡到另一种工作状态时，因电能和磁能的转化而出现的过电压称为操作过电压。操作过电压只在过渡过程中呈现，是暂态性质的，其持续时间一般在几毫秒到几十毫秒间。

当故障或操作使电力系统中某些电感和电容回路被割裂开来或被重新组合，形成串联谐振回路时，会发生各种谐振。由谐振而引发的过电压称为谐振过电压。谐振过电压的持续时间要比操作过电压长得多，甚至可能稳定存在，一直到发生新的操作破坏谐振条件为止。所以谐振过电压也是稳态性质的。

由于谐振过电压和工频过电压都是稳态性质的，在实际运行中为确保电力系统的安全运行，要采取措施避免谐振过电压和工频过电压的长期存在，即只允许其暂时存在，因此人们又把这两种过电压列入暂时过电压的类别。据此，也可把内部过电压分为暂态性质的操作过电压和稳态性质的暂时过电压（包括工频过电压和谐振过电压）两类。

本章主要介绍操作过电压和谐振过电压。

第二节 操作过电压

电力系统中存在许多电感、电容元件。电力变压器、互感器、发电机、消弧线圈、电抗器、线路导线的电感等均可作为电感元件，而线路导线的对地自部分电容和相间互部分电容、补偿用的并联或串联电容器组、高压设备的杂散电容等均可作为电容元件。电感元件和电容元件均为储能元件，可在电力系统中组成各种振荡回路，在进行操作或发生故障时，引发操作过电压。

操作过电压的能量来源于电力系统本身，其幅值和电力系统的工频电压基本上成正比。所以操作过电压的大小通常可用过电压的幅值与电力系统该处最高运行相电压的幅值之比来表示，并将这一比值 K 称为过电压倍数。K 值与电力系统结构、系统容量和参数、中性点接地方式、断路器性能、母线上的出线数目、电力系统的运行接线和操作方式等因素有关，它具有统计性质。

电力系统中常见的操作过电压有中性点不直接接地电力系统中的电弧接地过电压，开断电感性负载（空载变压器、电抗器、电动机等）过电压，开断电容性负载（空载线路、电容器组等）过电压，空载线路合闸（包括重合闸）过电压以及系统解列过电压等。

一、空载变压器的分闸过电压

电力系统中用断路器开断空载变压器（简称切空变）是一种常规操作方式，此时断路器开断的是变压器的励磁电流。在开断过程中，有可能产生很高的过电压。运行经验表明，所采用断路器的灭弧能力越强，切空变的过电压事故就越多。可见，这种过电压和断路器在切断变压器的励磁电流时灭弧能力太强有关。

切空变过电压产生的机理可用图 11 - 1 所示等效电路阐明。由于断路器必须具有开断短路电流的能力，而励磁电流仅为短路电流的几十分之一到几千分之一，因此在开断励磁电流时，电弧往往不是在电流过零时熄灭，而是在电流过零前被强迫熄灭，即电流会在过零前被强迫截断（电流突然下降到零），造成

$$\frac{\mathrm{d}i_{\mathrm{L}}}{\mathrm{d}t} \rightarrow (-\infty)$$

此时在变压器的励磁电感 L_{T} 上的电压 u_{L} 将为

$$u_{\mathrm{L}} = L_{\mathrm{T}}\frac{\mathrm{d}i_{\mathrm{L}}}{\mathrm{d}t} \rightarrow (-\infty)$$

即在变压器的励磁电感上会出现很高的截流过电压。

当然，在实际电路中 $\mathrm{d}i_{\mathrm{L}}/\mathrm{d}t$ 是不会达到无穷大的。由于与励磁电感 L_{T} 相并联的电容 C_{T} 的存在（参见图 11 - 1），断路器截断电流后，电感中的电流可以以电容为回路继续流通，对电容进行充电，将电感中的磁能转化为电容中的电能。此时截流过电压的值可根据磁场和电场能量的转换求出。参考图 11 - 2，如果截流发生在某一瞬时值 I_0 时电容上的电压为 U_0，则截流瞬间变压器的总储能 W 为

$$W = \frac{1}{2}L_{\mathrm{T}}I_0^2 + \frac{1}{2}C_{\mathrm{T}}U_0^2 \tag{11 - 1}$$

按能量不灭定律，当磁能全部转化为静电电能时，在变压器绕组的电容上的电压将达其最大值 U_{Tm}，即

$$\frac{1}{2}C_T U_{Tm}^2 = \frac{1}{2}L_T I_0^2 + \frac{1}{2}C_T U_0^2 \tag{11 - 2}$$

也就是说，由截流而引起的变压器上的过电压可达

$$U_{Tm} = \sqrt{I_0^2 \frac{L_T}{C_T} + U_0^2} \tag{11 - 3}$$

截流值越大则过电压越高。当截流发生在励磁电流的幅值 I_{Tm}时，将有

$$U_{Tm} = I_{Tm}\sqrt{\frac{L_T}{C_T}} \tag{11 - 4}$$

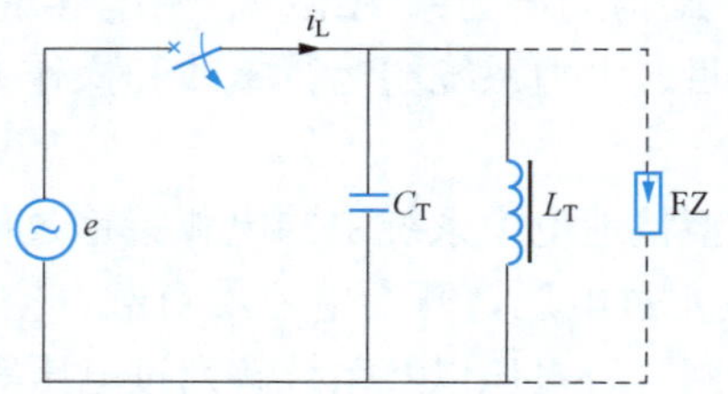

图 11 - 1　开断空载变压器的原理电路图

e—电源电动势；L_T—变压器的励磁电感；i_L—励磁电流；C_T—变压器绕组的电容（包括空载变压器侧全部连线和电气设备的对地电容）；FZ—阀式避雷器

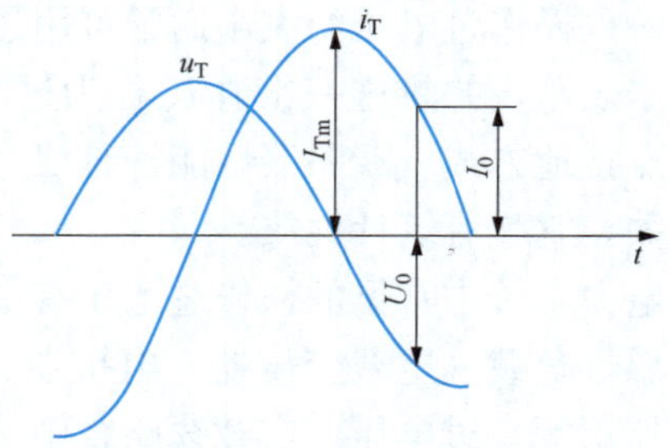

图 11 - 2　空载变压器的电压和电流

图 11 - 3 给出了电流在幅值截断后，电感中的电流 i_T 和电容上的电压（也即电感上的电压）u_T 的波形。如不计衰减，i_T 和 u_T 可写成

$$i_T = I_{Tm}\cos\omega_0 t \tag{11 - 5}$$

$$u_T = -U_{Tm}\sin\omega_0 t = -I_{Tm}\sqrt{\frac{L_T}{C_T}}\sin\omega_0 t \tag{11 - 6}$$

其中

$$\omega_0 = \frac{1}{\sqrt{L_T C_T}}$$

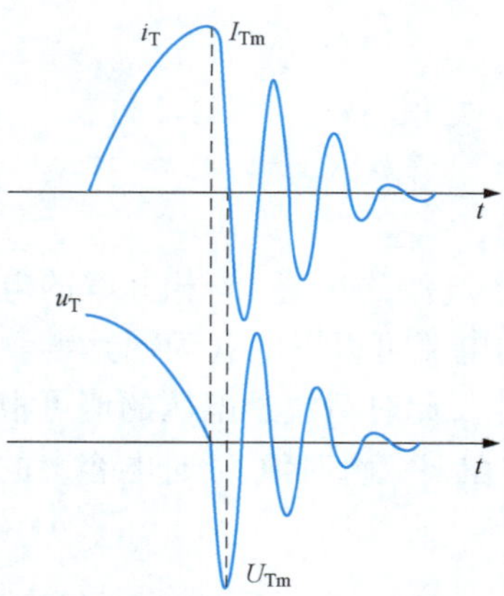

图 11 - 3　截流后的电流和电压波形

由以上分析可知：截流过电压的大小和变压器励磁电流的大小以及变压器绕组电容的大小有关。当变压器绕组的电容 C_T 增大时，过电压将减小；当变压器的励磁电流较小时，即使电流在幅值时被截断，过电压也不会太大。

现代高压变压器都采用冷轧硅钢片，其励磁电流仅为额定电流的 0.5%左右（热轧硅钢片可达 5%以上），同时又采用了纠结式绕组，大大增加了绕组的电容，所以开断这种变压器时，过电压倍数一般不会大于 2。

空载变压器分闸过电压的特点是幅值高、频率高，但持续时间短、能量小。这种过电压可以用就近接在断

路器的变压器侧的阀式避雷器（参见第十二章）来限制。以保证断路器断开后避雷器仍能和变压器相连（见图 11-1 中用虚线连接的避雷器 FZ）。

二、 操作空载线路的过电压

电力系统中用断路器切、合空载线路（简称切合空线）是一种常见的常规或故障操作方式。在这种操作过程中也会产生过电压，这种过电压能波及整个电力系统。运行经验证明，当所用断路器的灭弧能力不够强，以致电弧在触头间发生多次重燃时，切空线的过电压事故就比较多。切空线时电弧在触头间的每次重燃实质上就等于空载线路的一次合闸。下面以最简单的电源向空线合闸的情况，来分析过电压产生的机理。

1. 关合空载线路

参看图 11-4（a），电源 e_1 和 e_2 经长输电线连通，线路两侧均装有断路器。在线路一侧断路器（例如 QF1）断开的情况下，关合另一侧断路器（例如 QF2）就会遇到关合空载线路的操作。用集中电容近似取代线路的分布电容，可得简化了的关合空载线路的单相等效电路，如图 11-4（b）所示。显然图 11-4（b）中的电感与电容将构成振荡回路，其振荡角频率 $\omega_0=1/\sqrt{LC}$。

在一般情况下，ω_0 要比工频高得多。因此，可以假设在求过渡过程中电容上的电压时，电源电压近似地保持不变（如果在电源电动势接近幅值时合闸，由于这时电源电压变化较慢，这一假设就更接近于实际了）。这样，空线的关合可以简化成直流电源合闸于 LC 振荡回路的情况，如图 11-5 所示。图中直流电源电动势取工频电动势的幅值 E_m（这相当于最严重的情况）。据此可以写出

$$E_m=u_L+u_C \tag{11-7}$$

$$u_L=L\frac{di}{dt} \tag{11-8}$$

$$u_C=\frac{q}{C}=\frac{1}{C}\int i\,dt \tag{11-9}$$

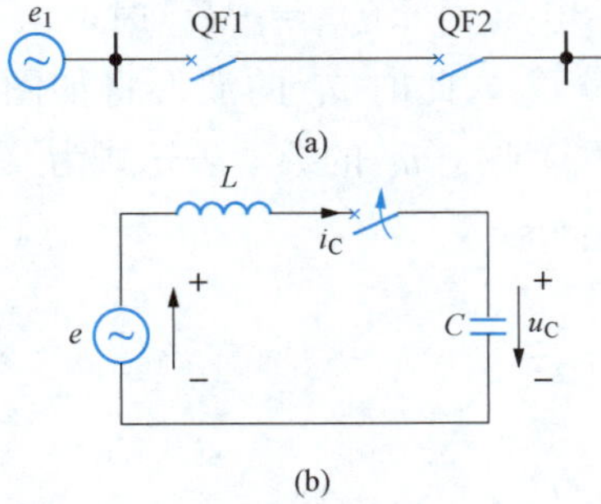

图 11-4 关合空载长线

（a）接线图；（b）单相等效电路图

L—电源电感；C—线路的总电容

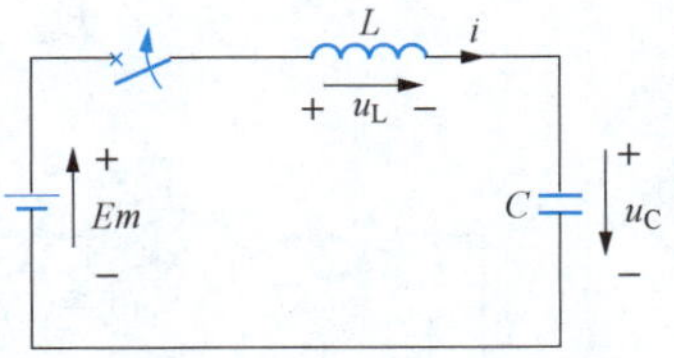

图 11-5 直流电源合闸于 LC 振荡回路上

因此，电路方程可写成

$$E_m=L\frac{di}{dt}+\frac{1}{C}\int i\,dt$$

或

$$LC\frac{d^2u_C}{dt^2}+u_C=E_m \tag{11-10}$$

当电容上无起始电压时，即 $t=0$ 时，$u_C=0$，式（11-10）的解为

$$u_C=E_m(1-\cos\omega_0 t) \tag{11-11}$$

代入式（11-9）中可得电流的解为

$$i=C\frac{du_C}{dt}=\frac{E_m}{\sqrt{L/C}}\sin\omega_0 t \tag{11-12}$$

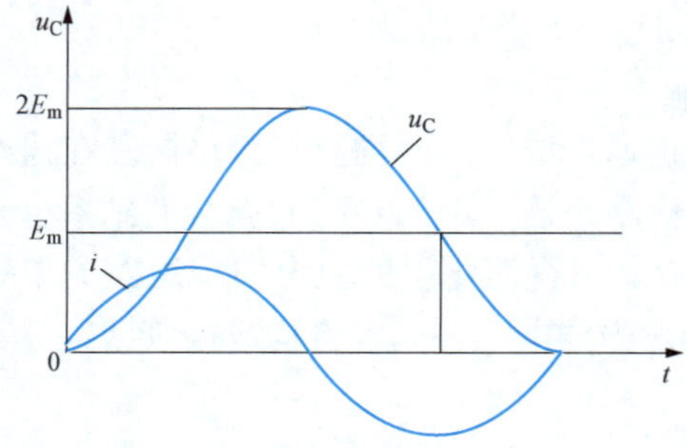

图 11-6　图 11-5 回路中 i 和 u_C 随时间的变化

图 11-6 给出了和式（11-11）、式（11-12）相应的电压、电流变化曲线，即回路中的电流为一正弦波形，回路中的电压则为一围绕电源工频电动势的幅值发生周期振荡的波形。可见，不计线路电容效应，关合空载线路时，长线电容上出现的过电压可达电源工频电动势幅值 E_m 的 2 倍。

实际上，回路中总存在着电阻，只要回路中有少量电阻 R（$R<2\sqrt{L/C}$）存在，则经过若干周期振荡后，电容上的电压最终一定会衰减到稳态值——电源工频电动势的幅值 E_m。由式（11-11）和图 11-6 可知，u_C 可以看作由两部分叠加而成：第一部分为稳态值 E_m，第二部分为振荡部分，后者是由于起始状态和稳定状态有差别而引起的。振荡部分的振幅为“稳态值－起始值”。因此，由于振荡而产生的过电压可以用下列更普遍的公式求出

$$\begin{aligned}\text{过电压}&=\text{稳态值}+\text{振荡幅值}=\text{稳态值}+(\text{稳态值}-\text{起始值})\\&=2\text{倍稳态值}-\text{起始值}\end{aligned} \tag{11-13}$$

式（11-13）是最大过电压估算的基础，利用这个关系式，可以方便地估算出由振荡而产生的过电压的值。参考图 11-7，当电容上的起始电压 $u_C(0)=-U_0$ 时，由于稳态电压等于 E_m，振荡的振幅将为 $E_m-(-U_0)=E_m+U_0$，此时 u_C 的波形将如图 11-7（b）所示。据此不难写出，当电容上有起始电压（$-U_0$）时，u_C 的数学表达式为

$$u_C=E_m-[E_m-u_C(0)]\cos\omega_0 t \tag{11-14}$$

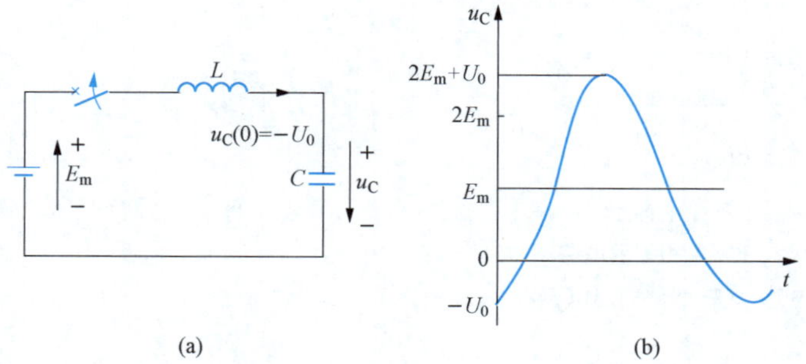

图 11-7　直流电源 E_m 通过电感 L 加到起始电压为 $-U_0$ 的电容上

（a）等效电路图；（b）u_C 随时间的变化

2. 开断空载线路

图 11-8 所示为断路器开断空载长线（简称切空线）时的接线图和等效电路图。

通常 $\omega L \ll \frac{1}{\omega C}$，因此在电路开断前，可认为电容电压 u_C 和电源电动势 e 近似相等，而流过断口的工频电流 i_C 超前电源电压 90°。在电流过零电弧熄灭瞬间（图 11-9 中 $t=t_1$），电容上的电压恰好达到电源电压的最大值 E_m。电弧熄灭后，电源与电容分开，电容上的电荷无处泄放，所以电容电压将保持为 E_m 不变，而电源电动势 e 则将继续按工频变化。此时加在断口上的电压将逐渐增加（如图中阴影所示）。过了工频半个周波后（图 11-9 中 $t=t_2$），当电源电动势 e 到达反相的最大值（$-E_m$）时，断口电压达到 $2E_m$。如果断口的介质强度不够，而且刚好在 $2E_m$ 时被击穿，电弧第一次重燃，此时电容上的电压 u_C 将由起始值 E_m 以 $\omega_0 = 1/\sqrt{LC}$的角频率围绕 $-E_m$ 振荡，其振幅为$2E_m$，此时 u_C 的最大值可达 $-3E_m$。

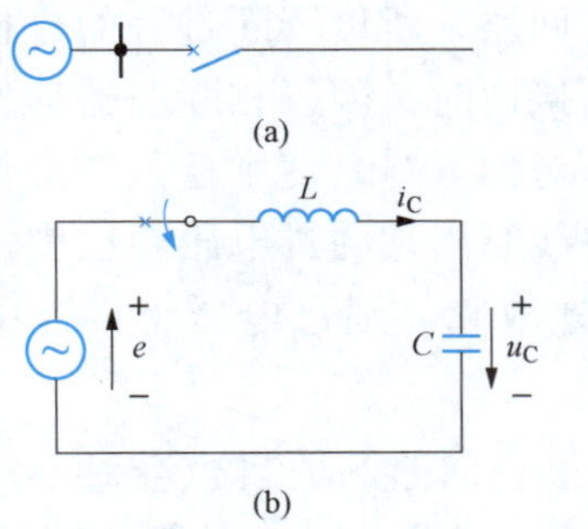

图 11-8　开断空载线路

(a) 接线图；(b) 单相等效电路图

L—电源的电感；C—线路的等值电容

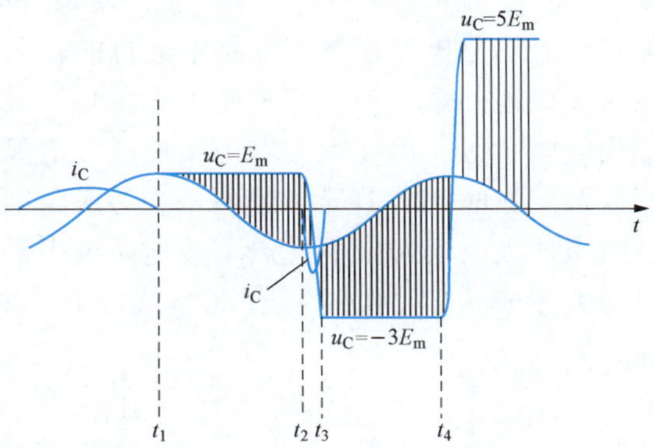

图 11-9　开断空载线路时的电流和电压波形

伴随着高频振荡电压的出现，断口间将有高频电流流过，它超前于高频电压 90°。因此，当 u_C 达到 $-3E_m$ 时（图 11-9 中 $t=t_3$），高频电流恰恰经过零点，于是电弧可能再一次熄灭。此时电容上将保持 $-3E_m$ 的电压，而电源电压则继续按工频变化。又经过工频半个周波后（图 11-9 中 $t=t_4$），作用在断口上的电压将达 $4E_m$。假如断口又恰好在此时击穿，电弧第二次重燃，则由于电容的起始电压为 $-3E_m$，电源电压等于 E_m，振幅为 $4E_m$，振荡后电容上的最大电压可达 $5E_m$。依此类推，过电压可按 $-7E_m$、$+9E_m$……逐次增加而达到很大的数值。

由以上分析可见，引起切空线过电压的原因是电弧的重燃。电弧重燃的时刻将直接影响到过电压的大小。当重燃发生在电弧熄灭后的 1/4 工频周期（0.005s）以内时，并不会引起过电压，只有当重燃的时刻在 1/4 工频周期以后时，才会出现过电压。实际上，由于重燃不一定发生在电源电压到达最大值时，重燃后电弧也不一定能在高频电流的第一次过零点时熄灭，再加上线路的电晕及电阻上的损耗等，所以切空线过电压的值实际上不会按 3、5、7 倍逐次增加。在中性点不接地系统中一般不超过 3.5～4 倍，在中性点直接接地系统中一般不超过 3 倍。

限制切空线过电压的最有效的措施是提高断路器的熄弧能力（即加快断口在开断小电

流时的介质强度恢复），使之不发生重燃。

3. 重合空载线路

为了减少鸟害和雷害等暂时性故障引起的线路跳闸事故，送电线路广泛采用自动重合闸装置。仍以图 11 - 4（a）所示接线图为例，当雷击线路而使线路两端的断路器跳闸时，其中后动作的断路器将切断空载线路的电容电流，而在线路电容上保留数值等于电源电动势幅值（例如$+E_m$）的残留电压。当开关重合时，如电源电动势恰恰达到极性相反的幅值（例如$-E_m$），则重合闸过电压将达 $2(-E_m)-E_m=-3E_m$，相当于开断空载长线开关第一次重燃时的过电压。

由以上分析可知：在切、合（重合）空线的操作中，切空线时断路器重燃所引起的过电压最高。如果采用切空线无重燃开关，则最大过电压将发生在重合空线时。

需要说明的是：以上分析的物理过程是理想化了的，只是定性地说明产生过电压的本质现象而已。在实际操作中，由于一系列复杂因素的影响，过电压的值会有较大的差别。

首先，上述分析是在单相电路中进行的，只适用于中性点直接接地的系统。因为在中性点直接接地的系统中，三相基本上各自形成独立回路，所以开断过程的分析可近似按照单相电路考虑。但在中性点不接地或经消弧线圈接地时，因三相断路器动作时间的不同期以及熄弧时间的差异等原因，会形成瞬间的不对称电路，使中性点产生位移，从而使过电压增大。通常，中性点不接地系统中操作空线时出现的过电压要比中性点直接接地时增大 20%左右；如果操作时空线带有一相接地故障，则过电压将接近中性点直接接地时的$\sqrt{3}$倍。

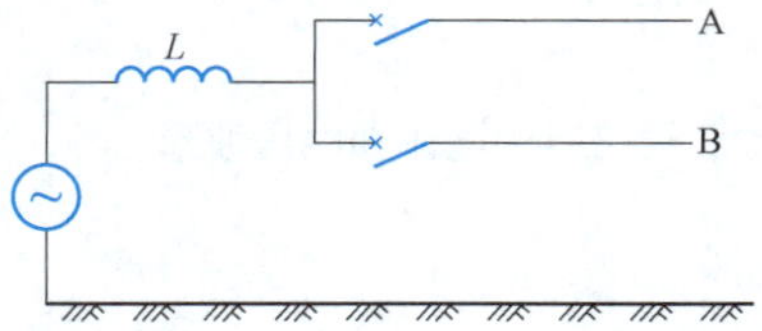

图 11 - 10　两条送电线路中断开其中一条线路时的情况

其次，母线上出线回路的数目也会对空载长线的操作过电压产生影响。以图 11 - 10 为例，母线上有 A、B 两条出线。当拉开 B 线，工频电流经过零点而熄弧后，B 线将保持$+E_m$ 的电位，而 A 线电位将随电源电压而变。到下半周期，电源电压变为$-E_m$ 时，A 线电位也是$-E_m$，而 B 线断路器两触头间的电压将为 $2E_m$，于是电弧可能重燃。在重燃一瞬间 B 线电荷将与 A 线电荷在迅速地衰减振荡中中和（消失），使 B 线和 A 线电位迅速地变为零值，然后再出现电源经电感 L 向 B 线及 A 线充电的较慢的过程。由于此时 B 线的“起始电位”已是零而不是$+E_m$，也就是说起始电位更靠近了“稳态电位”$-E_m$一些，因此过渡过程的振荡分量就要相应小些。此时在振荡中 B 线的最大电位将不再是以前的$-3E_m$，而只是$-2E_m$。显然，并联的线路越多，则当 B 线断路器电弧重燃时，B 线电荷与其他各线电荷互相作用的结果将使 B 线的“起始电位”越接近于“稳态电位”，因此过电压也就越小。

再次，断路器触头间电弧的重燃和熄灭均有明显的随机性。开断时，不一定每次都产生重燃，即使重燃也不一定在电源电动势到达最大值时发生，重燃后也不一定在高频电流第一次过零时熄弧。

可见，要对操作空线时的过电压进行定量计算是相当困难的。操作空线的实际过电压倍数要根据大量实测结果求得。实际测量结果说明，虽然由于受很多偶然因素的影响，每次测量时过电压的大小都会不同，但根据 n 次测量的结果画出的概率分布曲线将是“正态分布”型的，如图 11 - 11 所示。图中$\bar{u}$为各次测量结果 u_i 的算术平均值，超过$\bar{u}$的概率显

然等于50%。如果令σ❶为

$$\sigma=\sqrt{\sum_{i=1}^{n}\frac{(u_i-\overline{u})^2}{n-1}} \tag{11-15}$$

则过电压超过某一幅值的概率可由表11-1求得。由表可知超过$\overline{u}+3.0\sigma$的概率不过1‰多一点，所以通常将$\overline{u}+3.0\sigma$作为过电压的推算最大值。

应该指出，目前随着带压油活塞的少油断路器以及六氟化硫断路器的广泛应用，切空线重燃的现象已可基本消除；再加上金属氧化物避雷器（见第十二章）性能的提高，还可以用金属氧化物避雷器作为切空线过电压的后备保护，所以在线路设计中已可不考虑切空线过电压的问题。但重合空线过电压的问题依然存在。

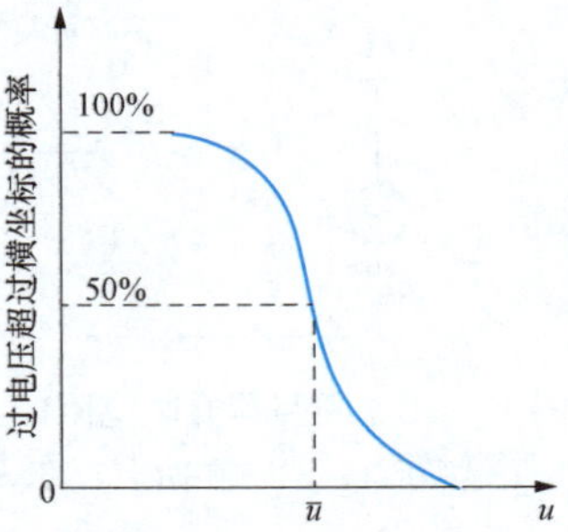

图11-11　概率分布曲线

实际上，对额定电压为220kV及以下线路而言，由于线路一般不长，重合空线过电压的倍数不高；另外，220kV及以下线路的绝缘水平是按3～4倍相电压设计的，其绝缘已足够承受重合空线过电压，因此不需采用任何限制重合空线过电压的措施。但对额定电压为330kV及以上的线路而言，线路一般比较长，由于线路电容效应的叠加，重合空线时的过电压可能达到2.5倍相电压以上，而从降低线路造价的经济观点出发又需把线路的绝缘水平降为2.75～2.0倍相电压，因此对330kV及以上的线路必须采取措施限制重合空线过电压。

表11-1　**过电压的幅值与超过它的概率的关系**

过电压的幅值	$\overline{u}$	$\overline{u}+\sigma$	$\overline{u}+1.5\sigma$	$\overline{u}+2.0\sigma$	$\overline{u}+2.5\sigma$	$\overline{u}+3.0\sigma$	$\overline{u}+3.5\sigma$
过电压超过该幅值的概率（%）	50	16	6.7	2.3	0.62	0.135	0.025

常用的限制重合空线过电压的措施是在断路器断口上加装并联电阻，如图11-12所示。进行合闸操作时，辅助断口S2先接通，将长线经并联电阻R_b接入电源，并联电阻将对线路电容上的电压振荡起到阻尼作用，使合闸过电压降低。R_b越大，阻尼作用越强，合闸过电压越低。在S2接通后7～15ms，待线路上的电压基本趋于稳定后，再接通主断口S1，即将R_b短接。虽然R_b被短接时电容上的电压仍会出现振荡，但由于主断口接通前电源与输电线电容C间已有R_b起联系作用，如果R_b不是太大，电源电压与电容电压的差值不会很大，因此由于振荡而出现的过电压也不会太高。计算说明，R_b的数值一般应在400～1200Ω范围内。目前500kV线路的断路器多采用500Ω的并联电阻。采用具有并联电阻的断路器后，一般可将重合空线的过电压限制到2倍相电压以下。

此外，400～1200Ω的合闸电阻同时还可以起到限制切空线过电压的作用。参看图11-13，因为断路器进行分闸操作时主断口S1先分开（$t=t_1$），此时，由于R_b的存在，电容上的电荷可以通过R_b流向电源，使电压u_C不再保持不变，因此主断口S1上的恢复电压要比没有并联电阻时小。显然R_b越小恢复电压就越小，重燃的概率也就越低。主断口S1分开

❶ 在数学上，σ叫作标准偏差。此值越大，说明测得的过电压值的分散性越大。

后，经过1.5个工频周期后（$t=t_2$），辅助断口S2打开。此时由于R_b的存在减小了电容电流和电压间的相位差，从而降低了作用在断口S2上的恢复电压，所以辅助断口S2重燃的概率也就相应降低，而且即使重燃，R_b将起阻尼作用，过电压也不会太大。

我国在线路设计时所取的操作空线过电压倍数（以设备最高运行相电压的幅值为基准）如下。

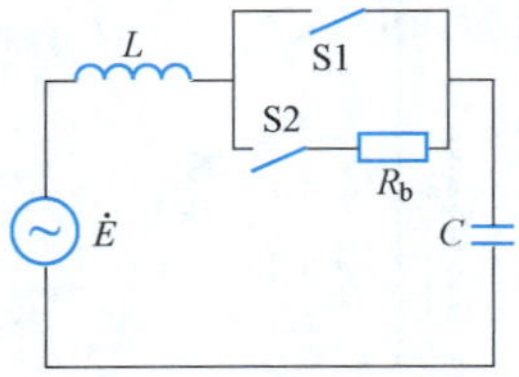

图 11-12　断路器并联电阻的工作原理图
S1—主断口；S2—辅助断口；R_b—并联电阻

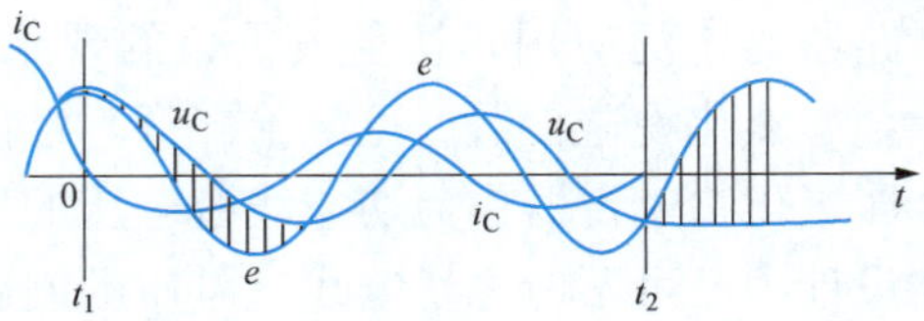

图 11-13　有并联电阻时切空线的电流和电压波形

（1）相对地绝缘：

35～66kV及以下（电网中性点经消弧线圈接地或不接地）	4.0倍
110～154kV（电网中性点经消弧线圈接地）	3.5倍
110～220kV（电网中性点直接接地）	3.0倍
330kV（电网中性点直接接地）	2.75倍
500kV（电网中性点直接接地）	2.0倍
750kV（中性点直接接地）	1.8倍

（2）相间绝缘：35～220kV的相间操作过电压可取对地操作过电压的1.3～1.4倍，330kV可取1.4～1.45倍，500kV及以上可取1.5倍。

三、间歇性电弧接地过电压

单相接地是电力系统运行中常有的故障，而且常以电弧接地的故障形式出现。对于中性点不接地的系统，如果一相导线对地发弧，流过故障点的电流只是另两相导线的对地电容电流。虽然此故障电流很小，不会引起断路器跳闸，但这种电弧接地却能使系统中产生过电压，在绝缘弱点处引起故障。

运行经验表明，在线路较短、接地电流很小（例如几安到十几安）的情况下，单相接地电弧会迅速熄灭，使系统自动恢复正常；当接地电流大时，电弧将不能自熄，但又不能稳定燃烧，出现熄弧与重燃交替进行的现象，使系统中电感、电容间多次产生电磁振荡，会造成遍及全系统的电弧接地过电压（亦称弧光接地过电压）。

显然，电弧的熄灭与重燃时间是决定最大过电压的重要因素。单相电弧接地时流过弧道的电流有两个分量：工频电流（强制）分量和高频电流（自由）分量。一般假设在电源相电压为最大值时燃弧，由于燃弧瞬间出现的自由振荡频率远远高于工频，故可认为接地瞬间弧道中的电流以高频电流为主，高频电流迅速衰减后，剩下的主要是工频电流。在分析电弧接地过电压时有两种假设：①以高频电流第一次过零时熄弧为前提进行分析，称高频电流熄弧理论。因高频电流过零时高频振荡电压恰为最大值，熄弧后残留在非故障相上的电荷量较大，故按此分析，过电压值较高。②以工频电流过零时熄弧为条件进行分析，称工频电流熄弧理论。按此分析，熄弧时残留在非故障相上的电荷量较少，过电压值较低，但接近于电力系统中的实际测量值。虽然两种理论分析所得的过电压的大小不同，但反映过电压形成的物理本质是相同的。下面用工频电流熄弧理论来解释电弧接地过电压的形成过程。

参考图 11-14 所示 A 相电弧接地。设三相电源相电动势为 e_A、e_B、e_C，各相对地电压为 u_A、u_B、u_C。假设 A 相在电压幅值为 $-U_m$ 时对地闪络（图 11-15 中 $t=0$ 时），令 $U_m=1$，则当 $t=0^-$ 时 B、C 相对地电容 C_0 上的初始电压均为 0.5，当 $t=0^+$ 时作用在 B、C 相对地电容 C_0 上的电压将上升为 $e_{AB}=e_{AC}=1.5$。按式（11-13），在此过渡过程中出现的最高振荡电压幅值将为 $2\times1.5-0.5=2.5$。其后，过渡过程很快衰减，B、C 相对地电容上的电压稳定到线电压 e_{AB} 和 e_{AC}。经过半个工频周期，在 $t=t_1$ 时，B、C 相对地电容上的电压将等于 -1.5。由于通过接地点的工频接地电流 i_k 的相位角滞后 e_A 90°，这时 i_k 通过零点，电弧自动熄灭，即发生第一次工频熄弧。注意到在熄弧瞬间，B、C 相对地电容上的电压将各为 -1.5，而 A 相对地电容上的电压为零，电力系统储有电荷 $q=2C_0(-1.5)=-3C_0$，这些电荷无处泄漏，将在三相对地电容间平均分配，形成直流电压分量 $\frac{q}{3C_0}=\frac{-3C_0}{3C_0}=-1$。因此电弧熄灭后，导线对地电容上的稳态电压应由各相的电源电动势和直流电压（-1）叠加而成。由于在电弧熄灭后的瞬间，B、C 相的电源电动势 e_B、e_C 均为 -0.5，叠加结果作用在 B、C 相对地电容上的电压仍为 -1.5；而在电弧熄灭后的瞬间 A 相的电源电动势 e_A 为 1，叠加结果作用在 A 相对地电容上的电压仍为零，即各相对地电容上的起始值与稳态值相等，不会引起过渡过程。

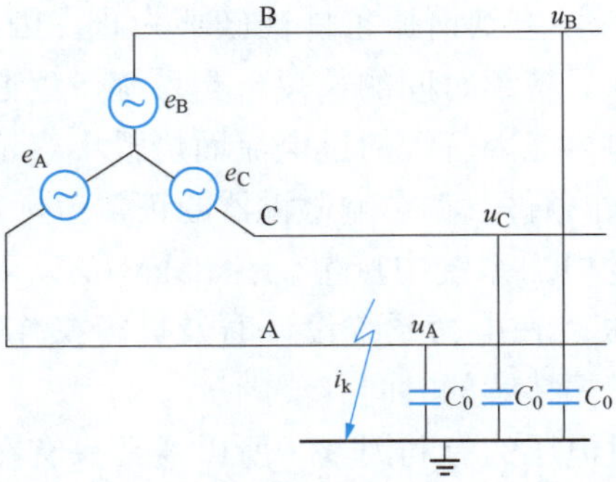

图 11-14　A 相弧光接地

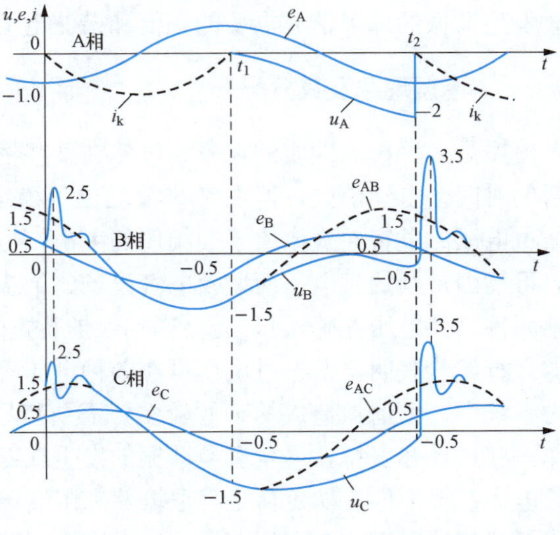

图 11-15　弧光接地过电压的发展过程

熄弧后，相对地电压逐渐恢复，再经半个工频周期，在 $t=t_2$ 时，B、C 相对地电容上的电压变为 -0.5，A 相对地电容上的电压则高达 -2，这时可能引起重燃，其结果使 B、C 相对地电压从起始值 -0.5 趋于线电压的瞬时值 1.5，过渡过程的最高电压为 $2\times1.5-(-0.5)=3.5$。过渡过程衰减后，B、C 相将稳定在线电压运行。

其后，每隔半个工频周期依次发生熄弧和重燃，其过渡过程与上述过程完全相同。据此可得非故障相的最大过电压 $U_{Bm}=U_{Cm}=3.5$，故障相的最大过电压 $U_{Am}=2$。

在实际电力系统中发生电弧接地时，熄弧和重燃是随机的，并不像上述那样恰好在形成最大振荡电压时发生。另外，尚应考虑线路相间电容的影响，绝缘子链泄漏残留电荷的影响，以及网络损耗电阻对过渡过程振荡的衰减作用等。我国实测电弧接地过电压倍数最大为 3.2，绝大部分均小于 3.0。由于这种过电压的幅值并不太高，所以变压器、各类高压电器和线路的正常绝缘是能承受这种过电压的。但是这种过电压的持续时间较长，而且遍及全系统，对系统内装设的绝缘较差的老设备、线路上存在的绝缘弱点，尤其是由发电机电压直配的电力系统中绝缘强度很低的旋转电机等，都将存在较大的威胁，在一定程度上会影响电力系统的安全运行。经验证明，由这种过电压所造成的设备损坏和大面积停电事故在我国时有发生，因此仍需给予足够的重视。

为防止电弧接地过电压所产生的危害，主要要求电气设备应具有良好的绝缘。为此，应加强绝缘监督工作，及时发现隐患。此外，采用分网运行或采取消弧线圈、主动干预式消弧装置也有利于接地电弧的自熄。

第三节 谐振过电压

当系统进行操作（如断路器的操作或不同期动作）或发生故障（如不对称接地故障或断线故障）时，系统中的电感、电容元件可形成多种频率的振荡回路。当外加的强迫振荡频率等于振荡系统中的某一自由振荡频率时，就会出现周期性的或准周期性的谐振现象，此时发生谐振的那个谐波电压的幅值和谐波电流的幅值将急剧上升。

一、谐振现象及其分类

谐振是一种稳态性质的现象，虽然在某些情况下谐振现象不能自保持，发生后经一段短暂的时间会自动消失，但在某些情况也可稳定存在，直到谐振条件被破坏为止。因此，谐振过电压的危害性既取决于其幅值的大小，也取决于持续时间的长短。当系统产生谐振时，可能因持续的过电压而危及电气设备的绝缘，也可能因持续的过电流而烧毁小容量的电感元件（如电压互感器），还会影响保护装置的工作条件（如影响避雷器的正常运行）。

运行经验表明，谐振过电压可在各种电压等级的电力系统中产生。在 35kV 及以下的电力系统中，由谐振造成的事故较多，需要特别重视。在电力系统设计时及进行操作前，要作一些估计和安排，尽量避免谐振的发生或缩短谐振持续的时间。

电力系统中的有功负荷是阻尼振荡和限制谐振过电压的有利因素，所以通常只有在空载或轻载的情况下才会发生谐振。但对零序回路参数配合不当而形成的谐振，系统的正序有功负荷是不起作用的。

电力系统中的电容元件和电阻元件，一般可认为其参数是线性的，而电感元件则不然，其参数可以是线性的，也可以是非线性的，还可以是周期性变化的。根据振荡回路中所含电感元件特性的不同，谐振将有下述三种不同的类型。

（1）线性谐振。谐振回路由不带铁心的电感元件（如输电线路的电感、变压器的漏感）或励磁特性接近线性的带铁心的电感元件（如铁心中带有气隙的消弧线圈）和系统中的电容元件组成。在正弦电源作用下，当系统自振频率与电源频率相等或接近时，可以产生线性谐振。

（2）铁磁谐振（非线性谐振）。谐振回路由带铁心的电感元件（如空载变压器、电压互感器）和系统中的电容元件组成。受铁心饱和的影响，带铁心的电感元件的电感参数是非线性的，这种含有非线性电感元件的回路，在满足一定谐振条件时，可以引发铁磁谐振。

（3）参数谐振。谐振回路由电感参数作周期性变化的电感元件（如凸极发电机的同步电抗在 $X_d \sim X_q$ 间周期性变化）和系统电容元件（如空载线路）组成。当参数配合恰当时，通过电感的周期性变化，将能量不断输入谐振系统，引发参数谐振。

下面分别予以讨论。

二、线性谐振

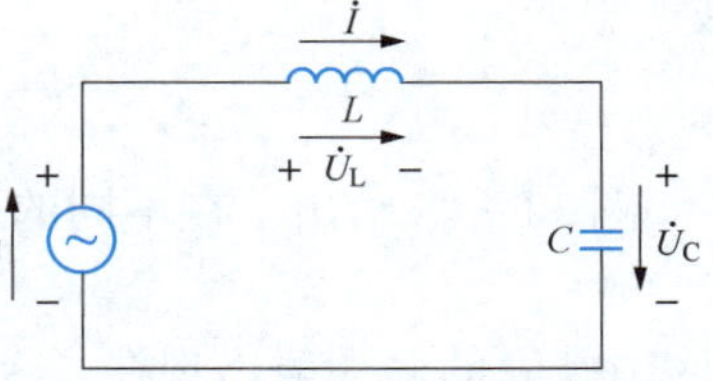

图 11-16　线性谐振回路

图 11-16 是由线性电感元件（电感为 L）和电容元件（电容为 C）组成的线性谐振回路，电路本身固有的自振角频率 $\omega_0 = 1/\sqrt{LC}$。由此可写出回路电流 $\dot{I}$、电容上的电压 $\dot{U}_C$ 和电感上的电压 $\dot{U}_L$ 分别为

$$\dot{I} = \frac{\dot{E}}{j\omega L - j\dfrac{1}{\omega C}} = \frac{\dot{E}\omega C}{j\left(\dfrac{\omega^2}{\omega_0^2} - 1\right)} \tag{11-16}$$

$$\dot{U}_C = \frac{\dot{E}}{j\omega L - j\dfrac{1}{\omega C}} \frac{1}{j\omega C} = -\frac{\dot{E}}{\dfrac{\omega^2}{\omega_0^2} - 1} \tag{11-17}$$

$$\dot{U}_L = \frac{\dot{E}}{j\omega L - j\dfrac{1}{\omega C}} j\omega L = \frac{\dot{E}}{1 - \dfrac{\omega_0^2}{\omega^2}} \tag{11-18}$$

不难看出，如果 $\omega L = \dfrac{1}{\omega C}$，则有

$$\omega = \frac{1}{\sqrt{LC}} = \omega_0 \tag{11-19}$$

即当回路的总阻抗为零或外加电源的频率和电路的固有自振角频率相等时，必有 $\dot{I} \to \infty$，此时 $\dot{U}_L$ 和 $\dot{U}_C$ 在数值上均将趋于无穷大，在相位上则相反。这就是电路中的电压谐振现象。

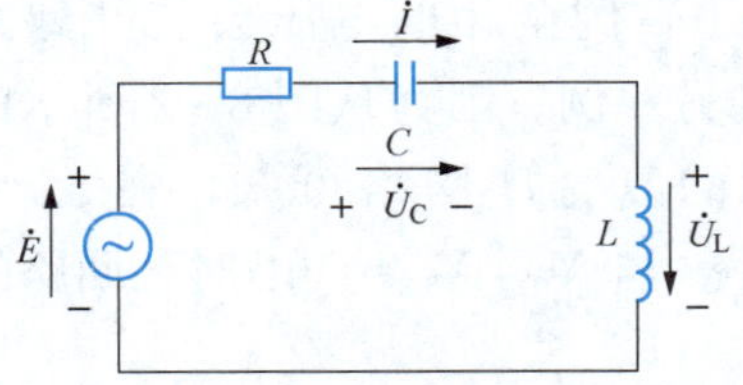

图 11-17　有电阻存在的线性谐振回路

应该指出，在实际电路中一般均存在电阻，如图 11-17 所示。由于电阻的存在，当 $\omega L = \dfrac{1}{\omega C}$ 时，$\dot{I}$、$\dot{U}_L$ 和 $\dot{U}_C$ 将直接由 R 决定，即

$$\dot{I}=\frac{\dot{E}}{R} \tag{11-20}$$

$$\dot{U}_{C}=-j\frac{\dot{E}}{R\omega C} \tag{11-21}$$

$$\dot{U}_{L}=j\dot{E}\frac{\omega L}{R} \tag{11-22}$$

不会再趋于无穷大。可见电阻 R 对谐振过电压的发展将起到阻尼作用。

取回路的阻尼率 $\mu=\frac{R}{2L}$，通过计算可以得出，当回路中存在电阻时，电容上的电压 U_C 为

$$U_{C}=\frac{E}{\sqrt{\left(1-\frac{\omega^{2}}{\omega_{0}^{2}}\right)^{2}+4\frac{\mu^{2}}{\omega_{0}^{2}}\frac{\omega^{2}}{\omega_{0}^{2}}}} \tag{11-23}$$

图 11-18 给出了在不同的$\frac{\mu}{\omega_0}$时，由式（11-23）计算出的表示$\frac{U_C}{E}$和$\frac{\omega}{\omega_0}$间关系的曲线，曲线中 U_C 的最大值出现在$\frac{\omega}{\omega_0}=\sqrt{1-2\left(\frac{\mu}{\omega_0}\right)^2}$时，其值为

$$U_{Cm}=\frac{E}{\frac{2\mu}{\omega_{0}}\sqrt{1-\left(\frac{\mu}{\omega_{0}}\right)^{2}}} \tag{11-24}$$

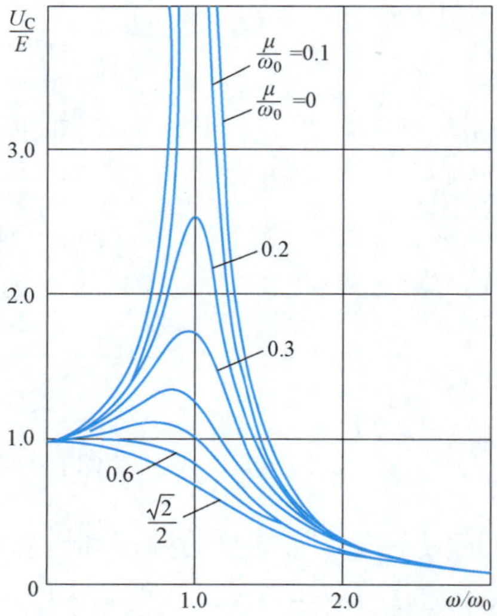

图 11-18　不同参数条件下的谐振曲线

由图 11-18 可以看出，当 $\mu=0$ 时，实际上，只要 ω 与 ω_0 相近，电感和电容上的电压已相当危险。这种并未谐振而在电感和电容上出现过电压的现象，类同于第十章所介绍空载长线末端电压的升高，称为电感—电容效应（简称电容效应）。

第十章中所介绍的，当线路长度达到 1500km 时，空载线路末端的电压会上升到无穷大，是线性谐振的一例。由式（10-19）可知，当 $l=1500$km 时，有 $\cot\alpha l=0$，此时从首端测得的入口阻抗将为零值，从而引发线性谐振。

上册第八章所讨论的单相接地故障中，在 $X_{0\Sigma}/X_{1\Sigma}=-2$ 的条件下，健全相的电压会上升到无穷大，是线性谐振的另一例。因为从图 8-2 所示的计算单相接地故障的复合序网络可知，在 $x_f=0$，$X_{1\Sigma}\approx X_{2\Sigma}$的条件下，当 $X_{0\Sigma}/X_{1\Sigma}=-2$ 时，回路的总阻抗 $2X_{1\Sigma}+X_{0\Sigma}$将为零值。

上册第四章所介绍的中性点经消弧线圈接地的系统，在采用全补偿的工作方式时，中性点出现的过电压是线性谐振的又一例。因为在全补偿工作时，在由消弧线圈和对地电容所组成的串联谐振回路中，消弧线圈的感抗 ωL 和线路的容抗$\frac{1}{\omega(C_{11}+C_{22}+C_{33})}$完全相等，使回路的总阻抗为零值。如果忽略电阻损耗，中性点电位（即消弧线圈电感上的压

降）将上升到无穷大。

三、铁磁谐振

图 11 - 19 所示为由线性电容和铁心电感组成的非线性谐振回路，由于铁心的饱和程度会随着电流的增大而增大，电感 L 会随着电流的增大而逐渐减小，因此回路中电感的伏安特性是非线性的。图 11 - 20 中的曲线 1 是电容 C 的伏安特性曲线，即

$$|\dot{U}_{\mathrm{C}}| = \left| -\mathrm{j}\frac{\dot{I}}{\omega C} \right| \tag{11 - 25}$$

曲线 2 是非线性电感 L 的伏安特性曲线，即

$$|\dot{U}_{\mathrm{L}}| = |\mathrm{j}\omega L\dot{I}| \tag{11 - 26}$$

在两条伏安特性的交点 b 处，有 $|\dot{U}_{\mathrm{C}}| = |\dot{U}_{\mathrm{L}}|$，因此 b 点满足 $\omega L = \frac{1}{\omega C}$ 的谐振条件。$|\dot{U}_{\mathrm{C}}|$ 和 $|\dot{U}_{\mathrm{L}}|$ 的差值（即回路的总压降）ΔU 为

$$\Delta U = |U_{\mathrm{L}} - U_{\mathrm{C}}| \tag{11 - 27}$$

曲线 3 是 $|\dot{U}_{\mathrm{C}}|$ 和 $|\dot{U}_{\mathrm{L}}|$ 的差值曲线。电源电压 $U=E$ 与差值曲线 ΔU 有 a、f、c 三个交点。这三个点都能满足电压平衡条件 $E=\Delta U$。通过小扰动法判断可知，在 a 点和 c 点电路稳定工作，可以是电路的实际工作点；而 f 点不满足稳定工作的条件，不能作为实际工作点。

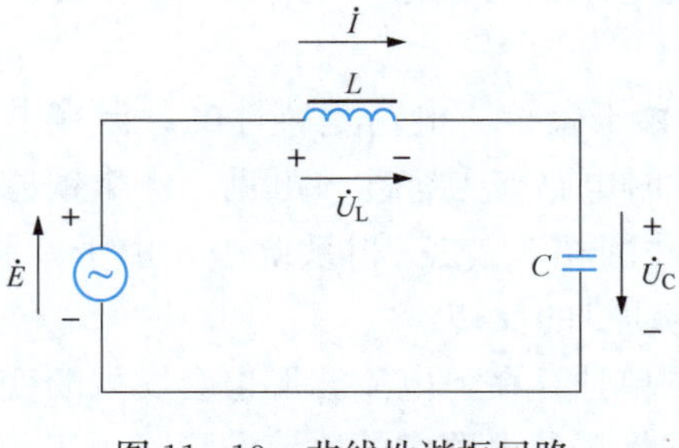

图 11 - 19　非线性谐振回路

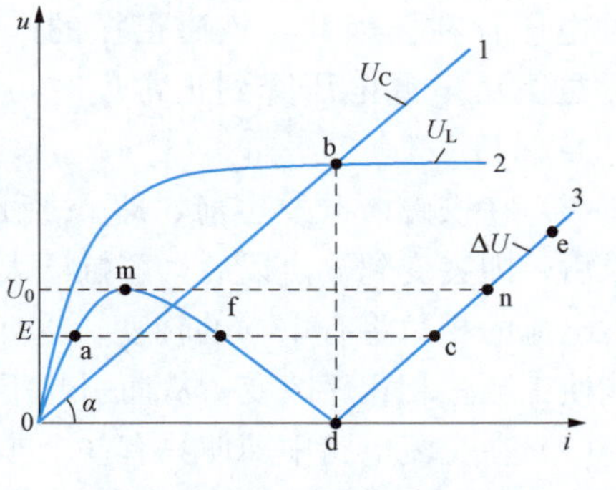

图 11 - 20　非线性谐振回路的伏安特性

由图 11 - 20 不难看出，铁磁谐振具有如下性质。

(1) 由于电感的伏安特性是逐渐趋于饱和的，所以只要在电压不高、电流不大时，回路呈现感性，也就是说铁心尚未饱和时的电感值 L_0 满足 $U_{\mathrm{L}} > U_{\mathrm{C}}$ 的条件，即

$$\omega L_0 > \frac{1}{\omega C} \tag{11 - 28}$$

或

$$C > \frac{1}{\omega^2 L_0} \tag{11 - 29}$$

在此条件下，两条曲线必有交点 b。因此，铁磁谐振不像线性谐振那样需要有严格的 C 值，而是在满足式（11 - 29）的很大 C 值范围内都可能发生。

(2) 按电路定理，电感上电压与电容上电压之间的差值必定等于电源电压。因此，当电源电压由正常工作值 E 开始不断加大时，电路的工作点将沿曲线 3 自 a 点上升。但当电

源电压超过 m 点对应的值 U_0 以后，工作点显然不是沿 m-d 段下降（因为后者意味着电源电压的下降），而将从 m 点突然跳到 n 点，并沿 n-e 段上升。n 点与 m 点相比较，其相应的电源电压虽然一样，但电容上的电压 U_C 值却大得多。同时电感上的电压 U_L 值也增大了。此时产生了过电压，产生过电压的过程就是电路工作状态由感性经谐振到容性的过程。可见，要产生铁磁谐振过电压，除电路中的参数满足式（11-29）以外，还需要有某种“激发”因素，例如电源电压突然升高超过了 U_0 值。电源电压升高的“激发”，其实质不过是使电感线圈的铁心饱和，因此不论什么原因使铁心达到饱和，都可能引起过电压，例如变压器（具有铁心的电感线圈）突然合闸时出现的涌流就会使铁心强烈饱和而“激发”铁磁谐振过电压，即铁磁谐振需要“激发”才会出现。

（3）电容越大，则$\dfrac{1}{\omega C}$就越小，此时曲线 1 的 α 角变小，U_0 就变大，产生铁磁谐振所需要的电源电压升高的“激发”因素就越大。因此 C 值太大时，出现铁磁谐振的可能性将减小。

（4）在铁磁谐振时，电感和电容上的电压都不会像线性谐振时那样趋于无限大，而是有一定的数值。U_L 由铁心的饱和程度决定，而 U_C 等于 U_L 加上电源电压。由于铁心电感的饱和效应，铁磁谐振过电压幅值一般不会很高，而电流却可能很大。

（5）当铁磁谐振发生后，如果将电源电压降低，则电路的工作点将沿直线 3 的 n-d 段下降，因为 n-d 段完全能够满足电路定理的要求。当电源电压恢复到正常工作电压 E 时，电路将稳定工作在 c 点。此时的 U_L 和 U_C 都要比工作在 a 点时大得多，即仍有过电压存在。因此，铁磁谐振的产生虽需由电源电压大于 U_0 来“激发”，但当“激发”过去后电源电压降到正常值时，铁磁谐振过电压仍可能继续存在，即谐振状态可能“自保持”。

（6）在铁磁谐振发生前，即 m 点以前，感抗大于容抗，电路是感性的；但在谐振发生以后，即突变到 n 点以后，容抗已大于感抗，此时电路变为容性。可见，产生铁磁谐振时，电流的相角将有 180°的转变，这叫作电流的“翻相”。在三相系统中，由于“翻相”可能使工频三相相序改变，从而引起小容量异步电动机的反转。

（7）在交流电路中即使只有一个非线性电感 L 单独存在，电流波形也会发生畸变。现在 L 与 C 串联，问题就更复杂些。一般来说，非线性振荡电路中的电流波形除了工频分量（基波）外，还有高次谐波，甚至可能有分次谐波（例如 1/2 次、1/3 次等）。因此，既可能出现基波谐振，也可能出现高次谐波谐振，甚至有可能出现分次谐波揩振。到底出现哪种谐振，与电路的固有频率有关（它由电路的电容值和电感值决定，而后者又与铁心的实际饱和程度，即与“激发”的程度有关，也与饱和曲线的形状有关），即存在具有各次谐波谐振（实际上多为 1/3、1/2、1 次和 3 次）的可能性。

应该注意到，在上述分析中尚未计入回路中的电阻。当计入电阻 R 时，参看图 11-21，回路的总压降将变为 $\Delta U'$，可写成

$$\Delta U' = \sqrt{|U_C - U_L|^2 + U_R^2} = \sqrt{(\Delta U)^2 + (IR)^2} \qquad (11-30)$$

$\Delta U'$的曲线可以在图 11-20 中曲线 3 的基础上，增加一条电阻的伏安特性曲线 IR 作出，如图 11-22 所示。例如，当 $I=\overline{0\text{h}}$时，可得 $\Delta U=\overline{\text{ht}}$，取$\overline{\text{hs}}=\overline{\text{ph}}=IR$，则有$\overline{\text{ts}}=\sqrt{\overline{\text{ht}}^2+\overline{\text{hs}}^2}=\sqrt{(\Delta U)^2+(IR)^2}$。取$\overline{\text{hf}}=\overline{\text{ts}}$，即可得和 $I=\overline{0\text{h}}$相应的 $\Delta U'$点。由图可见，此

时激发谐振所需的电压将增高。谐振激发后，当电源电压降低到正常电动势 E 时，谐振点将从 c 点转移到 c′点，此时电感、电容两端的过电压也将有所下降。但通常回路固有的电阻 R 比较小，与铁心电感饱和的限压效应相比，这一作用并不明显。

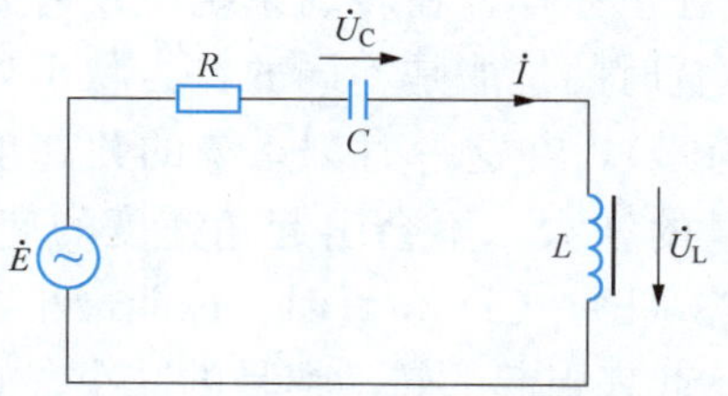

图 11-21 有电阻存在的非线性谐振回路图

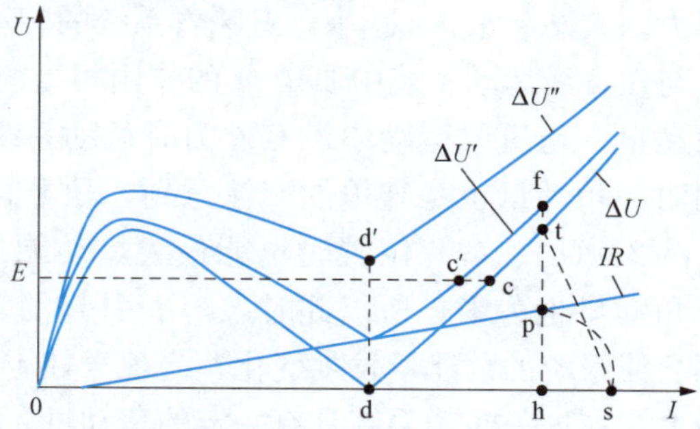

图 11-22 有电阻存在的非线性谐振回路的伏安特性

要彻底消除基波铁磁谐振，必须人为地增大电阻 R，使图 11-22 中 ΔU 曲线上的 d 点抬高为 d″点，即使 ΔU 略高于正常工作时的电动势 E，这样在正常工作电压下，谐振就不能自保持了。此时根据 d 点的电流值 I，可以算出所需的电阻 R 为

$$R > E/I \tag{11-31}$$

四、 参数谐振

1. 参数谐振的机理

为便于理解参数谐振过电压，我们可借助荡秋千的情况进行更直观理解，如图 11-23 所示。这是一个常见的力学上参数谐振的例子。要把秋千荡起来，首先得有一个起始的“激发”扰动，让秋千稍荡起一些，然后站在秋千上的人在秋千荡到最高位置［图 11-23 的 (a) 和 (c)］时蹲下去，并在秋千经过最低位置［图 11-23 的 (b) 和 (d)］时站起来，即人要周期性地蹲下和站起。如果秋千原来是静止的，人的蹲下或站起是绝不会使它荡起来的，因为在这种情况下一个周期内人在站起时克服重力所做的功（正值）与蹲下时所做的功（负值）的总和为零，对系统并没有能量输入。但当秋千经过起始的“激发”已经稍荡起来之后，人在运动的秋千上站起或蹲下身体就会受“离心力”的影响。当秋千在最高位置时速度为零，“离心力”为零，人在此时蹲下对“离心力”来说并不做功。当秋千在最低位置时速度最大，“离心力”最大，人在此时站起对“离心力”来说就要做功。因此，在一个周期内人站起与蹲下时做的功的总和为正值，即对系统有能量输入，所以秋千会越荡越高。

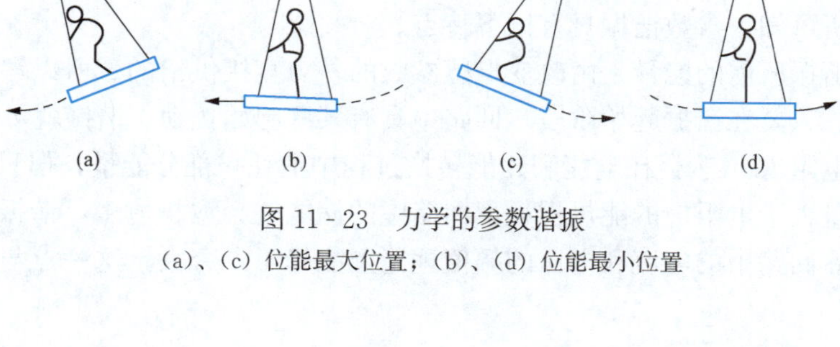

图 11-23 力学的参数谐振

(a)、(c) 位能最大位置；(b)、(d) 位能最小位置

为了进一步理解参数谐振的共性，让我们把荡秋千的过程换一种方式来叙述。引入秋千转动系统的一个参数——转动惯量 J，定义 $J=mr^2$，式中 m 为人体质量，r 为由人体重心到秋千顶端转轴的距离。在秋千转动系统中，人蹲下去，r 增大，意味着系统的转动惯量增大；人站起来，r 减小，意味着系统的转动惯量减小。在转动系统中转动惯量 J 的作用是与在直线运动系统中质量 m 的作用相当的。转动系统中转动惯量与角速度的乘积称为角动量。与直线运动中没有外力时运动系统的动量守恒一样，在转动系统中没有外力作用时，角动量也是守恒的。注意到，秋千在不同位置时的位能是不同的：当秋千处于图 11-23（a）、（c）位置时位能最大，动能最小（为零），在这一时刻系统的角速度为零，角动量也为零，所以此时人蹲下引起的转动惯量的增大，不会引起角速度的变化，也不会使系统的总能量发生变化；当秋千处于图 11-23（b）、（d）位置时，位能最小，动能最大，在这一时刻系统具有一定的角动量，此时人站起来引起的转动惯量的减小，必定导致角速度的加大，否则就违反了角动量守恒定理。这与伸开手臂旋转的花样滑冰运动员，如将手臂收拢紧抱身体，转速就会加快是一个道理。也就是说，人蹲下和站起引起的转动惯量的周期性变化，可以使秋千每经过一次动能最大点就获得一次角速度的增大，从而使系统的能量得到一次增大。这样秋千就会越荡越高，即产生了力学的参数谐振。

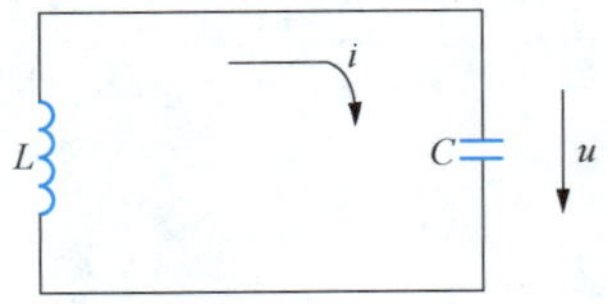

图 11-24　振荡回路

在图 11-24 所示的由电感和电容组成的振荡回路中，也会发生类似的情况。在这种电路中，如果存在一个振荡性电流 i，则当电流 i 为最大值 i_m 时，电容上的电压 u 为零值，此时磁能 $\frac{1}{2}Li_m^2$ 将达最大值，电能则为零值；当电流 i 过零点时，电容上的电压达最大值 u_m，此时电能将达最大值 $\frac{1}{2}Cu_m^2$，而磁能下降为零值。

由于与电感相链的磁链不能突变（相当于前述角动量守恒），如果回路中的电流在最大值 i_m（它相当于前述的动能最大）时，用外力使电感参数 L 减小为 $L-\Delta L$，则电流必定增大为 $i_m+\Delta i$ 以保持磁链不变，即有

$$Li_m = (L-\Delta L)(i_m+\Delta i) \tag{11-32}$$

由此可得电流的增值 Δi 为

$$\Delta i = \frac{\Delta L}{L-\Delta L}i_m \approx \frac{\Delta L}{L}i_m \tag{11-33}$$

如果在电流过零，即磁能为零（它相当于前述的动能最小）时再加外力使电感增大，回到原来的 L 值，此时由于电感的磁链为零，显然不会引起回路中电流和磁能的变化。这样，每经过一次电流最大点就获得了一次电流的增大和能量的增大，从而使回路中的电流越来越大或电压越来越高，即出现了电学的参数谐振现象。

由以上分析可知，参数谐振具有以下特点。

（1）参数谐振所需的能量是由改变电感参数的外力直接供给的。所以参数谐振可以在无电源时发生。只要在谐振起始阶段，回路中具有某些起始扰动，谐振就可能出现。

（2）回路电阻 R 虽然会在电能和磁能转换过程中消耗一部分能量，但只要每次参数变化所引入的能量大于电阻中的能量损耗，回路中的储能就会愈积愈多，谐振就能发展。因此，谐振出现后回路中的电流和电压的幅值理论上能趋于无穷大。这一点与线性谐振现象

有显著区别，线性谐振回路中只要有电阻存在，电压和电流就不会趋于无穷大。

(3) 如果回路电阻 R 在电能和磁能转换过程中消耗的能量大于每周期内外力输入回路中的能量，谐振就会受到抑制。

(4) 铁心电感的饱和是制约参数谐振过电压和过电流幅值的主要因素。因为当参数谐振发生后，随着电流的增大，电感线圈将达到磁饱和状态，此时电感和相应的差值 ΔL 都将迅速减小，使回路自动偏离谐振条件。

2. 发电机的自励磁过电压

在电力系统中，当发电机转子受原动机的驱动而旋转时，定子绕组的电感大小会周期性地改变。

参考图 11-25，对于凸极发电机（水轮发电机）来说，当转子轴与一相绕组轴重合时，该相绕组的感抗最大，为 X_d（直轴电抗）；而当转子轴与该相绕组轴成正交（电气角度 90°）时，该相绕组的感抗最小，为 X_q（交轴电抗）。显然，当发电机同步运行时，转子旋转一周，绕组的感抗将在 X_d 和 X_q 之间变化两次（$X_d > X_q$）。如果发电机（经变压器）带有空载长线，且线路的容抗参数与发电机感抗配合得当，使电感—电容的自振频率能和电感变化的频率相适应，即能满足电流过零时电感增大、电流经过幅值时电感减小的条件，就可能引起参数谐振。此时，即使发电机的励磁电流很小，甚至为零，受发电机转子剩磁切割绕组而产生的不大的感应电压或回路中电子热运动电流的激发，也会引发参数谐振。这种现象称为发电机的同步自励磁。

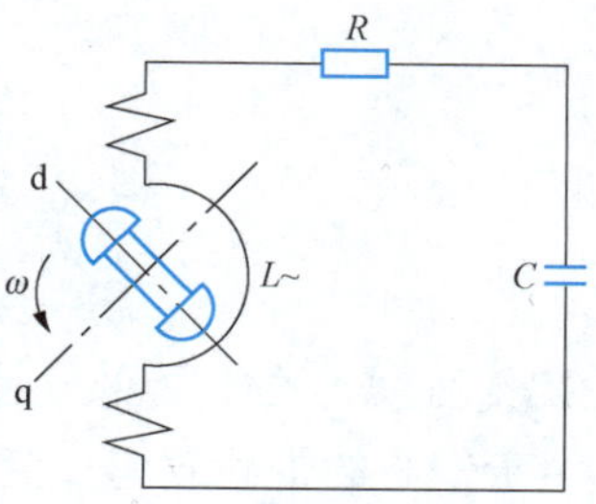

图 11-25 凸极发电机感抗的变化

当发电机异步运行时，无论是水轮发电机（凸极机）还是汽轮发电机（隐极机），在转子旋转的一周内，绕组的感抗将在暂态电抗 X_d' 和 X_q 之间变化两次（$X_q > X_d'$）。由于当发电机处于异步工作状态时，定子绕组的旋转磁场将切割转子绕组，在转子绕组中感应出周期性变化的电流，生成相应的脉动磁场。而转子的这一脉动磁场又可以分解为两个大小相等、方向相反的旋转磁场叠加到原有转子磁场上，切割定子绕组，在定子绕组中感应出两个拍频电动势。因此，定子的电流将具有拍频的性质。这种情况下出现的参数谐振称为异步自励磁。

由于发电机转子旋转所引起的电感变化不是理想条件时的突然增加和突然减少，而且由转子转速决定的电感变化频率也不可能与由 LC 自振频率决定的电流变化完全吻合，即不能完全满足电流过零时电感突然增大、电流达最大值时电感突然减小的条件，再加上回路电阻和铁心磁饱和的影响，发电机自励磁过电压的倍数一般不会大于 2.5。详细分析将在后续课程中介绍。

图 11-26 所示为发电机出现自励磁时定子电流变化的示意图。由图可知，在同步自励磁时，电流和电压是逐渐上升的，其上升速度以秒计。为限制这种过电压，只要用快速自动励磁调节器就足够了。异步自励磁过电压由于具有拍振现象，其上升速度很快，已不能靠快速自动励磁调节器来有效限制，因此出现异步自励磁过电压时必须用过电压速断保护立即将发电机从系统中切除。

一般情况下，如果发电机的容量比被投入的空载线路的充电功率大得多，就不太会发生发电机的自励磁现象。如果不能满足这一点，则应避免发电机带空载线路启动。例如，可以在线路末端先接上带负荷的电源，也可在线路上采用并联电抗器来消除参数谐振条件。

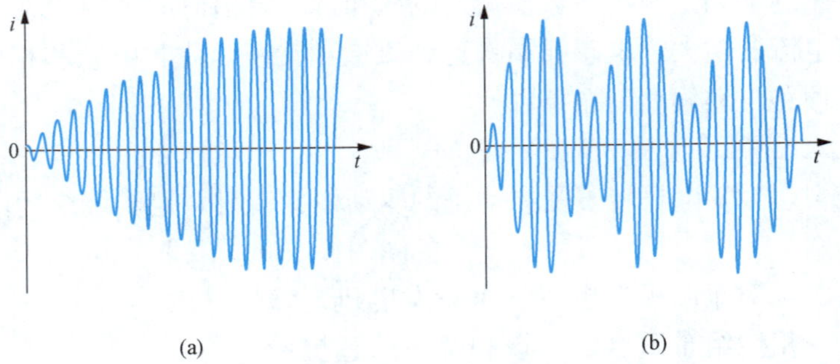

图 11-26　发电机自励磁时定子电流变化的示意图

（a）同步自励磁；（b）异步自励磁

3. 变压器的自参数谐振过电压

由于铁心的饱和效应，变压器的励磁电感在工频作用下是以二倍频率变化的，因此也可能出现参数谐振过电压。不过这种参数的变化是电源电能作用的结果，通常把这种参数谐振叫做自参数谐振，以区别于前述外力使参数周期变化引起的谐振。当变压器励磁电感 L_m 的这种周期性变化，与由 L_m 和线路电容及发电机电抗等组成的回路的自振频率相适应时，就会引起参数谐振。计算表明，对于 1000km 以内的线路，不会出现工频自参数谐振，但存在出现二次谐波自参数谐振的可能性。运行经验说明，只要系统的自振频率小于并接近于 100Hz，就能在中性点直接接地系统的高压空载（或轻载）线路中出现幅值较高的以二次谐波为主的自参数谐振过电压。为了防止这种过电压的产生，应调整系统参数使其避开谐振条件，或禁止在只带空载长线的变压器的低压侧合闸，因为此时由于合闸涌流冲击的“激发”极易产生这种过电压。

五、两种常见的谐振过电压

通过对下述两种过电压的介绍，可了解电力系统中谐振回路的形成。

（一）传递过电压

当系统中发生不对称接地故障或断路器不同期合闸操作时，可能出现明显的零序工频电压分量，零序电压可在两个不同电压等级的电力系统间，通过两条平行线路之间的电容耦合或变压器高、低压绕组间的互部分电容传递。如果传递的方向是从高压侧到低压侧，可引起低压侧电压的升高，危及低压侧电气设备绝缘的安全。如果电容和电感的参数满足谐振条件而发生谐振时，电压将进一步增高，带来更大的危害。在中性点不接地的系统中，经常会发生这种电容传递过电压。

下面以实际电力系统中最常遇到的变压器高、低压绕组间的电压传递为例，通过图 11-27 来分析传递过电压的产生过程。图中 $3C_{11}$ 为低压侧三相对地自部分电容，C_{12} 为变压器三相高低压绕组间的互部分电容。设变压器高压侧单相接地，出现零序电压 $\dot{U}_0$，即可画出图 11-28（a）所示的零序电压传递的等效电路。据此可写出传递到低压侧的零序电

压 $\dot{U}'_0$ 为

$$\dot{U}'_0=\frac{C_{12}}{C_{12}+3C_{11}}\dot{U}_0 \tag{11-34}$$

即低压侧的零序电压将由 $3C_{11}$ 和 C_{12} 的分压决定，C_{11} 越小，零序电压 $\dot{U}'_0$ 就越高。

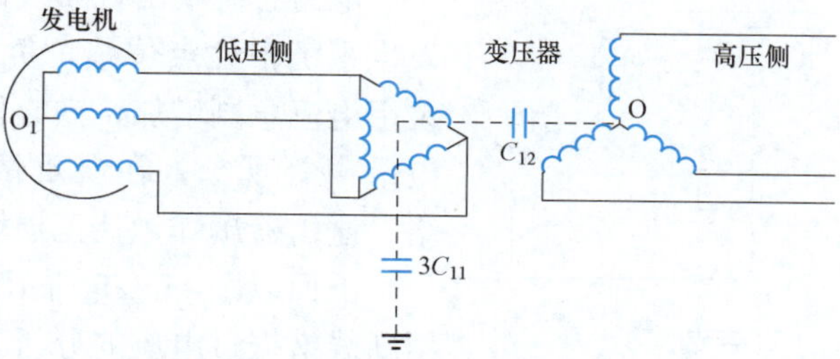

图 11-27　变压器高、低压绕组间的电压传递

C_{11}—低压侧每相对地自部分电容（包括发电机、母线、连接线及变压器低压侧绕组）；

C_{12}—变压器三相高、低绕组间的互部分电容

通常发电机的对地自部分电容较大，因而有 $3C_{11} \gg C_{12}$，所以由电容传递过来的零序电压 $\dot{U}'_0$ 是不大的。但对于一机一变通过变压器向高压电网送电的大容量发电机来说，发电机的中性点常接有消弧线圈，在零序电压传递的等效电路中，消弧线圈的电感 L 是与 $3C_{11}$ 并联的，如图 11-28（b）所示。而且消弧线圈一般都采取过补偿的运行方式，即有 $\omega L<\frac{1}{3\omega C_{11}}$（参见上册第四章），所以 L 和 $3C_{11}$ 并联后的总阻抗是感性的，可用电感 L' 表示。这样就形成了图 11-28（c）所示的 L' 与 C_{12} 串联的线性谐振回路。此时应注意防止串联谐振的发生，否则高压侧一相接地时，高压侧数值很高的零序电压 $\dot{U}_0$ 会使发电机的绝缘遭受远高于 $\dot{U}_0$ 的过电压。

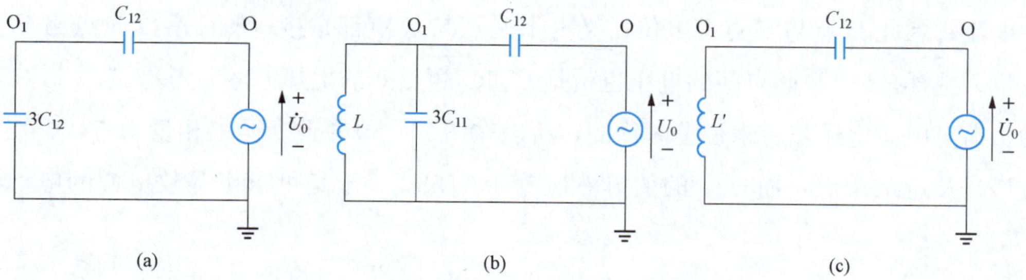

图 11-28　零序电压传递的等效电路

（a）电容分压；（b）接入消弧线圈时；（c）线性谐振回路

低压电网的零序电压显然也能通过电容传递到高压电网中去，在一般情况下它的影响很小。但如高压电网是通过消弧线圈接地的，而且出现了 L' 与 C_{12} 谐振的情况，也会严重影响到高压电网。

（二）断线谐振过电压

断线谐振过电压是电力系统中较常见的一种谐振过电压。这里所说的断线泛指导线因故障断落、断路器非全相动作或严重的不同期操作以及熔断器的一相或两相熔断等故障所

造成的电力系统非全相运行。系统非全相运行时，可能组成多种多样的串联谐振回路，回路中电感是空载或轻载运行的变压器的励磁电感，电容是导线对地部分电容和相间部分电容、电感线圈对地杂散电容等。在一定的参数配合和激发条件下，可以出现铁磁谐振。这一类铁磁谐振过电压统称断线谐振过电压。

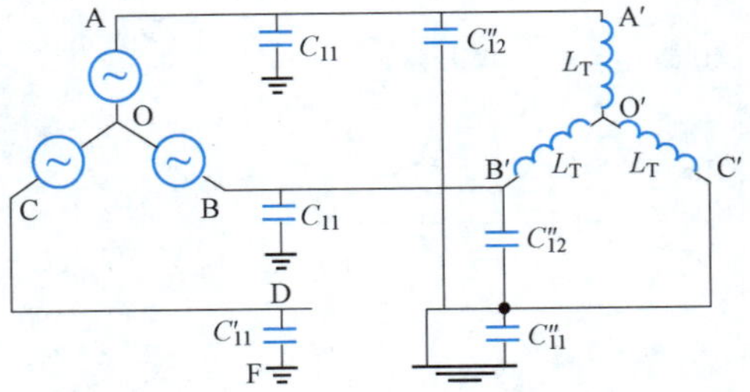

图 11-29　C 相断线并在受电侧的一端接地

电力系统中出现断线谐振过电压时，可能发生系统中性点位移，负载变压器相序反转，绕组电流急剧增加，铁心发出响声，导线发出电晕声等现象；在严重情况下，会使绝缘闪络，避雷器爆炸，甚至损坏电气设备。

下面以图 11-29 所示的断线情况为例，介绍断线谐振过电压的分析方法，以及出现断线谐振过电压后应采取的措施，图中所示是 C 相导线断线并且在受电侧的一端接地的情况。图中受电变压器处于空载或轻载状态，变压器每相的励磁电感为 L_T。C_{11} 为每相导线的对地自部分电容，在断线的该相有 $C'_{11}+C''_{11}=C_{11}$。C''_{12} 是三相导线断线右侧（接地侧）的相间互电容。图中未将导线 AB 间以及断线左侧导线 AC 间和 BC 间的互部分电容画出，因为它们都是直接接在电源（$\dot{U}_{AB}$、$\dot{U}_{BC}$、$\dot{U}_{CA}$）上的，对谐振不会产生影响。

由等效电源定理可知，任何一个复杂的电路都可以转化为由等效电动势和内阻抗串联的简单电路，因此对图 11-29 这样一个较复杂的回路的求解，可从求取等效电源电动势和等效电源内阻抗着手。

等效电源电动势的求取。在图 11-29中，将 C 相左端导线的对地电容 C'_{11} 作为负荷，而将其余部分作为电源，此电源的等效电动势为将 C 相左端的 C'_{11} 拿开后用电压表在 D、F 两点间测出的电压值，见图 11-30。此电压值也可以从相量图中算出。图 11-30 中，$C_1=C_{11}+C''_{12}$，此电压值也可从相量图中算出。由于此时 D、F 两点间的 C'_{11} 已经拿开，C、D 间无电流，因此 D 点与 C 点等电位；又由于 F 点与 C′点都是接地的，所以 F 点与 C′点也等电位。这样，D、F 两点间的电压也就是 C、C′两点间的电压 $\dot{U}_{CC'}$。考虑到图 11-30 右端的负荷对电源电压 $\dot{U}_{AB}$ 来说是对称的，所以在图 11-30 左侧所画的相量图中，C′点的位置应当是 $\dot{U}_{AB}$ 的中点，而 $\dot{U}_{CC'}$ 的值显然应等于 1.5 $\dot{E}_C$。于是可求出等效电源的电动势为 1.5 $\dot{E}_C$ 。

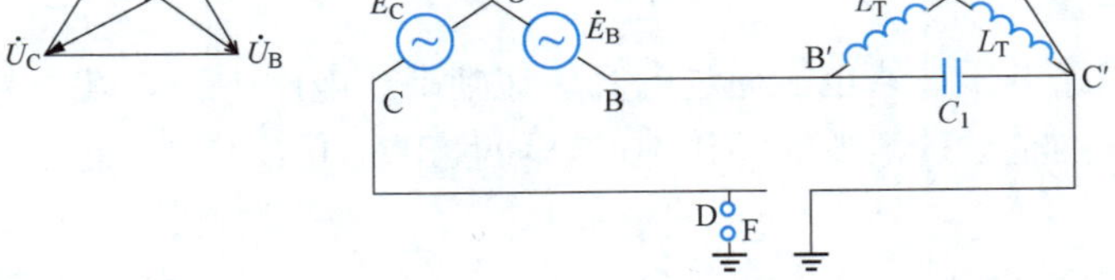

图 11-30　等效电源电动势的求取

等效电源内阻抗的求取。在图 11-29 中，将电源全部短路并将 C'_{11} 取走后，从 D、F 两端测得的阻抗就是等效电源的内阻抗。注意到此时 A、B 两点间已经短路，所以求取等效阻抗的电路显然如图 11-31 所示，即等效阻抗的值为 $1.5L_T$ 的感抗与 $2C_1$ 的容抗的并联值。

求得了等效电源电动势及等效电源内阻抗后，图 11-29 的三相不对称电路就可近似地变成图 11-32 的单相等效电路。

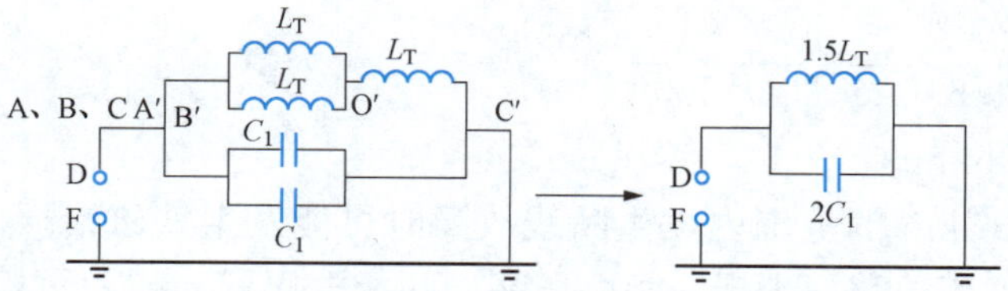

图 11-31 等效电源内阻抗的求取

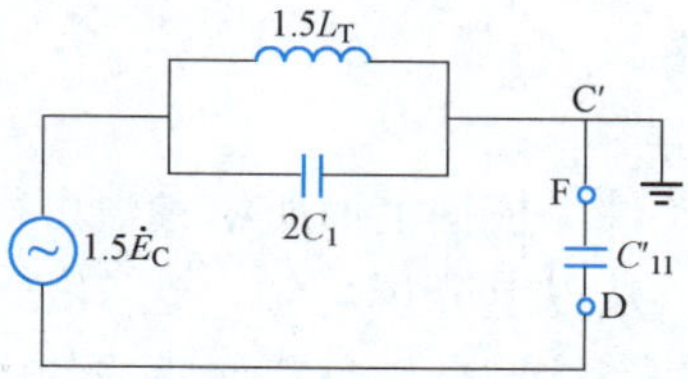

图 11-32 由图 11-29 简化的单相等效电路

根据前述铁磁谐振的第一个性质可知，图 11-32 所示电路要产生串联铁磁谐振，必须使 $1.5L_T$ 与 $2C_1$ 并联后的感抗值大于 C'_{11} 的容抗值，即

$$\frac{1.5\omega L_T \dfrac{1}{2\omega C_1}}{\dfrac{1}{2\omega C_1}-1.5\omega L_T} > \frac{1}{\omega C'_{11}} \tag{11-35}$$

由式（11-35）可见，C'_{11} 越大就越容易满足谐振条件，即最严重的情况相当于导线在紧靠受电变电站附近断线，同时在受电侧的断线端接地。

再一次应用等值电源定理，把图 11-31 中的 $1.5L_T$ 作为负载，而将其余部分作为电源，可得图 11-33 所示的简化单相等效电路。图中，$\dot{E}=1.5\dot{E}_C\dfrac{C'_{11}}{2C_1+C'_{11}}$，$C_0=2C_1+C'_{11}$。

据此可写出产生串联铁磁谐振所需满足的条件为

$$1.5\omega L_T > \frac{1}{\omega(2C_1+C'_{11})}=\frac{1}{\omega C_0} \tag{11-36}$$

不难证明式（11-36）即为化简后的式（11-35）。

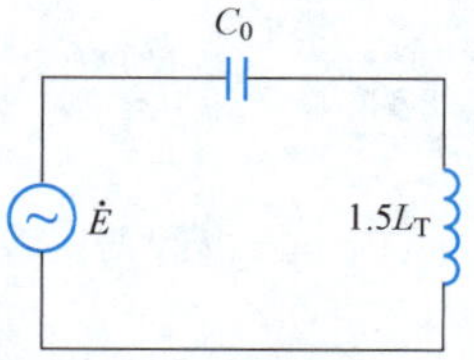

图 11-33 由图 11-30 简化的单相等效电路

由图 11-29 可知当导线在紧靠受电变电站附近断线时，有 $C_{11}=C'_{11}$，$C''_{12}=0$，$C_1=C_{11}$，$C_0=2C_1+C'_{11}=3C_{11}$。设线路长度为 l，取每公里长导线的对地自部分电容为 5000pF，则有 $C_0=3\times 5000l$（单位为 pF）。

设线路的额定电压 U_N 为 10kV，受电变压器容量 P_N 为 100kV·A，励磁电流 I_0 的百分数为 3.5%，则有

$$\omega L_T=\frac{U_N^2}{I_0P_N}=\frac{(10\times 10^3)^2}{0.035\times 100\times 10^3}=2.86\times 10^4(\Omega)$$

由式（11-36）可得

$$l > \frac{10^{12}}{1.5\omega^2 L_T\times 3\times 5000}=\frac{10^{12}}{1.5\omega\times 2.86\times 10^4\times 3\times 5000}\approx 5(\text{km})$$

即当 $l>5\text{km}$ 时可能发生铁磁谐振。

应该指出，如果在图 11-32 中 $1.5L_T$ 和 $2C_1$ 并联后的阻抗是容性时，即线路太长以致 $2C_1$ 变得很大时，图 11-32 就会变成两个电容串联而不能发生谐振，所以断线后发生铁磁谐振还需满足

$$1.5\omega L_T < \frac{1}{2\omega C_1} \tag{11-37}$$

即

$$l < \frac{10^{12}}{1.5 \times 2\omega^2 L_T \times 5000}$$

的条件。根据上面所给参数可得 $l<7.5\text{km}$。

从以上分析可知，在 $5\text{km}<l<7.5\text{km}$ 的范围内发生断线故障时可能发生铁磁谐振。谐振的结果会使负载变压器的中性点发生位移，出现一相电压高、两相电压低，或者两相电压高、一相电压低，甚至三相电压同时升高的现象。

仍以上述 C 相断线并在受电侧接地的故障为例。根据铁磁谐振的特性可知，谐振发生后电容上的压降必将大于电感上的压降，故电感上的压降必与电源电压反相。设 $\dot{U}_L=-2\dot{E}_C$，则有 $\dot{U}_C=3.5\dot{E}_C$。根据图 11-31 的等效电路可知 $\dot{U}_{O'C'}=\frac{2}{3}\dot{U}_L$。据此可画出断线谐振后的电压相量图，如图 11-34 所示。由图可知，断线后负载变压器绕组的电压相量 $\dot{U}_{O'A'}$、$\dot{U}_{O'B'}$、$\dot{U}_{O'C'}$ 的相序与电源电压相量 $\dot{U}_{OA}$、$\dot{U}_{OB}$、$\dot{U}_{OC}$ 的相序相反。这样若断线前负载变压器（或其低压侧）接有小容量的电动机，则断线后电动机就会反转。

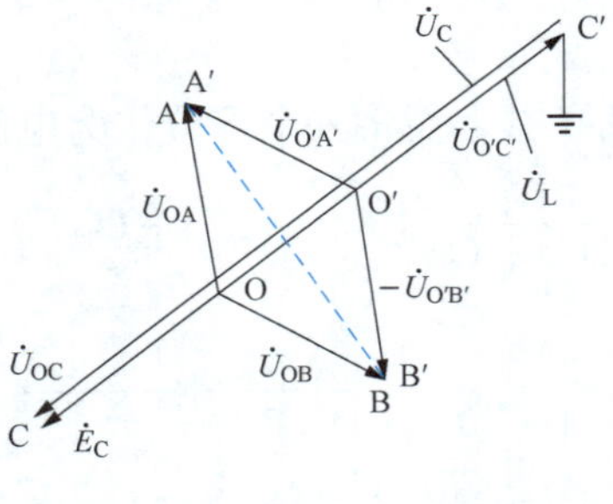

图 11-34　断线谐振后的电压相量图

因此，在设计中性点非直接接地系统时，应注意力求避开式（11-36）和式（11-37）所示的谐振条件。如果不能避开上述条件，则应力求减少线路不对称开断的可能性。其措施通常为：

（1）不采用熔断器，提高断路器动作时的三相同期性，保证断路器不发生非全相拒动；

（2）加强线路的巡视和检修，预防断线发生；

（3）若断路器操作后有异常现象，可立即复原，并进行检查；

（4）空载变压器不长期接在系统中。

第四节　电磁式电压互感器饱和引起的过电压

一、中性点不接地系统中电压互感器饱和引起的过电压

在中性点不接地的 6～35kV 配电系统中，由于电压互感器饱和而产生的内部过电压事故最为频繁，严重地影响供电安全。这种过电压的表现可能有以下几种：①两相（基波过电压时）或三相（谐波过电压时）对地电压升高；②相电压以每秒一次左右的低频摆动

(分次谐波过电压时)；③引起绝缘破坏或避雷器爆炸；④出现虚幻接地现象；⑤在电压互感器中引起过电流使熔丝熔断或电压互感器烧坏。这是因为电压互感器在正常工作时接近于空载状态，呈现为一个很大的励磁电感，当回路受到“激发”(电压和电流的突然增大)后，励磁电感会因饱和而突然减小，从而引起过电压。下面以基波过电压为例分析其产生过程。

参考图 11 - 35，在中性点不接地系统中，每相对地都接有电压互感器的励磁电感，即铁心电感 L，而 C_{11} 为线路的对地自部分电容。由于每个 L 都是和 C_{11} 并联的，所以初看起来好像不会产生过电压似的。但实际则不然，只要 ωL 在不饱和时大于 $1/\omega C_{11}$，就可能产生过电压。这是因为铁心电感 L 和 C_{11} 并联的电路有一个特点：如果在较低电压时 $\omega L>1/\omega C_{11}$，则电容电流大于电感电流，也即二者并联后相当于一个等值电容 C'；那么当由于电源电压升高等原因而使 ωL 下降时，可能转变为 $\omega L<1/\omega C_{11}$，使电感电流大于电容电流，也即二者并联后相当于一个等效电感 L'。如系统在正常运行时三相对地阻抗都呈现为等效电容，则当由于某一原因（例如 A 相瞬时接地）使 B 相和 C 相电压暂时升高时，B 相和 C 相的对地阻抗可变成等效电感 L'，而 A 相对地阻抗仍保持为等效电容 C'，如图 11 - 36 所示。

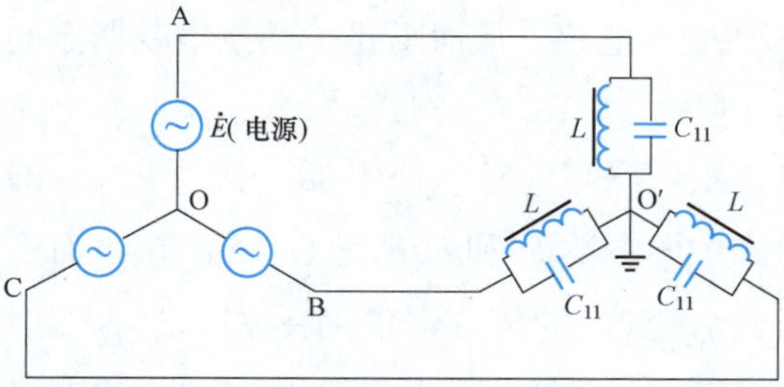

图 11 - 35 正常运行时电压互感器的等效电路

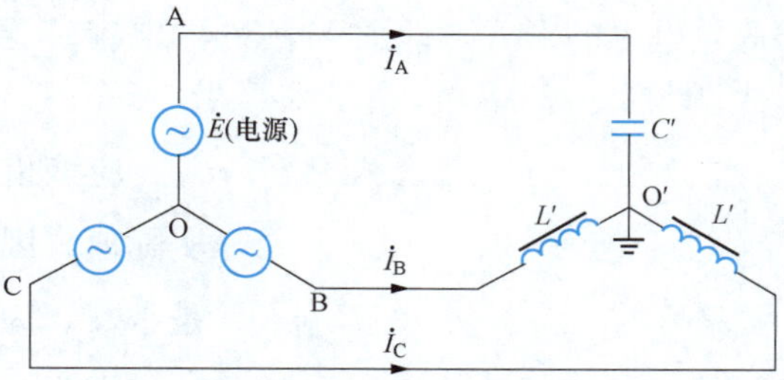

图 11 - 36 B、C 相电压升高后的电压互感器等效电路

显然，由于三相对地阻抗的不对称，此时电源中性点就会发生位移而具有对地电压 $\dot{U}_0$。用 Y_A、Y_B、Y_C 分别表示三相对地导纳，可写出 $\dot{I}_A=(\dot{E}_A+\dot{U}_0)Y_A, \dot{I}_B=(\dot{E}_B+\dot{U}_0)Y_B, \dot{I}_C=(\dot{E}_C+\dot{U}_0)Y_C$；由于 $\dot{I}_A+\dot{I}_B+\dot{I}_C=0$，可得

$$\dot{U}_0=-\frac{\dot{E}_AY_A+\dot{E}_BY_B+\dot{E}_CY_C}{Y_A+Y_B+Y_C} \tag{11-38}$$

由式 (11 - 38) 不难看出，当 $Y_A=Y_B=Y_C$ 时，由于 $\dot{E}_A+\dot{E}_B+\dot{E}_C=0$，所以 $\dot{U}_0=0$，即电源中性点为地电位。但当 B 相和 C 相为电感性导纳 $\left(Y_B=Y_C=-j\frac{1}{\omega L'}\right)$，A 相为电容性导纳 ($Y_A=j\omega C'$) 时，上式将变为

$$\dot{U}_0=-\frac{j\omega C'\dot{E}_A-j\frac{1}{\omega L'}(\dot{E}_B+\dot{E}_C)}{j\omega C'-j\frac{2}{\omega L'}}=-\frac{\dot{E}_A\left(\omega C'+\frac{1}{\omega L'}\right)}{\omega C'-\frac{2}{\omega L'}} \tag{11-39}$$

此时电源中性点就有电位，或系统就会有零序电压 $\dot{U}_0$ 存在。

那么图 11 - 36 的电路能否出现串联谐振的情况呢？应用等效电源定理，将它变为

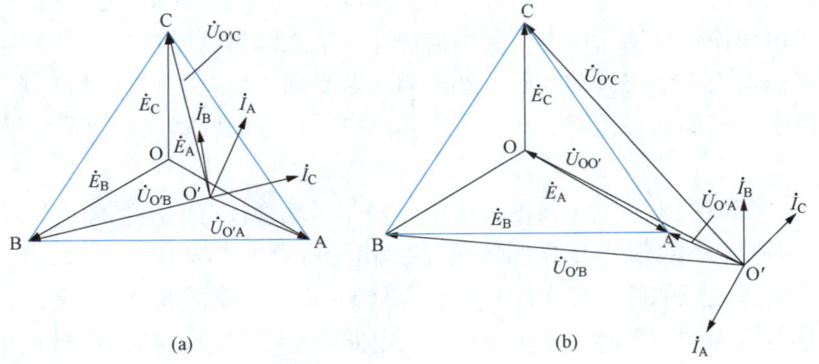

图 11 - 37　中性点位移的确定

(a) O′点位移在线电压三角形之内；(b) O′点位移到线电压三角形之外

图 11 - 38的形式，看起来只要参数合适，即式（11 - 39）中的分母为零$\left(\omega\frac{L'}{2}=\frac{1}{\omega C'}\right)$，就能够产生串联铁磁谐振似的。在形成铁磁谐振时，电容 C'上的电压必然要比电感 $L'/2$ 上的电压高，这时由于饱和，图 11 - 35 中 A 相由电感 L 和电容 C_{11} 并联的阻抗必定也要呈现为等效电感的形式，即图 11 - 36 的电容 C'会自动变为电感，从而阻止了基波串联谐振的形成。

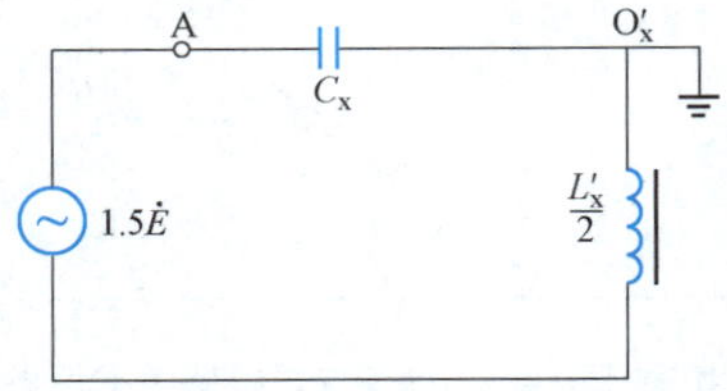

图 11 - 38　由图 11 - 36 简化的单相等效电路

应该指出，用式（11 - 39）还不能直接算出 $\dot{U}_0$ 的实际值，因为式中的参数 L'和 C'都是 $\dot{U}_0$ 的函数，而不是常数。为了搞清楚 $\dot{U}_0$ 的值，需借助图 11 - 37。图中 $\dot{U}_{O'O}$ 即为 $\dot{U}_0$。在图 11 - 37（a）中，假定 O′点位移在线电压三角形之内。由于 A 相电流 $\dot{I}_A$ 应超前 $\dot{U}_{O'A}$90°，而 B 相和 C 相电流 $\dot{I}_B$ 和 $\dot{I}_C$ 应各相分别落后于 $\dot{U}_{O'B}$ 和 $\dot{U}_{O'C}$90°，所以三个电流的相量方向必然如图所示，这时显然不可能满足 $\dot{I}_A+\dot{I}_B+\dot{I}_C=0$ 的要求。由此可见，O′点不可能留在线电压三角形之内。从图 11 - 37（b）可以看出，只有将 O′点位移到线电压三角形之外，才有可能满足 $\dot{I}_A+\dot{I}_B+\dot{I}_C=0$ 的要求。也就是说，当 B、C 相对地阻抗变成等效电感 L'后，O′点必然要位移到线电压三角形之外，即电源中性点对地电压 $\dot{U}_0$（图中 $\dot{U}_{OO'}$）必然要超过相电压值，而 $\dot{U}_{O'B}$ 和 $\dot{U}_{O'C}$ 都要超过线电压值。$\dot{U}_0$ 越大，则 B 相和 C 相的过电压就越大。

在中性点不接地的系统中，中性点直接接地的电压互感器最常受到的“激发”有两种：第一种是电源对只带电压互感器的空载母线突然合闸，第二种是一相导线突然对地发弧。理论分析和实验结果都表明，在这两种情况下，由于电压互感器上的交流电压突变引起的涌流都会使电压互感器的励磁电感大为减小。

运行经验表明，当电源向只带有电压互感器的空载母线合闸时，容易产生基波（工频）过电压。当系统带有线路运行时，如果电压互感器的励磁特性不好，在线路一相接地又自动熄弧时，容易产生 1/2 次的分次谐波过电压。实际上 1/2 次谐波过电压的频率并非严格等于电源频率的一半，而是稍小一些，一般在24～25Hz范围内，这一频差现象可使配电盘上指针式表计的表针发生抖动或以低频来回摆动。

实际测量表明，在35kV配电系统中电压互感器饱和过电压可达$3.5U_p$（U_p为相电压）以上，而在66kV配电系统中曾测到过$4.74U_p$的过电压。绝大多数分次谐波过电压虽只有$2U_p$左右，但由于在低频电压下电压互感器易于饱和，所以电压互感器中流过的电流可达额定励磁电流的100倍，会烧坏熔丝或引起电压互感器的严重过热，使电压互感器冒油、烧损，甚至爆炸。

将电力系统中性点改为经消弧线圈（电抗器）接地或直接接地，就破坏了谐振回路的形成，并且相对地稳定了中性点的电位，因此就不太可能出现电压互感器饱和过电压。但如果由于保护不当，使电力系统出现暂时失去消弧线圈或失去直接接地，则这种过电压仍能发生。因此，在中性点经消弧线圈接地或直接接地的系统中，应尽量避免形成中性点不接地运行。在中性点不接地的系统中，可选用下列措施消除电压互感器饱和过电压。

（1）选用励磁特性较好的电磁式电压互感器或只使用电容式电压互感器。

（2）使电压互感器带有零序电阻，例如在它的开口三角绕组中短时接入$R\leqslant 0.4\omega L$的电阻（ωL为电压互感器在线电压下的每相励磁电抗换算到开口三角绕组的开口上的值），包括将开口三角绕组短路。当电力系统中性点位移超过一定值时，可用过电压继电器将电阻投入1min，然后再自动切除。当电压互感器开口三角绕组的容量许可时，在开口三角绕组中直接加入500W灯泡一般即可使电压互感器饱和过电压消失。

（3）在特殊情况下，可将电力系统中性点改为暂时经电阻接地或直接接地，或采用临时的倒闸措施来改变电路参数，如投入事先规定好的某些线路或设备等。

（4）在个别情况下，可在10kV及以下的母线上装设一组三相对地电容器，或利用电缆段代替架空线段，减小对地容抗X_{C11}，使$\frac{X_{C11}}{X_m}<0.01$即可避免谐振（X_m为电压互感器高压侧在线电压下的每相励磁电抗）。

（5）禁止只使用一相或两相电压互感器接在相线与地线间（包括在双电源定相时），以保证三相对地阻抗的对称性，避免中性点位移或产生谐振。

二、中性点接地系统中电压互感器饱和引起的谐振过电压

在110、220kV中性点接地系统中，电压互感器饱和过电压出现在用断口间具有并联电容的断路器切空线时，其接线图如图11-39所示。图中，QS为隔离开关，QF为断路器。当断路器开断而隔离开关未打开时可得到图11-40所示的三相等效电路。图中L为电压互感器的励磁电感；C_1为断路器断口的均压电容，其值在1000～2000pF的范围内；C_2为母线对地部分电容；C_{12}为相间部分电容。由于C_{12}通常很小，可以忽略，此时三相电路即可简化成三个独立的单相电路进行分析。图11-41（a）所示，为简化后的单相等效电路。将图11-41（a）中的L作为负载，其余部分作为电源，应用等值电源定理可得图11-41（b）所示的谐振电路。图中，$E=\frac{C_1}{C}E_A$，$C=C_1+C_2$。

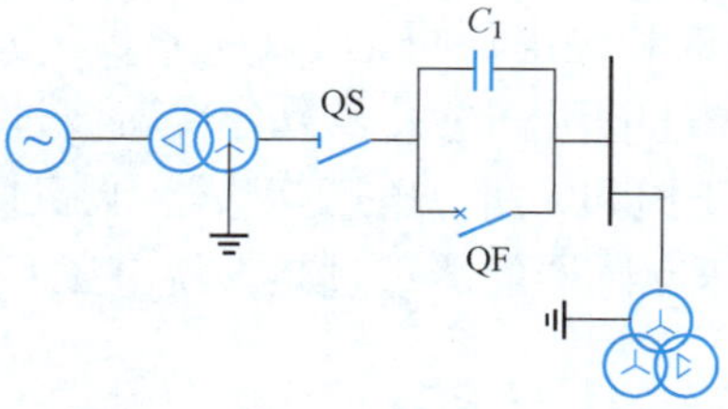

图 11-39　用断口间具有并联电容的断路器切空线

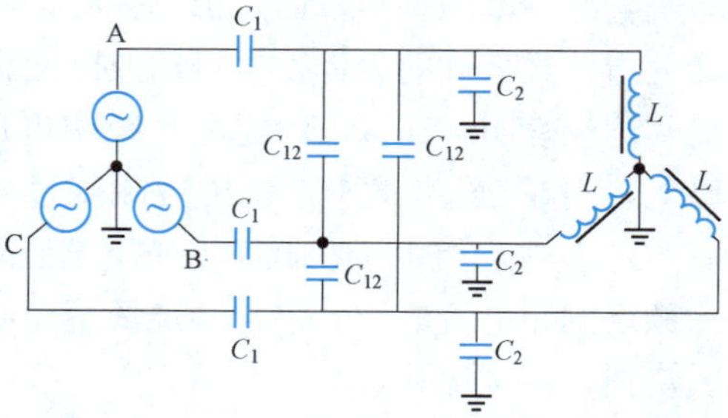

图 11-40　带有并联电阻的断路器切空线时的三相等效电路

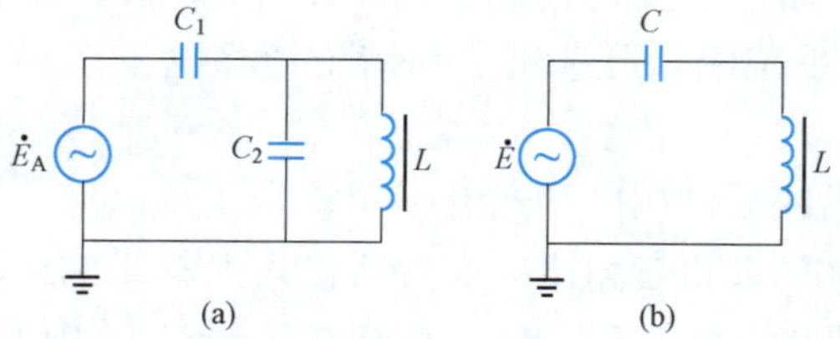

图 11-41　图 11-42 的简化电路

(a) 简化后的单相等效电路图；(b) 谐振电路

国内外的运行经验表明，这种形式的谐振过电压在变电站中普遍发生。当 C 值小时谐振往往属于基波过电压性质，测量到的过电压为额定相电压的 1.65～3 倍；当 C 值大时谐振具有分频过电压性质（主要是 1/3 次），过电压幅值不高，但因频率和相应的励磁感抗均下降到工频时的 1/3，励磁电流往往很大，测到的最大励磁电流可达额定励磁电流的 80 倍，这会使电压互感器过热烧毁，甚至喷油、爆炸。

本章小结

内部过电压是电力系统内部能量的转化或传递引起的，其能量来源于电力系统本身。内部过电压的大小通常用过电压倍数 K 来表示，过电压倍数 K 为内部过电压幅值与电力系统该处最高运行相电压的幅值之比。

操作空载变压器和空载线路时会出现操作过电压。

空载变压器的分闸过电压是由于断路器截流引起的，其大小与变压器励磁电流的大小以及变压器绕组电容 C_T 的大小有关，当变压器绕组电容 C_T 增大时，过电压将减小。由于变压器的励磁电流较小，励磁绕组所储存的磁能不大，所以切空载变压器过电压的能量可以用限制雷电过电压的避雷器来吸收。

电弧的重燃是产生切空线过电压的根本原因，中性点接地方式、母线上出线回路的数目、断路器触头间电弧重燃和熄弧的随机性等因素均影响到切空线过电压的大小。合空载线路时，线路电容上出现的过电压可达电源电压的 2 倍；重合空载线路时，过电压可达电源电压的 3 倍。

由于断路器熄弧性能的提高，目前切空线重燃现象已基本消除，所以在线路设计中可不考虑切空线过电压。额定电压为 220kV 及以下线路，重合空线过电压的倍数不高，且由于线路自身绝缘能承受重合空线过电压的作用，所以不需采用任何限制重合空线过电压的措施。

额定电压为 330kV 及以上线路，因其线路一般比较长，由于电容效应的叠加，重合空线时的过电压倍数可达 2.5 以上，因此必须采取措施对重合空线过电压加以限制。常用的方法是在断路器断口上加装并联电阻。

在中性点不接地系统中，当单相接地电弧出现熄弧与重燃交替进行的现象时，由于系统中电感、电容间多次电磁振荡会产生电弧接地过电压。电弧的熄灭与重燃时间是决定最大过电压的重要因素。这种过电压的幅值并不太高，但持续时间较长，而且遍及全系统，对系统内装设的绝缘较差的老设备、线路上存在的绝缘弱点，尤其是由发电机电压直配的电力系统中绝缘强度很低的旋转电机等，存在较大的威胁，在一定程度上会影响电力系统的安全运行。

谐振有三种不同类型，即线性谐振、铁磁谐振和参数谐振。

线性谐振是在线性电感和电容组成的回路中，当 $\omega L=\frac{1}{\omega C}$，即回路的总阻抗为零或外加电源的频率和电路的固有自振频率相等（$\omega=\omega_0$）时产生的电压谐振现象。电阻 R 对线性谐振过电压的发展起到阻尼作用。

铁磁谐振是线性电容和铁心电感组成的回路在 $\omega L_0>\frac{1}{\omega C}$ 的条件下，受到某种“激发”因素时产生的电压谐振现象。其过电压幅值受铁心饱和程度的限制，一般不会很高。

在电感和电容组成的振荡回路中，如果电感周期性地改变会产生参数谐振现象。回路中的电阻 R 能起到抑制参数谐振的作用。

电磁式电压互感器饱和过电压是由“电感—电容效应”产生的，还是铁磁谐振产生的，取决于“激发”的大小及参数，都是由于电压互感器铁心饱和引起的，所以可通称为电压互感器饱和过电压。

思考题与习题

11-1 切断有负载的变压器时为什么不会产生过电压？

11-2 试分析切空线过电压的形成过程及影响因素。

11-3 断路器断口并联电阻为什么能限制合空线过电压？

11-4 为什么 220kV 及以下线路不需采用限制重合闸过电压的措施？

11-5 铁磁谐振过电压有哪些特征？

11-6 试述消除电压互感器饱和过电压的措施。

第十二章　电力系统防雷保护

雷电是一种极为壮观的自然现象。对雷电物理现象本质的研究始于 1744 年美国富兰克林进行的著名的风筝引雷试验，试验证明了雷电是大气中的火花放电现象，并据此发明了避雷针。

雷害是由雷云放电引起的，是自然界普遍存在的一种自然灾害。雷害可以引发森林大火，可以使石油库或炸药库等易燃易爆设施起火，也可以使建筑物及其内部的各种现代设施（主要是各种弱电和微电子设备）受到损坏，并伤及人身。

雷云放电还可使电力系统的供电线路以及发电厂、变电站的电气设备上出现远高于其正常工作电压的电压升高，这种电压升高叫做雷电过电压，也称大气过电压或外部过电压。它不仅会危害供电线路以及发电厂、变电站的电气设备，还会导致大面积停电，引起用电部门的重大经济损失。雷电过电压事故在电力系统事故中占有很大的比例。

第一节　雷电放电过程及雷电参数

一、雷电放电过程

在雷雨季节里，太阳使地面水分部分化为蒸汽，同时地面空气受到热地面的作用变热而上升，成为热气流。由于太阳几乎不能直接使空气变热，所以从地面每上升 1km，空气温度约下降 10℃。上升的热气流遇到高空的冷空气时，水蒸气会凝成小水滴而形成热雷云。此外，水平移动的冷气团或暖气团，在其前锋交界面上也会因冷气团将湿热的暖气团抬高而形成面积极大的锋面雷云。在足够冷的高空，例如在 4km 以上时，水滴也会转化为冰晶。

雷云是指带电的云块，雷云的形成和结构极为复杂，至今尚未形成统一的理论解释，雷云带电的过程可能是综合性的。云中水滴被强气流吹裂时，较大的水滴带正电，而较小的水滴带负电，小水滴同时被气流携走；此外，水在结冰时，冰粒上会带正电，而被风吹走的没有结冰的水将带负电，于是云的各部就会带有不同的电荷。雷云带电的过程也可能与水滴吸收离子、相互撞击或融合的过程有关。实测表明，在大气 5～10km 的高度主要是正电荷的云层，在 1～5km 的高度主要是负电荷的云层，而在云的底部也往往有一块不大区域的正电荷聚集，参看图 12-1。雷云中的电荷分布也远不是均匀的，往往形成好多个电荷密集中心。每个电荷中心的电荷约为 0.1～10C（库），而一大块雷云同极性的总电荷则可达数百库。雷云中的平均场强约为 150kV/m。当云中电荷密集处的场强达到 2500～

3000kV/m 时，就会发生先导放电。雷云放电的大部分是在云间或云内进行的，只有小部分是对地发生的。雷云的对地电位可高达数千万伏到上亿伏。

在对地的雷电放电中，雷电的极性是指自雷云下行到大地的电荷的极性。最常见的雷电放电是自雷云向下发展的放电，称为下行雷。据统计，绝大部分的雷是负极性的下行雷。

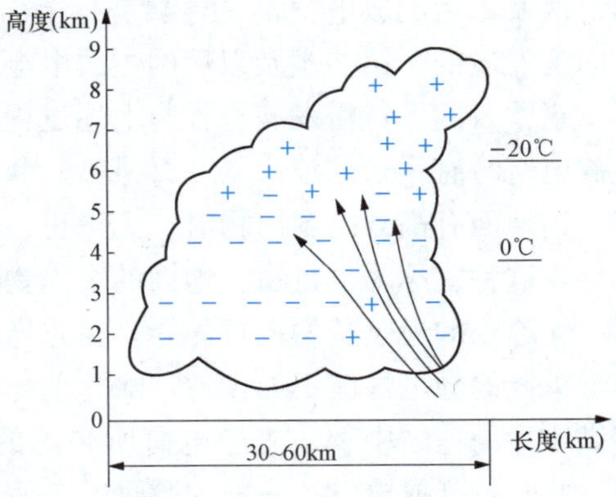

图 12-1　雷云电荷的分布

在图 12-2 中画出了用底片迅速转动的照相设备拍到的负雷云下行雷的放电过程［见图 12-2（a）］，以及与之相对应的雷电流曲线［见图 12-2（b）］。雷电放电的光学照片说明，由负雷云向下发展的放电不是连续发展的，而是走一段停一会儿，再走一段，再停一会儿。每级的长度为 10～200m，平均为 25m。停歇时间为 10～100μs，平均为 50μs。每级的发展速度约为 10^7m/s。这种放电称为先导放电（简称先导），向下发展的先导称为下行先导。先导放电阶段，放电通道中没有强烈的热游离，所以放电通道的电阻很大。先导的电晕半径约为 0.6～6m，相应于下行先导的电流为 100A 左右。下行负先导在发展中会分成数支。当先导接近地面时，会从地面较突出的部分发出向上的迎面先导。当迎面先导与下行先导中的一支相遇时，地面电荷迅速上升，产生了强烈的“中和”过程，在通道中形成强烈的热游离，使通道电阻迅速减小，出现极大的电流（数十千安到数百千安），这就是雷电的主放电阶段，伴随着出现雷鸣和闪光。主放电持续的时间极短，约为 50～100μs。主放电的过程是逆着负先导的通道由下向上发展的，速度约为光速 c 的 1/20～1/2，离开地面越高则速度越小，平均约 0.175c。主放电到达云端时就结束了，然后云中的残余电荷经过刚才的主放电通道流下来，称为余辉阶段。由于云中的电阻较大，因此与余辉阶段对应的电流不大（约数百安），持续的时间较长（0.03～0.15s）。

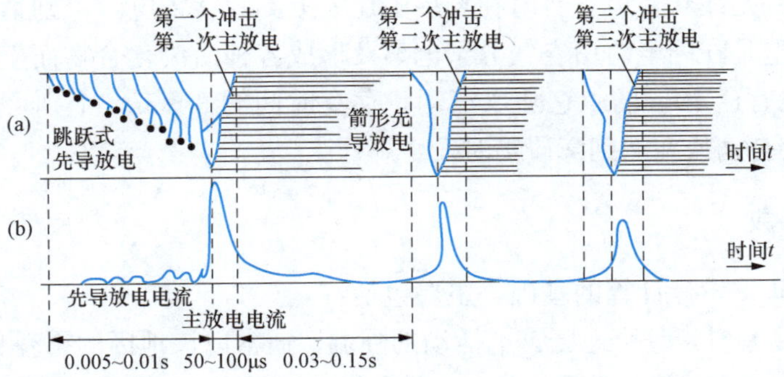

图 12-2　雷电放电的光学照片和电流变化

（a）负雷云下行雷的放电光学照片；（b）放电过程中雷电流曲线

由于云中可能存在几个电荷中心，所以在第一个电荷中心完成上述放电过程之后，可能引起第二个、第三个电荷中心向第一个电荷中心放电，因此雷电可能是多重性的，每次放电相隔 0.6ms～0.8s（平均约 65ms），放电的数目平均为 2～3 个，最多可达 42 个。在第二次及以后的放电中，先导都是自上而下连续发展的（无停歇现象），而主放电仍是由下向上发展的。第二次及以后的主放电电流一般较小，不超过 30kA。

正雷云的下行雷发展过程与上述过程基本相同。但下行正先导的逐级发展不明显，其主放电有时有很长的波头（几百微秒）和很长的波尾（几千微秒）。

当地面有高耸的突出物时，无论正、负雷云都有可能先出现由突出物向上发展的上行先导，这种雷称为上行雷。地面的突出物越高，则产生上行雷的概率就越大。

无论正的还是负的上行先导，在先导到达雷云时，大部分并无主放电过程发生。这是由于雷云的导电性能不如大地，除非上行先导碰到密集电荷区，否则一般难以在极短时间内供应为高速“中和”先导电荷所必需的极大的主放电电流，而只能出现缓慢的放电过程。此时，其放电电流一般为数百安，而且持续时间很长，可达 0.1s。

无论正的还是负的下行先导，当它击中电阻较大的物体（如岩石或高电阻率的土壤）时，也可能无主放电。

雷电放电瞬间的功率虽然极大，但雷电的能量却很小，即其破坏力虽大，但实际利用的价值却很小。以中等雷电为例，取雷云电位 $V=50\text{MV}$，电荷 $Q=8\text{C}$，则其能量不过为

$$W=\frac{1}{2}VQ=2\times10^{8}(\text{W}\cdot\text{s})=55(\text{kW}\cdot\text{h})$$

即 55kW·h 电能（约等值于 4kg 的汽油）。如每平方公里每年的落雷次数以 2.8 次计，每平方公里每年获得的雷电能量不过为

$$W=55\times2.8=154(\text{kW}\cdot\text{h})$$

即每平方公里每年平均功率不到 18W，仅能点亮一只小灯泡。其所能制造的化肥量也微乎其微。这对想利用雷电作为能源的人是一个很好的提醒。

但雷电主放电的瞬时功率 p 却是极大的，例如，当雷电流 I 以 50kA 计，雷电通道的弧道压降以 6kV/m 计，雷云高度以 1000m 计，则主放电功率 p 可达

$$p=50\times6\times1000=300000(\text{MW})$$

它比目前世界上任何一个电站的功率还要大。

以上所述的都是线状雷电，有时在云层中还能见到片状雷电，个别情况下也会出现球状雷电。球状雷电是在闪电时由空气分子电离及形成各种活泼化合物而生成的火球，直径约 20cm，个别也有达 10m 的。它随风滚动，存在时间约 3～5s，个别可达几分钟，速度约 2m/s，最后会自动或在遇到障碍物时发生爆炸。

二、雷电参数

雷电参数是防雷设计计算的基础，主要包括：

（1）平均年雷暴日。一个地区雷电活动的强弱，通常以该地区的雷暴日的多少来衡量。在一天内只要听到雷声就算一个雷暴日。一年中能听到雷声的天数称为年雷暴日。平均年雷暴日是指该地区多年年雷电日的平均天数，用 T_{d} 表示。雷电活动的强弱不仅与地球的纬度有关，而且与气象条件有很大关系。在炎热的赤道附近，雷暴日最多，平均年雷暴日约为 100～150。我国长江流域与华北的某些地区，平均年雷暴日为 40，而西北地区平均年雷暴日不超过 15。国家根据长期观察结果，绘制出的全国平均年雷暴日分布图，为防雷设计提供了依据。

国标 GB/T 50064—2014《交流电气装置的过电压保护和绝缘配合设计规范》规定：平均年雷暴日不超过 15 的地区为少雷区，平均年雷暴日在 15～40 的地区为中雷区，平均年雷暴日在 40～90 的地区为多雷区，平均年雷暴日超过 90 的地区及根据运行经验雷害特别严重的地区为强雷区。

（2）地闪密度。雷暴日仅表示某一地区雷电活动的强弱，没有区分是雷云之间放电还是雷云与地面之间放电。实际上，云间放电远多于云地放电，而雷击地面才能构成对电力系统设备及人员的直接危害，因此，防雷设计中主要关心的是雷云对地之间的放电，这就引入了地闪密度，即每平方公里每年地面落雷次数，用 N_g［单位为次/($km^2 \cdot a$)］表示。世界各国 N_g 的取值不同，我国平均年雷暴日不同的地区，其 N_g 值也不相同。一般 N_g 值会随 T_d 的增大而增大。

由于线路及建筑物高出地面，有引雷作用，线路及建筑物受雷击的次数与其高度、长度和宽度有关，GB/T 50064—2014 给出的线路每百公里每年受雷击次数的计算公式为

$$N_l = 0.1N_g(28h_T^{0.6} + b) \tag{12-1}$$

式中：h_T 为杆塔高度，m；b 为两根避雷线间的距离，m；N_l 为线路落雷次数，次/($100km^2 \cdot a$)；N_g 为地闪密度，次/($km^2 \cdot a$)，对平均年雷暴日为 40 的地区暂取 2.78 次/($km^2 \cdot a$)。

例如，对一般 220kV 线路，取 $b=11.6m$，$h_T=24.5m$，则 $N_l=56.3$ 次/($100km^2 \cdot a$)；对一般 500kV 线路，取 $b=18.6m$，$h_T=27.25m$，则 $N_l=61.7$ 次/($100km^2 \cdot a$)。

应该注意到，雷击具有选择性，诸如有水的山谷、土壤电阻率发生突变的低电阻率地区、易形成雷云的向阳或迎风的山坡、矿区等处都是雷击选择的地点，因此在选择发电厂、变电站位置时应尽量避开这些地区。

（3）雷电通道波阻抗。主放电时，雷电通道如同一个导体，雷电流通过通道流动，与普通导线一样，雷电通道对电流波呈现一定的阻抗，该阻抗称为雷电通道波阻抗 Z_0。波阻抗的大小取决于雷电主放电通道的尺寸，其值与雷电流的大小相关。在线路防雷设计中常取 $Z_0=400\Omega$。

（4）雷电流的极性。雷电流的极性有正、有负。国内外实测结果表明，负极性雷电占绝大多数，约为 75%～90%。加之负极性雷电的冲击过电压在线路传播时衰减小，对设备危害大，故防雷计算一般按负极性雷电考虑。

（5）雷电流幅值。雷电主放电过程是一个沿波阻抗为 Z_0 的主放电通道流动的波过程。当电流幅值为 I_0 的流动波到达雷击点时，受被击物阻抗 Z 的影响，会发生波的折、反射。当 $Z=Z_0$ 时，雷击点的电流即为 I_0；但如果 $Z \ll Z_0$，如取 $Z \approx 0$ 时，雷击点的电流将接近 $2I_0$。在实际雷电流测量中，雷击点一般满足后一条件（即 $Z \ll Z_0$），所以在工程实际中将雷电流幅值定义为 $Z \leqslant 30\Omega$ 时流经被击物的电流，即雷电流幅值为沿主放电通道袭来的流动电流波幅值的 2 倍，此点应特别加以注意。

雷电流幅值与气象、自然条件等有关，我国在平均年雷暴日大于 20 的地区测得的雷电流幅值 I 的概率分布为

$$\lg p = -\frac{I}{88} \quad 或 \quad p = 10^{-\frac{I}{88}} \tag{12-2}$$

式中：I 为雷电流幅值，kA；p 为雷电流幅值超过 I 的概率。

例如，当雷击时，出现大于 88kA 的雷电流幅值的概率 $p\approx10\%$，超过 150kA 的雷电流幅值的概率 $p\approx1.97\%$。

在平均年雷暴日为 20 及以下的地区，即除陕南以外的西北地区及内蒙古等雷电活动较弱的地区，雷电流幅值较小，其概率 p 可由式（12-3）求出

$$\lg p=-\frac{I}{44} \tag{12-3}$$

即出现大于 44kA 的雷电流幅值的概率 $p\approx10\%$。

雷电流幅值与海拔及土壤电阻率的大小相关性很小，相关系数 $|r|<0.1$。

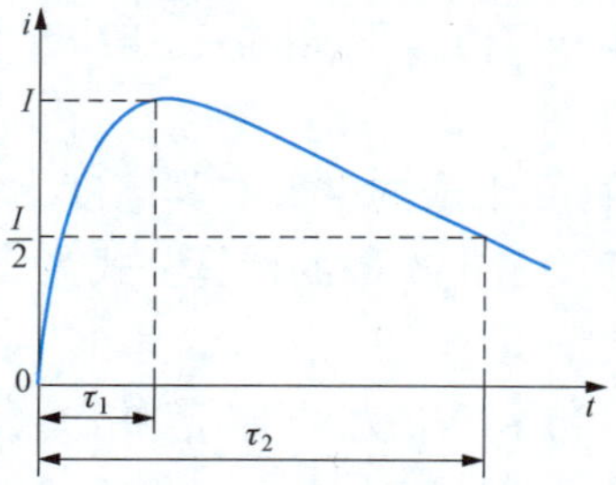

图 12-3　雷电流波形

（6）雷电流波形和雷电流上升陡度。雷电流的幅值随各国自然条件的不同而差别较大，但各国测得的雷电流波形却是基本一致的。图 12-3 为经过标准化后的雷电流波形图。

实测表明，雷电流的波头时间 τ_1 一般在 1～4μs 的范围内，平均约为 2.6μs。半峰值时间 τ_2 在 20～100μs 的范围内，平均约为 50μs。因此，我国在直击雷防雷设计中建议采用 $\tau_1/\tau_2=2.6/50\mu s$ 的波形。在线路的防雷计算时，τ_2 对防雷计算结果几乎无影响，为简化计算，一般可视雷电波为无限长。

雷电流的幅值与波头决定了雷电流的上升陡度，雷电流的上升陡度对雷击过电压影响很大，是一个常用参数。由于雷电流波头时间变化不大，因此雷电流的上升陡度（简称雷电流陡度）必然是与雷电流幅值密切相关的。我国在防雷设计中取波头 $\tau_1=2.6\mu s$，所以雷电流的平均上升陡度为

$$\frac{I}{\tau_1}=\frac{I}{2.6}\quad(\text{kA}/\mu\text{s}) \tag{12-4}$$

第二节　雷电过电压的形成

雷云对地放电时，不但会使受雷电直击的线路或设备上产生过电压，也会在雷击点附近未受雷击的线路或设备上形成过电压。前者称为直击雷过电压，后者称为感应雷过电压。

一、雷直击架空输电线的直击雷过电压

如图 12-4（a）所示，当雷击于架空输电线路的导线 A 点时，等于沿主放电通道（其波阻为 Z_0）袭来一个幅值为 $I/2$ 的电流波，雷击导线后雷电流将自雷击点沿导线向两侧流动。由于输电线的长度远大于雷电波的波长，输电线可视为无限长导线，雷击点两边导线的并联波阻抗为 $Z/2$，由此可建立如图 12-4（b）所示的等效电路。

若取 $Z_0\approx Z/2$，则可求出 A 点的直击雷过电压的幅值为

$$U_A=\frac{I}{2}\times\frac{Z}{2}=\frac{IZ}{4} \tag{12-5}$$

若取 $Z=400\Omega$，则当 $I=24$kA（其概率 $p=53.4\%$）时，过电压就高达 2400kV。

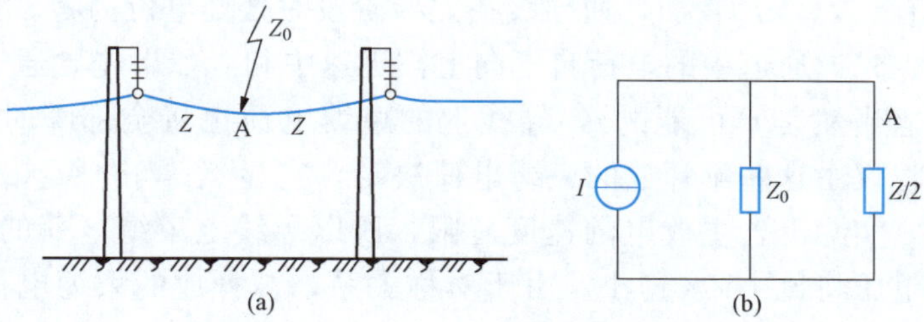

图 12-4　雷击线路及等效电路
(a) 示意图；(b) 等效电路

二、雷直击架空输电线路杆塔时的直击雷过电压

当雷击线路杆塔顶端时，雷电流 i 将流经杆塔及其冲击接地电阻 R_i 流入大地，如图 12-5 (a) 所示。忽略杆塔金属的电阻，杆塔用一个集中参数电感来等效，则当雷击于杆塔顶部时，塔顶出现的过电压值（即塔顶与无穷远零电位面间的电压，也称塔顶电位）U_t 可以表示为

$$U_t = L_0 h \frac{\mathrm{d}i}{\mathrm{d}t} + iR_i \qquad (12-6)$$

式中：i 为经杆塔入地的雷电流，A；L_0 为杆塔单位长度的电感，H；h 为杆塔的高度，m；R_i 为杆塔的冲击接地电阻，Ω。

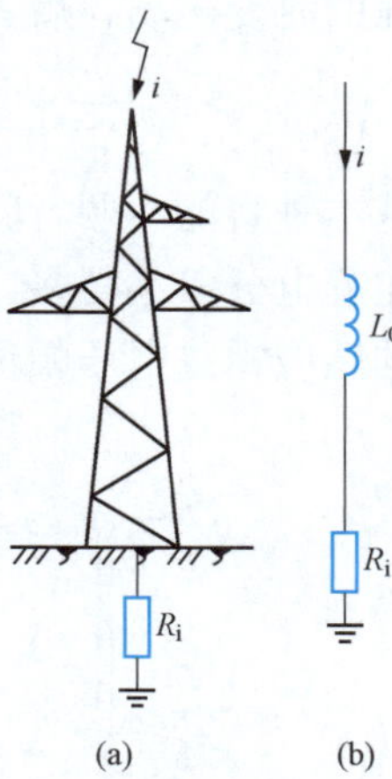

图 12-5　雷击塔顶时的过电压示意图
(a) 示意图；(b) 等效电路

取雷电流幅值 $I=100\text{kA}$，雷电流波头时间 $\tau_t=2.6\mu\text{s}$（波头为斜角波），$h=20\text{m}$，$L_0=1.6\mu\text{H/m}$，$R_i=10\Omega$，则可得塔顶过电压的幅值为

$$U_t = L_0 h \frac{I}{2.6} + IR_i = 1.6 \times 20 \times \frac{100}{2.6} + 100 \times 10$$
$$= 1231 + 1000 = 2231(\text{kV})$$

即在塔顶处可出现 2231kV 的过电压。

三、架空输电线路上的感应雷过电压

当雷击线路附近的地面时，在架空线路的导线上会因感应而出现过电压。这种感应过电压的形成过程如图 12-6 所示。

在图 12-6 (a) 中，雷电放电的先导阶段，在先导通道中充满了负电荷，它会对导线产生静电感应，使负先导通道附近的导线上积累起异号的正束缚电荷，而导线上的负电荷则被排斥到导线的远端。因为先导的发展速度较慢，所以在先导过程中流过导线的电流不大，可以忽略不计。如果不计工频电压，则此时导线将通过系统的中性点或泄漏电阻而保持为零电位。由此可见，如果先导通道电场使导线各点获得的电位为 $-V_0(x)$，则导线上的束缚电荷电场必定使导线获得 $+V_0(x)$ 的电位，二者在数值上相等，而符号相反，也即导线各点上均有$\pm V_0(x)$叠加，使导线在先导阶段时处处电位为零。雷击线路附近地面后主放电开始，先导通道中的电荷自下向上被迅速中和。如果先导通道中的电荷是全部瞬时被中和（这当然是不可能的），导线上的束缚电荷也将全部瞬时变为自由电荷，此时导线的电位将仅由这些刚释放的束缚电荷决定，它显然等于$+V_0(x)$，这是静电感应过电压的极限。实际上，主放电的速度有限，所以导线上束缚电荷的释放是逐步的，因而静电感应过电压将比$+V_0(x)$小。由于对称关系，被释放的束缚电荷将对称地向导线两侧流动，如图12-6（b）所示。电荷流动形成的电流i乘以导线的波阻Z，即为向两侧流动的静电感应过电压流动波$u=iZ$。此外，如果先导通道电荷（单位长度的电荷量为λ）全部被瞬时中和（主放电速度$v\to\infty$），则瞬间有$I=\lambda v\to\infty$（这当然是不可能的），可产生极强的时变磁场，后者将使导线产生极大的电磁感应过电压。实际上由于主放电的速度$v\left[v=\left(\frac{1}{20}\sim\frac{1}{2}\right)c\right]$远小于光速，所以电磁感应过电压不会有那样大。再加主放电通道是与导线基本垂直的，两者间的互感不大，故电磁感应不大。也就是说，感应过电压的电磁分量要比静电分量小得多，约为静电分量的1/5。又由于两种分量出现最大值的时刻不同，所以总的感应雷过电压幅值是以静电分量为主的。

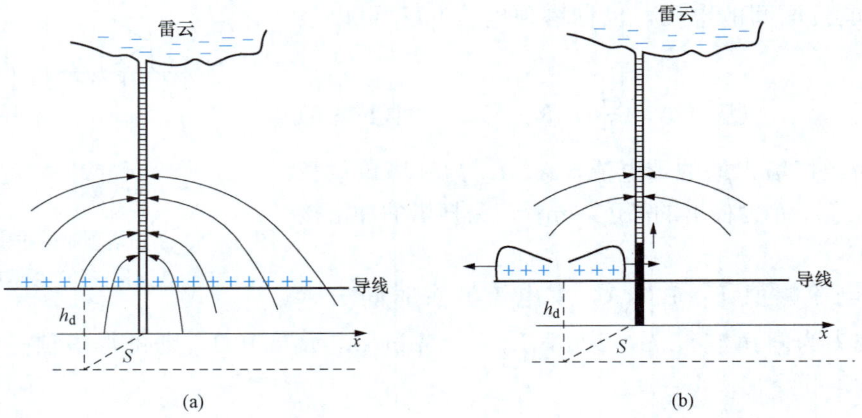

图12-6 感应过电压的形成

（a）先导阶段；（b）全放电阶段

由以上分析可见，感应过电压的幅值U_g与雷电主放电电流的幅值I成正比，与雷击地面点距导线的距离S成反比。导线的高度h_d也显然会影响到U_g的大小。因为即使同样的感应电荷，当导线离地越近时，电压就越小（自部分电容C_{11}较大）；当导线离地越高时，电压就越大（自部分电容C_{11}较小）。实际测量结果证实，当$S>65$m时，感应过电压幅值U_g可近似计算式为

$$U_g = 25\frac{Ih_d}{S} \tag{12-7}$$

式中：U_g为感应过电压幅值，kV；I为雷电流幅值，kA；h_d为导线悬挂的平均高度，m；S为直接雷击点距导线的距离，m。

实测表明，感应过电压的幅值可达300～400kV。

当$S<65$m时，对地雷击一般都会被杆塔所吸引。雷直击于杆塔时，空中迅速变化的

电磁场在导线上感应出的过电压可近似表示为

$$U_g = \frac{1}{2.6} I h_d \tag{12-8}$$

四、流动波过电压

当架空线在直击雷或感应雷作用下出现过电压时，过电压将沿导线向两侧传播，形成流动波过电压，并伴随有电流波的传播。电流波 i 和电压波 u 的关系由线路的波阻 Z 决定，即

$$Z = \frac{u}{i} = \sqrt{\frac{L_0}{C_0}} \tag{12-9}$$

其传播速度 v 为

$$v = \frac{1}{\sqrt{L_0 C_0}} \tag{12-10}$$

对于架空线路而言有

$$L_0 = \frac{\mu_0}{2\pi} \ln \frac{2h_d}{r} \approx 1.6 \times 10^{-6} \tag{12-11}$$

$$C_0 = \frac{2\pi\varepsilon_0}{\ln \frac{2h_d}{r}} \approx 7 \times 10^{-12} \tag{12-12}$$

式中：L_0 为线路每单位长度的电感值，H/m；C_0 为线路每单位长度的电容值，F/m；μ_0 为空气的导磁系数，$\mu_0 = 4\pi \times 10^{-7}$ H/m；ε_0 为空气的介电常数，$\varepsilon_0 = 8.86 \times 10^{-12}$；$h_d$ 为导线的平均高度，m；r 为导线的半径，m。

将式（12-11）和式（12-12）代入式（12-9）中可得架空线的波阻 $Z = 478\Omega$；代入式（12-10）可得波沿架空线传播的速度 $v = \frac{1}{\sqrt{\mu_0 \varepsilon_0}} = 3 \times 10^8$（m/s），即为空气中的光速。

流动波过电压的幅值可达几百千伏到几千千伏，它将沿导线侵入发电厂、变电站，形成侵入波过电压，危及电气设备的绝缘。当然，也应注意到，当幅值极高的电压波沿导线传播时，导线上会产生极为强烈的冲击电晕。由冲击电晕引起的损耗可以使波在传播过程中产生衰减和变形，从而使波的陡度逐渐减小，波的幅值逐渐降低。这点在防雷设计中应加以利用。

第三节 防雷保护装置

常用的防直击雷的装置是避雷针（线），它由导体构成，高出被保护设施，且具有良好的接地。避雷针（线）的作用是将雷电吸引到自已身上，并安全导入地中，从而保护了附近高度比它低的设施，如建（构）筑物、架空输电线等，使之不受雷直击。

常用的防侵入波过电压的装置是避雷器。避雷器与被保护设备并联，其作用是释放过电压能量，将过电压限制到一定水平，从而保护设备的绝缘。

可见，防雷措施冠以“避雷”二字，是指能使被保护物体避免雷击的意思，而它们自

已恰恰是引雷上身。

一、避雷针

单支避雷针包括三部分：接闪器（避雷针的针头）、引下线和接地体，如图 12-7 所示。接闪器可用直径为 10～12mm 的圆钢，引下线可用直径为 6mm 的圆钢，接地体一般可用互距 5m 的三根 2.5m 长的 40mm×40mm×4mm 角钢打入地中再并联后与引下线作可靠连接。

避雷针是靠它对雷云电场引起的畸变来吸引雷电的。所谓避雷针的保护范围是指被保护物在此空间范围内不致遭受雷击。由于放电的路径受很多偶然因素影响，因此要保证被保护物绝对不受雷击是非常困难的，一般在保护范围内允许有 0.1%的雷击概率。保护范围是在实验室中用冲击电压下小模型的放电结果求出的。由于冲击电压下的小模型放电与近似直流的雷云电压下的极长间隙的放电有很大的差异，所以这一保护范围并未得到科学界的公认，但可以把它看成一种用以决定避雷针的高度与数目的工程办法。

按 GB/T 50064—2014《交流电气装置的过电压保护和绝缘配合设计规范》的规定，单支避雷针的保护范围如图 12-8 所示，它是一个旋转圆锥体。如用公式表达保护范围，则在被保护物高度 h_x 的水平面上，其保护半径 r_x 为

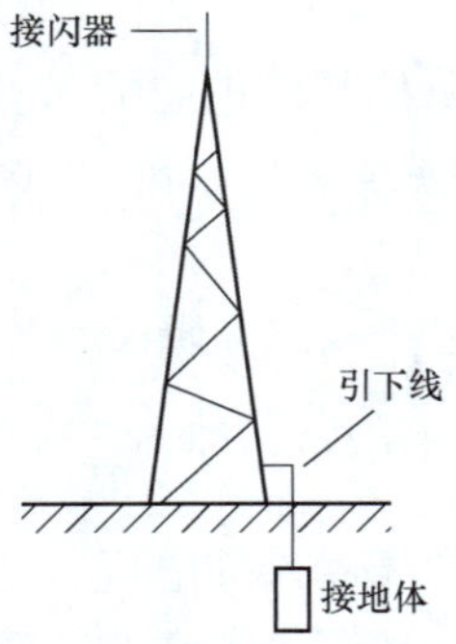

图 12-7　单支避雷针示意图

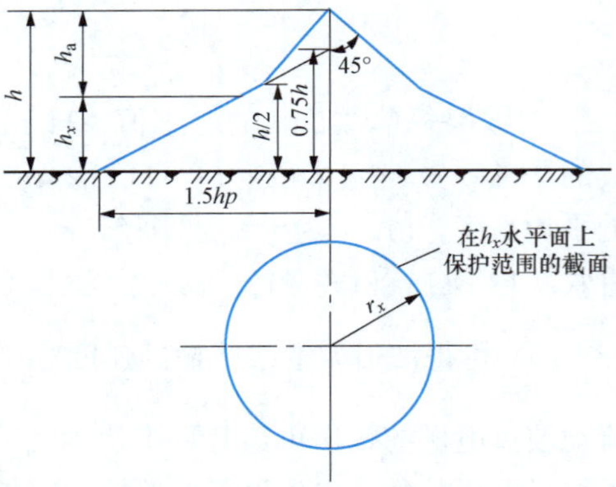

图 12-8　单支避雷针的保护范围

$$\left.\begin{aligned} r_x &= (h-h_x)p = h_a p & (h_x \geqslant \frac{h}{2}) \\ r_x &= (1.5h-2h_x)p & (h_x \leqslant \frac{h}{2}) \\ r_x &= 1.5hp & (h_x = 0) \end{aligned}\right\} \tag{12-13}$$

式中：h 为针的高度，m；h_a 为针的有效高度，m；p 是考虑到当针太高时保护半径与针高不成正比增大的系数，或称高度影响系数，当 $h \leqslant 30$m 时，$p=1$，当 30m$<h\leqslant$120m 时，$p=5.5/\sqrt{h}$，当 $h>120$m 时，$p=0.5$。

工程上常用两支或多支避雷针以扩大保护范围。两支等高避雷针联合的保护范围要比两针各自的保护范围的叠加为大。因为在单针时雷电受针吸引往往可以被吸到离针脚较近的地面，但在两针联合保护时，处在两针之间上空的雷电由于受到两个针的吸引，所以就较难击于离针脚较近的两针之间的地面上。两等高避雷针的联合保护范围见图 12-9。两

针外侧的保护范围与单针时一样；两针间保护范围的上部边缘按通过两针顶点及中间最低点 O 的圆弧确定。最低点 O 的高度 h_0 的计算式为

$$h_0 = h - \frac{D}{7p} \tag{12-14}$$

式中：D 为两避雷针间的距离，m；p 为高度影响系数。

可见要两等高避雷针能构成联合保护，两针间的距离 D 太大是不行的，即使被保护物高度为零，两针间的距离也必须小于 $7hp$；而当被保护物高度为 h_x 时，两针间的距离必须小于 7（$h-h_x$）p。一般两针间的距离和针高之比（D/h）不宜大于 5。

在 h_x 水平面上的两等高避雷针间保护范围的一侧最小宽度 b_x 可根据 D、h_a 和 p 值由图 12-10 确定。当 $b_x > r_x$ 时，式中取 $b_x = r_x$。求得 b_x 后，即可按图 12-9 绘出两针间的保护范围。

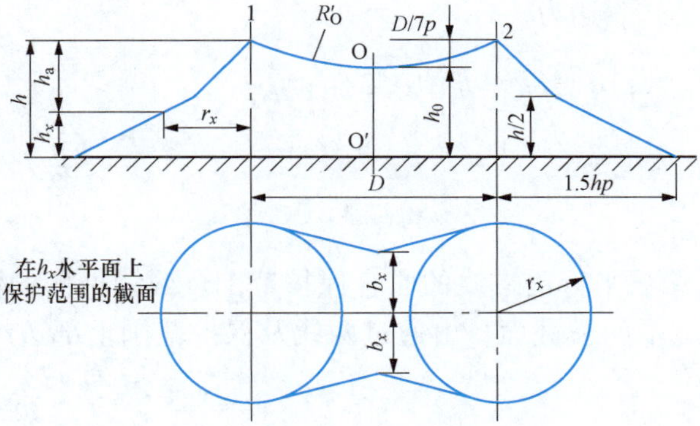

图 12-9　两等高（h）避雷针的保护范围

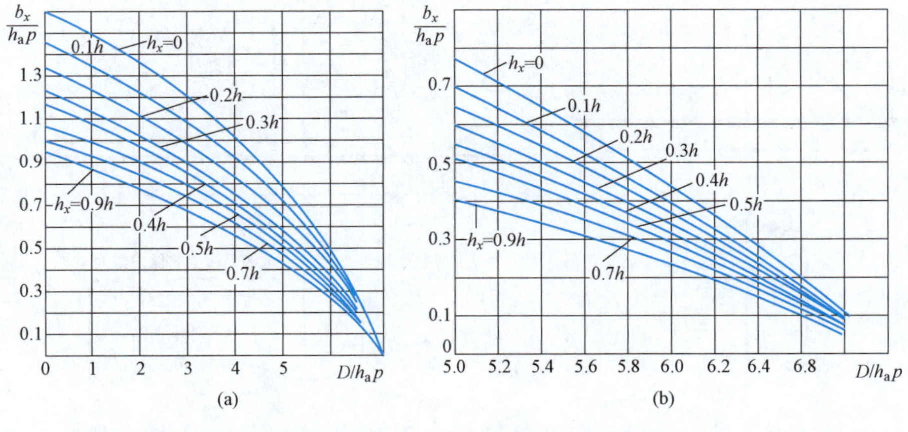

图 12-10　两等高（h）避雷针间保护范围的一侧最小宽度（b_x）与 $D/h_a p$ 的关系

（a）$D/h_a p = 0 \sim 7$；（b）$D/h_a p = 5 \sim 7$

三针联合保护范围的确定，可以两针两针地分别验算，只要在被保护物高度上两针间保护范围的一侧最小宽度 $b_x \geqslant 0$，则三针组成的三角形内部就可得到完全的保护。

四针及以上时，可以三针三针地分别验算。

二、 避雷线

避雷线（又称架空地线）是由悬挂在空中的水平接地导线（接闪器）、接地引下线和接地体（接地电极）组成的。避雷线对雷云电场引起的畸变比避雷针要小，所以其吸雷作用及保护宽度均较避雷针为小，但这可以减少自身的落雷次数。避雷线的保护长度是与线等长的，故特别适宜于保护架空线路及大型建筑物，近年来世界大多数国家已采用避雷线来保护 500kV 大型高压变电站。

在确定架空避雷线的高度时应计及弧垂的影响。在无法确定弧垂的情况下，架空避雷线中点的弧垂在等高支柱间的距离小于 120m 时，宜采用 2m；距离为 120～150m 时，宜采用 3m。

图 12 - 11 是根据 GB/T 50064—2014 的规定用避雷线保护发电厂、变电站时，单根避雷线的保护范围，用公式表达为

$$\left.\begin{aligned} r_x &= 0.47(h-h_x)p = 0.47h_a p \quad & \left(h_x \geqslant \frac{h}{2}\right) \\ r_x &= (h-1.53h_x)p \quad & \left(h_x < \frac{h}{2}\right) \end{aligned}\right\} \tag{12 - 15}$$

式中：各符号含义均同式（12 - 13）。

图 12 - 12 所示为两根平行避雷线的联合保护范围。两线外侧的保护范围按单线时确定；两线内侧的保护范围的横截面，由通过两线及保护范围上部边缘最低点 O 的圆弧确定。O 点高度为

$$h_0 = h - \frac{D}{4p} \tag{12 - 16}$$

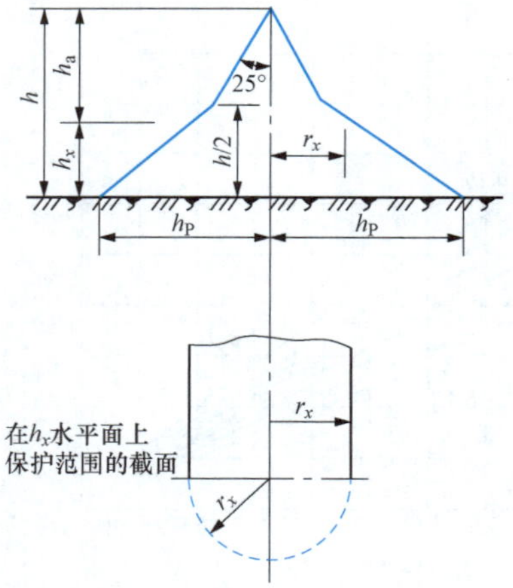

图 12 - 11 单根避雷线的保护范围

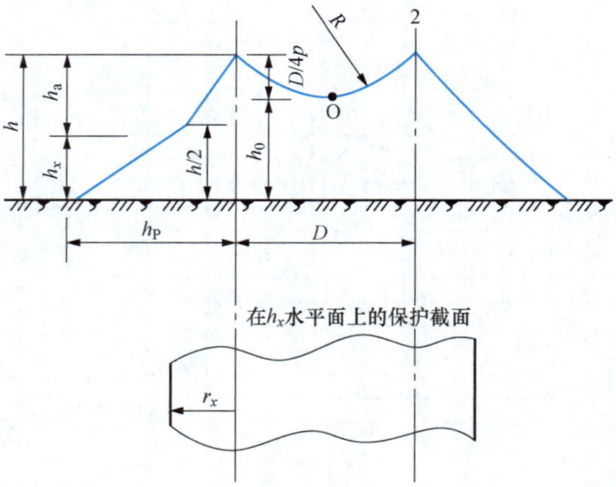

图 12 - 12 两根平行避雷线的联合保护范围

用避雷线来保护架空输电线路时，避雷线的保护范围用保护角来表示如图 12 - 13 所示。保护角是指避雷线与外侧导线的连线和避雷线对地垂直线之间的夹角 α。

由于避雷针（线）的保护都不是绝对的，所以用避雷线来保护线路时，允许有一定的线路绕击（雷绕过避雷线击于线路）。显然保护角越小，则绕击的概率越低。有关雷电绕击导线的计算将在后续课程中介绍。

当用两根避雷线时，只要其间的距离不超过避雷线与中间导线高度差的 5 倍，中间导线受雷击的概率极小，可以忽略不计。

为了降低正常运行时避雷线中感应电流的附加损耗，超高压线路常采用绝缘避雷线，即将避雷线架设在绝缘子上，再通过一个小间隙接地。正常运行时避雷线对地绝缘，雷击时间隙击穿使避雷线接地。

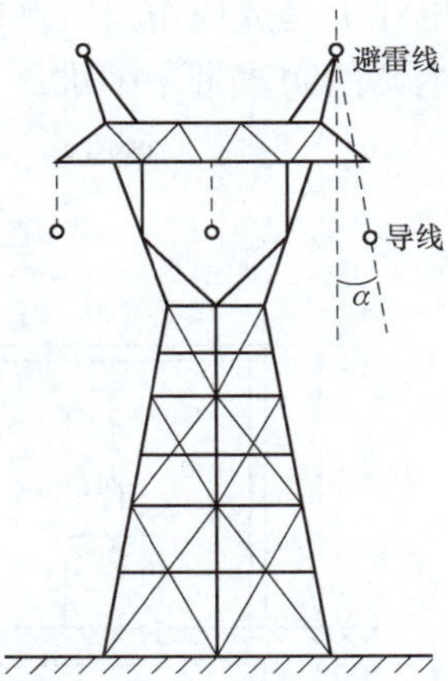

图 12-13 避雷线的保护角 α

三、避雷针（线）使用中的注意事项

避雷针（线）的作用是靠它对雷云电场引起的畸变将雷吸引到自己身上，并安全导入地中，从而使位于其保护范围内的设备和建筑物免遭直接雷击。应该注意避雷针（线）所引下的是幅值极大、上升陡度很高的雷电流，处理不当时仍会对被保护设备形成危害。

1. 关于反击的问题

参照式（12-6），不难算出当雷电流通过引下线和接地装置入地时，在引下线和接地电阻上将出现很高的电压。如图 12-14 所示，在雷击避雷针时，出现在针上离被保护物最近、高度为 h 的 A 点的高电压 U_A 和接地装置上 G 点的高电压 U_G 将分别为

$$U_A = iR_i + L_0 h \frac{di}{dt} \tag{12-17}$$

$$U_G = iR_i \tag{12-18}$$

取雷电流 i 的幅值为 100kA，波头时间为 2.6μs，L 为 1.6μH/m，R_i 为 10Ω，h 为 10m，则有

$$U_A = 100 \times 10 + 1.6 \times 10 \times \frac{100}{2.6} = 1615(\text{kV})$$

$$U_G = 100 \times 10 = 1000(\text{kV})$$

当避雷针和被保护物间的空气间隙 S_a 不够大时，出现在避雷针上的高电压 U_A 可击穿空气间隙而将高电位传递到被保护物上，这一现象称为反击。同样，当避雷针的接地装置与被保护物接地装置间的距离 S_e 不够大时，出现在避雷针接地装置上的高电压 U_G 可击穿土壤反击到被保护物的接地装置上，使被保护物的地电位升高。为此 GB/T 50064—2014 规定避雷针与被保护物在空气中的距离 S_a 应满足

$$S_a \geqslant 0.2R_i + 0.1h \tag{12-19}$$

避雷针的接地装置与被保护物的接地装置间的地中距离 S_e 应满足

$$S_e \geqslant 0.3R_i \tag{12-20}$$

在一般情况下，S_a 不应小于 5m，S_e 不应小于 3m。有时由于布置上存在困难，这一要求不容易满足，为此 GB/T 50064—2014 规定"发电厂主厂房、主控制室和配电装置室可不装设直击雷保护装置"，以避免雷击避雷针时引下线上出现的高电位反击到建筑物内的电气设备上。

当雷击避雷线时也会有同样的现象发生。如图 12-15 所示，对于有避雷线的架空输电线而言，由于雷击杆塔或其附近的避雷线所引起的杆塔电位升高，通过绝缘子闪络反击到

输电线上是造成雷击跳闸的重要原因。此外，由反击形成的过电压的波头陡度很大，会给变电站的防雷带来困难。

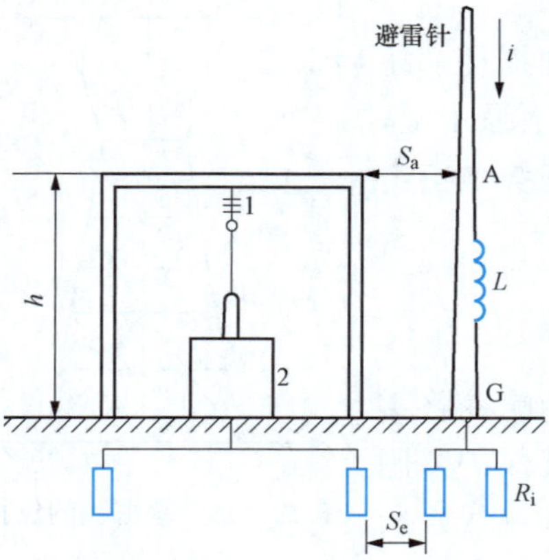

图 12 - 14　雷击避雷针

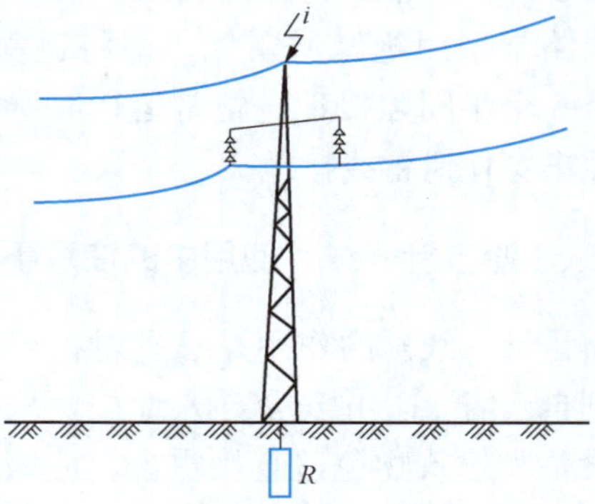

图 12 - 15　雷击有避雷线的杆塔

2. 关于接触电压和跨步电压的问题

当雷击避雷针或杆塔时，如果有人站在地面上而用手去接触塔身或引下线时，作用在人的手和脚间的电压（称为接触电压）可达很高的数值，会危及人的生命。又由于雷电流在地中扩散时会在地面沿半径各点形成不同的电位，当人在附近行走时，人的两脚间将会有电压作用（称为跨步电压），对人也有危险。避雷针附近的危险区半径 r 可按以下方法进行估算：

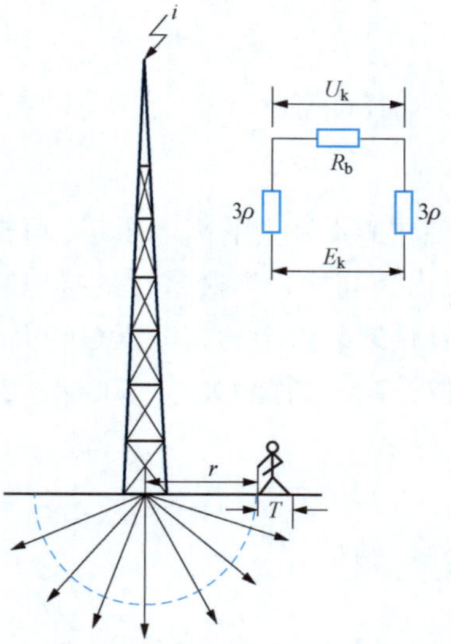

图 12 - 16　人体所受跨步电压的计算

如图 12 - 16 所示，设雷电流的幅值为 I，则可算出在地中离避雷针距离为 r 处的雷电流密度 J 为

$$J=\frac{I}{2\pi r^2} \tag{12 - 21}$$

在该处地面形成的电场强度 E 则为

$$E=J\rho=\frac{I\rho}{2\pi r^2} \tag{12 - 22}$$

设人的跨步距离为 T，则人在该处行走时所受到的跨步电动势 E_k 为

$$E_k\approx\frac{I\rho T}{2\pi r^2} \tag{12 - 23}$$

取人每只脚与地面间的接触电阻为 3ρ（ρ 为土壤电阻率），设人体电阻为 R_b，则人体电阻及两脚与地面间的接触电阻之和为 $R_b+6\rho$。由此可求出人体两脚间所受的实际电压，即跨步电压 U_k 为

$$U_k=\frac{R_b}{R_b+6\rho}E_k=\frac{R_b}{R_b+6\rho}\frac{I\rho T}{2\pi r^2} \tag{12 - 24}$$

由于跨步电压的作用而流过人体的电流 I_b 则为

$$I_b = \frac{I\rho T}{2\pi r^2(R_b + 6\rho)} \tag{12-25}$$

在雷电冲击（波长约 50μs）下，人体安全电流可取为 10A。令式（12-25）中的 I_b=10A，即可求出避雷针附近跨步危险区的半径为

$$r = \sqrt{\frac{I\rho T}{2\pi(R_b + 6\rho) \times 10}} \tag{12-26}$$

取人的跨步 T=1m，人体的电阻 R_b=1500Ω，I=100kA，ρ=100Ω·m，代入式（12-26）可得

$$r = \sqrt{\frac{100 \times 10^3 \times 100 \times 1}{2\pi(1500 + 6 \times 100) \times 10}} = 8.7(\mathrm{m})$$

显然这是最严重的情况。如果人的跨步不是沿半径方向，则条件可放宽些，为此 GB/T 50064—2014 规定：避雷针及其接地装置与道路或出入口的距离不宜小于 3m。即使如此，这一要求有时仍不易满足。

3. 关于高电位侵入的问题

如果在避雷针的杆塔上有低压线或通信线，则针体的高电位将沿这些线路传入相应的低压设备或通信设施，造成严重的雷害事故。所以 GB/T 50064—2014 规定：严禁在装有避雷针、避雷线的构筑物上架设未采取保护措施的通信线、广播线和低压线。然而应该注意到要对架设在避雷针、避雷线的构筑物上的线路进行保护是非常困难的。GB/T 50064—2014 规定：机械通风冷却塔上电动机的电源线，装有避雷针和避雷线的架构上的照明灯电源线，均必须采用带金属皮的电缆或穿入金属管的导线，并将电缆或金属管直接埋入地下，埋地长度不小于 10m，才允许与 35kV 及以下配电装置的接地网及低压配电装置相连接。其作用是通过土壤的散流作用使高电位得到衰减，如图 12-17 所示。但这一措施不适用于不允许埋地的通信线路（如微波通信的馈线）。

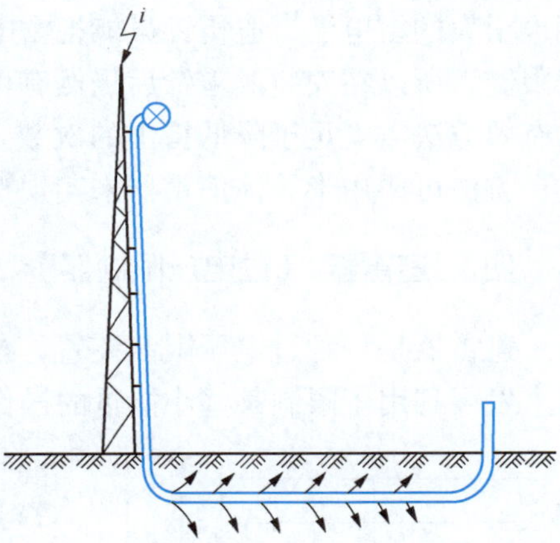

图 12-17 装于避雷针架构上的照明灯电源线

4. 关于感应的问题

如图 12-18 所示，设针体 N 点附近有孤立导体 P，当雷击避雷针而使针体电位抬高时，在高电位电场的作用下，在针体附近有限长的孤立导体 P 上将出现静电感应过电压 u_S，其值为

$$u_S = u_N \frac{C_{12}}{C_{12} + C_{22}} \tag{12-27}$$

设针体附近存在开口环，如图 12-19 所示，则雷击避雷针时雷电流 i 在避雷针周围形成的磁场将使开口环的开口处出现电磁感应过电压 u_M，其值为

$$u_M = M\frac{\mathrm{d}i}{\mathrm{d}t} = \left(0.2c\ln\frac{a+b}{a}\right)\frac{\mathrm{d}i}{\mathrm{d}t} \tag{12-28}$$

当 $a=b=1\text{m}$，$c=10\text{m}$，$I=100\text{kA}$ 时，u_M 可达

$$u_M=(0.2\times 10\ln 2)\times\frac{100}{2.6}=53.3(\text{kV})$$

此值可使空气间隙击穿，从而使油气或爆炸物起火爆炸。

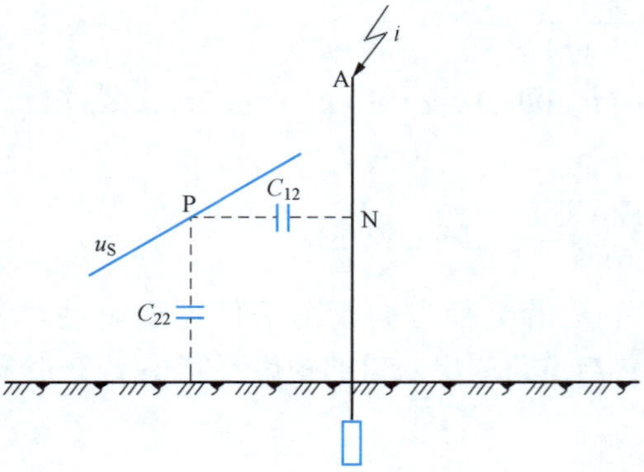

图 12-18　雷击接地导线产生的静电感应

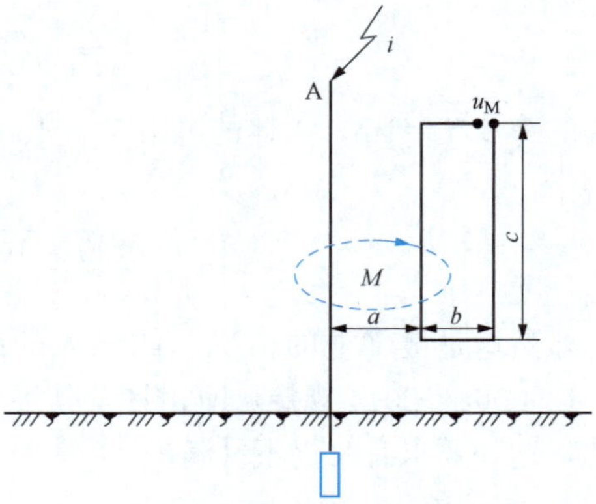

图 12-19　雷击接地导线产生的电磁感应

综上所述，不难看出，引起直击雷害的主要原因是雷击时出现的幅值很大而且上升陡度也很大的雷电流。避雷针虽能把雷电流引向自身，但不能对雷电流的幅值和上升陡度加以限制，所以在安装避雷针后仍然有可能发生严重的直击雷害事故。减少或防止直击雷害的有效方法需立足于降低雷击的次数，以及在受雷击时设法限制雷电流的幅值及其陡度。这一方法可望用半导体消雷器来实现❶。

四、避雷器（过电压限制器）

避雷器是一种过电压限制装置，早期主要用于限制由线路传入的雷电过电压的幅值，后来发展到用于限制某些小能量的操作过电压，近年来已拓宽到线路防雷和深度限制操作过电压的领域中，故也可称为过电压限制器，简称限压器。限压器使用时安装在被保护设备附近，接在被保护设备的相线与地之间，如图 12-20 所示。在正常情况下，当作用在限压器上的电压为系统的相对地电压时，限压器不导通（最多只流过微安级的泄漏电流）。在过电压情况下，当作用在限压器上的电压达到限压器的动作电压时，限压器导通，通过大电流，释放过电压能量，并将过电压限制到允许水平，达到保护设备的目的。在过电压能量释放后，限压器应能自动恢复到不导通状态，使系统恢复正常工作。电力系统中采用的过电压限制器有保护间隙、排气式避雷器（管式避雷器）和阀式避雷器等，其中阀式避雷器的应用最为广泛。

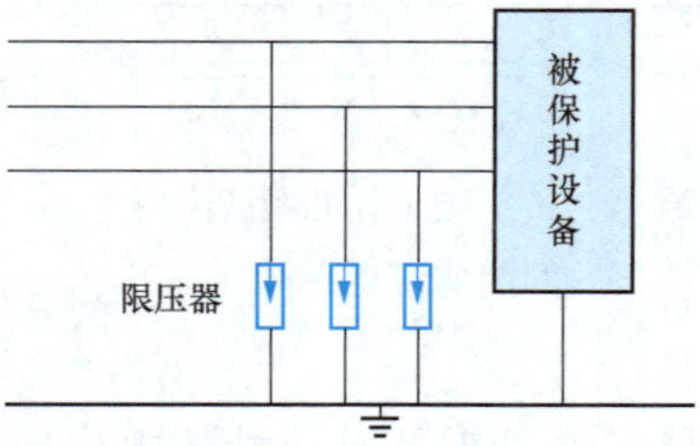

图 12-20　限压器的使用

❶ 半导体消雷器是武汉大学解广润教授提出的一种新型防直击雷装置，已在雷害严重的地区和部门得到应用。

（一）阀式避雷器

1. 阀式避雷器的工作原理

阀式避雷器的主要元件是具有非线性性能的电阻片（通常称阀片）。理想的阀片应在大电流时呈现为小的电阻，以保证在雷电流通过时其上的压降（称残压）足够低，起到限压的作用。在雷电流过去之后，当加在阀片上的电压是电力系统的工频电压时，阀片应呈现为大的电阻，以保证系统能恢复正常工作。图 12-21 所示阀片伏安特性的示意图，其非线性程度可表示为

$$U = CI^{\alpha} \tag{12-29}$$

式中：C 为阀片流过 1A 电流时的压降，是由阀片的材料和尺寸决定的常数；α 为非线性系数，也与阀片的材料有关，其值小于 1，α 越小说明阀片的非线性程度越高，性能越好，当 $\alpha=0$ 时，将出现阀片电压不随电流而变的理想状态。

常用的非线性材料有碳化硅（SiC）和以氧化锌（ZnO）为主的金属氧化物。碳化硅阀片的非线性系数在 0.2～0.24 的范围内，氧化锌阀片的非线性系数可低至 0.015～0.05，图 12-22 给出了它们的伏安特性（用对数坐标表示）。从图中可以看出。如果在通过 20kA 电流时两者的残压相同，则当加在阀片上的电压是系统的正常工作电压（相电压）时，流过氧化锌阀片的电流在 10^{-5}A 以下，而流过碳化硅阀片的电流值已大于 100A。因此，采用碳化硅做阀片的碳化硅避雷器，在正常工作时必须用间隙将阀片与系统隔开，在出现过电压时间隙击穿，使过电压能量通过阀片释放，在过电压能量释放后，再靠间隙将随后流过的工频电流（称工频续流）切断，使系统恢复正常工作。普通碳化硅避雷器的残压较高，其工频续流为 70～80A，采用多个串联的平板间隙即可将续流切断。如采用磁吹间隙（多个串联），其切断续流的能力可上升到 1000A，此时避雷器的残压可以得到显著的降低。采用磁吹间隙的碳化硅避雷器称为磁吹避雷器。

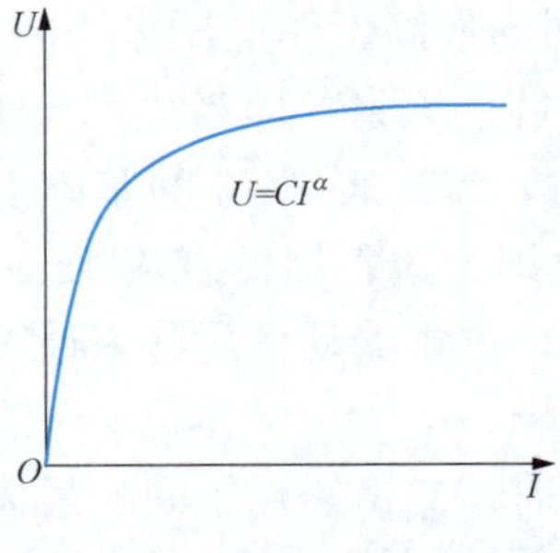

图 12-21 阀片伏安特性示意图

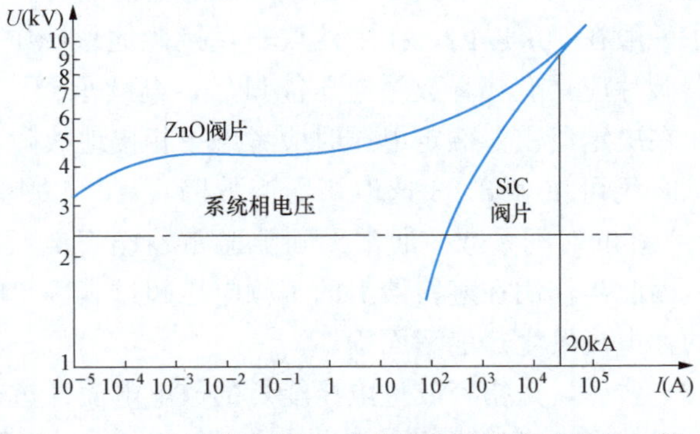

图 12-22 氧化锌阀片与碳化硅阀片伏安特性的比较

由于在正常工作时流过氧化锌阀片的电流很小，可以近似认为为零，所以采用氧化锌做阀片的金属氧化物避雷器一般可不设串联间隙（称为无间隙金属氧化物避雷器，有时也称氧化锌避雷器）。通常把氧化锌阀片伏安特性上拐点附近的某一电流值称为金属氧化物避雷器的直流参考电流（一般为 1mA）。在直流参考电流下测得的避雷器上的电压称为避雷器的直流参考电压。当作用在避雷器上的电压超过其参考电压时，流过避雷器的电流将迅速增大。

氧化锌阀片的另一优点是通流能力大，其单位体积吸收的电能要比碳化硅阀片多 4 倍左右。同时，由于氧化锌阀片的残压特性分散性小，可用多组阀片并联或几只氧化锌避雷器并联的方法来进一步提高避雷器的通流能力。因此，金属氧化物避雷器的通流容量远比碳化硅避雷器大，可以吸收很大的操作过电压能量，实现对操作过电压的限制。

由于上述各种优点，传统的碳化硅避雷器已被金属氧化物避雷器取代。

2. 表征阀式避雷器工作特性的参数

额定电压和残压是表征阀式避雷器工作特性的两个重要参数，对于无间隙金属氧化物避雷器而言，由于它在运行中会受到工频电压的持续作用，还应把持续运行电压作为表征工作特性的参数。

（1）额定电压，是指施加到避雷器端子间的最大允许工频电压有效值。在运行中可能出现在避雷器端子间的最高工频电压，将由电力系统单相接地时健全相的电压升高决定。

对于有间隙的避雷器而言，当避雷器动作后，其串联间隙应能在最高工频电压的作用下顺利切断工频续流，使避雷器恢复正常工作。如果续流顺利切断，则最高工频电压作用在阀片上的时间是短暂的（一般小于 2 个周波）。此时避雷器的额定电压可根据表 8-3“各种电网中单相接地时非故障相电压的升高”选取，即在中性点不接地系统中，避雷器的额定电压应等于或大于系统最高运行线电压的 110%；在中性点经消弧线圈接地系统中，避雷器的额定电压应等于或大于最高运行线电压的 100%；在中性点直接接地系统中，避雷器的额定电压应等于或大于系统最高运行线电压的 75%～80%。显然对于有间隙避雷器而言，额定电压所决定的主要是续流过零后间隙所能承受的恢复电压，即间隙的熄弧能力。当作用在避雷器上的工频电压超过其额定电压时，避雷器在动作后，将因续流电弧不能熄灭而发生爆炸。

对于无间隙的避雷器而言，只要一发生单相接地故障，最高工频电压就会直接施加在阀片上，其持续时间取决于切除接地故障所需的时间。故障切除时间，在中性点直接接地系统中一般在 10s 以内；在中性点非直接接地系统中，则一般在 10s 以上，甚至可达 2h。避雷器阀片应具有在释放过电压能量后，继续承受一定时间的最高工作电压作用的能力。因此，在决定避雷器额定电压时应考虑单相接地故障切除时间的因素，即当故障在 10s 以内切除时仍可按表 8-3 选取，而当故障在 10s 以上切除时，需在表 8-3 的基础上乘以 1.25～1.3 的时间系数。通常无间隙避雷器额定电压的峰值即为避雷器的直流 1mA 参考电压，因此当作用在避雷器上的工频电压超过其额定电压时，避雷器动作后将因通过较长时间的大电流发生热崩溃而损坏。

（2）残压，是指释放过电压能量的放电电流通过避雷器时，避雷器端子间的最大电压值。残压的高低直接决定了避雷器的保护性能。

决定避雷器雷电过电压保护特性的是避雷器在 8/20μs 雷电冲击电流下的残压值，雷电冲击电流值根据所使用的场合确定。通常给出的是冲击电流为 5kA 的残压（称 5kA 残压）和冲击电流为 10kA 的残压（称 10kA 残压），根据使用需要有时还要给出 20kA 的残压。

决定避雷器操作过电压保护水平的是避雷器在波头 30～100μs 的操作冲击电流下的残压。

残压与额定电压之比称为避雷器的保护比，显然保护比越小避雷器的保护特性越好。

对于有串联间隙的避雷器而言，决定避雷器保护特性的还有间隙的雷电冲击放电电压和操作冲击放电电压，显然它们在数值上应与避雷器的雷电冲击残压值和操作冲击残压值相适应。

(3) 持续运行电压，是指允许持久地施加在避雷器端子间的工频电压有效值。显然避雷器的持续运行电压应大于系统的最高运行相电压。避雷器持续运行电压的峰值与直流参考电压（即额定电压峰值）的比值称为避雷器的荷电率。荷电率的高低将直接影响避雷器的老化过程。荷电率高时，避雷器的老化将加速。降低荷电率可以减缓避雷器的老化过程，延长其使用年限，但还应注意到荷电率的降低会使避雷器的保护性能变差，常用的荷电率在45%～75%的范围内。在中性点非直接接地系统中，由于单相接地时健全相电压升高的持续时间较长，一般采用较低的荷电率；而在中性点直接接地系统中，则可采用较高的荷电率。

(二) 保护间隙和排气式避雷器

保护间隙是一种最简单的限压器。保护间隙动作后会使高幅值的过电压波突然下降到零值，形成截波，所以不能用来保护变压器、电抗器、电机等带有绕组的电气设备❶，但可用来保护输电线路上的弱绝缘。保护间隙在过电压作用下击穿后，一般不能切断续流（系统的短路电流），会使系统因短路而跳闸，造成供电中断。因此在使用保护间隙时常需配以自动重合闸来满足安全供电的要求。

排气式避雷器则是一个置于具有灭弧能力的产气管内的保护间隙，所以也称管式避雷器。管式避雷器可以开断短路电流，避免系统因短路而跳闸。但管式避雷器的动作同样会形成截波，再加其运行维护的工作量大，目前基本上已不再生产和使用了。

第四节　架空输电线路的防雷保护

架空线路较长，且暴露在旷野，极易受雷击，因此电力系统的事故中以架空线路雷害占大部分。雷击线路的直接后果是线路绝缘子闪络，导致线路跳闸，使供电中断。雷击线路时沿线路入侵变电站的雷电波又是造成变电站雷害事故的重要因素。因此，特别要做好架空输电线路的防雷保护。输电线路防雷的任务是采用技术上与经济上合理的措施，使系统雷害降低到运行部门能够接受的程度，保证系统安全可靠运行。

通常线路耐受雷电过电压的能力（称线路的冲击绝缘水平）用线路绝缘子串的50%冲击放电电压$U_{50\%}$来表示。其值由绝缘子串的片数n_p决定，即

$$U_{50\%}=100+84.5n_p \tag{12-30}$$

雷击线路时，作用在线路上的雷电过电压是与雷电流的大小直接相关的。当雷电流足够大而使作用在线路绝缘上的雷电过电压超过线路的冲击绝缘水平时，线路绝缘子就会闪络。在线路防雷设计中，把线路绝缘不发生闪络的最大雷电流幅值叫耐雷水平。GB/T 50064—2014规定有避雷线的各级电压输电线路应有的耐雷水平值见表12-1。这是在进行技术经济比较后选定的。表中还列出了雷电流超过该耐雷水平的概率。可见线路防雷只要

❶ 有关截波对绕组匝间绝缘的危害，将在后续课程中介绍。

求有相对的安全，即可以允许有一部分雷击引起绝缘闪络。

表 12-1　　有避雷线的各级电压输电线路应有的反击耐雷水平

系统标称电压（kV）	35	66	110	220	330	500	750
线路应有的反击耐雷水平 I_0（kA）	24～36	31～47	56～68	87～96	120～151	158～177	208～232
雷电流超过 I_0 的概率 P_{I_0}（%）	53～39	44～29	23～17	10～8.1	4.3～1.9	1.6～1.0	0.4～0.2

注　表中 I_0 较大的数字适用于多雷区或重要性较大的线路或变电站的进线保护段。

线路绝缘发生冲击闪络后，不一定都会转变为稳定的工频电弧而引起跳闸。线路绝缘发生闪络后转变为工频电弧的概率称为建弧率 η。η 值与短路电流的大小及弧道中去游离条件等因素有关，但最主要的影响因素是作用于绝缘子串上的平均工频运行电压梯度 E（有效值单位为 kV/m）。根据实验数据和运行经验，建弧率 η 为

$$\eta = (4.5E^{0.75} - 14)\% \tag{12-31}$$

对于中性点直接接地系统，平均工频运行电压梯度 E 为

$$E = \frac{U_N}{l_j\sqrt{3}} \tag{12-32}$$

式中：U_N 为系统标称电压，kV；l_j 为绝缘子链的长度，m。

对于中性点非直接接地系统，跳闸在相间闪络后发生，E 为

$$E = \frac{U_N}{2l_j} \tag{12-33}$$

若 $E \leqslant 6$kV/m，建弧率 η 很小，可近似认为 $\eta=0$，线路不会因雷击而引起跳闸。

根据建弧率和线路每百公里每年由雷击所导致的绝缘闪络次数 N_s，可求得线路每百公里每年由雷击引起的跳闸次数（雷击跳闸率）n 为

$$n = N_s\eta = N_l p\eta \tag{12-34}$$

式中：N_l 为线路每百公里每年雷击次数；p 为超过线路耐雷水平的概率。

雷击跳闸率 n 是衡量线路防雷特性的重要指标，降低雷击跳闸率主要应从提高线路的耐雷水平着手。

当幅值为 I 的雷电流直击于架空输电线路的导线时，导线上出现的雷电过电压 U_d 可按式（12-5）求出为

$$U_d = \frac{IZ}{4} \tag{12-35}$$

令 $U_d = U_{50\%}$，即可求出线路的耐雷水平为

$$I = 4U_{50\%}/Z \tag{12-36}$$

以 110kV 线路为例，设每串绝缘子为 7 片，线路的波阻 $Z=500\Omega$，则有

$$U_{50\%} = 100 + 84.5\times 7 \approx 700(\text{kV})$$

$$I = \frac{4\times 700}{500} = 5.6(\text{kA})$$

而由式（12-2）可知，雷电流超过 5.6kA 的概率为 86.4%，即雷击引起绝缘闪络的概率极高。

在架空输电线路上方架设避雷线可以大大降低雷直击架空输电线导线的概率。此时只有雷击杆塔顶部（包括杆塔附近的避雷线）以及雷绕过避雷线击于架空输电线导线时才会

引起线路绝缘子闪络。

雷击杆塔顶部时，塔顶电位的升高（参考图 12-5 和图 12-15）可根据式（12-6）算出。应该注意，由于避雷线的存在，有一部分雷电流会沿避雷线流经两侧的相邻杆塔入地，所以经由被击杆塔入地的只是总的雷电流的一部分，即

$$I_t = \beta I \tag{12-37}$$

式中：β 为杆塔的分流系数，其值约为 90%左右。

于是塔顶过电压将由式（12-6）下降为

$$\begin{aligned} U_t &= L_t \frac{\beta I}{2.6} + \beta I R_i \\ &= \beta I \left(\frac{L_t}{2.6} + R_i \right) \end{aligned} \tag{12-38}$$

式中：L_t 为杆塔电感，H。

还应注意到，当塔顶电压上升为 U_t 时，在塔顶的避雷线的电压也将上升为 U_t。因为避雷线和导线间的耦合作用，导线电压 U_d 将随之上升为

$$U_d = kU_t \tag{12-39}$$

式中：k 为避雷线与导线间的耦合系数，其值一般在 0.2～0.25 之间。

另外由式（12-8）可知，雷击杆塔时，导线上还会出现符号和直击雷电流相反的感应过电压。考虑避雷线的屏蔽作用后，这一感应过电压的值将下降为

$$U_{d,g} = -\frac{1}{2.6} I h_d (1-k) \tag{12-40}$$

因此，导线所具有的总过电压值将为

$$U_d + U_{d,g} = kU_t - \frac{1}{2.6} I h_d (1-k) \tag{12-41}$$

据此可求出作用在绝缘子串上的电压为

$$\begin{aligned} U_t - (U_d + U_{d,g}) &= (1-k)U_t + \frac{1}{2.6} I h_d (1-k) \\ &= (1-k) I \left[\beta \left(\frac{L_t}{2.6} + R_i \right) + \frac{h_d}{2.6} \right] \end{aligned} \tag{12-42}$$

令等式的左边为 $U_{50\%}$，即可求出雷击杆塔顶部时，线路的耐雷水平 I_1 为

$$I_1 = \frac{U_{50\%}}{(1-k)\left[\beta \left(\frac{L_t}{2.6} + R_i \right) + \frac{h_d}{2.6} \right]} \tag{12-43}$$

由于式（12-43）的分母远小于式（12-36）的分母 $Z/4$，所以雷击杆塔顶部时的耐雷水平将比雷直击无避雷线的导线时的耐雷水平高得多。仍以 110kV 线路为例，取 $k=0.2$，$\beta=0.9$，$L_t=16\mu H$，$h_d=10m$，$R_i=10\Omega$，$U_{50\%}=700kV$，可得

$$I_1 = \frac{700}{(1-0.2)\left[0.9 \left(\frac{16}{2.6} + 10 \right) + \frac{10}{2.6} \right]} = 47.6(kA)$$

而雷电流超过 47.6kA 的概率为 28.8%。

可见架设避雷线降低雷直击导线的概率，利用避雷线的分流作用降低由杆塔入地的电流，利用避雷线对导线的耦合作用降低雷击杆塔时作用在绝缘子串上的电压，以及降低杆

塔的冲击接地电阻等，是提高 110kV 及以上高压架空输电线路的耐雷水平的主要措施。为了降低雷绕击导线的概率，330～500kV 输电线路通常要采用双避雷线，其中 330kV 线路的保护角应在 15°以下；500～750kV 线路的保护角应在 10°以下，甚至用负的保护角；山区的 220kV 线路也要采用双避雷线，保护角在 20°以下；平原上的 220kV 及 110kV 线路可用单避雷线，其保护角不宜大于 25°。

架设避雷线后线路的跳闸率 n 为

$$n = N_l g p_1 \eta + N_l p_{sf} \eta \tag{12-44}$$

式中：N_l 为线路落雷次数，次/(100km² · a)；g 为雷击塔顶的次数与线路落雷次数之比，称击杆率，平原地区取 1/6，山区取 1/4；p_1 为雷电流超过雷击塔顶时线路耐雷水平 I_1 的概率；p_{sf} 为雷绕击线路引起绝缘子闪络的概率；η 为建弧率。

至于 35kV 及以下的线路，因其绝缘很弱，$U_{50\%}$ 在 350kV 以下，而感应过电压的值就可达 400kV，装避雷线对限制感应过电压的效果不大，所以一般不沿全线架设避雷线。为减少 35kV 及以下线路雷击引起的跳闸事故，可采用中性点经消弧线圈接地或不接地的方法。这样，雷击塔顶对第一相导线反击后并不会引起跳闸，直到再对第二根导线反击后，才会跳闸。

增加线路绝缘子的片数，除可增大 $U_{50\%}$ 达到提高耐雷水平的目的外，还可降低作用在绝缘子串上的平均运行电压，以达到降低建弧率的目的；但这样做不仅增大了绝缘费用，而且会增大杆塔的尺寸和造价，因此一般不采用这种方法来改善线路防雷。

自动重合闸是减少雷击跳闸而造成供电中断的有效措施，各级电压线路均应尽量装设自动重合闸装置。按我国运行经验，110kV 及以上电网的自动重合闸成功率为 75%～95%，35kV 及以下电网的自动重合闸成功率为 50%～80%。

环网供电则是减少低压线路因雷击跳闸而中断供电的常用措施。

最后应该指出，降低杆塔的接地电阻通常是提高线路耐雷水平最经济的方法。在 $\rho \leqslant 300\Omega \cdot m$ 的土壤中，降低接地电阻并不困难，也不会使造价显著增加，所以应努力设法降低接地电阻。但在土壤电阻率高的地区，要降低杆塔接地电阻就比较困难了。设计规范规定，有避雷线的每基杆塔的工频接地电阻（当解开避雷线时），在雷季干燥时节不应超过表 12 - 2 的数值。有关接地电阻的概念将在本章第七节中专门介绍。

表 12 - 2　　有避雷线的线路杆塔的工频接地电阻

土壤电阻率（Ω · m）	≤100	100～150	500～1000	1000～2000	>2000
工频接地电阻（Ω）	10	15	20	25	30

注　1. 如土壤电阻率超过 2000Ω · m，接地电阻很难降低到 30Ω 时，可采用 6～8 根总长不超过 500m 的放射形接地体，或采用连续伸长接地体，接地电阻不受限制。

2. 变电站进线保护段杆塔的接地电阻不宜高于 10Ω。

第五节　发电厂和变电站的防雷保护

发电厂和变电站是电力系统的枢纽，一旦发生雷害事故，将会引起大面积的停电，且由于发电机、变压器等主要电气设备的内绝缘击穿后没有自恢复的能力，需要更换或修复，使停电时间比较长，影响严重，因此发电厂和变电站的防雷保护必须十分可靠。

发电厂、变电站遭受的雷害可以来自两个方面：雷直击于发电厂、变电站；雷电波沿线路侵入发电厂、变电站。

一、 发电厂和变电站的直击雷防护

发电厂和变电站对直击雷的防护一般采用避雷针或避雷线。运行经验表明，按设计规范要求装设避雷针或避雷线的发电厂和变电站，发生绕击和反击的事故都非常低，每年每100个变电站发生绕击和反击的次数约为0.3次，防雷效果比较好。

为防止直击雷造成危害，应该使发电厂和变电站中所有被保护物处于避雷针（线）的保护范围之内，同时还要求雷击避雷针（线）时，不应对被保护物发生反击事故。

避雷针有独立避雷针和架构避雷针两种。独立避雷针安装在变电站的边缘部分，其接地装置单独设置，不与变电站接地网相连；架构避雷针安装在架构上，其接地与变电站接地网相连。

对于110kV及以上的变电站，可以将避雷针架设在配电装置的架构上，这是由于此类电压等级配电装置的绝缘水平较高，雷击架构避雷针时出现的高电位不会造成对设备的反击事故。装设避雷针的架构应就近装设辅助接地装置，该接地装置与变电站接地网的地下连接点与主变压器接地线与地网的地下连接点之间，沿接地体的距离应大于15m，其目的是使雷击时在避雷针接地装置上产生的高电位，沿接地网向主变压器接地点传播的过程中逐渐衰减，以避免对变压器造成反击。由于变压器是变电站中最重要的设备，且其绝缘较弱，一般不允许在变压器的门型架构上装设避雷针。

对于35kV及以下的变电站，由于其绝缘水平较低，故不宜将避雷针架设在配电装置的架构上，最好能架设独立避雷针。而且为避免雷击避雷针时在其邻近设备中形成感应过电压，独立避雷针的架设应尽量远离电气设备。

发电厂厂房一般都不装设避雷针，避免发生感应或反击，使继电保护误动作或造成绝缘损坏。

二、 变电站的侵入波防护

由于输电线路遭受雷击频繁，所以沿线路入侵的雷电波是变电站遭受雷害的主要原因。由线路入侵的雷电波电压，虽然会受到输电线路绝缘的限制，但线路绝缘水平比变电站电气设备的绝缘水平高，若不采取防护措施，势必造成变电站电气设备的损坏事故。

防止侵入波危害变电站电气设备的主要保护措施有两种：在变电站内装设避雷器，限制入侵雷电波的幅值，使作用于电气设备的雷电过电压不超过其冲击耐压值；在变电站的进线设置进线保护段，以限制流经避雷器的雷电流的幅值和入侵雷电波的陡度。

为了实现对电气设备的保护，避雷器应在过电压侵入波到达时导通，使雷电流经由避雷器入地，释放过电压能量，并将雷电流通过阀片时的压降（残压）限制到对被保护设备无害的水平。应该注意，避雷器的残压是与通过它的雷电流幅值相关的，常用的是5kA的残压和10kA的残压，有时也需用20kA的残压。当流经避雷器的雷电流超过相应的残压规定值时，避雷器将会因残压过高而失去其保护作用，或因通流能力不够而烧坏，为此要对进入变电站的雷电流幅值加以限制。

阀式避雷器一般都装在变电站的母线上，用来保护接在母线上的所有电气设备。避雷器到被保护设备之间可能有一段距离，而且从来波的方向看，避雷器既可能处在设备的前面，也可能处在设备的后面。此时，由于避雷器至被保护设备连线间的波过程，作用在被保护设备上的过电压会比避雷器的放电电压或残压高，应给予充分注意。

如图 12 - 23 所示，假设避雷器离被保护设备的电气距离为 l，避雷器的动作电压和动作后的残压均为 U_j，有陡度为 α 的侵入波流向避雷器，在 $t=0$ 时侵入波到达避雷器的安装点 A，该处的电压 U_A 将按图 12 - 23（b）中的直线 1 上升，其上升的陡度为 α。经过时间 $\tau=\dfrac{l}{v}$（v 为侵入波的传播速度）后，侵入波到达被保护设备处的 B 点（图中直线 2）。从最严格的条件出发，可以认为波在此处遇到开路，侵入波将因流不通而发生全反射。此时作用在被保护设备上的电压 U_B 将按直线 3 上升，其值为直线 2 的两倍，其陡度为 2α，又经过时间 τ，当 $t=2\tau$ 时，反射波到达避雷器所在位置的 A 点（图中直线 4）。此后避雷器上的电压将由反射电压（直线 4）和原有的入射电压（直线 1）叠加，使 u_A 沿图中的 mn 线上升，其陡度显然也为 2α。假设 u_A 在 t_0 时上升到避雷器的动作电压 U_j（图中 n 点），避雷器就会动作，从而限制了 A 点电压的继续上升，此后 u_A 基本保持不变，即避雷器电压 u_A 沿图中 $0mns$ 线段随时间变化。由于波的传播需要时间，避雷器动作的效果需经过时间 τ（即在 $t=t_0+\tau$）才能传到被保护设备 B 处，而在这一段时间 τ 内，被保护设备上的电压仍将以 2α 的陡度沿直线 3 继续上升，因此被保护设备上出现的电压将比避雷器的动作电压（或残压）高出一个 ΔU。由图可求得

$$\Delta U = 2\alpha\tau = 2\alpha\frac{l}{v} \tag{12-45}$$

即当 ΔU 给定时，避雷器与被保护设备间允许的电气距离（也称避雷器的保护距离或保护范围），将由来波的陡度决定，因此，要对进入变电站的雷电波的陡度加以限制。

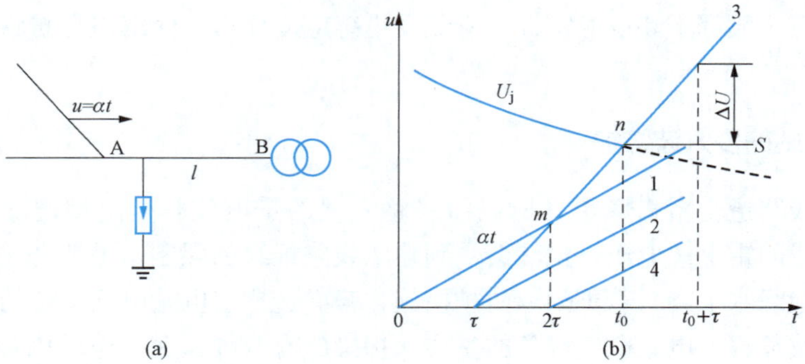

图 12 - 23　雷电侵入波的防护

（a）避雷器的接法；（b）被保护设备电压的求取

根据运行经验，变电站侵入波雷害事故约 50%是由于变电站 1km 以内的线路遭雷击引起的，约 71%是由于变电站 3km 以内的线路遭雷击引起的。这是因为当雷击点离变电站过近时，绕击到线路上的幅值很大的雷电流或反击到线路上的陡度很大的雷电过电压在线路上形成的雷电侵入波，在到达变电站前得不到有效的衰减，而且导线也不能以波阻的

形式在波的传播过程中起到限流作用，这就使得进入变电站的雷电侵入波的幅值和陡度都特别大，使避雷器不能起到正常的保护作用。可见，要使变电站的侵入波雷害事故得到有效的降低，必须加强对线路进入变电站的进线段的防雷保护（称进线保护），以减少雷绕击或反击于进线段的概率。进线段的长度一般可取 1～2km，即对于 35～110kV 无避雷线的线路而言，必须在其靠近变电站的一段长 1～2km 的进线上加装避雷线。对于沿全线有避雷线的线路而言，可将距离变电站附近 2km 长的一段线路称为进线段，提高其耐雷水平。进线段的耐雷水平应符合表 12-1 的要求。

采用进线段保护后，在选用和配置避雷器时可只考虑进线段外的线路受雷击时所形成的侵入波的作用。此时由于进线段导线波阻的限流作用，以及冲击电晕的衰减作用，侵入波的陡度和流过避雷器的雷电流均可得到有效的降低。如果变电站占地面积较大，装在母线上的避雷器不能对那些较远的设备进行保护时，可以在适当的地方（例如进线处）增设一组避雷器。

综上所述，变电站侵入波保护的主要措施是在变电站内采用阀式避雷器，并在离变电站 1～2km 内的线路进线段上加强防雷措施。采取合理保护后，每年每一百个变电站由侵入波造成的雷害事故可控制在 0.5～0.67 次。

三、直配电机的侵入波防护

以发电机电压直接（不经过变压器）配电的电机称为直配电机，包括发电机、调相机、变频机和电动机等旋转电机。发电厂具有直配电机时，发电机将直接遭受雷电侵入波的危害。由于发电机的绝缘水平远较变电站电气设备的绝缘水平为低，直配电机的侵入波保护比变电站的侵入波保护困难得多。有关直配电机的侵入波保护将在后续课程中涉及。

第六节　配电变压器防雷

配电变压器多采用 Yyn0 的接线方式，高压侧的额定电压一般为 10kV，无中性点引出；低压侧为三相四线制，其额定电压为 220/380V。由于与配电变压器相连的线路的冲击绝缘水平很低（木杆线路除外），线路遭雷直击或遭受感应所产生的过电压往往会由三相导线同时传入变压器，危及变压器的绝缘，特别是高压绕组中性点附近的绝缘。图 12-24 所示为配电变压器防雷的典型接线。为了限制由高压线路传入变压器的雷电过电压，配电变压器的高压侧必须装设阀式避雷器。由于 10kV 配电系统用的阀式避雷器的残压不高（雷电流为 5kA 时残压约为 17～50kV），而配电变压器的接地电阻 R 又较大（约为 4～10Ω），雷电流 I 流经接地电阻 R 所形成的压降 IR（I=5kA 时约为 20～50kV）将与避雷器的残压相当。为避免 IR 和避雷器的残压叠加在一起作用到变压器上，阀式避雷器的接地端应直

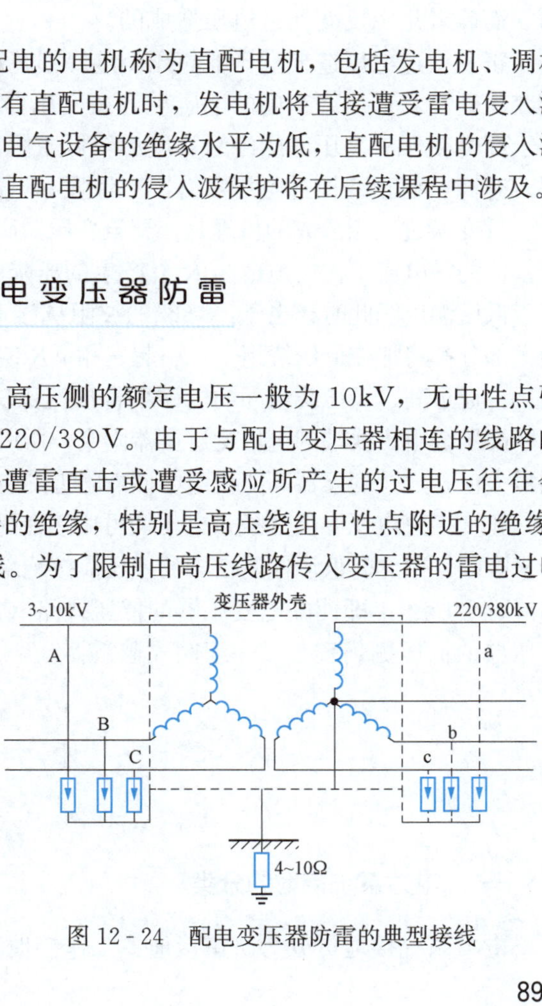

图 12-24　配电变压器防雷的典型接线

接接在配电变压器的外壳上（见图 12-24），这样作用在变压器 3～10kV 侧主绝缘上的就只有 10kV 避雷器的残压了。但此时接地电阻上的压降将使变压器铁壳的电位大为提高，可能会发生由铁壳向 220V/380V 低压侧的反击。因此，必须将低压侧的中性点也连在变压器的铁壳上。这样，“水涨船高”，低压侧电位也被抬高，铁壳与低压侧之间就不会发生反击了。但应注意，此时铁壳的高电位可以经低压供电线路传到用户中去，这一问题需要用加强用户防雷措施来补救。

为了限制由低压侧传入配电变压器的雷电过电压，配电变压器低压侧的相线和中性线间也要加装避雷器。

综上所述，配电变压器的防雷接线必须采取四点（高压侧阀式避雷器的接地端、低压侧阀式避雷器的接地端、低压绕组的中性点以及变压器的外壳）联合接地的方式。高压避雷器和低压避雷器的接地端到铁壳间的连接线应尽量短，因为即使是 0.6m 的连接线，其电感 L 就约 1μH，此时只要雷电流陡度 $\mathrm{d}i/\mathrm{d}t=10\mathrm{kA}/\mu\mathrm{s}$，连接线上的压降就会达到 $L\mathrm{d}i/\mathrm{d}t=10\mathrm{kV}$，当它和避雷器的残压叠加在一起作用到配电变压器上时，就会加大对变压器绝缘的威胁。

应该指出，变压器在运行中有时会出现雷电过电压由低压侧传入，低压侧避雷器动作，但低压侧绝缘未损坏而高压侧绝缘损坏的现象；也会出现雷电过电压由高压侧传入，高压侧避雷器动作，但变压器高压侧绝缘仍然损坏的现象。前者是由正变换过电压造成的，而后者是由反变换过电压造成的。

正变换过电压造成变压器高压侧绝缘损坏的原因是：配电变压器低压侧的过电压会通过变压器高、低压绕组间的电磁耦合按变压器的变比变换到高压侧形成高压侧的过电压。由于配电变压器高压侧的绝缘裕度远较低压侧为低，而且低压侧受雷击时三相对地电位会同时升高，使正变换过电压具有零序性质，不能为高压侧避雷器所保护。

反变换过电压形成的机理是：配电变压器高压侧受雷击造成高压侧避雷器动作后，流经避雷器的雷电流 I 在接地电阻 R 上产生的压降 IR 将作用在配电变压器低压侧的中性点上。由于低压侧出线此时相当于经导线的波阻抗接地，而低压绕组的阻抗远大于波阻抗，IR 的绝大部分都将加在低压绕组上，引起三相低压绕组上电压的同时升高。低压绕组上的电压升高后再通过高、低压绕组间的电磁耦合按变比反变换回高压侧，就形成了高压侧的过电压。由于高压绕组出线端的电位受避雷器固定，所以这一过电压将沿高压绕组分布，在中性点达到最大值，危及变压器高压绕组中性点附近的主绝缘，也可能使纵绝缘击穿。

正变换过电压和反变换过电压均可用接在配电变压器低压侧相线和中性线间的低压避雷器来限制。但此时低压侧避雷器的残压应按绝缘裕度低的变压器高压侧的绝缘水平选择。

综上所述，即使配电变压器的低压线路（例如电缆出线）不可能遭受直接雷击，配电变压器的低压侧仍宜装设一组阀式避雷器。

第七节　电力系统接地

一、电力系统接地的分类

电力系统接地可分为防雷接地、工作接地和保护接地等。

防雷保护的关键是如何能将雷电能量安全导入大地，因此防雷是与接地密切相关的。变电站直击雷防护用的避雷针和侵入波保护用的避雷器需要接地，架空输电线路的杆塔也需要接地，而且降低输电线路杆塔的接地电阻是改善线路防雷的有效措施。这种以把强大的雷电流安全导入大地为目的的接地称为“防雷接地”。防雷接地所要求的接地电阻值通常在1～30Ω的范围内。

接地也可因电力系统正常运行方式的需要而设置，例如将三相系统的中性点接地，以稳定电网对地电位，降低电网的对地绝缘，使对地绝缘闪络或击穿时容易查出，以及有利于实现继电保护措施等。这种接地称为“工作接地”。工作接地要求的接地电阻为0.5～10Ω。

接地还可因保证人身安全而设置，例如，将高压电气设备的金属外壳接地。当电气设备绝缘损坏而使外壳带电时，形成较大的故障电流而使保护装置动作，切除已损坏的设备，或使外壳的电位保持在安全值以下，从而避免因外壳带电而造成触电事故。这种接地叫“保护接地”。高压设备保护接地要求的接地电阻为1～10Ω。

对于工作接地及保护接地而言，接地电阻是指在直流或工频电流流过时的电阻；对于防雷接地而言，需要特别关注的是它在雷电流（冲击电流）流过时的电阻，简称冲击接地电阻。

二、 接地装置

接地装置由接地引下线和直接埋入土中的金属导体（称接地体）构成。接地体一般采用钢材，工程实用的接地体主要由扁钢、圆钢、角钢或钢管组成。水平接地体多用扁钢，宽度一般为20～40mm，厚度不小于4mm，或者用直径不小于6mm的圆钢，埋于地下0.5～1.0m深处。垂直接地体一般用角钢（20mm×20mm×3mm～50mm×50mm×5mm）或钢管，长度一般为2.5m。接地体也可沉放于水中。

接地体的直流（或工频）接地电阻R是指：电流I经接地体流入大地时，接地体和无穷远处零位面之间的电位差U（即接地点电位）和入地电流I的比值。当入地电流I为定值时，接地电阻R越小，则接地点电位U越低，反之则越高。此时地面上的接地物体（如变压器外壳）也具有了电位，因而不利电气设备的绝缘以及人身安全。这就是为什么要力求降低接地电阻的原因。

接地电阻R的数值与接地体的形状、尺寸大小以及土壤电阻率等因素有关。

直流电流I在大地中流动是个恒稳电流场，工频电流在大地中流动也可近似看作恒稳电流场，恒稳电流场与静电场是相似的，因此可直接引用静电场中电容C的计算方法来计算恒稳电流场中的接地电阻R。R和C的关系为

$$R=\frac{U}{I}=\frac{U}{\oint_{s} j_{\mathrm{n}}\mathrm{d}S}=\frac{U}{\oint_{s}\frac{E_{\mathrm{n}}}{\rho}\mathrm{d}S}=\frac{U}{\frac{1}{\varepsilon\rho}\oint_{s} D_{\mathrm{n}}\mathrm{d}S}=\frac{\varepsilon\rho U}{Q}=\frac{\varepsilon\rho}{C} \tag{12-46}$$

式中：ρ为土壤的电阻率，Ω·m；ε为土壤的介电系数，F/m；C为接地体对无穷远处的电容，F；j_{n}、E_{n}和D_{n}分别为dS法线方向的电流密度、电场强度和电通量密度。

由式（12-46）可见，降低接地电阻R最有效的方法不是依赖于降低接地体自身的电阻，而是要设法增大接地体与无穷远处的电容C。

输电线路杆塔和避雷针的防雷接地常采用占地面积不大的垂直接地体或水平接地体。变电站的接地则采用覆盖到整个变电站的、主要由水平接地体构成的地网如图 12-25 所示，以便能将变电站的各个设备和架构就近连到接地体上，同时也起到均压作用。

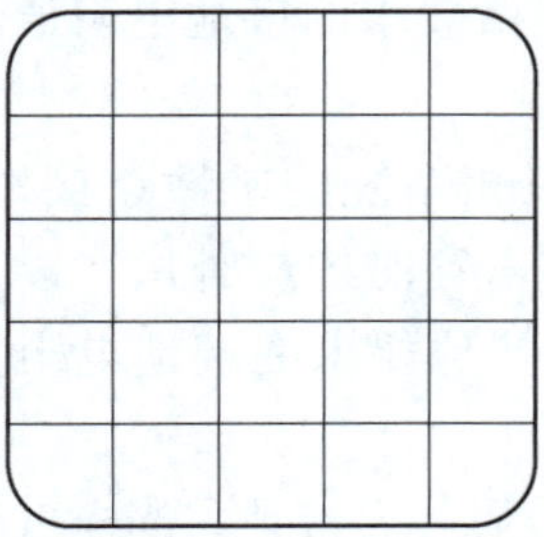

图 12-25　变电站的地网

三、接地体的接地电阻计算

1. 垂直接地体接地电阻计算

单根垂直接地体的电阻计算式

$$R=\frac{\rho}{2\pi l}\left(\ln\frac{4l}{d}-0.31\right)(l\gg d) \tag{12-47}$$

式中：l 为接地体的长度，m；d 为接地体的直径，接地体为角钢时 $d=0.84b$（b 为角钢每边宽度，单位为 m），接地体为扁钢时 $d=0.5b$（b 为扁钢宽度，单位为 m）。

在一般土壤（$\rho=100\Omega\cdot m$）中，单根长度为 2.5m 的垂直接地体的工频接地电阻约为 30Ω。

当单根垂直接地体的接地电阻不能满足要求时，可以用多根垂直接地体并联如图 12-26 所示。但应注意，由于接地体互相间的屏蔽作用，n 根接地体并联后总的接地电阻 R_n 并不是单根接地体接地电阻 R 的 $\frac{1}{n}$，而是要大一些，即有

$$R_n=\frac{R}{n\eta} \tag{12-48}$$

式中：$\eta\leqslant1$，称为利用系数，当相邻接地体之间的距离 s 为接地体长度 l 的两倍时，η 值约为 0.9（2 根并联时）或 0.7（6 根并联时）。

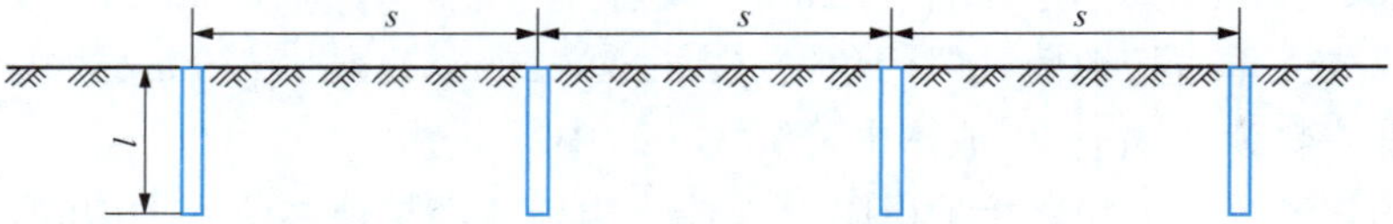

图 12-26　多根垂直接地体并联

2. 水平接地体接地电阻计算

水平接地体的电阻为

$$R=\frac{\rho}{2\pi L}\left(\ln\frac{L^2}{dh}+A\right) \tag{12-49}$$

式中：L 为接地体的总长度，h 为接地体的埋设深度；A 为形状系数，其值见表 12-3。

当 L 相同时，由于电极形状不同，A 值会有显著差别。A 值越大，钢材的利用越差。如表 12-3 中序号 7、8 的形式对接地体的利用是很不充分的，一般不宜采用。

表 12-3　形状系数

序号	1	2	3	4	5	6	7	8
水平接地体形式						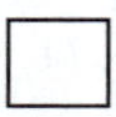		
形状系数 A	−0.6	−0.18	0	0.48	0.89	1	3.03	5.65

3. 杆塔的钢筋混凝土基础的接地电阻计算

杆塔的钢筋混凝土基础有一些自然接地作用，这是因为埋在土中的混凝土毛细孔中渗透水分，其电阻率已接近于土壤。杆塔的钢筋混凝土基础的自然接地电阻可按表 12-4 估算。当杆塔的自然接地电阻已能满足要求时，可以不设人工接地体。

表 12-4　　杆塔钢筋混凝土基础的自然接地电阻估算值

杆塔型式	钢筋混凝土杆			铁　塔	
	单杆	双杆	有 3～4 根拉线的单双杆	单柱式	门型
工频自然接地电阻（Ω）	0.3ρ	0.2ρ	0.1ρ	0.1ρ	0.06ρ

4. 变电站地网的接地电阻计算

图 12-25 所示变电站地网的接地电阻估算式为

$$R=\frac{\sqrt{\pi}}{4}\times\frac{\rho}{\sqrt{S}}+\frac{\rho}{L}\approx 0.5\frac{\rho}{\sqrt{S}}(\Omega) \tag{12-50}$$

式中：L 是接地体（包括水平和垂直的）总长度，m；S 是接地网的总面积，m^2。

为了满足工作和安全接地要求，变电站工频接地电阻的数值一般要在0.5～5Ω 的范围内。由式（12-50）可知，当 $\rho=100\Omega\cdot m$时，为得到 0.5Ω 的接地电阻，地网的面积不能小于 100m×100m。

四、 冲击接地电阻计算

应当注意，以上讨论的只是接地体的直流（或工频）接地电阻 R。在防雷计算中所用到的是雷电流作用下的冲击接地电阻 R_i。由于雷电流的频率很高，在雷电流流经接地体时接地体的电感将呈现较大的阻碍雷电流流通的作用，这一效应将使接地体，特别是伸长接地体（其电感较大）在雷电流下呈现较大的冲击接地电阻。另一方面，由于雷电流的幅值很大（数十千安），接地体的电位很高，其周围土壤中的电场强度可大大超过土壤的耐压强度（8.5×10^3V/cm 左右），从而产生强烈的火花放电。实验表明，当单根水平接地体的电位为 1000kV 时，火花放电区域的直径可达 70cm，这一效应将使接地体的冲击接地电阻大大减小。因此，在冲击电流下，接地体的接地电阻不是一个常数。通常将接地体上冲击电位的最大值 u_{max} 与流入接地体的冲击电流的最大值 i_{max} 之比定义为冲击接地电阻 R_i。由于电感的作用，电压与电流最大值出现的时刻一般是不同的，之所以人为地取二者之比作为 R_i，是因为这种定义可为使用带来方便，即只要知道雷电流的幅值 i_{max}，则由 i_{max} 和 R_i 便可求得接地体上的 u_{max}，而 u_{max} 是防雷设计中最重要的参数。

R_i/R 之比称为接地体的冲击系数 α，其值一般小于 1，但当接地体的长度太大时也可能大于 1。α 的值可按以下经验公式求得

$$\alpha=\frac{1}{0.9+a\dfrac{(I\rho)^{0.8}}{l^{1.2}}} \tag{12-51}$$

式中：a 为系数，垂直接地体时为 0.9，水平接地体时为 2.2；I 为通过每根接地体的雷电流幅值，kA；ρ 为土壤电阻率，Ω·m；l 为单根接地棒或带的长度，或圆环接地体的圆环直径，m。

由式（12 - 51）可见，当接地装置单根接地体的长度 l 增加时，α 上升很快。这是因为雷电流沿接地体流动的同时还会向周围土壤流散，土壤电阻率越低流散得越快，到一定距离后，当接地体上不再有电流流过时，接地体就不起作用了。为了使接地体能得到有效利用，每根接地体的最大长度 l_{max} 不宜超过表 12 - 5 中的值。

表 12 - 5　　接地体的最大长度

ρ（Ω·m）	≤500	≤2000	≤5000
每根接地体最大长度 l_{max}（m）	40	80	100

由 n 根接地体并联后的总冲击接地电阻 $R_{i,n}$ 可按式（12 - 52）求出

$$R_{i,n}=\frac{R_i}{n\eta_i} \tag{12 - 52}$$

式中：R_i 为单根接地体的冲击接地电阻；η_i 为冲击利用系数，其值约为工频利用系数 η 的 90%。

由于在冲击电流作用下，接地体的有效长度是受到限制的，所以变电站的地网中那些远离雷电流入地点的接地体是不起作用的。因此，有时需在防雷装置（例如避雷器）和地网的连接处增设 3～5 根垂直接地体来降低冲击接地电阻。而且应注意到，尽管随着地网面积的增大，地网的工频接地电阻可以降低，但它所呈现的冲击接地电阻一般不会低于 1～4Ω。

本 章 小 结

雷电放电有三个阶段，即先导放电、主放电和余辉放电阶段。主放电电流极大，可达数十千安到数百千安，其速度约为光速的 1/20～1/2，主放电存在的时间极短，约为 50～100μs。

雷电流幅值满足概率分布曲线关系。我国在直击雷防雷设计中，平均年雷暴日大于 20 的地区，雷电流幅值 I 的概率 P 按 $\lg P=-\frac{I}{88}$ 计算，雷电流波形取 $\tau_t/\tau=2.6/50$（μs），雷电流平均上升陡度为 $I/\tau_t=\frac{I}{2.6}$（kA/μs）。

避雷针（线）是直击雷防护装置，其作用是将雷电吸引到自己身上并安全导入地中，从而保护其附近的设备和建筑物不受雷击。避雷器是一种过电压限制装置，安装在被保护设备附近，接在被保护设备的相线与地之间。

衡量输电线路防雷性能的最重要指标是耐雷水平和雷击跳闸率。

输电线路上出现的雷电过电压有感应雷过电压和直击雷过电压两种。

雷击线路或线路附近地面时，均可使线路出现过电压引起线路跳闸。降低杆塔接地电阻、架设避雷线是提高线路耐雷水平的主要方法。自动重合闸是减少由雷击跳闸而造成供电中断的有效措施。

雷击杆塔时，塔顶电位由塔身电感和接地电阻上压降两部分构成；导线电位由感应分量和耦合分量组成；耐雷水平与线路绝缘水平 $U_{50\%}$、杆塔冲击接地电阻 R_i、耦合系数 k

等因素有关。

对于有避雷线的输电线路，雷击跳闸共经历雷击杆塔顶部（包括杆塔附近的避雷线）或绕击线路、线路绝缘发生冲击闪络、在冲击闪络的弧道上建立稳定的工频电弧、继电保护动作跳闸四个过程。

变电站的直击雷防护主要依靠避雷针，侵入波保护主要依靠阀式避雷器以及在进线段上加强防雷措施。避雷器与被保护设备间的距离应小于避雷器的保护距离。

配电变压器的防雷接线必须采取四点联合接地方式。

电力系统接地可分为工作接地、保护接地和防雷接地三类。接地装置由接地引下线和接地体两部分构成。

对于工作接地及保护接地而言，接地体的电阻是指直流接地电阻，即电流 I 经接地体流入大地时接地体和无穷远处零电位面之间的电位差 U 和入地电流 I 的比值；对于防雷接地而言，接地体的电阻则是指在雷电流（冲击电流）流过时的电阻，简称冲击接地电阻。

思考题与习题

12-1　100、220、500kV 输电线路的耐雷水平分别为 40、75kA 及 125kA，试求超过其耐雷水平的概率。

12-2　220kV 线路，杆塔高度为 34.5m，杆塔单位长度的电感 L 取 1.6μH/m，铁塔接地电阻 R_i 取 10Ω，当雷电流幅值为 100kA 时塔顶电位将为多少？

12-3　使用避雷针（线）时应注意哪些问题？

12-4　表征阀式避雷器工作特性的重要参数有哪些？

12-5　试述输电线路的主要防雷措施。

12-6　什么是进线保护？进线段有什么作用？

12-7　为什么每根接地体的最大长度不宜超过规范规定的数值？

12-8　怎样估算出变电站地网接地电阻？对变电站地网有什么要求？

第十三章　电力系统继电保护

电力系统出现不正常运行状态或发生故障时，都可能引起系统事故。必须依靠继电保护装置防止系统事故发生。继电保护装置，就是能迅速反应电力系统中电气设备发生故障或不正常运行状态，发出操作指令使断路器跳闸切除故障或发出示警信号的一种自动装置。

第一节　概　　述

一、继电保护的任务及作用

在电力系统运行中，由于雷击、倒塔、内部过电压、设备缺陷或运行人员误操作等原因，都可能导致故障及不正常运行状态的出现。常见的故障类型有单相接地短路、两相接地短路、两相短路、三相短路和各种断线故障等，其中各种短路故障是电力系统最常见也是最危险的故障。

短路可能造成的后果如下。

(1) 短路点会流过很大的短路电流并产生电弧，从而烧坏甚至烧毁故障设备。

(2) 短路电流通过故障设备和非故障设备时，由于发热及电动力的作用，使设备损坏或使用寿命缩短。

(3) 电力系统中大部分地区的电压下降，破坏用户的正常工作。

(4) 破坏电力系统各发电厂之间并列运行的稳定性，使事故扩大，甚至使整个系统瓦解。

最常见的不正常工作状态是过负荷。长时间过负荷会使载流导体和绝缘材料的温度升高，加速绝缘的老化和设备的损坏。此外，系统中因出现有功功率缺额而引起的频率降低、水轮发电机突然甩负荷所引起的过电压等，也都属于不正常工作状态。

故障或不正常工作状态，都可能在电力系统中引起事故。所谓事故，是指系统或其中一部分的正常工作遭到破坏的事件，它将导致对用户减少送电或使电能质量变坏，甚至造成人身伤亡和电气设备损坏。事故发生的原因，除少量是自然条件的因素以外（如遭雷击），大部分都是由于设备缺陷、设计和安装的错误、检修质量不高或运行维护不当而引起的。因此，只要正确地进行设计、制造与安装，加强对设备的维护和检修，就可能最大限度地把事故消灭在发生之前，防患于未然。

当系统发生故障时，必须迅速而有选择性地将故障设备从系统中切除，以保证无故障部分正常运行，尽可能地缩小故障影响范围。为保证设备的安全及系统的稳定，切除故障的时间常常要控制在几十毫秒内。要完成这个任务，只有借助于一种特殊的自动装置——继电保护装置。

继电保护装置的基本任务是：

(1) 对故障特征量进行提取和分析，自动、迅速、有选择性地动作于断路器跳闸，将故障设备从电力系统中切除，保证无故障部分迅速恢复正常运行。

(2) 反应电气元件的不正常工作状态，并根据运行维护条件（如有无经常值班人员等）分别动作于发信号、减负荷或跳闸。反应不正常工作状态的保护装置通常允许带一定的延时动作。

(3) 继电保护装置还可与电力系统中其他自动化装置配合，在条件允许时，采取预定措施，缩短事故停电时间，尽快恢复供电，从而提高电力系统运行的可靠性。

二、继电保护的基本原理和组成

为完成继电保护的任务，首先要求它能正确地区分系统在正常运行、发生故障或不正常运行状态之间的差别。

以图 13-1（a）所示单侧电源辐射网络为例，在正常运行时，流过每条线路的是负荷电流分别为 i_{LD1} 和 i_{LD2}；各变电站母线上的电压 $\dot{U}_A$、$\dot{U}_B$、$\dot{U}_C$ 都在额定电压的 ±（5%～10%）范围内变化；此时由线路始端母线电压与通过该线路电流的比值所反应的测量阻抗 Z_K，即为该线路的负荷阻抗 Z_{LD}，其数值较大。例如线路 AB（$l1$）段首端的测量阻抗 Z_{K1}，即为与流过线路 AB 的负荷电流相应的负荷阻抗 Z_{LD1}，即

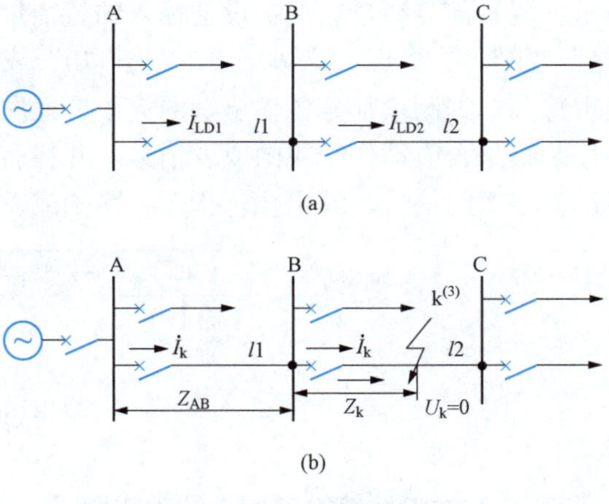

图 13-1　单侧电源辐射网

（a）正常运行时；（b）三相短路时

$$Z_{K1}=\frac{\dot{U}_A}{\dot{I}_{LD1}}=Z_{LD1}$$

同理，线路 BC（$l2$）段首端的测量阻抗 Z_{K2}，即为与流过线路 BC 的负荷电流相应的负荷阻抗 Z_{LD2}，即

$$Z_{K2}=\frac{\dot{U}_B}{\dot{I}_{LD2}}=Z_{LD2}$$

当在图 13-1（b）所示线路上的 k 点发生三相短路时，线路 AB、BC 中将流过短路电流 $\dot{I}_k$。短路点的电压 $\dot{U}_k$ 下降到零，母线 A、B 上的电压则降低为残压 $\dot{U}_{rA}$、$\dot{U}_{rB}$，其值分别为 $\dot{U}_{rA}=\dot{I}_k(Z_{AB}+Z_k)$，$\dot{U}_{rB}=\dot{I}_kZ_k$。此时线路 $l1$ 和 $l2$ 首端的测量阻抗将分别减小为由首端母线 A 和 B 到短路点的线路阻抗。据此可求得线路 $l1$ 首端的测量阻抗为

$$Z_{KA}=\dot{U}_{rA}/\dot{I}_k=Z_{AB}+Z_k$$

线路 $l2$ 首端的测量阻抗为

$$Z_{KB} = \dot{U}_{rB}/\dot{I}_k = Z_k$$

综上所述，当系统发生短路时，线路中的电流由负荷电流上升为短路电流，母线电压由额定电压下降为残余电压，测量阻抗由负荷阻抗降低为由母线到故障点的线路阻抗。因此，利用正常运行与故障时这些特征量的变化，便可以构成各种不同原理的继电保护，反应故障时电流上升而动作的保护称为过电流保护，反应故障时电压下降而动作的保护称为低电压保护，反应故障时测量阻抗降低而动作的保护称为距离保护（阻抗保护）等。此外，还可利用内部故障和外部故障时，被保护元件两侧电流相位和功率方向的差别，构成各种差动原理的保护，如纵联差动保护、相差高频保护、方向高频保护等。

按照上述原理构成的保护，其特征量可以采用反应各相的电流和电压（如相电流、相电压等），也可以采用只反应某一个对称分量（如负序、零序）的电流和电压，构成相应的负序保护和零序保护。

除了上述以电气量的变化为特征量而构成的保护外，在电力系统中，还有一些以非电气量的变化为特征量而构成的保护，如过热保护、瓦斯保护等。变压器的瓦斯保护，就是反应油箱内部故障时所产生的气体或油流而动作的一种非电量保护。

一般情况下，继电保护装置是由测量部分、逻辑部分和执行部分组成的，如图 13-2 所示。测量部分测量被保护设备输入的特征量，并与整定值进行比较，根据比较结果给出“是”“非”，“大于”“不大于”，等于“0”或“1”等逻辑信号，来决定保护是否应启动。逻辑部分根据测量部分各输出量的大小、性质、逻辑状态、出现的顺序或其组合，来确定保护装置是否应动作于跳闸或发信号，并将有关命令传送给执行部分。执行部分则根据逻辑部分传送的信号，发出执行指令（跳闸或发信号）。

图 13-2　继电保护装置原理框图

三、 对输电系统继电保护的基本要求

一般情况下，动作于跳闸的继电保护装置应满足四项基本要求：选择性、速动性、灵敏性和可靠性。

（一）选择性

选择性是指当系统发生故障时，保护装置仅将故障设备从系统中切除，使停电范围尽量缩小，保证系统中非故障部分仍能继续运行的特性。图 13-3 为选择性示意图，图中当 k1 点发生短路时，应由保护 1 和 2 分别跳开断路器 1QF 和 2QF，将故障线路 *l*1 切除，此时变电站 B 仍可由另一条无故障的线路 *l*4 继续供电。当 k2 点发生短路时，应由距故障点最近的保护 5 动作，使 5QF 跳闸，保证变电站 A 和 B 正常供电。由此可见，继电保护有选择性地动作可将停电范围限制到最小。

当 k3 点发生故障时，按选择性的要求，应由保护 6 动作，跳开 6QF，切除故障线路 *l*3。如果此时保护 6 或断路器 6QF 拒绝动作，则应由保护 5 动作，使 5QF 跳闸，切除故障线路。保护的这种动作虽然切除了部分非故障线路，但在保护和开关拒动的情况下，还

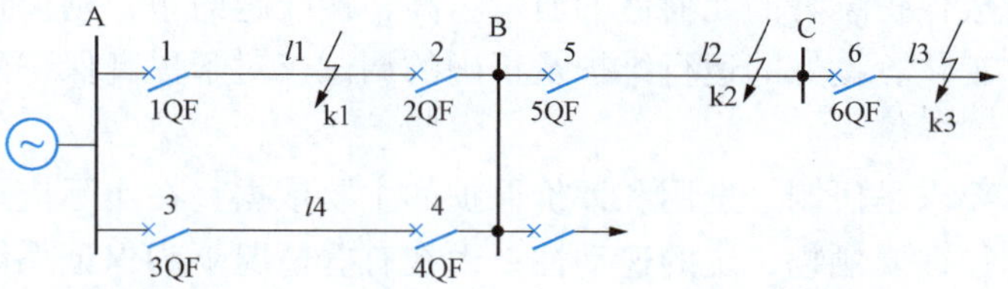

图 13-3　选择性示意图

是尽可能地限制了故障的发展，缩小了停电范围，因而也认为是有选择性的。此时称保护5为保护6的后备保护。由于按这种方式构成的后备保护是在离故障点远处实现的，因此又称为远后备保护。

保护装置的选择性是保证对用户安全供电的最基本条件之一，是研制和设计保护时要首先慎重考虑的问题。

（二）速动性

保护装置的速动性就是指能快速切除故障设备。对动作于跳闸的保护，要求动作迅速的原因是减少用户在电压降低的情况下的运行时间，降低短路电流及其引起的电弧对故障设备的损坏程度，以及保证电力系统并列运行的稳定性。

由于故障切除时间等于保护装置动作时间与断路器动作时间之和，因而要快速切除故障，必须同时采用快速动作的保护装置和断路器。目前，高压电网中保护装置动作时间最快的为0.01s，断路器的动作时间最快的约为0.02s。

动作于信号的保护装置，一般反应的是不正常工作状态，可以按选择性的要求延时动作。

动作迅速而又能满足选择性要求的保护装置，一般都结构复杂，价格昂贵。因而通常在保证系统及设备安全的条件下，允许保护装置带一定延时动作。

（三）灵敏性

继电保护的灵敏性是指对其保护范围内发生故障或不正常运行状态的反应能力，即在保护范围内部故障时，不论故障点的位置、故障的类型及系统运行方式如何，保护装置都能灵敏地反应。保护装置的灵敏度一般用灵敏系数来衡量。

反应数值上升的保护装置，其灵敏系数为

$$K_s = \frac{\text{保护范围内金属性短路时故障参数的最小计算值}}{\text{保护装置的动作参数}}$$

反应数值下降的保护装置，其灵敏系数为

$$K_s = \frac{\text{保护装置的动作参数}}{\text{保护范围内金属性短路时故障参数的最大计算值}}$$

故障参数的计算值应根据实际可能的最不利条件（包括运行方式、故障类型及故障点位置）来计算。灵敏系数应大于1，灵敏系数越大，保护装置的反应越灵敏。对各种保护装置灵敏系数最小值的要求，将在后面各节分别说明。

（四）可靠性

保护装置的可靠性是指在保护范围内发生了它应该动作的故障时，保护应可靠动作，即不拒动；而在任何其他不应动作的情况下，保护应可靠不动作，即不误动。

一般来说，组成保护装置的元器件的质量越高、接线越简单，则保护装置的可靠性越高；而精湛的制造工艺、良好的运行维护及正确的调试，对于提高保护的可靠性也具有重要的作用。

以上四项基本要求是研制、选用和评价保护的主要依据。在实际应用中，有时为了满足选择性的要求，往往要牺牲一定的速动性；而在有些情况下为保证系统的稳定性，则要牺牲一定的选择性来保证速动性，而后再以自动重合闸来予以补救。总之，这四项基本要求是相互联系又存在矛盾的，在实际选择保护方式时，应从全局出发，结合经济性，统一考虑。

四、 继电保护技术的发展概况

继电保护技术是随着电力系统的发展而发展起来的一门学科。电力系统的发展，使得系统容量不断增加，电压等级越来越高，系统接线及运行方式越来越复杂。为满足电力系统对继电保护提出的四项基本要求，继电保护也由简单的过电流保护开始，相继出现了方向电流保护、低电压保护、距离保护、差动保护、高频保护、微波保护、行波保护等。

电力系统继电保护技术的发展，不仅与电力系统的发展密切相关，而且还与电子通信、计算机、信息科学等新技术、新学科的发展有着密切的关系。从 20 世纪初最先出现的感应型过电流继电器，到 50 年代的晶体管及整流型继电保护，再到 80 年代的集成电路继电保护，无一不反映了当时这些领域的新成果。

随着计算机技术特别是微处理器的迅速发展，微机保护在电力系统也逐步得到应用。自 20 世纪 80 年代以来，微机保护经历了几个发展阶段，现在技术日臻成熟，已在我国电力系统得到广泛使用。微机保护具有强大的计算、分析和逻辑判断能力，有存储记忆功能，可用同一硬件实现不同原理的保护。微机保护除了保护功能外，还兼有故障录波、故障测距、事件顺序记录以及通过计算机与调度交换信息等辅助功能。这些辅助功能方便了保护的调试及事故处理。再加上微机保护本身具有自检和互检功能，使保护的可靠性更高，也更易于安装、调试、运行和维护。微机保护不仅可以完成传统的继电保护功能，还可作为电网 SCADA（见第十五章电力系统自动化技术）系统的终端，接受调度指令执行跳、合闸操作和负荷控制等功能。

作为基础，本章将着重介绍输电线路的电流保护及变压器保护中的纵差动保护的原理，并对微机继电保护的基本构成、特点及基本算法作概要的介绍，深入的探讨将在有关方向专业课程中进行。

第二节　输电线路的继电保护

输电线路在电力系统中的分布十分广泛，遍布城乡各地，是构成电网的重要组成部分，应根据其所在电网的电压等级、网络结构、接线方式及在电力系统中的重要程度装设完善的保护。在选择具体线路的继电保护时，应在满足保护四项基本要求（选择性、速动性、灵敏性及可靠性）的前提下，尽量采用简单的保护。

按照保护原理来分类，输电线路的保护有电流保护、距离保护及各种纵联原理的保护，如纵联差动保护、高频保护、微波保护等。本节主要介绍一种输电线路中最简单的保护——电流保护的原理。

一、 相间短路的电流保护

（一）电磁型电流继电器

电流继电器是构成电流保护的主要元件，下面将通过对电磁型电流继电器的分析来说明一般继电器的工作原理和主要特性。

图 13-4（a）所示为吸引衔铁式电磁型电流继电器原理结构图，由线圈 1、铁心 2、可动衔铁 3、动合触点 4（线圈中不通过电流时，处于开断位置的触点）、弹簧 5 和止挡 6 组成。当继电器的线圈中通过电流 I_K 时，就会有磁通 Φ 通过铁心、空气隙和可动衔铁构成的磁路，对衔铁产生电磁吸力 F_e 和电磁力矩 M_e。当 M_e 大到足以克服弹簧的反作用力矩时，衔铁被吸向左侧，使动合触点 4 闭合，称为继电器动作。

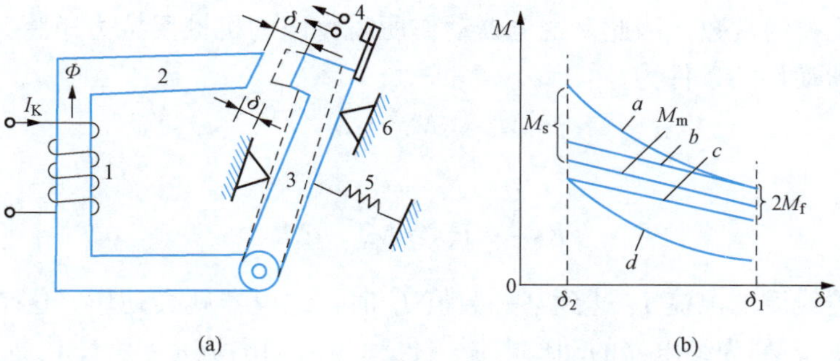

图 13-4 电磁型电流继电器的原理结构和转矩曲线

（a）原理结构图；（b）电流继电器动作和返回的说明图

1—线圈；2—铁心；3—可动衔铁；4—触点；5—弹簧；6—止挡

电磁力矩 M_e 与磁通 Φ^2 成正比，即

$$M_e = K_1\Phi^2 \tag{13-1}$$

式中：K_1 为比例系数。

磁通 Φ 与通过继电器线圈的电流 I_K 的关系为

$$\Phi = \frac{I_K W}{R_m} \tag{13-2}$$

式中：R_m 为磁阻；W 为线圈的匝数。

将式（13-2）代入式（13-1）中，得

$$M_e = K_1 \frac{W^2}{R_m^2} I_K^2 \tag{13-3}$$

由于磁路的磁阻主要取决于空气隙 δ 的大小，因此当衔铁被吸，向铁心转动时，随着空气隙 δ 及磁阻 R_m 的减小，磁通 Φ 和电磁力矩 M_e 将增加，即电磁力矩 M_e 是空气隙 δ 的函数。吸引衔铁式电磁型电流继电器的气隙磁场是接近均匀的，因此可认为 R_m 正比于 δ，即

$$R_m = K_2\delta \tag{13-4}$$

式中：K_2 为比例系数。

将式（13-4）代入式（13-3）中，可得

$$M_e = \frac{K_1}{K_2^2}\frac{W^2}{\delta^2}I_K^2 = K_3\frac{W^2}{\delta^2}I_K^2 \tag{13-5}$$

其中 $K_3 = \frac{K_1}{K_2^2}$。

作用在衔铁上的力矩除了 M_e 之外，还有弹簧的反作用力矩 M_m，其作用是保证在正常负荷电流下能使衔铁保持在原始位置，即继电器不动作。使衔铁保持在原始位置的弹簧反作用力矩 M_{m1} 称为弹簧的初拉力矩，此时对应的空气隙长度为 δ_1。由于弹簧的张力与其伸长成正比，当气隙由 δ_1 减小到 δ 时，弹簧将伸长，其反作用力矩 M_m 将相应增大，M_m 与 δ 之间的关系可表示为

$$M_m = M_{m1} + K_4(\delta_1 - \delta) \tag{13-6}$$

式中：K_4 为比例系数。

此外，在衔铁转动的过程中，还必须克服一个与转动方向相反的摩擦力矩 M_f，它是一个与气隙 δ 无关的常数。因此，继电器动作所需克服的机械反抗力矩将为 M_m+M_f。由此可得使继电器动作的条件为

$$M_e \geqslant M_m + M_f$$

或

$$K_3\frac{W^2}{\delta^2}I_K^2 \geqslant M_m + M_f \tag{13-7}$$

即当通过继电器线圈的电流 I_K 达到某一数值 I_{op}时，继电器就会动作。这个能使继电器动作的最小电流 I_{op}，称为继电器的动作电流（也称为启动电流）。用 I_{op}代替式（13-7）中的 I_K 并取等号，可得继电器的动作电流为

$$I_{op} = \frac{\delta}{W}\sqrt{\frac{M_m + M_f}{K_3}} \tag{13-8}$$

由式（13-8）可知，要想改变继电器的动作电流，可通过调整线圈匝数 W 和弹簧的反作用力矩 M_m 来实现。

图 13-4（b）表示出当通过继电器线圈的电流 I_K 增大到动作电流 I_{op}，可动衔铁由起始位置（气隙为 δ_1）转动到终端位置（气隙为 δ_2）时，电磁力矩 M_e 及机械反抗力矩M_m+M_f 随气隙 δ 变化的关系。当 $M_e=M_m+M_f$ 时，继电器启动，随着 δ 的减小，M_e 以与 δ^2 成反比的关系增加，按曲线 a 变化；而机械反抗力矩则以与 δ 成反比的关系线性增加，按曲线 b 变化。当可动衔铁由气隙为 δ_1 的起始位置转动到气隙为 δ_2 的终端位置时，继电器的动合触点闭合。由图可知此时将有剩余力矩 M_s 作用在衔铁上，使触点能可靠接触。

为使已经动作的继电器返回，必须减小 I_K 以减小电磁转矩 M_e，使衔铁在弹簧的反作用力作用下返回到起始位置，此时摩擦力将起着阻碍返回的作用。继电器能够返回的条件是

$$M_e \leqslant M_m - M_f$$

即

$$K_3\frac{W^2}{\delta^2}I_K^2 \leqslant M_m - M_f \tag{13-9}$$

当通过继电器线圈的电流 I_K 逐渐减小到某一数值，使电磁力矩等于弹簧的反作用力矩与

摩擦力矩之差时，继电器返回。使继电器能够返回的最大电流 I_{re}，称为返回电流。用 I_{re} 代替式（13-9）中的 I_K 并取等号，可得返回电流为

$$I_{re}=\frac{\delta}{W}\sqrt{\frac{M_m-M_f}{K_3}} \tag{13-10}$$

当继电器线圈中的电流由 I_{op} 下降到 I_{re}，使 M_e 下降为 M_m-M_f 时，衔铁开始返回，动合触点开始分开。随着 δ 的增大，M_e 以与 δ^2 成反比的关系减小，按曲线 d 变化；而机械反抗力矩则以与 δ 成反比的关系线性减小，按曲线 c 变化。当可动衔铁返回到起始位置 δ_1 时，动合触点完全断开。

由以上分析可见，当 $I_K<I_{op}$ 时，继电器根本不动作，而当 $I_K\geqslant I_{op}$ 时，则继电器能够突然迅速的动作，闭合其触点；在继电器动作以后，只当电流减小到 $I_K\leqslant I_{re}$ 时，继电器又能立即突然地返回原位，触点重新打开。无论启动和返回，继电器的动作都是明确干脆的，它不可能停留在某一个中间位置，这种特性我们称之为“继电特性”。

返回电流与动作电流之比称为继电器的返回系数 K_{re}，可表示为

$$K_{re}=\frac{I_{re}}{I_{op}} \tag{13-11}$$

由图 13-4（b）可知，由于剩余力矩和摩擦力矩的存在，电磁型过电流继电器（包括一切过量动作的继电器）的返回系数恒小于 1，一般在 0.85～0.99 之间。同理，其他种类的继电器，如电压继电器、阻抗继电器等也有其相应的动作值、返回值及返回系数。

电磁型继电器启动电流的调整，一般是利用改变线圈的匝数和弹簧的张力来实现。常见继电器的图形及文字符号可参见第十四章表 14-1 和表 14-2。

（二）瞬时电流速断保护

根据对继电保护速动性的要求，在简单、可靠和保证选择性的前提下，保护的动作时间原则上是越快越好。瞬时电流速断保护，就是仅反应于电流的升高而瞬时动作的一种电流保护。

图 13-5 为瞬时电流速断保护的单相原理接线，电流继电器 KA 接于电流互感器 TA 的二次侧。当线路短路时，短路电流如果大于保护动作电流，则 KA 的动合触点闭合，启动中间继电器 KM，使其动合触点闭合，将正电源经信号继电器 KS 接通断路器的跳闸线圈 YT，使断路器 QF 跳闸，同时启动信号继电器发信号。中间继电器 KM 的主要作用是利用中间继电器的大容量动合触点代替电流继电器 KA 的小容量触点，接通跳闸线圈 YT。

由上可知，瞬时电流速断保护的动作时间仅取决于电流继电器、中间继电器和断路器跳闸线圈的固有动作时间。由于这一时间很短，所以通常可认为是“瞬时”动作。

瞬时电流速断保护的作用原理可用图 13-6 来说明。当电源电动势一定时，短路电流的大小决定于短路点至电源间的总电抗 X_Σ（忽略电阻 R）。当系统中某一点发生三相短路或两相短路时，短路电流分别为

$$I_k^{(3)}=\frac{E_p}{X_\Sigma}=\frac{E_p}{X_S+X_k} \tag{13-12}$$

$$I_k^{(2)}=\frac{\sqrt{3}}{2}\frac{E_p}{X_S+X_k} \tag{13-13}$$

式中：E_p 为系统等效电源的相电动势；X_S 为系统等效电源到保护安装处之间的电抗，其值由系统的运行方式决定，当系统处于最大运行方式时，X_S 最小，处于最小运行方式时，

X_S 最大；X_k 为保护安装处到短路点之间的电抗，其值随保护安装处到短路点距离 l 的增大而增大。

当系统运行方式一定时，E_p 和 X_S 等于常数，I_k 随着 X_k 的增大而减小，因而可绘出图 13 - 6（b）所示的 $I_k=f(l)$ 的关系曲线。流过保护装置的最大短路电流将于系统在最大运行方式下三相短路时出现，图 13 - 6（b）中的曲线①给出的是流过保护的最大短路电流 $I_k^{(3)}$ 随 l 的变化曲线；流过保护装置的最小短路电流将于系统在最小运行方式下两相短路时出现，图 13 - 6（b）中的曲线②给出的是流过保护的最小短路电流 $I_k^{(2)}$ 随 l 的变化曲线。

以图 13 - 6（a）中的位于线路 $l1$（长度为 $l1$）首端的保护 1 为例，为保证选择性，当系统在最大运行方式下，线路 $l2$（长度为 $l2$）首端发生三相短路时，应由位于 $l2$ 首端的保护 2 动作，切除故障，而保护 1 不应动作。由于线路 $l2$ 首端的短路电流接近线路 $l1$ 末端（B 点）的短路电流，再考虑到短路电流中非周期分量的存在以及短路电流计算的误差，$l2$ 首端短路时的短路电流有可能大于按式（13 - 12）计算所得的 B 点的短路电流 $I_{kBmax}^{(3)}$。因此，保护 1 的动作电流 I_{op1}^{I}（上标 I 表示瞬时电流速断保护）应选得比 $I_{kBmax}^{(3)}$ 大，即 I_{op1}^{I} 的整定式为

$$I_{op1}^{I}=K_{rel}^{I}I_{kBmax}^{(3)} \tag{13-14}$$

式中：K_{rel}^{I} 为可靠系数，其值一般取 1.2～1.3。

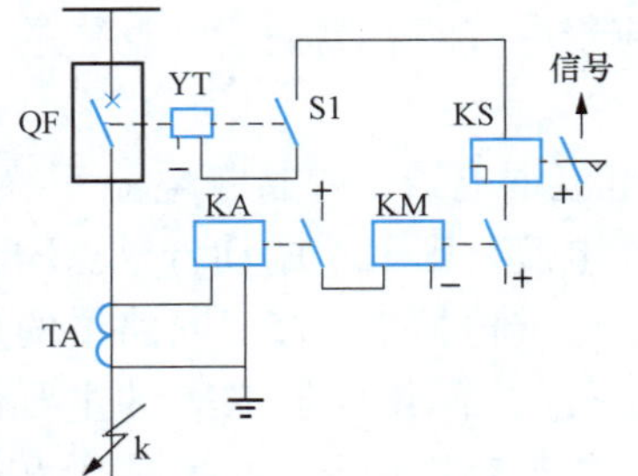

图 13 - 5　瞬时电流速断保护的单相原理接线图

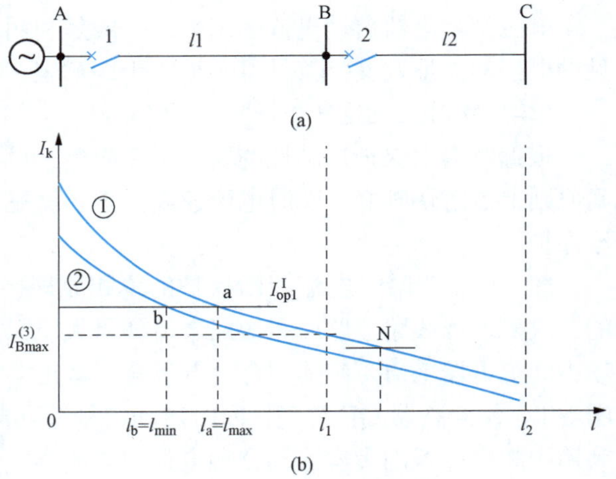

图 13 - 6　瞬时电流速断保护原理图

（a）系统接线图；（b）$I_k^{(2)}$ 和 l 间的关系

但由之带来的问题是，当线路 $l1$ 在末端附近发生短路时，保护 1 将不动作，即保护 1 将不能保护线路 $l1$ 的全长。此时保护 1 的保护范围可由图 13 - 6（b）求取。

在 13 - 6（b）中作一条平行于横坐标轴的电流为 I_{op1}^{I} 的直线，它与曲线①交于线路长度为 l_a 的 a 点。可见只有短路发生在 $l<l_a$ 的地点时，才有 $I_k^{(3)}>I_{op1}^{I}$，保护 1 才能动作，而当短路发生在 $l>l_a$ 的地点时，由于 $I_k^{(3)}<I_{op1}^{I}$，保护将不动作，即动作电流为 I_{op1}^{I} 的保护 1 不能对处于 l_a 和 $l1$ 之间的线路实现电流保护，据此可得保护 1 的最大保护范围为 $l_{max}=l_a$。

如果系统不处于最大运行方式，而且不是三相短路时，保护 1 的保护范围将更小。保

护 1 的最小保护范围 l_{min} 可由图 13-6（b）中 I^{I}_{op1} 线和曲线②的交点 b 求出，即 $l_{min}=l_b$。

一般要求最大保护范围 l_{max} 达线路全长的 50%，最小保护范围 l_{min} 达线路全长的 15%～20%。

电流速断保护的灵敏度，要用其最小保护范围占线路全长的百分数来衡量，即电流速断保护的灵敏度为

$$l_{min}(\%)=\frac{1}{X_{AB}}\left(\frac{\sqrt{3}}{2}\frac{E_p}{I^{I}_{op1}}-X_{Smax}\right) \tag{13-15}$$

式中：X_{AB} 为线路 $l1$ 的电抗；X_{Smax} 为系统等效电源到保护安装处的最大电抗。

图 13-7 给出了系统运行方式变化对电流速断保护的影响，当系统运行方式变化很大而使曲线②远离曲线①时，会使按最大运行方式下三相短路确定其动作电流的保护 1，在最小运行方式下没有保护范围。此时速断保护的灵敏度将降为 0。

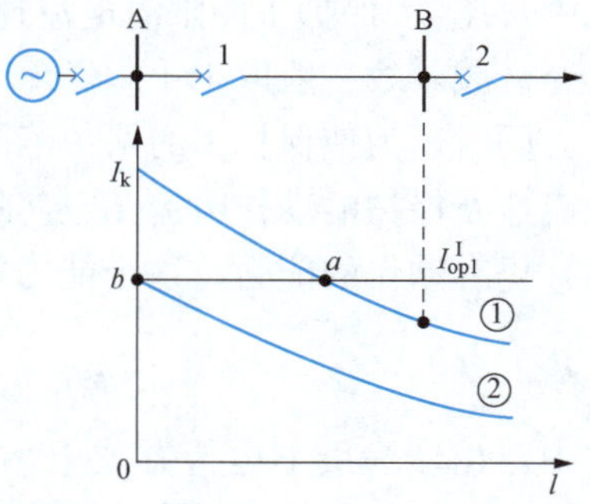

图 13-7　系统运行方式变化对电流速断保护的影响

（三）限时电流速断保护

要使图 13-6 中保护 1 的保护范围能覆盖线路 $l1$ 的全长，即保护 1 能在线路 $l1$ 末端短路时可靠动作，必须把保护 1 的动作电流降低到 $I^{(3)}_{kBmax}$ 以下［图 13-6（b）中的 N 点］。但这样保护 1 的保护范围必然要延伸到相邻的线路 $l2$ 中去，使得保护 1 在线路 $l2$ 首端发生短路时出现误动。为避免保护 1 的误动，可以采取在切除线路 $l1$ 瞬时电流速断保护范围以外的故障时，使保护带有一定时延的措施，这就是限时电流速断保护。

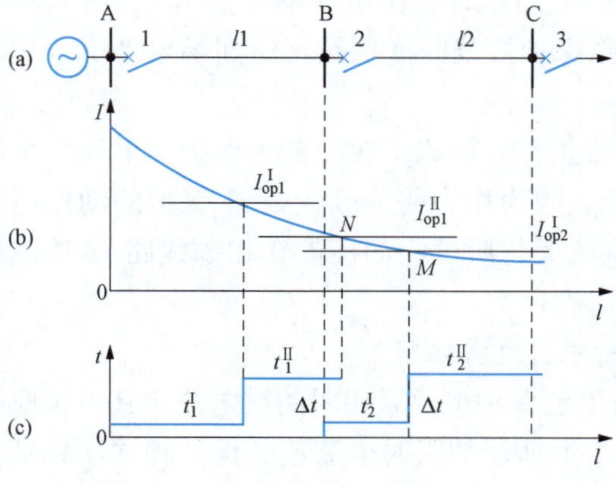

图 13-8　限时电流速断保护原理与特性图

（a）单侧电源辐射线路；（b）整定配合原理图；（c）时限特性

限时电流速断保护的工作原理可用图 13-8来说明。图中 I^{I}_{op1} 为保护 1 的瞬时速断动作电流，I^{I}_{op2} 为保护 2 的瞬时速断动作电流，其固有动作时间分别为 t^{I}_1 和 t^{I}_2。如果将保护 1 的限时电流速断保护动作电流选为 I^{II}_{op1}（上标Ⅱ表示限时电流速断保护），并将其动作时间 t^{II}_1 取得比相邻线路（线路 $l2$）瞬时速断保护的固有动作时间 t^{I}_2 大一个时限段 Δt，即取

$$t^{II}_1=t^{I}_2+\Delta t \tag{13-16}$$

这样当线路 $l1$ 的短路电流发生在 I^{I}_{op1} 到 I^{II}_{op1} 的范围内时，保护 1 将仍能动作，但其动作时间滞后于保护 2 的动作时间。也就是说，在线路 $l2$ 的首端发生短路时，故障将先由保护 2 的瞬时电流速断切除，从而避免了保护 1 的误动。

在保证选择性的前提下，为快速切除短路故障，时限段 Δt 应尽可能小。通常 Δt 可按下式确定

$$\Delta t=t_{QF}+t_{e1}+t_{e2}+\delta t$$

式中：t_{QF} 为断路器跳闸时间；t_{e1} 为本级保护动作时间的负误差；t_{e2} 为下一级保护动作时间的正误差；δt 为裕度时间。

综合以上各种因素，Δt 一般在 0.35～0.6s 范围，通常 Δt 多取为 0.5s。图 13-8（c）为限时电流速断保护的时限特性图。

应该指出，要获得选择性，保护 1 限时电流速断的保护范围不应超过相邻线路瞬时电流速断保护的范围。因此，保护 1 的限时电流速断的动作电流 $I_{op1}^{Ⅱ}$ 应按躲过相邻线路保护 2 的瞬时电流速断的动作电流 $I_{op2}^{Ⅰ}$ 来整定，即取

$$I_{op1}^{Ⅱ} = K_{rel}^{Ⅱ} I_{op2}^{Ⅰ} \tag{13-17}$$

式中：$K_{rel}^{Ⅱ}$ 为保护 1 的限时电流速断保护的可靠系数，由于此时短路电流中的非周期分量已经衰减，故一般取 1.1～1.2。

同时，为使保护 1 的保护范围在所有运行条件下都能覆盖线路 $l1$ 的全长，保护 1 限时电流速断保护的动作电流 $I_{op1}^{Ⅱ}$ 应在系统最小运行方式下线路 $l1$ 末端发生两相金属性短路时，仍有动作的能力，这个能力常用灵敏系数 K_s 来衡量，即

$$K_s = \frac{I_{kBmin}^{(2)}}{I_{op1}^{Ⅱ}} \tag{13-18}$$

式中：$I_{kBmin}^{(2)}$ 为最小运行方式下，被保护线路末端两相金属性短路时的短路电流，A；K_s 为限时速断保护的灵敏度，通常取 $K_s \geqslant 1.3$～1.5。

如果灵敏度不满足要求，可考虑与下一条线路的限时电流速断保护相配合，即 $I_{op1}^{Ⅱ} = K_{rel}^{Ⅱ} I_{op2}^{Ⅱ}$，同时为保证选择性，应将保护 1 的限时电流速断保护的动作时限选得比相邻线路保护 2 限时电流速断的动作时限大一个时限段 Δt。式（13-18）可推广至所有反应数值上升而动作的保护装置的灵敏度的计算。

限时电流速断保护的单相原理接线如图 13-9 所示。它由电流继电器 KA、时间继电器 KT 和信号继电器 KS 组成，与瞬时电流速断保护接线的区别是用时间继电器 KT 代替了原来的中间继电器 KM。

瞬时电流速断保护和限时电流速断保护联合工作，构成了线路的主保护，可保证全线路范围内的故障都能在 0.5s 内予以切除。然而，因为作为前一级线路 $l1$ 保护的动作电流要整定得比相邻的后一级线路 $l2$ 保护的动作电流大，所以它们不能在相邻线路 $l2$ 故障保护 2 失效时动作，为 $l2$ 提供后备保护。

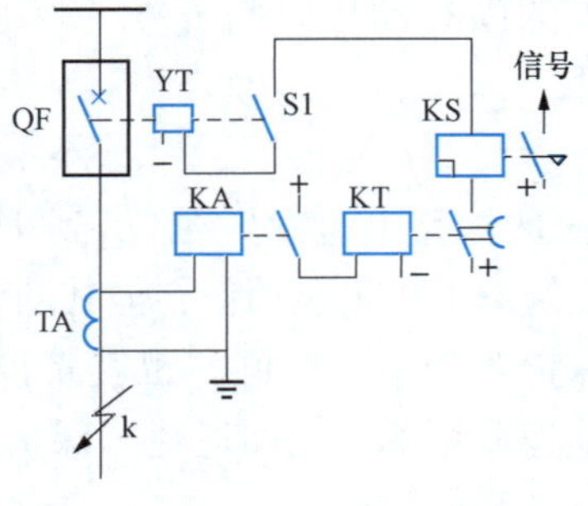

图 13-9　限时电流速断保护的单相原理接线

（四）定时限过电流保护

定时限过电流保护也要采用时间继电器，其单相原理接线与前图 13-9 所示的限时电流速断保护相同，只是其动作时限有差异。

定时限过电流保护的特点是其动作电流只需按躲过最大负荷电流来整定，所以动作电流较小，灵敏度也较高，保护的选择性则靠不同的动作时限来保证。一般情况下，它不仅能保护本线路的全长，而且还能保护相邻线路的全长，起远后备的作用。

定时限过电流保护的工作原理可用图 13-10（a）来说明。设图中保护 1～5 均装设了过电流保护，为保证在正常运行情况下过电流保护不误

动作，其动作电流 $I_{op}^{Ⅲ}$（上标Ⅲ表示定时限过电流保护）只要大于各自线路上可能出现的最大负荷电流 I_{LDmax} 即可，即

$$I_{op}^{Ⅲ} > I_{LDmax} \tag{13-19}$$

由于定时限过电流保护的启动电流远低于短路电流，当 k1 点故障时，保护 1、3 的电流继电器都要因流过短路电流而启动，当 k2 点故障时，保护 1、3、5 的电流继电器均会启动。此时保护的选择性要靠时间继电器的整定来实现。以 k1 点故障为例，虽然此时保护 1、3 的电流继电器均会启动，只需把保护 1 中时间继电器的启动时间 $t_1^{Ⅲ}$ 取得比保护 3 的时间继电器的动作时间 $t_3^{Ⅲ}$ 大出一个时限段 Δt，即取

$$t_1^{Ⅲ} = t_3^{Ⅲ} + \Delta t$$

则当保护 3 动作切除故障后，保护 1 的电流继电器就会因流过电流的减小而返回。同理，在 k2 故障时，如果取 $t_1^{Ⅲ} > t_3^{Ⅲ} > t_5^{Ⅲ}$，则在保护 5 动作切除故障后，保护 1、3 的电流继电器就会因流过电流的减小而返回，即取

$$t_3^{Ⅲ} = t_5^{Ⅲ} + \Delta t$$

应该指出，当相邻变电站有多回出线时，过电流保护的动作时限应比相邻各元件保护的动作时限至少大一个 Δt，这样才能充分保证保护的选择性。例如在 13 - 10（a）所示系统中，保护 1 应同时满足

$$t_1^{Ⅲ} = t_2^{Ⅲ} + \Delta t$$
$$t_1^{Ⅲ} = t_3^{Ⅲ} + \Delta t$$
$$t_1^{Ⅲ} = t_4^{Ⅲ} + \Delta t$$

实际计算时，$t_1^{Ⅲ}$ 应取其中最大的一个。

图 13 - 10（b）所示为定时限过电流保护装置动作时限特性图。图中各保护的动作时限从电网末端用户到电源逐级增大一个时限段 Δt，越靠近电源，动作时限越长，称为阶梯时限特性。

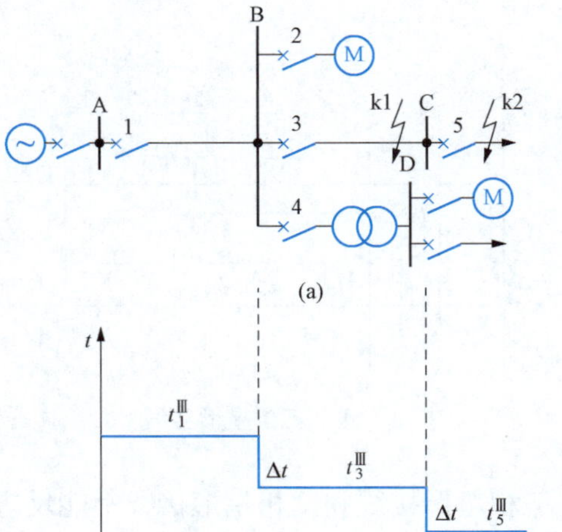

图 13 - 10 定时限过电流保护

（a）单侧电源辐射线路；（b）定时限过电流保护时限特性

需进一步说明的是，在对定时限过电流保护的动作电流进行整定时，应考虑电流继电器的返回特性。仍以图 13 - 10（a）中的 k1 故障为例，当保护 3 动作切除故障后，保护 1 的电流继电器应该返回。注意到在故障切除前，母线上所接电动机会因母线电压下降而制动，在故障切除后母线电压恢复时，电动机将有一个自启动的过程，而电动机的自启动电流要大于它正常运行时的负荷电流。电动机的自启动电流 I_{st} 与正常负荷电流 I_{LDmax} 之比可用自启动系数 K_{st} 表示，即

$$I_{st} = K_{st} I_{LDmax} \tag{13-20}$$

显然为保证选择性，保护 1 的返回电流 I_{re} 应大于电动机的自启动电流 I_{st}，即

$$I_{re} > I_{st} \tag{13-21}$$

引入大于1的可靠系数 K_{rel} 后，返回电流应为

$$I_{re} = K_{rel} I_{st} \tag{13-22}$$

将式（13-20）代入式（13-22）中，可得返回电流的表达式为

$$I_{re} = K_{rel} K_{st} I_{LDmax} \tag{13-23}$$

考虑到式（13-11）中动作电流与返回电流之间的关系，保护装置的动作电流 $I_{op1}^{Ⅲ}$ 应整定为

$$I_{op1}^{Ⅲ} = \frac{1}{K_{re}} I_{re} = \frac{K_{rel} K_{st}}{K_{re}} I_{LDmax} \tag{13-24}$$

式中：可靠系数 K_{rel} 一般取1.15～1.25；自启动系数 K_{st} 由系统接线和负荷性质决定，其数值应大于1；返回系数 K_{re} 一般取0.85。

过电流保护除可作为本线路全长的主保护或作近后备保护外，还可作为相邻线路的远后备保护，其灵敏系数的校验公式为

$$K_s = \frac{I_{kmin}^{(2)}}{I_{op1}^{Ⅲ}} \tag{13-25}$$

当过电流作为本线路近后备保护和主保护时，$I_{kmin}^{(2)}$ 应采用最小运行方式下本线路末端两相短路时的短路电流，要求 $K_s \geqslant 1.3 \sim 1.5$；当作为相邻线路的远后备保护时，$I_{kmin}^{(2)}$ 应取最小运行方式下相邻线路末端两相短路时的短路电流，要求 $K_s \geqslant 1.2$。

（五）电流保护的接线方式

电流保护的接线方式，是指电流保护中电流继电器线圈与电流互感器二次绕组间的连接方式。目前常用的有两种：三相星形接线和两相星形接线，分别如图13-11和图13-12所示。

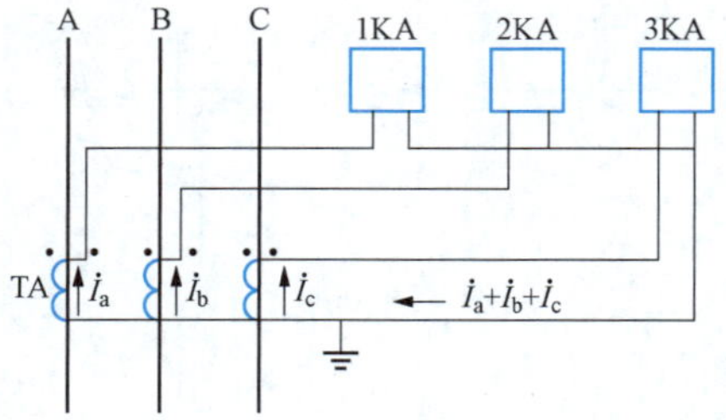

图13-11　三相星形接线

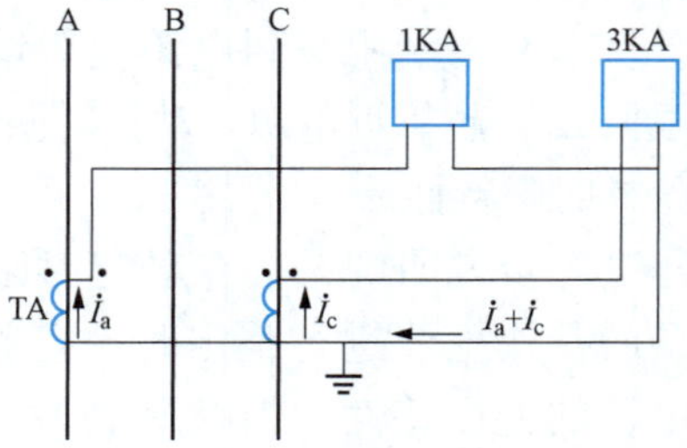

图13-12　两相星形接线

三相星形接线和两相星形接线都能反应各种相间短路故障。但如果线路发生单相接地短路，则只有三相星形接线能正确反应，因为采用两相星形接线时，B相未接互感器，不能反应B相接地电流。

由于小电流接地系统（中性点不接地或经消弧线圈接地系统），允许在单相接地时继续短时运行一段时间，为提高供电可靠性，当这种系统中发生不同地点的两点接地短路时，要求只切除一个接地故障点。图13-13所示为对小接地电流系统两点接地的分析图，两并行线路 $l2$ 和 $l3$ 保护的动作时限相等，若采用三相星形接线，则当此并行线路上发生两点接地（如图中的 k_B 和 k_C）故障时，保护一定会同时切除两条故障线路；而采用两相星形接线，则保护有2/3机会只切除一条线路，从而提高了供电的可靠性。这是两相星形

接线的优点。

当两点接地发生在串联线路（见图 13-13 中的 $l1$ 和 $l2$）上时，若采用三相星形接线，保护一定会只切除远离电源的故障点；而采用两相星形接线时，则有 1/3 机会使靠近电源的线路 $l1$ 误跳，扩大了停电范围。这是两相星形接线的缺点。

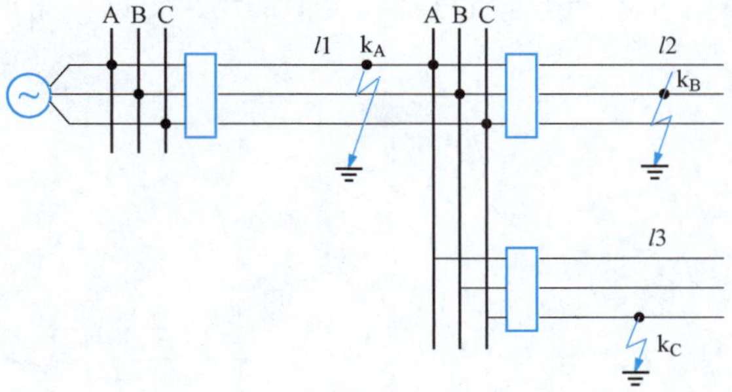

图 13-13 对小接地电流系统两点接地的分析

由以上分析可见，在大电流接地系统（中性点直接接地或经小阻抗接地系统）中，为了正确反应所有单相接地短路，一般采用三相星形接线。而对于小电流接地系统而言，采用两种接线方式各有优缺点，但通常为了节省投资，一般都采用两相星形接线。

应该指出，在小接地电流系统中，当采用过电流保护作为降压变压器和相邻线路保护的后备保护时，如采用两相星形接线，会出现灵敏度不能满足要求的情况。现以常见的 Yd11 接线变压器（设其变比 $k=1$）三角形侧 a、b 两相短路为例，来分析其两侧电流分布。由图 13-14（a）可知，当三角形侧 a、b 两相短路时，在故障点有 $\dot{I}_a=-\dot{I}_b=\dot{I}_k^{(2)}$，$\dot{I}_c=0$。参照第八章，用对称分量分解后有

$$\left.\begin{aligned}\dot{I}_{c0}&=0\\\dot{I}_{c1}&=\frac{1}{3}(a-a^2)\dot{I}_a=\mathrm{j}\frac{1}{\sqrt{3}}\dot{I}_a\\\dot{I}_{c2}&=\frac{1}{3}(a^2-a)\dot{I}_a=-\mathrm{j}\frac{1}{\sqrt{3}}\dot{I}_a\end{aligned}\right\}\tag{13-26}$$

即

$$\left.\begin{aligned}I_{a0}&=I_{b0}=I_{c0}=0\\I_{a1}&=I_{b1}=I_{c1}=\frac{1}{\sqrt{3}}I_a=\frac{1}{\sqrt{3}}I_k^{(2)}\\I_{a2}&=I_{b2}=I_{c2}=\frac{1}{\sqrt{3}}I_a=\frac{1}{\sqrt{3}}I_k^{(2)}\end{aligned}\right\}\tag{13-27}$$

据此可作出变压器三角形侧的电流相量和各序电流分量，如图 13-14（b）所示。将三角形侧的各序电流分量分别转换到星形侧，可得星形侧的序电流分量 $\dot{I}_{A1}$、$\dot{I}_{B1}$、$\dot{I}_{C1}$ 和 $\dot{I}_{A2}$、$\dot{I}_{B2}$、$\dot{I}_{C2}$，如图 13-14（c）所示。由于变压器的变比 $k=1$，所以有 $I_{A1}=I_{B1}=I_{C1}=I_{a1}$，$I_{A2}=I_{B2}=I_{C2}=I_{a2}$。将各序分量合成，即可得星形侧的各相电流为

$$\left.\begin{aligned}I_A&=I_C=I_{A1}=I_{a1}=\frac{1}{\sqrt{3}}I_k^{(2)}\\I_B&=2I_A=\frac{2}{\sqrt{3}}I_k^{(2)}\end{aligned}\right\}\tag{13-28}$$

可见，流过变压器星形侧 B 相的电流为 A 相和 C 相的两倍。分析三角形侧其他两相短路也有类似的结果，即总有一相电流为其他两相的两倍。同理，如果在星形侧发生 BC

两相短路，经分析可得到类似的结果，即三角形侧 b 相电流将为其他两相的两倍。

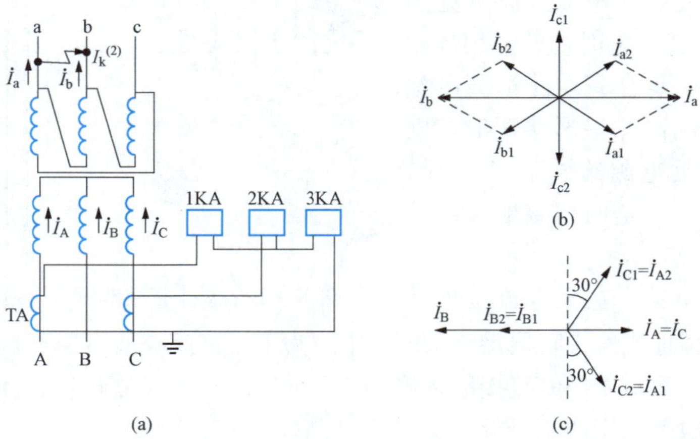

图 13-14　Yd11 接线变压器后两相短路时的电流分布

（a）接线图；（b）三角形侧电流相量图；（c）星形侧电流相量图

由以上分析可见，当 Yd 接线变压器一侧发生两相短路时，变压器另一侧的三相电流是不相等的，其中总有一相电流为其他两相的两倍。如果采用图 13-11 所示的三相星形接线，增大了的 B 相电流可以被电流继电器检测到，从而提高了保护装置的灵敏度；如果采用图 13-12 所示的两相星形接线，电流继电器将不能反应增大了的 B 相电流，因此保护装置的灵敏度将减小到一半。为此需采用图 13-14（a）所示的接线，即在两相星形接线的中性线上加接一个电流继电器 3KA，此继电器流过的电流能反应 B 相电流，从而可提高保护的灵敏度。这种接线也可称为两相三继电器接线。

（六）阶段式电流保护

瞬时电流速断保护、限时电流速断保护和定时限过电流保护都是反应于电流升高而动作的保护装置。它们各有其特点：瞬时电流速断保护能迅速切除故障线路，但不能保护线路全长；限时电流速断保护能保护线路全长，但不能作为相邻线路的后备保护；而定时限过电流保护虽然能作为相邻线路的后备保护，但如果将其作为本线路的主保护时，往往动作时限又太长，不能满足速动性的要求。因此，在实际应用时，为保证迅速而有选择性地切除故障，常常将瞬时电流速断保护、限时电流速断保护和定时限过电流保护三种保护组合在一起，构成阶段式电流保护。最常用的是三段式电流保护，即瞬时电流速断保护（Ⅰ段）和限时电流速断保护（Ⅱ段）一起作为本线路相间短路的主保护；定时限过电流保护（Ⅲ段）则作为本线路相间短路的近后备和相邻线路的远后备保护。对于靠近电源的线路，由于过电流保护动作时限太长，一般需装设三段式电流保护。对于电网的末端线路，也可只采用瞬时电流速断保护和过电流保护构成两段式电流保护。

图 13-15 给出了阶段式电流保护的配置情况，以及各点短路时的实际切除时间。图中线路 $l1$ 和 $l2$ 由于离电源较近，采用了三段式电流保护，而电网末端线路 $l3$ 采用两段式电流保护即可。此时只要断路器不拒动，故障都能在 0.5s 的时间以内被切除。

图 13-16 所示为三段式电流保护原理接线图，保护采用两相不完全星形接线。第Ⅰ段是瞬时电流速断保护，由电流继电器 1KA、2KA 和信号继电器 1KS 组成；第Ⅱ段是限时

电流速断保护，由电流继电器 3KA、4KA、时间继电器 1KT 和信号继电器 2KS 组成；第Ⅲ段是定时限过电流保护，由电流继电器 5KA、6KA、时间继电器 2KT 和信号继电器 3KS 组成。KM0 为作用于保护跳闸的出口继电器，其输出脉冲启动跳闸线圈 YT，跳开断路器 QF，切除故障。

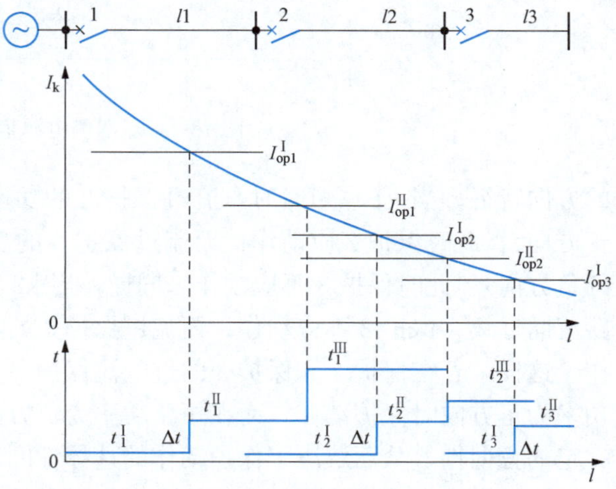

图 13-15 阶段式电流保护

二、相间短路的方向性电流保护

（一）方向性电流保护的工作原理

前面所讲的三段式电流保护是以单侧电源电力系统为基础进行分析的。在双侧电源电力系统或环形电力系统中，为提高供电的可靠性，在线路两侧都必须装设断路器和保护装置，以便在线路发生短路时，两侧断路器均能跳闸切除故障。在这种电力系统中，前面讨论的三段式电流保护便不能满足要求。

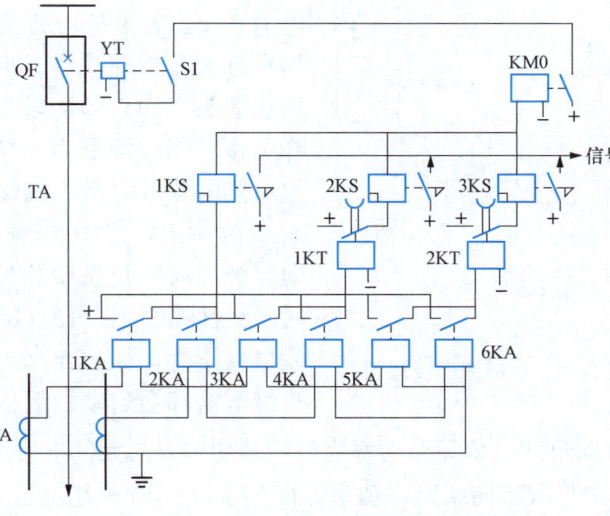

图 13-16 三段式电流保护原理接线图

下面以图 13-17 所示的双侧电源辐射形电力系统为例来进行说明。当 k1 点发生短路时，要求保护 1、2 动作切除故障，而根据选择性的要求，由 $\dot{E}_{II}$ 供给的短路电流流过 B 母线两侧的保护 2 和 3 时，应由保护 2 动作，因此必须有 $t_2<t_3$；而当 k2 点发生短路时，要求保护 3、4 动作切除故障，此时由 $\dot{E}_{I}$ 供给的短路电流流过 B 母线两侧的保护 2 和 3 时，按选择性的要求应由保护 3 动作，故必须有 $t_3<t_2$。显然对保护的这两个要求是互相矛盾的，无法同时满足。对速断保护进行分析，也会得出类似的结论。

为解决这一问题，可进一步利用在 k1 点和 k2 点短路时，流过保护 2 和保护 3 的功率

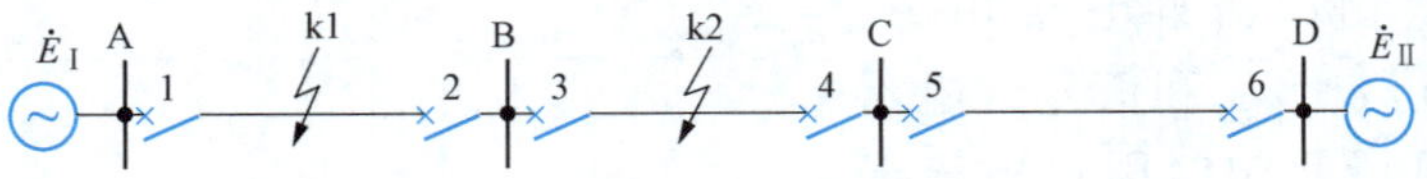

图 13-17 双侧电源辐射形电力系统

的方向特征。当 k1 点短路时，流过保护 2 的功率方向是从母线流向线路（规定为功率的正方向），此时保护 2 应动作；而流过保护 3 的功率方向是从线路流向母线（规定为功率的负方向），此时保护 3 不应动作。同样，当 k2 点短路时，流过保护 2 的功率方向为从线路流向母线，保护 2 不应动作；而流过保护 3 的功率方向是从母线流向线路，保护 3 应动作。这样，若在保护 2 和保护 3 的过电流保护上各加一方向闭锁元件，并规定只有在短路功率为正方向时保护动作，而在短路功率为负方向时保护不能动作，就可使继电保护具有一定的方向性，从而解决了保护动作的选择性问题。

这种在过电流保护基础上加装功率方向元件的保护，称为方向过电流保护。方向过电流保护主要由功率方向元件、电流元件、时间元件组成，其原理接线如图 13-18 所示，图中功率方向继电器 KP 即为方向元件。为了判定功率的方向，功率方向继电器除了要由电流互感器提供电流信号外，还应由电压互感器提供电压信号。由图可见，只有功率方向元件和电流元件都动作以后，才能去启动时间元件，再经过预定的延时后动作于跳闸。

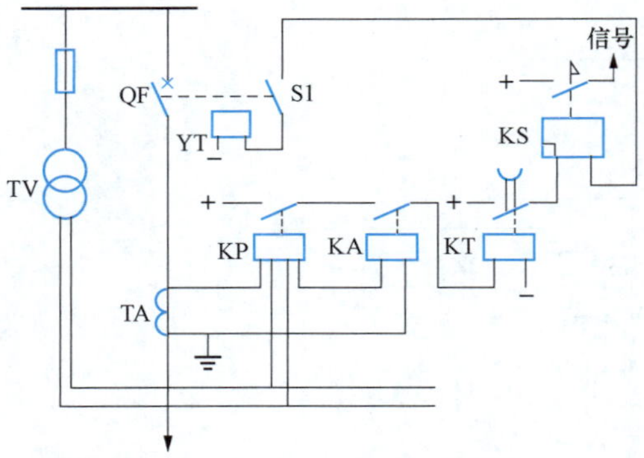

图 13-18 方向过电流保护的原理接线图

图 13-19（a）所示为一双侧电源辐射形电力系统，各保护均装设了方向过电流保护，功率方向元件在功率方向为正时动作，图中所示箭头方向，即为各保护的动作方向。这样可将双侧电源电力系统的保护拆开看成两组单侧电源电力系统的保护。其中，保护 1、3、5 为一组，保护 2、4、6 为另一组，同方向保护的时限仍按阶梯原则来整定，其保护时限特性如图 13-19（b）所示。当 BC 线路发生短路时，保护 1、2、3、4、5 和 6 的电流继电器都会启动，但保护 2 和 5 处的短路功率方向是由线路流向母线，即短路功率为负，其功率方向元件不启动；而保护 1、3、4、6 的短路功率方向是由母线流向线路，功率方向为正，其功率方向元件都会启动，按阶梯原则，有 $t_1>t_3$，$t_6>t_4$，所以保护 3 和 4 先动作跳开相应的断路器，切除短路故障，而后保护 1 和 6 返回，这样就保证了保护动作的选择性。

在多电源电力系统或环网中，按假想故障的短路电流路径，同方向的过电流保护的动作时限应按阶梯原则来整定，包括与双侧变电站母线上所有出线的保护相配合。例如图 13-19 中保护之间的时限配合关系应为 $t_1>t_3>t_5$，$t_6>t_4>t_2$，$t_1>t_7$，$t_1>t_8$，$t_4>t_7$，$t_4>t_8$，且相互之间至少相差一个 Δt。可以看出，保护 1 的动作时限要与保护 3、保护 7 和保护 8 相配合，可取其中的最大值作为保护 1 的动作时限。

（二）功率方向继电器的工作原理

在图 13-20（a）所示电力系统接线中，假定各线路的阻抗角均相等，且短路电流的

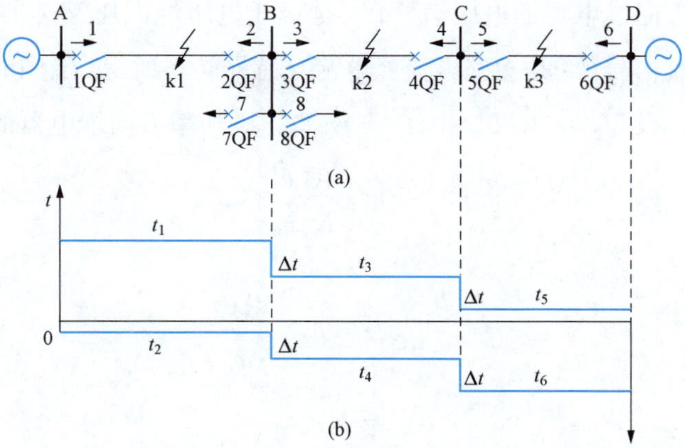

图 13-19　双侧电源辐射形电力系统及保护时限特性

(a) 电力系统接线；(b) 保护时限特性

正方向是由母线流向线路，对保护 1 而言，当正方向 k1 点发生三相短路时，电流、电压相量如图 13-20（b）所示，电流 $\dot{I}_{k1}$ 滞后电压 $\dot{U}$ 的相角为 φ_{k1}，其值为 $0° < \varphi_{k1} < 90°$，其短路功率 $P_1 = UI_{k1}\cos\varphi_{k1} > 0$，此时功率方向继电器应动作；当反方向 k2 点发生三相短路时，电流、电压相量如图 13-20（c）所示，此时如仍按规定的电流正方向来看，则 $\dot{I}_{k2}$ 滞后于电压 $\dot{U}$ 的相角是 $\varphi_{k2} = 180° + \varphi_{k1}$，其值为 $180° < \varphi_{k2} < 270°$，它的短路功率 $P_2 = UI_{k2}\cos(180° + \varphi_{k1}) < 0$，功率方向继电器不应动作。

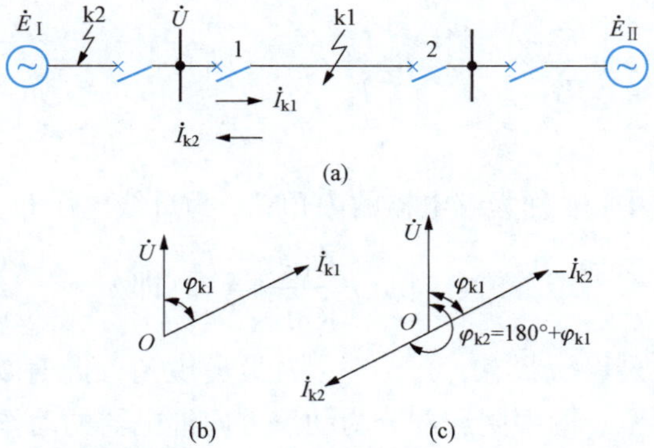

图 13-20　电网短路功率方向的分析

(a) 电网接线；(b) k1 点短路相量图；(c) k2 点短路相量图

功率方向继电器可根据引入继电器的电压信号 $\dot{U}_K$ 和电流信号 $\dot{I}_K$ 对功率 P 的输送方向进行判定。而决定功率输送方向的是 $\dot{U}_K$ 和 $\dot{I}_K$ 的夹角 φ_K。φ_K 可表示为

$$\varphi_K = \arg\frac{\dot{U}_K}{\dot{I}_K}$$

式中：$\arg\frac{\dot{U}_K}{\dot{I}_K}$ 表示复数 $\frac{\dot{U}_K}{\dot{I}_K}$ 的相角，也即电压相量超前于电流相量的角度。

由前面的分析可知：当 φ_K 为锐角时，$P>0$，说明故障点在保护的正方向；当 φ_K 为钝角时，$P<0$，说明故障点在保护的反方向。所以功率方向继电器的动作条件为

$$-90° < \arg\frac{\dot{U}_K}{\dot{I}_K} < 90° \tag{13-29}$$

其动作区如图 13-21（a）中阴影部分所示。显然当 $\varphi_K = 0$ 时，功率 P 将达到最大值，此时继电器动作最灵敏。

由于引入功率方向继电器的电压信号 $\dot{U}_K$ 是母线电压经电压互感器转换所得，输入功率方向继电器的电流信号 $\dot{I}_K$ 是短路电流经电流互感器转换所得，$\dot{U}_K$ 和 $\dot{U}$ 间以及 $\dot{I}_K$ 和 $\dot{I}_k$ 间必然存在相位差。设 $\dot{U}_K=\dot{K}_U\dot{U}$ 和 $\dot{I}_K=\dot{K}_I\dot{I}_k$，则功率方向继电器的动作条件将变为

$$-90^\circ<\arg\frac{\dot{K}_U\dot{U}}{\dot{K}_I\dot{I}_k}<90^\circ \tag{13-30}$$

分解后有

$$-90^\circ<\arg\frac{\dot{K}_U}{\dot{K}_I}+\arg\frac{\dot{U}}{\dot{I}_k}<90^\circ$$

$$\dot{K}_U=K_U\angle\alpha_U$$

$$\dot{K}_I=K_I\angle\alpha_I$$

$$\frac{\dot{K}_U}{\dot{K}_I}=\frac{K_U}{K_I}\angle(\alpha_U-\alpha_I)=\frac{K_U}{K_I}\angle\alpha$$

取 $\arg\dfrac{\dot{K}_U}{\dot{K}_I}=\alpha$，$\arg\dfrac{\dot{U}}{\dot{I}_k}=\varphi$，则有

$$-90^\circ<\alpha+\varphi<90^\circ \tag{13-31}$$

式中：α 称为继电器的内角；φ 为母线电压 $\dot{U}$ 和短路电流 $\dot{I}_k$ 间的夹角。

不难看出，当 $\arg\dfrac{\dot{K}_U\dot{U}}{\dot{K}_I\dot{I}_k}=0$，即 $\varphi_K=-\alpha$ 时，继电器输出的功率最大，称继电器工作在最灵敏状态，$\varphi_K=-\alpha$ 为最灵敏角，此时功率方向继电器的动作特性如图 13 - 21（b）所示。图中阴影部分为功率方向继电器的动作区。

由于功率方向继电器存在一最小动作电压 U_{opmin}，当保护安装附近靠近母线的一段线路发生三相短路时，反映母线电压的 U_K 将大幅度下降，如果 $U_K<U_{opmin}$，则功率方向继电器就不能正确动作。这一段区域，称为功率方向继电器的电压“死区”。为消除“死区”，功率方向继电器中一般要设置“记忆回路”，即将电压回路做成一个对 50Hz 工频的串联谐振回路，如图 13 - 22 所示。当保护安装处发生金属性三相短路，母线电压 $\dot{U}_K$ 突然降为零时，由 R、L、C 组成的串联谐振回路会继续流过 50Hz 的工频电流 $\dot{I}_R$，使引入继电器的电压 $\dot{U}_R$ 在短时间内基本上保持为故障前的幅值和相位，保证功率方向继电器能正确动作。

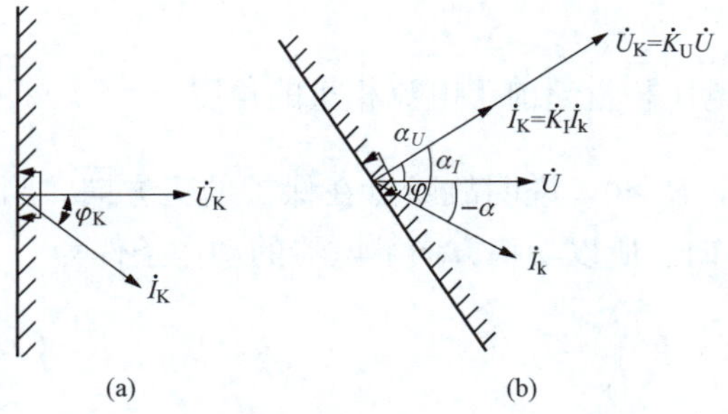

图 13 - 21　功率方向继电器的动作特性
（a）未经互感器折换时；（b）经互感器折换后

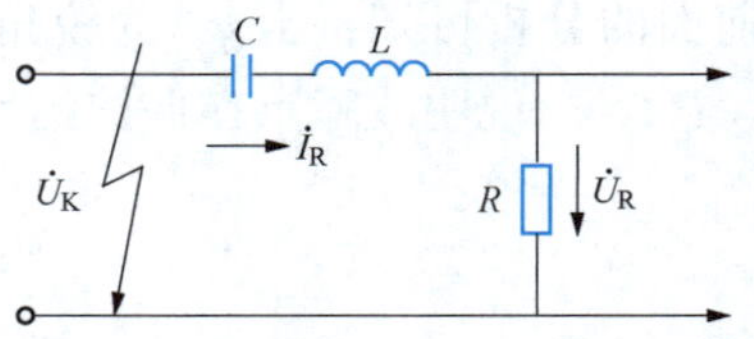

图 13 - 22　RLC 记忆回路原理接线图

三、 接地故障的电流保护

接地故障的特点是故障电流和电压中会出现零序分量，因此可利用零序分量来构成接地故障的保护。在中性点直接接地系统中，单相接地和两相接地故障均属接地短路故障。接地短路是电力系统架空线路上最常见的故障，特别是单相接地故障，约占全部线路故障的70%～90%，必须装设专门的接地保护。由于发生接地短路时零序电流的数值很大，故可利用零序电流构成动作于跳闸的接地保护。除了零序电流保护之外，反应接地短路的保护还有接地距离及纵联保护等。本节主要介绍零序电流保护。

在中性点非直接接地的系统中发生单相接地故障时，只产生很小的零序（容性）电流，在安全允许的条件下，一般可带一个接地点继续运行1～2h。因此，中性点非直接接地系统通常采用作用于信号的零序保护，以防止故障进一步扩大。

（一）中性点直接接地系统接地短路的特点

在图13-23（a）所示的系统中性点直接接地系统中，当k点发生单相接地时，其零序等效网络如图13-23（b）所示。零序电流可看成是由接地故障点的零序电压$\dot{U}_{k0}$提供，经变压器接地的中性点构成回路。零序电流的参考正方向仍以由母线流向故障点为正，而零序电压的参考正方向是由线路指向大地为正。根据规定的正方向，可以画出$\dot{U}_{k0}$与$\dot{I}_0$的相量图，如图13-23（c）所示，$\dot{I}_{1.0}$和$\dot{I}_{2.0}$将超前$\dot{U}_{k0}$ 90°。当计及回路电阻时，如取零序阻抗角$\varphi_{k0}=80°$，则电流与电压的关系如图13-23（d）所示，此时$\dot{I}_{1.0}$和$\dot{I}_{2.0}$超前$\dot{U}_{k0}$ 100°。

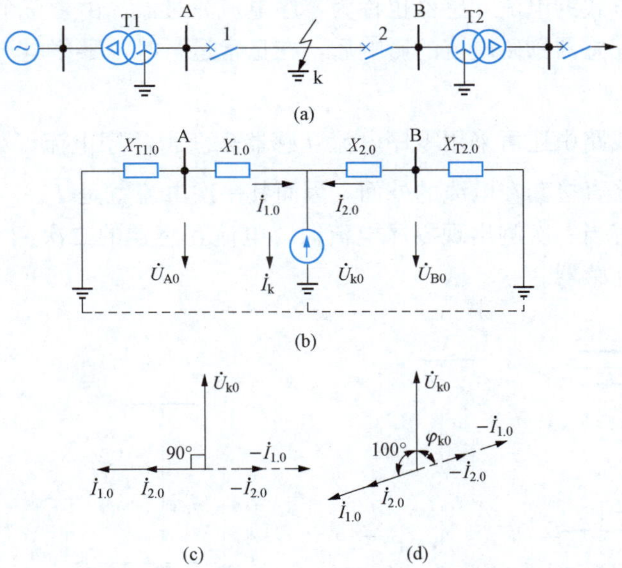

图13-23 单相接地短路时零序分量特点

（a）系统接线；（b）零序等效网络；（c）不计电阻时的相量图；（d）计及电阻时的相量图

由以上分析可见，零序分量有以下特点。

（1）故障点的零序电压最高，变压器中性点接地处零序电压为零。

（2）零序电流是由故障点处的零序电压 $\dot{U}_{k0}$ 提供的。零序电流的大小和分布主要决定于变压器的零序阻抗，亦即决定于中性点接地变压器的数目和分布。如果变压器 T2 不接地，则 $I_{2.0}=0$。

（3）当电力系统运行方式变化时，若线路和中性点接地的变压器数目不变，则零序阻抗和零序网络就不变。但由于系统的正序阻抗 $Z_{1\Sigma}$ 和负序阻抗 $Z_{2\Sigma}$ 会随运行方式的变化而变化，从而改变各序电压 $\dot{U}_{k1}$、$\dot{U}_{k2}$、$\dot{U}_{k0}$ 之间的电压分配，因而将间接影响零序电流分量的大小。

（4）故障线路两端零序功率的方向与正序功率方向正好相反，正序功率方向是由母线指向故障点，而零序功率的方向实际上都是由线路指向母线的。

（二）零序电压和零序电流的获取

零序电压通常可从 3 台三绕组电压互感器或 1 台三相五柱式三绕组电压互感器中接成开口三角形的第 3 绕组的开口处获得，如图 13 - 24（a）所示。开口三角形的输出电压 $\dot{U}_{mn}$ 为

$$\dot{U}_{mn}=\dot{U}_a+\dot{U}_b+\dot{U}_c=3\dot{U}_0$$

此外，零序电压也可从接在发电机或变压器中性点的电压互感器的二次侧获取，如图 13 - 24（b）所示。

零序电流通常可由三相电流互感器获取，其连接方式如图 13 - 25（a）所示。此时流入继电器的电流 $\dot{I}_K$ 为三相电流之和。由于正序或负序分量电流的三相之和等于零，故只有零序电流流过继电器，即

$$\dot{I}_K=\dot{I}_a+\dot{I}_b+\dot{I}_c=3\dot{I}_0$$

因而采用这种接线方式的电流互感器也称为零序电流滤过器。由于三个电流互感器励磁特性不同，计及电流互感器励磁电流的影响后，在正常运行时，零序电流滤过器会输出一个不平衡电流 $\dot{I}_{dsp}$。

此外，在电缆线路中还可采用零序电流互感器来获得零序电流，如图 13 - 25（b）所示。由于电流互感器直接套在电缆的外面，因而其一次电流就是 $\dot{I}_A+\dot{I}_B+\dot{I}_C$，在正常运行时其值为零，只有当一次侧出现零序电流时，电流互感器的二次侧才会输出零序电流，故称它为零序电流互感器。

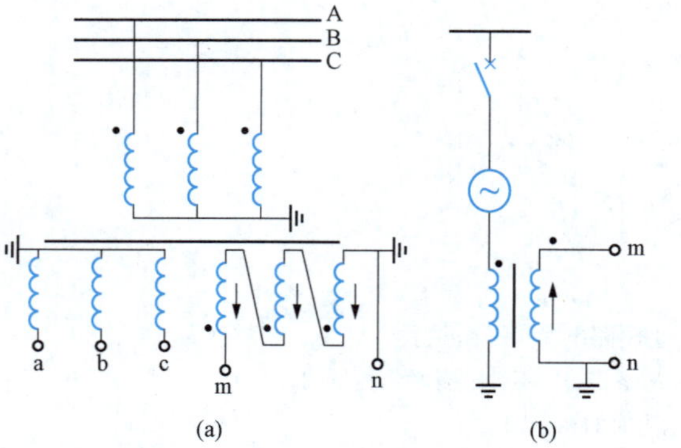

图 13 - 24　取得零序电压的接线图

（a）三相五柱式电压互感器；（b）接于发电机中性点的电压互感器

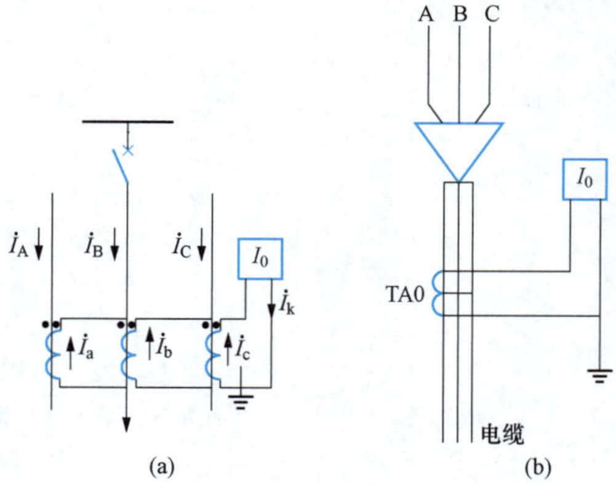

图 13 - 25　取得零序电流的接线图

（a）零序电流滤过器；（b）零序电流互感器接线图

（三）中性点直接接地系统的零序电流保护

与相间短路电流保护类似，中性点直接接地系统通常也采用三段式零序电流保护作为接地故障的保护，即采用瞬时零序电流速断保护作为Ⅰ段，限时零序电流速断保护作为Ⅱ段，零序过电流保护作为Ⅲ段。图 13 - 26 所示三段式零序电流保护的原理接线图。图中 3 个电流互感器构成零序电流滤过器 ZA0，输出的零序电流分别接入反应Ⅰ段、Ⅱ段和Ⅲ段的 3 个零序电流继电器 1KA、2KA、3KA。

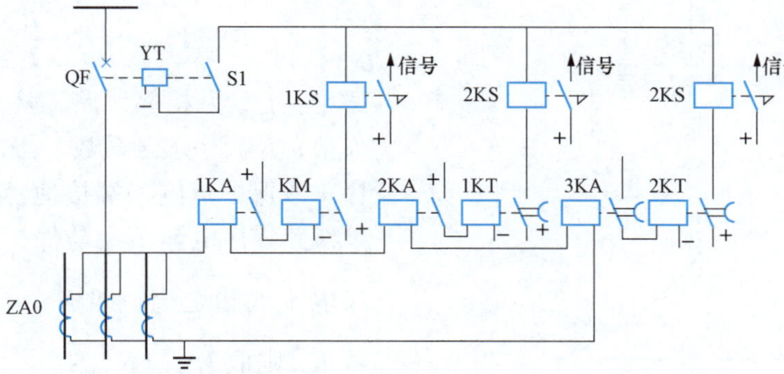

图 13 - 26　三段式零序电流保护

1. 瞬时零序电流速断保护

瞬时零序电流速断保护的工作原理与相间速断保护相似。在发生单相或两相接地时，可以求出零序电流 $3I_0$ 随线路长度 l 的变化曲线，然后再进行整定计算。

瞬时零序电流速断保护的动作电流 I_{0op}^{I} 的整定原则如下：

（1）躲过下一条线路出口处单相或两相接地短路时，流过保护的最大零序电流 $3I_{0max}$，引入可靠系数 K_{rel}（一般取为 1.2～1.3）后可得

$$I_{0op}^{\mathrm{I}} = K_{rel} \cdot 3I_{0max} \tag{13-32}$$

（2）躲过断路器三相触头非同期合闸时，流过保护的最大零序电流 $3I_{0ust}$，引入可靠系数 K_{rel}（一般取 1.1～1.2）后可得

$$I_{0op}^{\mathrm{I}} = K_{rel} \cdot 3I_{0ust} \tag{13-33}$$

如果保护动作时间大于断路器三相非同期合闸的时间，则可以不考虑这个整定条件。

（3）当线路采用单相自动重合闸时，保护还应躲过在非全相运行过程中出现振荡时的零序电流 $3I_{02hd}$，引入可靠系数 K_{rel}（一般取 1.1～1.2）后可得

$$I_{0op}^{\mathrm{I}} = K_{rel} \cdot 3I_{02hd} \tag{13-34}$$

在装有综合重合闸的线路上，常常设置两个零序Ⅰ段保护：一个是灵敏Ⅰ段，其动作电流按式（13 - 32）或式（13 - 33）计算的最大值整定。但按此原则整定的灵敏Ⅰ段不能躲过非全相振荡时出现的零序电流 I_{02hd}。因此，在单相重合闸启动时，要将其自动闭锁，待恢复全相运行时才重新投入。另一个是按式（13 - 34）整定的不灵敏Ⅰ段，专门用于非全相运行时的接地保护。

2. 限时零序电流速断保护

限时零序电流速断保护的原理也与相间短路的限时电流速断保护相似。其动作电流的整定应与下一条线路的零序Ⅰ段相配合。但当两个保护之间的变电站母线上接有中性点接

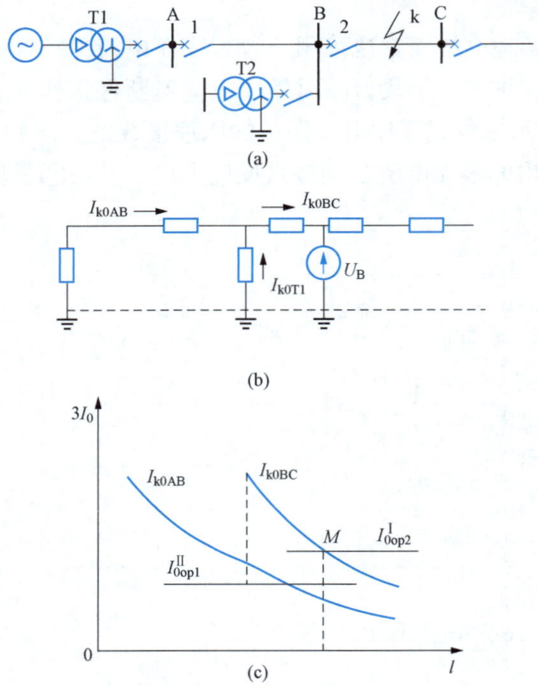

图 13-27　零序Ⅱ段动作电流计算

（a）系统接线图；（b）零序等效网络；（c）零序电流变化曲线

地变压器时，应该考虑此变压器对零序电流分布的影响。以图 13-27（a）所示系统为例，其零序网络图如图 13-27（b）所示，可见由于母线变压器分支电路的存在，保护 1 和保护 2 将具有不同的电流变化曲线，如图 13-27（c）所示。此时保护 1 的零序Ⅱ段动作电流 I^{II}_{0op1} 应整定为

$$I^{II}_{0op1}=K_{rel}\frac{I^{I}_{0op2}}{K_{0b}} \qquad (13-35)$$

式中：I^{I}_{0op2} 为相邻线路零序Ⅰ段保护的动作值；K_{0b} 为分支系数，等于相邻线路零序Ⅰ段保护范围末端接地短路时，流过故障线路零序电流 I_{k0BC} 与保护所在线路的零序电流 I_{k0AB} 之比，即 $K_{0b}=\frac{I_{k0BC}}{I_{k0AB}}$；可靠系数 K_{rel} 则取为 1.1～1.2。

保护的动作时限则为

$$t^{II}_{01}=t^{I}_{02}+\Delta t=0.5(s)$$

零序Ⅱ段的灵敏系数，应按本线路末端接地短路时的最小零序电流来校验，要求 $K_s\geqslant$1.3～1.5。

3. 零序过电流保护

零序过电流保护一般也用作后备保护，其工作原理与相间短路的过电流保护相同。其动作电流 I^{III}_{0op} 的整定原则如下：

（1）躲过相邻线路出口处发生三相短路时，流过保护的最大不平衡电流 $I_{dsp,max}$，引入可靠系数 K_{rel}（一般取为 1.2～1.3）后，整定为

$$I^{III}_{0op}=K_{rel}I_{dsp,max} \qquad (13-36)$$

（2）各级零序Ⅲ段保护之间在灵敏度上要逐级配合。具体而言，就是本线路上零序Ⅲ段的保护范围，不能超出相邻线路上零序Ⅲ段的保护范围。当两个保护之间有分支电路时，保护的动作电流应参照图 13-27 的分析，整定为

$$I^{III}_{0op1}=\frac{K_{rel}}{K_{0b}}I^{III}_{0op2} \qquad (13-37)$$

式中：K_{rel} 为可靠系数，一般取 1.1～1.2；K_{0b} 为分支系数，表示在相邻线路零序Ⅲ段保护范围的末端发生接地短路时，流过故障线路的零序电流与流过本保护装置的零序电流之比。

当用作远后备保护时，零序Ⅲ段保护的灵敏度应按相邻线路末端接地短路时，流过保护的最小零序电流来校验，要求 $K_s\geqslant$1.2（应考虑分支电路的影响）。当用作近后备保护时，零序Ⅲ段保护的灵敏度应按本线路末端接地短路时，流过保护的最小零序电流来校验，要求 $K_s\geqslant$1.3～1.5。

零序Ⅲ段保护的动作时限也应按阶梯原则来整定，如图 13-28 所示。安装在变压器

T2 的零序过电流保护 3 可以是无延时的，因为在 T2 低压侧接地短路时，高压侧无零序电流。为便于比较，图中还画出了相间短路过电流保护的时限特性。由图可见，同一线路上，零序Ⅲ段保护的动作时限小于相间短路过电流Ⅲ段保护的动作时限。这是零序过电流保护的一大优点。

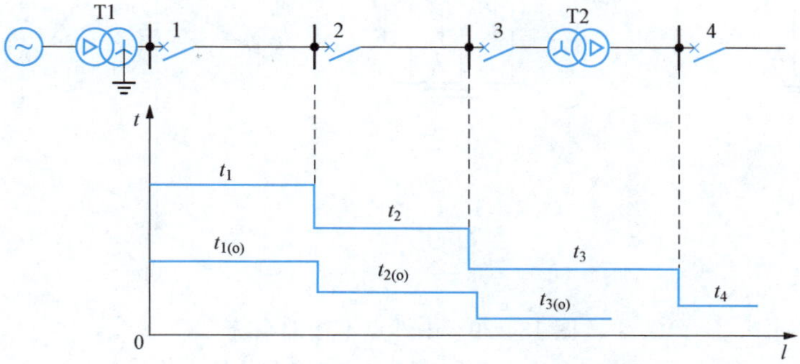

图 13-28 零序过电流保护时限特性

需要指出的是，在大电流接地系统中，如果线路两侧都有中性点接地变压器，为保证零序电流保护动作的选择性，需加装零序功率方向元件构成零序方向电流保护。

（四）中性点不接地系统的单相接地故障保护

首先分析中性点不接地系统单相接地故障的特点。

图 13-29（a）所示为一简单中性点不接地系统，为分析方便，忽略电源和线路上的压降。在正常情况下，三相电压是对称的，电网各相的对地部分电容为 C_0，各相产生的三相电容电流也是对称的，并超前相电压 90°。当 A 相发生单相接地故障时，A 相对地电压变为零，各相对地电压和零序电压分别为

$$\left.\begin{aligned}\dot{U}_{kA} &= 0\\ \dot{U}_{kB} &= \dot{E}_B - \dot{E}_A = \sqrt{3}\dot{E}_A e^{-j150^\circ}\\ \dot{U}_{kC} &= \dot{E}_C - \dot{E}_A = \sqrt{3}\dot{E}_A e^{j150^\circ}\end{aligned}\right\} \tag{13-38}$$

$$\dot{U}_0 = \frac{1}{3}(\dot{U}_{kA} + \dot{U}_{kB} + \dot{U}_{kC}) = -\dot{E}_A \tag{13-39}$$

式（13-38）说明，A 相接地后，非故障相即 B 相和 C 相的对地电压升高$\sqrt{3}$倍，对地电流也相应增大$\sqrt{3}$倍，其相量关系如图 13-29（b）所示。

非故障相中对地电容电流为

$$\left.\begin{aligned}\dot{I}_B &= j\omega C_0 \dot{U}_{kB} = \sqrt{3}\dot{E}_A e^{-j150^\circ} j\omega C_0\\ \dot{I}_C &= j\omega C_0 \dot{U}_{kC} = \sqrt{3}\dot{E}_A e^{j150^\circ} j\omega C_0\end{aligned}\right\} \tag{13-40}$$

流向故障点的电流，即零序电容电流为

$$3\dot{I}_0 = \dot{I}_B + \dot{I}_C = j\omega C_0(\dot{U}_{kB} + \dot{U}_{kC}) = j3\dot{U}_0 \omega C_0 \tag{13-41}$$

图 13-30 所示为一有多条线路及发电机的中性点不接地的系统，线路 $l1$、$l2$ 和发电机的各相对地电容分别为 C_{01}、C_{02} 和 C_{0g}（此处下标 1、2 分别表示线路 1 和线路 2）。当线路 $l2$ 上 k 点发生 A 相接地后，如果忽略负荷电流和电容电流在阻抗上产生的电压降系统

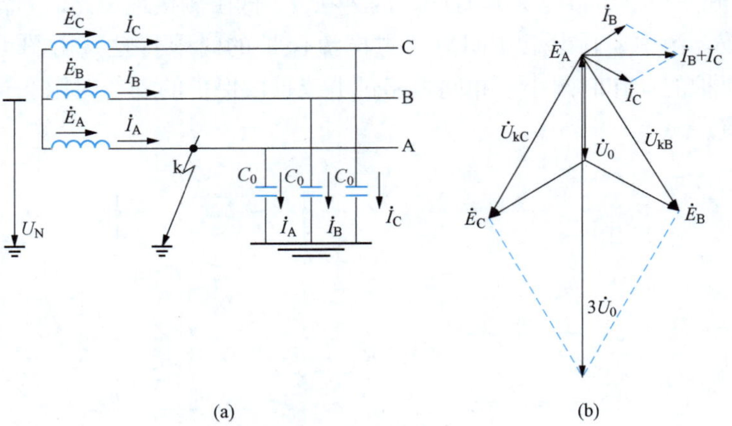

图 13-29　中性点不接地系统

（a）系统接线；（b）A 相接地相量图

中 A 相电容被短接，全系统 A 相对地电压、对地电容电流均为零。此时的电容电流分布，如图 13-30 所示。

由图 13-30，参照式（13-41）可得非故障线路 $l1$ 保护安装处所反应的零序电流

$$3\dot{I}_{01}=\dot{I}_{B1}+\dot{I}_{C1}=j3\dot{U}_0\omega C_{01} \tag{13-42}$$

发电机保护安装处流过的零序电容电流为

$$3\dot{I}_{0g}=\dot{I}_{Bg}+\dot{I}_{Cg}=j3\dot{U}_0\omega C_{0g} \tag{13-43}$$

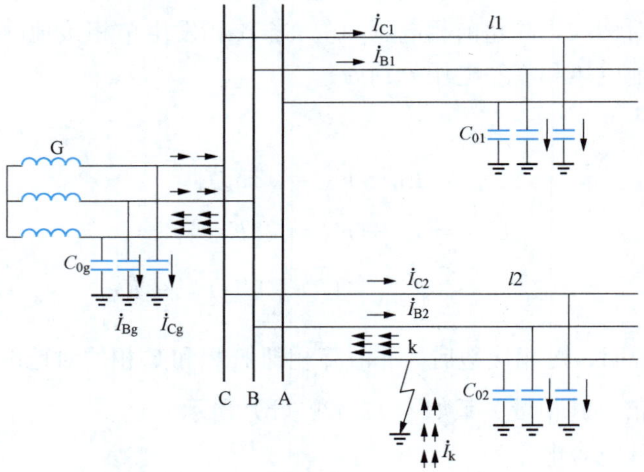

图 13-30　中性点不接地系统的单相接地短路

假定容性无功功率正方向的规定仍为由母线流向线路，则可得流过故障线路 $l2$ 的保护安装处的零序电容性电流为

$$\begin{aligned}3\dot{I}_{02}&=-(\dot{I}_{B1}+\dot{I}_{C1}+\dot{I}_{Bg}+\dot{I}_{Cg})\\&=-j3\dot{U}_0\omega(C_{01}+C_{0g})\end{aligned}$$

流过故障线路 $l2$ 的保护安装处的零序电流有效值则为

$$3I_{02}=3U_0\omega(C_{0\Sigma}-C_{02})=3U_p\omega(C_{0\Sigma}-C_{02}) \tag{13-44}$$

式中：$C_{0\Sigma}$为全系统每相对地电容的总和，F；U_0 的值等于相电压的值 U_p，V。

综上所述，可得出以下结论。

(1) 发生单相接地时，全系统均会出现零序电压和零序电流。

(2) 流过非故障元件保护安装处的零序电流的大小等于该线路本身的对地电容电流，容性无功功率的方向为由母线流向线路。

(3) 流过故障线路保护安装处的零序电流为全系统非故障元件的对地电容电流之和，容性无功功率的方向为由线路流向母线。

利用以上结论，可以构成中性点不接地系统的单相接地故障保护，如绝缘监视装置、零序电流保护和零序功率方向保护。

1. 绝缘监视装置

中性点不接地系统正常运行时无零序电压，一旦发生单相接地故障时，全系统出现零序电压。因此，可利用有无零序电压来构成无选择性的绝缘监视装置。

图 13-31 所示为绝缘监视装置原理接线图。母线上装设 1 台三相五柱式电压互感器，在其开口三角形一侧接入 1 个过电压继电器 KV，当发生接地故障出现零序电压时，继电器动作于信号；在互感器的星形接线的二次侧接入 3 只电压表，用以测量各相对地电压，在故障时可据其读数判断接地故障的相别。如要查找故障线路，还需运行人员依次短时断开各条线路，再根据零序电压信号是否消失来确定出故障线路。

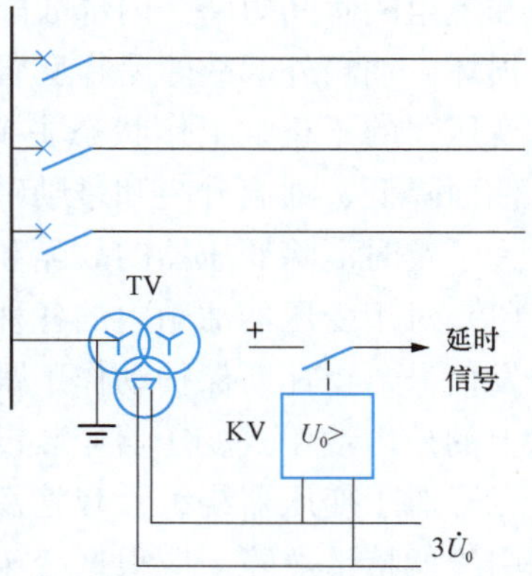

图 13-31 绝缘监视装置原理接线图

2. 零序电流保护

零序电流保护是利用故障线路零序电流大于非故障线路零序电流的特点，构成有选择性的保护。根据实际需要，保护可动作于跳闸，也可动作于发信号。

保护装置的动作电流 I_{0op} 应躲过单相接地时流过非故障相线路保护的零序电容电流，即

$$I_{0op}=K_{rel}\cdot 3\omega C_0U_p \tag{13-45}$$

式中：可靠系数 K_{rel} 在瞬时动作时取 4～5，延时动作时取 2；C_0 为被保护线路的对地电容，F。

保护的灵敏度按被保护线路发生单相接地故障时，流过该保护的最小零序电流 I_{0min} 来校验，即

$$K_s=\frac{3I_{0min}}{I_{0op}}=\frac{3U_p\omega(C_{0\Sigma}-C_0)}{K_{rel}\cdot 3\omega C_0U_p}=\frac{C_{0\Sigma}-C_0}{C_0}\geqslant 1.25\sim 1.5 \tag{13-46}$$

式中：$C_{0\Sigma}$为系统在最小运行方式下，各线路每相对地电容之和，F。

很明显，只有当出线较多且全系统的电容电流较大时，才能保证灵敏度。

3. 零序功率方向保护

由式（13-46）可知，在出线较少的情况下，零序电流保护的灵敏度很难满足要求。

这时要利用故障线路和非故障线路零序功率方向的不同，构成有选择性的零序方向保护。

电力系统中性点接地方式还有经消弧线圈接地、经高电阻接地等，这两种接地方式的系统中发生单相接地故障时的特点及相应的保护方式，将于后续课程中介绍。

第三节 电力变压器的继电保护

电力变压器是电力系统中的重要电气设备，变压器的故障会对供电可靠性和系统的正常运行带来严重影响。同时由于变压器的价格十分昂贵，所以，必须根据变压器的容量和重要程度装设性能良好、工作可靠的继电保护装置。

一、 变压器的常见故障和不正常工作状态

变压器的故障可分为油箱内和油箱外两种。油箱内部故障包括绕组的相间短路、接地短路和绕组的匝间短路。内部故障产生的电弧会引起火灾甚至使油箱爆炸，使变压器发生严重损坏。油箱外部故障是指套管及引线上产生的各种相间及接地短路。

变压器的不正常工作状态主要有外部短路引起的过电流及中性点过电压、三相过负荷、油面降低、油温升高和过励磁等。

为了及时消除变压器的故障和不正常工作状态，变压器应装设下述保护。

（1）对于变压器油箱内的各种短路故障和油面降低，应装设瓦斯保护。轻瓦斯保护动作于发信号，重瓦斯保护动作于跳闸。800kV·A 及以上的户外油浸式变压器和 400kV·A 以上的户内油浸式变压器应装设瓦斯保护。

（2）对于变压器绕组、套管及引出线上的相间故障，以及中性点直接接地系统一侧绕组和引线的接地故障，应根据变压器容量的大小不同装设纵差动保护或电流速断保护。

（3）对于外部相间短路引起的变压器过电流以及作为瓦斯保护和差动保护的后备保护，应装设过电流保护。过电流保护常见的有低电压启动过电流保护、复合电压启动过电流保护以及负序过电流保护等。

（4）对于中性点直接接地系统的外部接地短路，应装设零序电流保护。

（5）对于对称过负荷，应装设反应一相电流的过负荷保护。

（6）对于高压侧电压为 500kV 及以上的变压器，为防止频率降低和电压升高所引起的变压器励磁电流的升高，应装设过励磁保护。

以下重点介绍变压器的纵差动保护。

二、 纵差动保护的基本原理

纵差动保护是通过比较被保护元件两侧电流的大小和相位来实现的。现以图 13 - 32 所示双侧电源供电的短线路为例，简要说明纵差动保护的基本原理。

设线路两端装设特性及变比完全相同的电流互感器，两侧电流互感器一次回路的正极性均放在母线的一侧，将二次回路的同极性端子相连接（标“·”号为正极性）后，在电流互感器的二次端子上接入差动继电器 KD。

当正常运行及保护范围外部故障［见图 13 - 32（a）中 k1 点短路］时，流过两侧电流

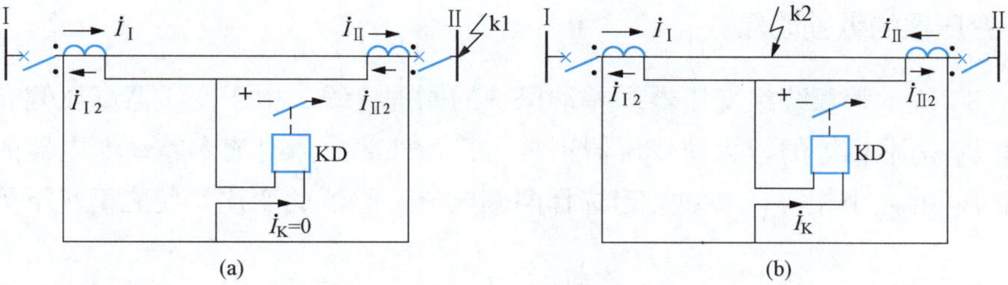

图 13-32 纵差动保护原理接线图

(a) 正常运行及外部故障；(b) 内部故障

互感器一次侧的两个电流相等，即 $\dot{I}_{\mathrm{I}}=\dot{I}_{\mathrm{II}}$。假定两侧电流互感器变比相同（均为 k_{TA}），在忽略互感器的励磁电流的理想情况下，二次侧的两个电流 $\dot{I}_{\mathrm{I}2}$ 和 $\dot{I}_{\mathrm{II}2}$ 大小相等，此时流入差动继电器 KD 的电流为零，即

$$\dot{I}_{\mathrm{K}}=\dot{I}_{\mathrm{I}2}-\dot{I}_{\mathrm{II}2}=\frac{1}{k_{\mathrm{TA}}}(\dot{I}_{\mathrm{I}}-\dot{I}_{\mathrm{II}})=0$$

当线路内部故障时［见图 13-32（b）中 k2 点短路］时，流入继电器的电流为

$$\dot{I}_{\mathrm{K}}=\dot{I}_{\mathrm{I}2}+\dot{I}_{\mathrm{II}2}=\frac{\dot{I}_{\mathrm{k}2}}{k_{\mathrm{TA}}}$$

式中：$\dot{I}_{\mathrm{k}2}$ 为短路点的总电流。

当 $I_{\mathrm{K}}\geqslant I_{\mathrm{op}}$时，差动继电器 KD 立即动作，跳开线路两侧断路器。

实际上，由于电流互感器总会存在励磁电流 I_{m}，且两侧电流互感器的励磁特性不可能完全相同，所以在正常运行及外部故障时，流过差动继电器的电流不为零，而是一个不平衡电流 I_{dsp}。图 13-33（a）所示为电流互感器的等效电路。由图可知电流互感器二次侧电流应为

$$\left.\begin{aligned}\dot{I}_{\mathrm{I}2}&=\frac{1}{k_{\mathrm{TA}}}(\dot{I}_{\mathrm{I}}-\dot{I}_{\mathrm{Im}})\\\dot{I}_{\mathrm{II}2}&=\frac{1}{k_{\mathrm{TA}}}(\dot{I}_{\mathrm{II}}-\dot{I}_{\mathrm{IIm}})\end{aligned}\right\}\tag{13-47}$$

式中：$\dot{I}_{\mathrm{Im}}$ 和 $\dot{I}_{\mathrm{IIm}}$ 分别为两侧电流互感器的励磁电流，A。

在正常运行及外部故障时，由于 $\dot{I}_{\mathrm{I}}=\dot{I}_{\mathrm{II}}$，不平衡电流 $\dot{I}_{\mathrm{dsp}}$ 为

$$\dot{I}_{\mathrm{dsp}}=\dot{I}_{\mathrm{I}2}-\dot{I}_{\mathrm{II}2}=-\frac{1}{k_{\mathrm{TA}}}(\dot{I}_{\mathrm{Im}}-\dot{I}_{\mathrm{IIm}})\tag{13-48}$$

由式（13-48）可看出，不平衡电流 $\dot{I}_{\mathrm{dsp}}$ 实际上反映了两侧电流互感器的励磁电流之差。图 13-33（b）所示为两个特性不一致的电流互感器的 $I_2=f$（I_1）特性曲线和由它所产生的不平衡电流 I_{dsp}的变化曲线。

为了保证纵差动保护动作的选择性，差动继电器的动作电流必须躲过外部短路时出现的最大不平衡电流。不平衡电流的存在会使继电器的动作电流增大，降低内部故障时纵差动保护的灵敏度，因此尽量减小不平衡电流是所有差动保护必须解决的问题。

在电力系统中，纵差动保护主要用作变压器内部相间故障的主保护。

三、 变压器的纵差动保护

图 13-34 所示为双绕组变压器纵差动保护的原理接线。由于变压器高压侧和低压侧的电流 $I_{Ⅰ1}$和 $I_{Ⅱ1}$是不相等的，为使变压器正常运行及外部故障时流入差动继电器的两个二次电流 $I_{Ⅰ2}$和 $I_{Ⅱ2}$的大小相等，必须适当选择两侧电流互感器的变比，使之满足下列条件

$$\left.\begin{aligned} I_{Ⅰ2} &= \frac{I_{Ⅰ1}}{k_{ⅠTA}} \\ I_{Ⅱ2} &= \frac{I_{Ⅱ1}}{k_{ⅡTA}} \\ I_{Ⅰ2} &= I_{Ⅱ2} \end{aligned}\right\} \tag{13-49}$$

式中：$k_{ⅠTA}$为高压侧电流互感器的变比；$k_{ⅡTA}$为低压侧电流互感器的变比。

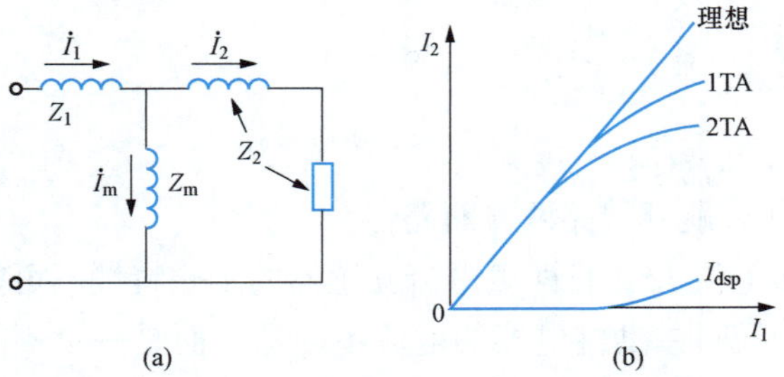

图 13-33 电流互感器的等效电路及特性曲线

（a）等效电路；（b）特性曲线 $I_2=f(I_1)$

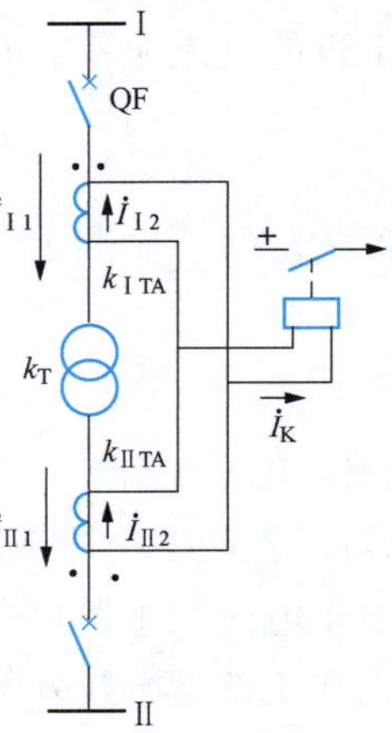

图 13-34 变压器纵差动保护原理接线图

设变压器的变比为 k_T，则有

$$k_T = \frac{I_{Ⅱ1}}{I_{Ⅰ1}} = \frac{k_{ⅡTA}}{k_{ⅠTA}} \tag{13-50}$$

可见，要使变压器纵差动保护能正确工作，必须使两侧电流互感器变比的比值等于变压器的变比 k_T。

变压器的纵差动保护同样需要躲过在正常运行及外部短路时各种因素造成的不平衡电流。下面分析不平衡电流产生的原因及防止其对纵差动保护影响的方法。

1. 变压器励磁涌流造成的不平衡电流

由于变压器的励磁电流 I_m 只流经变压器接通电源一侧的绕组，因此，在差动回路中不能被平衡。正常运行时，变压器的励磁电流很小，一般不超过额定电流的 2%～10%。但当变压器空载投入或外部故障切除后电压恢复时，会出现数值很大的励磁电流，其数值可达额定电流的 6～10 倍，故称为励磁涌流，励磁涌流的产生如图 13-35 所示。

在正常情况下，变压器铁心中的磁通 $\dot{\Phi}$ 落后于电压 $\dot{U}$ 90°。如图 13-35（a）所示，如果变压器正好在电压 $u=0$ 时空载合闸，与之相应，铁心中的磁通应为 $-\Phi_m$。由磁链守恒

定律，铁心的磁通不能突变，因而铁心中会出现一个非周期分量的磁通 Φ_m 与 $-\Phi_m$ 相平衡。这样经过半个周期之后，铁心中的磁通就达到 $2\Phi_m$，考虑到变压器剩磁 Φ_{res} 的存在，总磁通 Φ_Σ 将为 $2\Phi_m+\Phi_{res}$。此时变压器的铁心将严重饱和，励磁电流将由正常时的 I_{m1} 剧烈增大成为励磁涌流 I_{m2}，如图 13-35（b）所示。励磁涌流的大小和衰减时间，与外加电压的相位、铁心中的剩磁 Φ_{res}、电源容量及变压器的容量大小等都有关系。如果正好在 $u=U_{max}$ 时合闸，就不会出现励磁涌流。对于三相变压器来说，至少有两相会在空载合闸时出现励磁涌流。图 13-35（c）、（d）所示分别为励磁涌流的波形图和间断角。

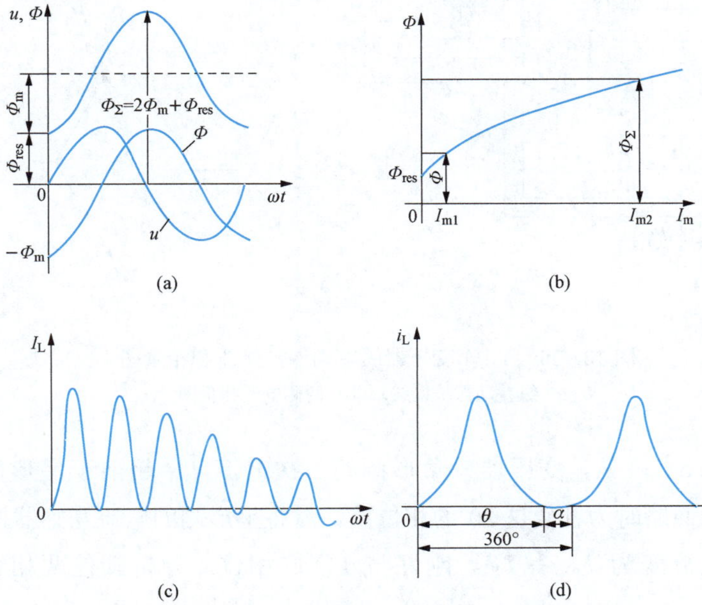

图 13-35 变压器励磁涌流的产生说明图

（a）$u=0$ 空载合闸时的磁通与电压的关系；（b）铁心磁化曲线；

（c）励磁涌流的波形；（d）励磁涌流的间断角

分析图 13-35（c）和（d）可见，励磁涌流具有如下特点：

（1）励磁涌流中含很大的非周期分量，常使涌流偏于时间轴的一侧；

（2）励磁涌流包含大量的高次谐波，以二次谐波为主；

（3）波形之间出现明显的间断。励磁涌流的波形有较大的间断角，在一个周期中间断角为 α，而短路电流的波形是连续的。

利用这些特点，可采取以下措施防止涌流对纵差动保护的影响：

（1）采用具有速饱和变流器的纵差动继电器；

（2）利用二次谐波制动原理构成纵差动保护；

（3）鉴别短路电流和励磁涌流波形之间的差别，利用这两种电流波形间的差别，来躲过励磁涌流的影响。

2. 变压器两侧电流相位不同引起的不平衡电流

当变压器采用 Yd11 接线时，两侧电流的相位相差 30°。如果电流互感器二次侧不进行相位补偿，则在正常运行时，就会有较大的不平衡电流 I_{dsp} 流入差动继电器。相位补偿的方法是将变压器星形侧的电流互感器接成三角形，而将变压器三角形侧的电流互感器按星形连接，如图 13 - 36（a）所示。图 13 - 36（b）所示为电流互感器一次侧和二次侧的电流相量图。

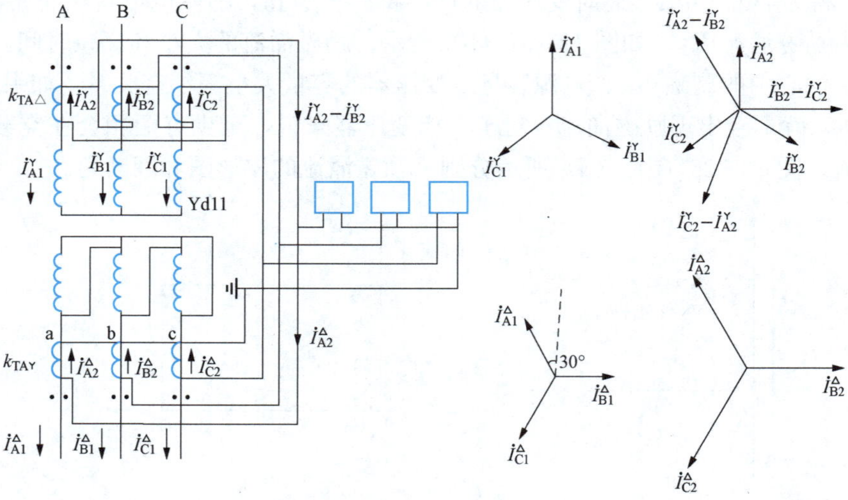

(a)　　　　　　(b)

图 13 - 36　Yd11 变压器纵差动保护接线和相量图

(a) 纵差动保护接线；(b) 两侧电流相量图

由图 13 - 36（b）可见，变压器三角形侧的一次电流 $\dot{I}^{\triangle}_{A1}$ 超前于星形侧的一次电流 $\dot{I}^{Y}_{A1}$ 30°。构成差动回路时为补偿这 30°的相位差，需将星形侧的电流互感器按三角形接线，使其二次侧输出电流变为 $\dot{I}^{Y}_{A2}-\dot{I}^{Y}_{B2}$，刚好与 $\dot{I}^{\triangle}_{A2}$ 同相位。分析其他两相也可得出相同结论。

应该注意到采用这种接线，在互感器接成三角形一侧的差动臂中，电流扩大了$\sqrt{3}$倍。为使正常运行时流过差动继电器两差动臂中的电流相等，就必须使接成三角形的互感器的变比增大$\sqrt{3}$倍，以减小二次电流。此时星形接线电流互感器的变比计算式为

$$k_{TAY}=\frac{I^{\triangle}_{NT}}{I_{N2}} \tag{13-51}$$

三角形接线电流互感器的变比计算式为

$$k_{TA\triangle}=\frac{\sqrt{3}I^{Y}_{NT}}{I_{N2}} \tag{13-52}$$

式中：I^{Y}_{NT}为变压器星形侧额定电流，A；$I^{\triangle}_{NT}$为变压器三角形侧额定电流，A；I_{N2}为电流互感器二次侧的额定电流，A。

两侧电流互感器变比之间的关系 k_T 为

$$k_T=\frac{k_{TAY}}{k_{TA\triangle}/\sqrt{3}} \tag{13-53}$$

3. 两侧电流互感器变比标准化引起的不平衡电流

由于两侧电流互感器都是根据产品目录选取的标准变比，与根据式（13 - 51）、式（13 - 52）所得的计算变比可能不相等，当三者之间关系不再满足 $k_T=\frac{k_{TAY}}{k_{TA\triangle}/\sqrt{3}}$的要求时，

差动回路会流过不平衡电流。为此，应采取在差动继电器中设置平衡线圈并将其接入互感器二次电流较小一侧的措施，详见后续课程。

4. 两侧电流互感器型号不同产生的不平衡电流

如果差动回路两侧电流互感器的变比和型号都相同，则互感器的相对误差不会超过5%；如果变比或型号不同，则相对误差将达10%。由于变压器两侧一次电流不相等，两侧电流互感器变比和型号一定不相同，所以纵差动保护整定时应按相对误差为10%来计算其不平衡电流。

5. 变压器带负荷调整分接头产生的不平衡电流

变压器在正常运行过程中由于调压的要求需带负荷调节变压器分接头，分接头的改变实际上就改变了变压器的变比，必然会在纵差动保护的二次回路引起新的不平衡电流。这一点在纵差动保护的整定时应予以考虑。

综上所述，变压器外部短路时差动回路中流过的最大不平衡电流 $I_{dsp,max}$ 为

$$I_{dsp,max}=(10\%+\Delta U+\Delta f)I_{kmax}/k_{TA} \tag{13-54}$$

式中：10%为电流互感器的相对误差；ΔU 为变压器带负荷调压引起的相对误差，一般取调压范围的一半；Δf 为电流互感器变比或平衡线圈匝数标准化后所引起的相对误差；I_{kmax}/k_{TA} 为外部最大短路电流归算到二次侧的数值。

四、 变压器纵差动保护的整定计算

变压器纵差动保护应按以下三个原则进行整定。

(1) 正常运行时，为防止电流互感器二次回路断线引起保护误动，纵差动保护的动作电流 I_{opK} 应躲过变压器的最大负荷电流 I_{LDmax}。换算到二次侧，即为

$$I_{opK}=\frac{K_{rel}}{k_{TA}}I_{LDmax} \tag{13-55}$$

式中：可靠系数 K_{rel} 取1.3～1.5；当负荷电流不能确定时，可用变压器的额定电流 I_{NT} 来代替。

(2) 躲过保护范围外部短路时流过差动继电器的最大不平衡电流，引入可靠系数后，可得继电器动作电流为

$$I_{opK}=K_{rel}I_{dspmax} \tag{13-56}$$

式中：可靠系数 $K_{rel}=1.3$；I_{dspmax} 为外部短路最大不平衡电流，可用式(13-54)计算。

(3) 当采用速饱和铁心的差动继电器来防止变压器励磁涌流的影响时，要求继电器的动作电流能躲过变压器额定电流 I_{NT}，即

$$I_{opK}=\frac{K_{rel}}{k_{TA}}I_{NT} \tag{13-57}$$

式中：可靠系数 K_{rel} 一般取1.3。

最后还应在现场通过空载合闸试验来检验其可靠性。

变压器纵差动保护的灵敏系数校验式

$$K_s=\frac{I_{kmin}/k_{TA}}{I_{OPK}}\geqslant 1.2 \tag{13-58}$$

式中：$\frac{I_{kmin}}{k_{TA}}$ 为保护范围内部短路时流过继电器的最小短路电流，I_{kmin} 可采用单侧电源供电

时的最小两相短路电流。

第四节 微机型继电保护

微机型继电保护是以计算机（包括微型计算机）为基础而构成的继电保护，简称微机保护。微机保护起源于20世纪60年代中后期，首先进行的是理论计算方法和程序结构的研究。到90年代，故障分量原理、自适应保护原理等新的保护原理引入微机保护，使得微机保护的保护性能得到完善和提高，微机保护开始被大量应用。目前，微机保护已成为继电保护的主要形式。

一、 微机保护的特点与基本构成

和常规的模拟式继电保护相同，微机保护同样包含测量部分、逻辑部分和执行部分，其测量部分和执行部分与模拟式继电保护基本一致，而其逻辑功能由微型计算机实现。因为计算机是数字电路，工作电平极低，所以微机保护需要设置信息预处理环节，进行隔离屏蔽、变换电平等处理；由于继电保护动作逻辑判断由计算机处理，因此微机保护中取消了电流继电器、时间继电器和功率继电器等在模拟式继电保护中担当逻辑处理功能的元件，但是出于可靠性以及负载能力的考虑，微机保护的执行环节仍采用有触点的小型中间继电器，组成必要的出口逻辑。

微机保护与常规的模拟式继电保护的根本区别在于，逻辑部分功能实现手段上的不同。微机保护用数字技术进行数值（包括逻辑）运算来实现信息的综合、分析与逻辑判断，即利用存储在数字式电子计算机中的保护计算程序（软件）完成数字和逻辑运算。也就是说，继电保护原理在微机保护中是由软件即计算机程序来实现的，不同的程序可以实现不同的原理。

由于数字式电子计算机相对于模拟电路具有强大的计算能力和数据存储空间，因此与传统的模拟式继电保护相比，微机保护在运行、制造和维护等方面都显出巨大的优势。

微机保护可以改善和提高继电保护的动作特性和性能。微机保护用数学方程的数字方法实现保护原理，便于引进自动控制以及新的数学理论和技术，使其动作特性可以得到很大的改进，从而得到常规继电保护（模拟式继电保护）不易获得的特性。

而且由于计算机具有很强的记忆功能，微机保护可以方便地扩充其他辅助功能，包括：打印故障前后电量波形、实现故障录波和波形分析；打印故障报告，包括日期、时间、保护动作元件、时间先后、故障类型；打印运行中的保护定值；利用线路故障记录数据进行测距，进行故障定位；通过计算机网络、通信系统实现与厂站监控系统信息的交换；远方改变定值或工作模式。

另外，微机保护具有自动检测和自诊断能力，能自动检测出硬件的故障并对输入数据进行校错，使检测监视变得容易，从而使保护可靠性大大提高，而且维护调试工作量小。同时，微机保护装置体积小，功耗低，且硬件比较通用，制造容易统一标准。

二、 微机保护的硬件系统

微机保护的硬件系统一般由输入信号预处理系统、计算机主系统及开关量输入/输出系统三大部分组成，如图 13-37 所示。

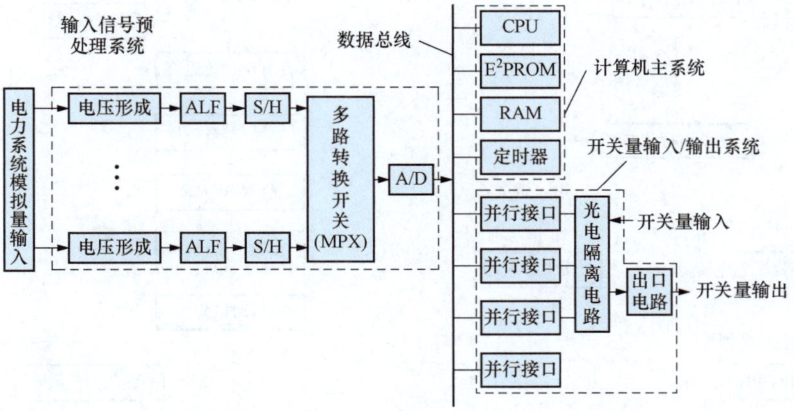

图 13-37 微机保护硬件系统典型结构框图

1. 输入信号预处理系统

输入信号预处理系统的主要作用是将模拟量转换为数字量，因此又称为数据采集系统。由比较式模数转换器构成的数据采集系统一般由模拟量输入变换回路、前置模拟低通滤波器（ALF）、采样保持电路（S/H）、多路转换开关（MPX）和模数转换器（A/D）等环节组成。

2. 计算机主系统

计算机主系统主要执行保护实现的功能程序，同时对由数据采集系统输入的原始数据进行分析处理，从而实现各种继电保护功能。其核心部分一般由 CPU、存储器、定时器/计数器、输入/输出接口、“看门狗”（watchdog）组成。

3. 开关量输入/输出系统

开关量（或数字量）输入/输出系统是由并行接口适配器、光电隔离器件及有触点的中间继电器组成，它的作用是完成各种保护的出口跳闸、信号警报、外部开关量的输入及人机对话等功能。

三、 微机保护的软件系统

微机保护的软件以硬件为基础，通过算法及程序代码表现保护原理，实现所要求的保护功能。微机保护的软件可分为保护功能程序与监控程序两大类，监控程序又分为调试监控程序和运行监控程序两类。微机保护装置的软件总流程图如图 13-38 所示。

保护功能程序用于实现各种原理的保护功能，包括数据采集、数字滤波、故障参数计算、各种动作条件判断和出口等各个环节。其典型流程图如图 13-39 所示。在多微机系统装置中，每个微机系统独立地完成一种或几种保护功能，各微机系统相互独立，并行工作，并且由串行口实现多机通信。

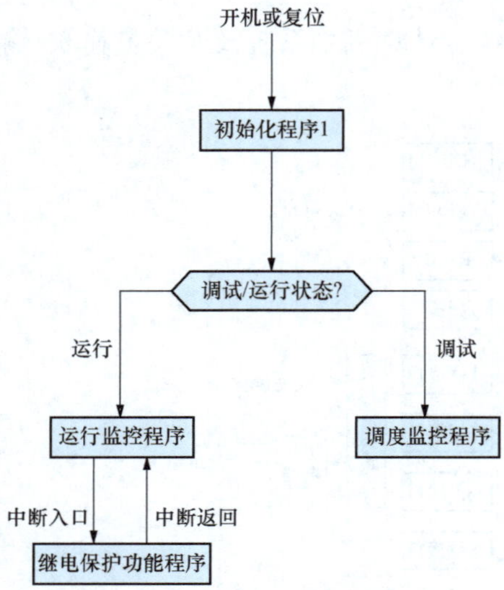

图 13 - 38　微机保护软件总流程图

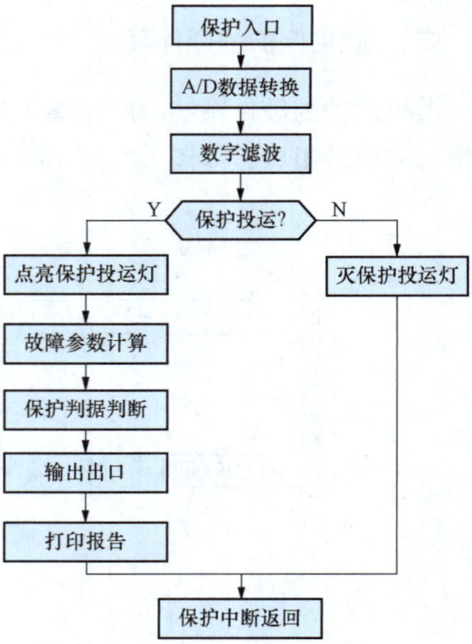

图 13 - 39　保护功能程序基本流程图

运行监控程序在微机保护装置投入运行后，对装置进行自检和巡检，实现对装置的在线监控以及信息的打印和显示，其典型流程图如图 13 - 40 所示。

调试监控程序负责在微机保护装置处于调试状态时，提供各种测试手段，对装置进行检测、调试和定值的整定，其典型流程图如图 13 - 41 所示。

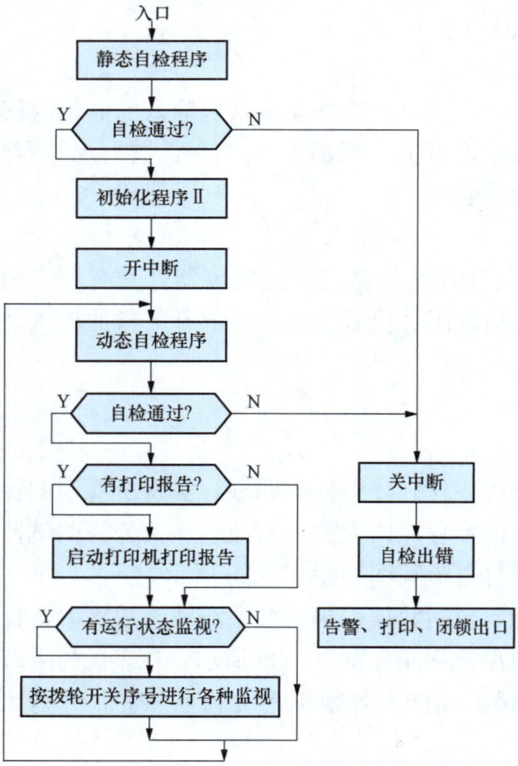

图 13 - 40　微机保护运行监控程序流程图

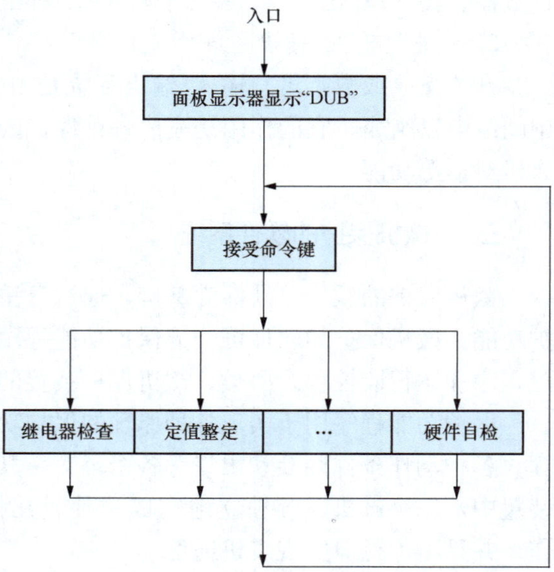

图 13 - 41　调试监控程序流程图

四、微机保护算法

根据不同的保护原理，利用计算机对采样值进行分析、计算和逻辑判断，实现保护功能的数学方法，称为微机保护算法。实际电力系统中，各种继电保护的保护原理各不相同，因此相应有不同的保护算法。微机保护算法可分为两大类：一类是根据采样值进行一定数学运算，得到反映故障特点的电气量值之后进行比较、判断的算法；另一类是根据继电保护的功能或保护的动作特性直接利用采样数据进行功能判断的算法。本节仅对前一种算法进行简单介绍，有关保护功能的算法待后续专业课程深入探讨。

大多数微机保护的原理是以判断故障信号中的稳态基频分量或某种特定谐波分量为基础，但在实际故障情况下，输入装置的电流和电压信号中，除了保护所需的有用成分外，还包含有许多其他无效的噪声分量，如衰减直流分量和各种高频分量等，保护算法的主要任务就是如何从包含有噪声分量的输入信号中，快速、准确地计算出所需的各种电气量参数。根据采样值计算电气量值的算法中最常用的有正弦函数模型算法和周期函数模型算法。正弦模型函数算法应用的前提是假设电力系统故障电压、电流均严格按正弦规律变化，因此需要对故障信息先进行数字滤波，滤除非周期分量和无关的谐波成分，提取有用的正弦信号后，算法才有效。正弦模型函数算法包含有采样值乘积算法、导数算法及半周波积分算法等多种方法。由于假设输入信号为正弦函数，算法本身所需的数据窗很短，计算量很小，因此常用于输入信号中暂态分量很小或计算精度要求不高的保护中，如低压网络的电流、电压后备保护中；或者配合简单的差分滤波器以削弱电流中衰减的直流分量作电流速断保护，加速出口故障时的切除时间；也可作为复杂保护的启动元件的算法，如距离保护的电流启动元件。

当继电保护的输入信号由于噪声的影响，不能近似为正弦函数，但是可以近似看成周期性变化函数时，可以作为周期函数模型处理。全周波傅里叶算法和半周波傅里叶算法是两种经典的周期函数模型算法。这两种算法将周期变化的电气量函数分解为正弦和余弦函数，适合于微机保护计算周期函数的基频分量或倍频分量。

当输入信号为随机函数时，采用以上的算法都不太准确，此时最常用的方法是最小二乘曲线拟合法。这种方法是将输入量与一个预设的含有非周期分量及某些谐波分量的函数按最小二乘原理进行拟合，从而求出输入信号中基波及各谐波分量的幅值和相角。该方法可以获得良好的滤波性能和很高的精确度，但预设的拟合函数越复杂，精度越高，计算时间就越长。

对于微机保护，算法的计算速度直接决定着继电保护的动作速度。算法的计算速度包含有两方面的含义：一是指算法的数据窗长度，即需要采用多少采样数据才能计算出所需的参数值；二是指算法的计算量，算法越复杂，运算量也越大，在相同的硬件条件下，计算时间也越长。通常，算法的计算精度和计算速度之间总是存在矛盾的，若要计算结果准确，往往需要利用更多的采样值，即增大算法的数据窗。因此，如何在算法的计算精度和计算速度之间取得合理的平衡，是算法研究的关键，也是对算法进行分析、评价和选择时应考虑的主要因素。

本章小结

电力系统继电保护是电力系统自动化的重要组成部分，一旦系统发生故障，需要由安装在电气元件上的继电保护装置自动、迅速、有选择性地切除故障元件，保证系统无故障部分继续运行。因而继电保护对电力系统的安全稳定运行起着至关重要的作用。

反应相间故障的电流保护称为相间电流保护，是一种最简单、最常见的线路保护，一般采用三段式原理构成。对双侧电源电力系统则需采用方向性电流保护。对于中性点直接接地电力系统中的接地短路，根据零序电流与零序电压的分布及特点，可以采用三段式零序电流保护。而对于中性点非直接接地电力系统的单相接地故障，则可装设反应零序电流或零序电压动作于发信号的保护。

纵差动保护的工作原理是比较被保护元件两侧电流的大小和相位，由于可以瞬时动作，且具有理论上绝对的选择性，因此广泛用于作为输电线、变压器及发电机的主保护。用于电力变压器保护时，纵差动保护主要用作变压器内部相间故障的主保护。

确定继电保护方式必须兼顾选择性、速动性、灵敏性和可靠性之间的关系，同时要考虑经济性。在学习各种类型保护的基本原理、接线方式、整定计算原则及动作特性时，也要从“四性”的角度思考和分析，辩证地理解各种保护方式。

目前，继电保护已经进入了微机继电保护时代。微机继电保护所采用的保护原理与模拟型继电保护的保护原理一样，其根本区别在于信息综合、分析与逻辑判断环节的功能实现手段上的不同。常规的模拟式继电保护是靠模拟电路的构成来实现，即利用“硬件”实现的；而微机保护基于数字技术进行数值（包括逻辑）运算来实现保护功能，即以“硬件”“软件”相结合形式实现。

微机保护的硬件系统一般由输入信号预处理系统、计算机主系统及开关量输入/输出系统三大部分组成。微机保护的软件以硬件为基础，通过算法及程序设计实现所要求的保护功能，较传统的模拟式继电保护有显著的优越性。

微机继电保护采用数学运算方法实现故障量的测量、分析和判断，其运算的基础是若干个离散、量化的数学采样序列。因此，微机保护功能的软件实现依赖于适当的离散运算方法。目前应用于微机保护的算法有许多种，本章只对基本常用的算法进行了介绍，更为复杂的算法请参考其他文献。

思考题与习题

13-1　对继电保护装置有哪些基本要求？

13-2　试说明继电保护的基本任务。

13-3　试分析瞬时电流速断、限时电流速断和定时限过电流保护有何异同。它们如何构成三段式电流保护？

13-4　相间短路的90°接线功率方向继电器是否有“死区”？

13-5　在零序电流保护中，什么情况下必须考虑保护的方向性？

13-6　中性点直接接地系统发生单相接地时，零序电流和零序电压各有什么特点？

13 - 7　试述反应中性点不接地系统单相接地的保护有哪几种。

13 - 8　试述输电线路纵差动保护的基本原理。差动保护是否要求与相邻元件相配合？

13 - 9　试分析变压器纵差动保护中不平衡电流产生的原因。

13 - 10　图 13 - 42 所示系统中，保护 1 装设了三段式电流保护，试进行Ⅰ段、Ⅱ段、Ⅲ段电流保护的整定计算，即求保护 1 的Ⅰ、Ⅱ、Ⅲ段的动作电流、动作时间和Ⅰ段的最小保护范围 l_{min}，以及保护Ⅱ段和Ⅲ段的灵敏系数。已知变压器上装有电流速断保护，线路每公里正序电抗为 $x_1=0.4\Omega/km$，可靠系数 $K_{rel}^{I}=1.3$，$K_{rel}^{II}=1.15$，$K_{rel}^{III}=1.2$，返回系数 $K_{re}=0.85$，电动机自启动系数 $K_{st}=1.5$，其他参数标于图中。

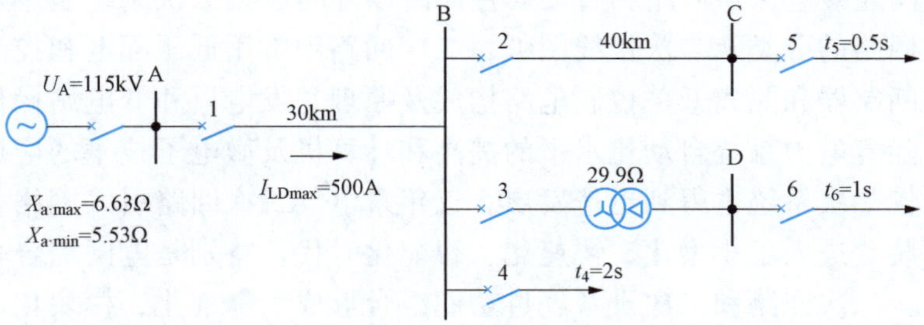

图 13 - 42　电网连接示意图

13 - 11　图 13 - 43 为双侧电源系统的接线图，各元件均装设了定时限过电流保护。已知保护 1、5、8、11 相间过电流保护的动作时限分别如图 13 - 43 所示，试确定：

(1) 保护 2、3、4、6、7、9、10、12 的动作时限；

(2) 哪些需装设方向过电流保护？哪些只需装设过电流保护？

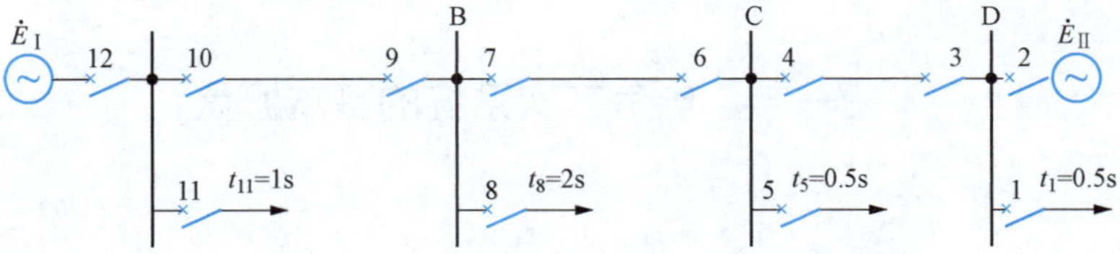

图 13 - 43　电力系统连接示意图

13 - 12　微机型继电保护和模拟式继电保护的主要区别是什么？

13 - 13　微机型继电保护有哪些主要优点？

13 - 14　微机型继电保护的硬件系统和软件系统各包括哪些组成部分？

第十四章　发电厂变电站的监视与控制系统

本章着重阐述继电保护回路和自动装置回路以外的电气二次系统基本概念，其内容主要包括二次回路的分类及二次接线图纸、二次回路中常用低压配电和控制电器的基本原理、传统的断路器和隔离开关控制电路构成及原理、发电厂和变电站操作电源的基本概念等内容。随着电力系统自动化水平的提高和计算机及微电子技术的应用，现代发电厂及变电站电气二次系统也得到迅速发展。近年来电气二次回路引入网络化技术后，继电保护、自动装置进入了小型化、快速化、智能化时代，特别是电网综合自动化系统采用微机监控后，二次回路和二次设备经过功能组合形成了标准化、模块化、网络化和功能化的全新二次系统。但是，不论是继承传统，还是发展创新，了解技术发展过程是很重要的。目前电力系统的实际运行状态是，电网中新老变电站共同存在，新的设备和装置与传统的设备和装置并存。因此，在本章的编写中，先对传统的二次回路和系统作介绍，然后在此基础上，进一步对当前电网中变电站综合自动化微机监控系统的结构特点和功能作简单介绍，使读者能初步了解发电厂及变电站的电气二次监控系统及变电站自动化的发展过程。

第一节　电气二次系统的基本概念

一、电气二次回路及其分类

在发电厂和变电站中，除前面各章介绍过的直接用于生产、输送和分配电能的电气一次设备（包括电力变压器、高压开关电器、高压电力互感器、高压避雷器、各种高压电抗器和电容器等）外，还需配置电气二次设备，其作用是对电气一次设备进行测量、保护、监视和控制，即当电气一次系统运行异常或者发生故障时，电气二次系统应能根据运行异常时电气量的变化发出相应信号、报警或者切除故障的电气设备。发电厂和变电站传统的电气二次设备一般包括控制和信号装置、各种测量仪表、继电保护装置、自动控制或反馈装置、远动装置及相关控制回路、直流系统和通信系统等，它们构成了发电厂和变电站的电气二次系统。

随着我国电力系统的快速发展，人们对供电可靠性的要求越来越高，当今人们已把电气二次设备看成是电气一次设备的延续，即为了更好地保证安全、经济运行，一次电气设备的运行越来越依赖于二次设备。

二次接线又称二次回路，是将二次设备按照工作要求，互相连接、组合在一起所形成的电路。为了设计和运行方便，电气二次回路按其作用分为信号回路、测量回路、电能计量回路、控制回路、调节回路、继电保护回路、自动装置回路、操作电源回路等。

1. 信号回路

信号回路的作用是供运行人员经常监视各种电气设备和系统运行状态，及时发现设备故障和不正常状态，分析判断故障性质、范围和地点，从而做出正确处理意见。传统信号回路是由信号发送机构、传送机构和信号器具构成。按信号的表示方式可分为灯光信号和声音信号。灯光信号通常又分为平光或闪光指示灯和光字牌；声音信号又分为不同音调或话音的声音信号。信号回路按信号性质可分为事故信号、预告信号、位置信号、继电保护和自动装置动作信号、指挥和联络信号等，其中事故信号和预告信号统称为中央信号，全厂（站）仅设一套。

2. 测量回路

测量回路的作用是指示或记录电气一次设备的运行参数，以便运行人员掌握电气一次设备运行情况。传统测量回路由各种测量仪表（如电流表、电压表、有功功率表、无功功率表、有功电能表、无功电能表、频率表、功率因数表等）及其相关回路组成，它是值班运行人员监视设备运行、分析电能质量、准确统计电力负荷、计算生产经济指标、了解系统潮流和主设备运行工况的主要依据。

3. 电能计量回路

电能计量回路主要是对发电厂和变电站上网、下网和联络线关口点的电能进行计量，作分时段存储、采集和处理，为结算和分析提供基本数据。电能计量是考核电力系统技术经济指标和实现贸易结算的依据，若为计量电费所用，则还应包括各种费率模型和结算软件。

4. 控制回路

控制回路的作用是实现对电气一次开关电器设备跳、合闸的操作与控制。传统的控制回路是由控制开关和控制对象（如断路器、隔离开关）的传送机构及执行（或操作）机构组成。控制回路按自动化程度可分为手动控制和自动控制；按控制距离可分为远方控制和就地控制；按控制方式可分为分散控制和集中控制，其中分散控制均为一对一控制，集中控制有一对一控制和一对 N 的选线控制；按操作电源电压和电流大小可分为强电控制和弱电控制，通常将弱电控制与选线控制结合构成弱电选线控制。

5. 调节回路

调节回路是指调节型自动装置，由测量机构、传送机构、调节机构和执行机构组成。其作用是根据电气一次设备运行参数的变化，实时在线调节电气一次设备的工作状态，以满足运行要求。

6. 继电保护及操作型自动装置回路

该回路由测量机构、传送机构、执行机构及继电保护和自动装置组成。其作用是自动判别电气一次设备的运行状态，在系统发生故障或异常运行时，自动跳开断路器切除故障或发出异常运行信号；当故障或异常运行状态消失后，能快速投入断路器恢复系统正常运行。

7. 操作电源回路

操作电源回路由电源设备和供电网络构成，包括直流电源和交流电源，其作用是供给上述各回路工作电源。

二、电气二次回路图纸

用规定的图形符号和文字符号将电气二次设备按照工作要求连接在一起的图形称为电气二次接线图。传统的二次接线图按其用途可分为原理接线图、展开接线图和安装接线图。二次接线图应采用国家规定的图形符号和文字符号绘制，表 14 - 1 和表 14 - 2 分别列出了电气设备常用的文字符号和图形符号。

表 14 - 1　电气设备常用基本文字符号

名称	新符号		旧符号	名称	新符号		旧符号
	单字母	双字母			单字母	双字母	
发电机	G		F	接触器	K	KM	C
电动机	M		D	电阻器	R		R
绕组	W		Q	变阻器	R		R
变压器	T		B	电位器	R	RP	W
电流互感器	T	TA	LH	电容器	C		C
电压互感器	T	TV	YH	电感器	L		L
整流器	U		ZL	电抗器	L		DK
低压断路器	Q	QA	ZK	母线	W		M
刀开关	Q	QK	DK	避雷器	F		BL
转换开关	Q	QC	HK	熔断器	F	FU	RD
控制开关	S	SA	KK	指示灯	H	HL	SD
按钮开关	S	SB	AN	红灯	H	HR	HD
行程开关	S	SP	CK	绿灯	H	HG	LD
继电器	K		J	光字牌	H	HL	GP
电压继电器	K	KV	YJ	晶体管	V		BG
电流继电器	K	KA	LJ	放大器	A		FD
时间继电器	K	KT	SJ	电流表	P	PA	A
信号继电器	K	KS	XJ	电压表	P	PV	V
气体继电器	K	KG	WSJ	连接片	X	XB	LP
温度继电器	K	KT	RJ	切换片	X	XS	QP
防跳继电器	K	KCF	TBJ	测量仪表	P		CB
蜂鸣器	H	HB	FM	有功电能表	P	PJ	Wh
电铃	H	HA	DL	无功电能表	P	PJR	Varh
合闸线圈	Y	YC	HQ	有功功率表	P	PW	W
跳闸线圈	Y	YT	HT	无功功率表	P	PV	Var

表 14 - 2　　　　　　　　　　展开接线图中常用的图形符号

序号	元件	图形	序号	元件	图形
1	瞬时闭合的动合（常开）触点		8	瞬时闭合、延时断开的动合（常开）触点	
2	瞬时断开的动断（常闭）触点		9	延时断开、瞬时闭合的动断（常闭）触点	
3	延时闭合、瞬时断开的动合（常开）触点		10	瞬时断开、延时闭合的动断（常闭）触点	
4	接触器主动合（常开）触点		11	一般电器线圈及合闸线圈	
5	接触器主动断（常闭）触点		12	电压线圈	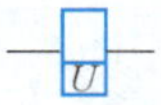
6	断路器辅助开关的动合（常开）触点		13	电流线圈	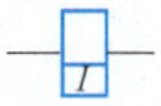
7	断路器辅助开关的动断（常闭）触点	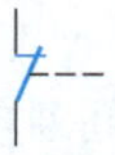	14	带时限的电磁继电器线圈：（1）缓吸线圈；（2）缓放线圈	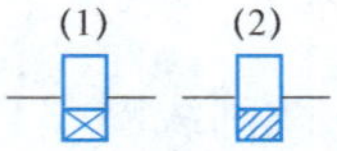

注　规定元件不带电（或断路器未合闸）时的状态为“常”态，故“常开触点”是指元件无电（或断路器未合闸）时，触点处于断开的状态，而“常闭触点”则是指在此情况下，触点处于闭合的状态。

1. 原理接线图

原理接线图表明了二次回路的工作原理，是绘制展开接线图和安装接线图的基础。它的主要特点是，图中元件设备以整体形式表示，并不绘出元件本身内部接线，而且电气一次设备和二次设备、交流和直流回路均绘在一起。图 14 - 1 绘出了 10kV 线路的过电流保护和测量回路原理接线图。图中电气一次设备包括 10kV 汇流母线及馈线、断路器（QF）、电流互感器（TA）、电压互感器（TV）、熔断器（FU）等（隔离开关未画出）。二次设备包括电流继电器（KA1、KA2）、时间继电器（KT）、信号继电器（KS）、有功功率表（PW）、有功电能表（PJ）、电流表（PA）以及断路器跳闸线圈（YT）等。电流互感器有两个二次绕组 TA1 和 TA2，其中 TA1 供测量表计用，TA2 供电流保护用。

正常运行时，加在线路上的是正常工作电压、通过线路的电流是正常工作电流，接在电流互感器 TA1 二次侧的表计指示正常，接在电流互感器 TA2 二次侧的电流继电器线圈通过正常工作电流，保护装置处于不动作状态。当一次线路故障，电流互感器一次侧有很大短路电流通过时，通过电流互感器 TA2 二次侧电流继电器 KA1、KA2 线圈的电流也会随之增加，当电流超过继电器整定值时，继电器启动，其动合触点闭合，随即启动时间继电器 KT，经过一定延时，KT 的动合触点闭合，启动信号继电器 KS。信号继电器启动，一方面发出信号，另一方面启动断路器操动机构的跳闸线圈 YT 使断路器跳闸。短路故障切除后，保护装置返回，准备好下次动作。断路器跳闸后，它的辅助触点 S1 断开，切断

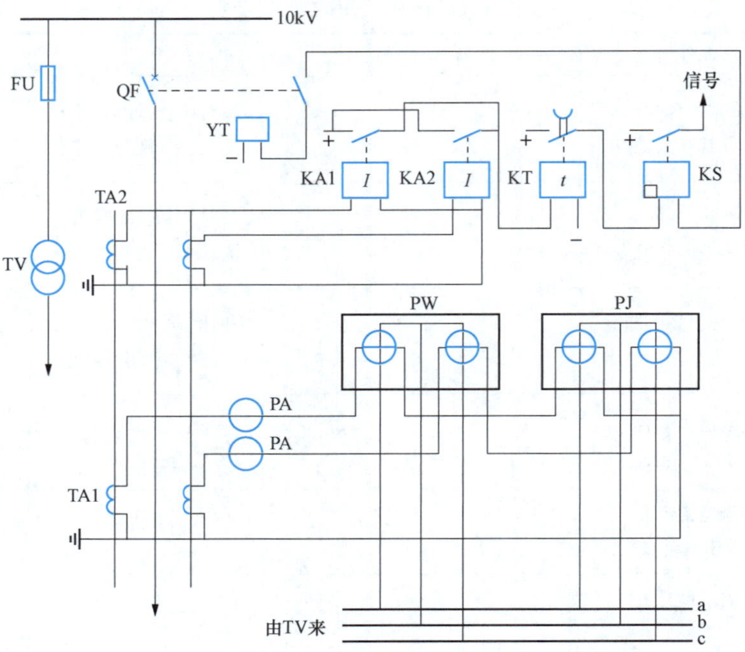

图 14-1　10kV 线路的过电流保护和测量回路原理接线图

了跳闸线圈 YT 回路的电流，防止跳闸线圈因长时间通电而烧毁。

原理接线图主要供设计和运行单位整定计算使用，它能使人们了解设备的整体工作概况，给人以形象、明显、直观的感觉，也便于设计构思和记忆。但这种接线图只是给出元件设备整体图，没有元件的内部接线，没有回路标号和接线端子标号，会给阅图和施工带来困难，特别是在比较复杂的二次接线中，不易查找出错误。因此，原理接线图通常不用作工程用图。

2. 展开接线图

图 14-2 为图 14-1 的展开接线图，它以独特形式表达出装置的动作原理。其特点是依据原理接线图将二次回路有关设备解体，按供电电源不同分为交流电流回路、交流电压回路、直流操作回路和信号回路等几部分。每一部分又分成许多行，交流回路按 a、b、c 相序排列，直流回路按动作顺序自上而下排列。每行中各元件的线圈和触点则按动作顺序分别绘在不同回路中，例如过电流继电器 KA1 和 KA2 的线圈出现在交流电流回路中，而其触点则出现在直流操作回路中。为便于阅图，每一部分或每一行右边均有文字说明。

展开接线图接线简单、结构清晰、层次分明，阅图和查找错误方便，也便于了解整套装置的动作过程和工作原理。在复杂电路中，这些优点更加突出。因此，工程用图均采用展开接线图。

3. 安装接线图

安装接线图是以展开接线图为依据绘制的施工用图纸。它根据安装施工的要求，在图纸上绘出二次设备具体位置和布线方式。它既是生产厂家加工制造控制、保护屏（台）和现场施工安装必不可少的图纸，也是试验、检修、运行的主要参考图纸。安装接线图包括控制屏和继电器屏的屏面布置图、屏背面接线图、端子排图和电缆配置图等，可参阅有关

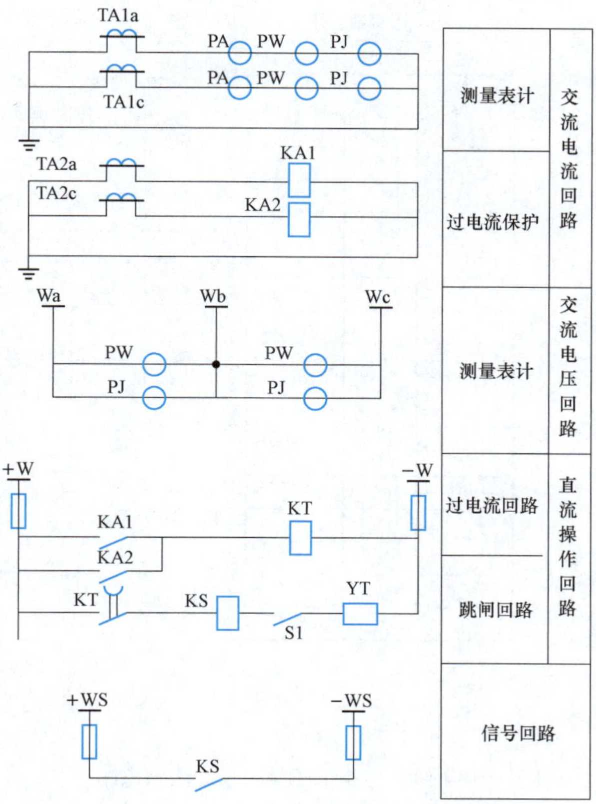

图 14 - 2 10kV 线路过电流保护和测量回路展开图

典型安装施工图纸，下面仅将端子排图作简单介绍。

当开关柜、控制屏、保护屏内设备相隔较远时，屏（柜）与屏（柜）之间设备的相互连接及屏、柜内外设备之间的连接都是通过接线端子过渡来完成的。许多端子组合在一起便组成端子排，它通常垂直布置在屏（柜）背后两侧。

端子排图（从屏柜背后看）是表明屏（柜）内设备与屏（柜）外设备连接情况，以及屏（柜）上需要装设的端子类型、数目以及排列顺序的图。二次接线是否经过端子排连接，应根据检修、运行、接线和调试方便而确定。图14 - 3是三格端子排表示方法示意图。其最顶端一行应标明安装单位名称和编号，从第二行开始往下，每行分三格，中间格为端子编号和型号，图中端子 1～5 是试验端子（其中端子 4～5 是连接型试验端子），8～9 是连接型端子，其余都是普通端子；左边格标明屏内设备的文字符号；右边格则标明安装单位回路编号以及与屏外联系设备的符号和去向。每块屏（柜）内外设备之间连线及编号应根据同一电位节点编一个号和“相对编号法”原则进行，这样便于施工和检测。

通过上述几种接线图的介绍，可以了解到传统的电气二次接线图包括有电压回路图、电流回路图、直流操作回路图、开关控制信号回路图、端子排图及电缆清册等，而且不同设备之间都是通过“实”端子用控制电缆连接的。这些接线图反映了电气二次设备的功能和工作原理以及电气二次设备之间或电气一次二次设备之间的连接关系，是运行、检修及施工的依据。

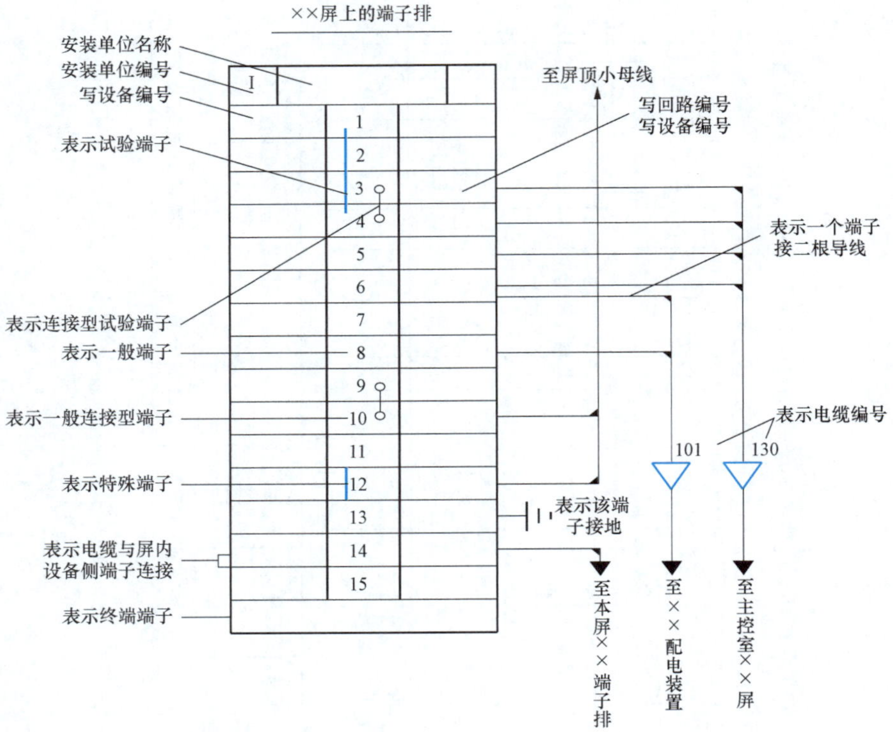

图 14-3　三格端子排表示方法示意图

采用计算机自动化系统后，电气二次系统设计发生了根本变化，系统的各层设备通过网络连接，设备之间传递的是基于网络传输的数字信号，网络化光缆连接代替了传统二次回路中点对点的电缆连接，已不再有传统意义的端子概念，即可用“虚拟端子”取代“实端子”。因此，微机监控的电气二次系统设计中，通常需提供下列图纸：基于虚拟端子的电气二次接线图、设备层的设备配置图、全厂全站的网络结构图、交换机端口连接图等。

三、发电厂变电站的控制方式

1. 发电厂的控制方式

电力系统中对于单机容量 100MW 以下的发电厂，一般采用主控制室的控制方式，即全厂的主要电气设备都集中在主控制室进行控制，而锅炉设备和汽轮机设备则分别安排在锅炉间的控制室和汽轮机间的控制室进行；对于单机容量 300MW 及以上的大型机组，则广泛采用单元控制室（集控室）控制方式，机、炉、电集中控制，其范围包括主厂内的锅炉、汽轮机、发电机、厂用电以及与它们密切相关的制粉、除氧、给水系统等，以便运行人员及时监控主要生产过程。主厂房以外的除灰系统、化学水处理系统、输煤系统等均采用就地控制。对于发电厂升压站的控制，如果升压站出线回路数较多，可单独设置网络控制室。

2. 变电站的控制方式

变电站控制方式按有无人员值班可分为有人值班和无人值班控制方式。在我国 220kV 及以上特别是枢纽变电站，一般都采用有值班员的控制方式，即变电站全部由值班人员在主控制室进行监视和控制。目前，经过多年研究运行和总结经验，利用计算机控制已成为一种成熟技术，在新建的220～500kV变电站大量推广采用计算机监控后，可以只设置少量值班人员，即采用变电站正常监视和控制以计算机监控为主而以人为辅的运行方式。无人值班的控制方式是变电站不设人员值班，而由电力系统调度（调控）中心进行远方控制的方式。变电站的控制操作都纳入调度中心进行，即由调度中心通过远动装置实现遥测、遥信、遥控和遥调。无人值班变电站除了不设置值班人员和生活设施外，在电气二次系统中作了大量优化组合和设计，所以能大量节省变电站投资和维护费用，有明显经济效益。目前我国在35～220kV以下配电网中，已全面推广采用变电站无人值班，500kV变电站无人值班（或少人值守）也在逐步实施。

四、 发电厂变电站微机监控系统

按照国际流行惯例，现代发电厂变电站电气自动化系统需要完成63种功能，归纳起来可分为7个功能组，即远动功能、自动控制功能、计量功能、继电保护功能、保护相关功能、接口功能及系统功能等。

随着计算机和通信技术的发展，到目前为止，国内外变电站自动化系统的发展大致经历了四个阶段，即常规变电站、综合自动化变电站、数字式变电站和智能式变电站。下面仅就智能变电站中的微机监控系统的模式加以阐述。

随着电力系统进入大容量机组、高电压、高参数时代，系统的规模越来越大，系统需要监视的信息数量也大量增加，其安全稳定和控制变得越来越复杂。传统二次系统存在的问题是：所用的大量电气二次设备和装置之间相对独立，装置之间缺乏整体协调和功能优化；信息处理的准确性和可靠性不高，输入信息也不能共享；实时计算和监控性能不高；整个二次系统接线繁杂，维护工作量大；尤其是传统的电气二次装置缺乏智能，没有故障自诊断能力，运行中若自身出现故障，不能提供报警信息，甚至会影响电网安全运行。所以，仍然依靠传统的运行模式和功能单一、相对独立的传统监控系统根本无法满足电力系统安全稳定运行的需要，更谈不上满足电力系统现代化管理模式的需求了。

目前，新建的发电厂变电站都采用微机型电气监控系统，就是将发电厂变电站电气二次设备（包括测量、信号、控制、监视、自动装置、远动装置等）经过功能组合和优化设计，利用电子技术、计算机技术、通信技术和网络技术，实现对发电厂变电站主要电气设备的自动控制、自动监测以及实现与运行和调度通信相关的综合自动化功能。用微机监控系统替代常规的电气二次设备，可取消大量的集中控制屏、远动屏、操作台和中央信号系统，可采用少量的光缆或屏蔽的绞线代替大量控制电缆。这就大大简化了电气二次系统和二次设备、避免了设备的重复配置，达到资源共享和信息共享、减小维护工作量、提高运行的安全可靠性和管理水平的目的；同时还节约了控制电缆和占地面积，性价比高。近年，随着智能化电网的推进和电子式互感器的采用，微机监控系统还可与继电保护部分整合在一起，使厂站监控技术和继电保护技术都上升到一个崭新高度。

新建变电站的微机监控型系统自动化系统大都按开放分层分布系统结构设计。所谓开放性，是指可以采用不同厂家的现场设备相互通信、统一组态、互相操作，构成所需的控制网络，系统与商用软件兼容，实现数据信息共享。所谓分层，是指按站控层、间隔层和过程层[1]来划分发电厂变电站系统的物理层次，并设计、配置与之相应的监控系统。这里强调地理位置概念，对于中低压（110kV及以下）监控系统间隔层的测控单元、保护单元合并为测控保护综合单元，且分散安装在相应一次真空开关柜面板上，以节约成本和空间；而对于高压（220kV）和超高压特高压（330～1000kV）系统，考虑安全性和可靠性，将测控和保护分开布置，使两者相互之间具有物理层面的独立性，并依据电压等级安装在相应的电气一次设备附近小室内，以避免受到干扰影响到可靠性。所谓分布，是指微机监控系统实质是一个分布式计算机系统，它强调资源、任务、功能和控制的全面分布。各层内部及各层之间采用高速网络通信。

开放分层分布式系统的特点是局部故障不影响其他模块正常运行，可靠性高；组态灵活，功能模块即插即用，扩展和维护方便，有利于工程的设计及应用；采用以太网络，各计算机直接接入网络，可获得高速通信和共享资源的能力；电气一次设备的保护和测量单元就地分散于间隔层，使变电站主控室电气二次设备简化、节约控制电缆、缩小控制室面积、性价比高。

1. 厂站微机监控系统的主要功能

微机监控系统功能还在不断进步和完善中，目前其主要功能可概括为：

（1）数据采集处理功能。将如开关量、模拟量、脉冲量、外部信号等信息传至监控系统作实时处理，更新数据库及显示画面，为实现其他功能提供必要的运行信息。

（2）系统配置状况显示功能。以图形或表格的形式显示整个系统配置状况及系统软件配置，并显示当前运行状态信息。

（3）各种信息显示功能。分层显示各层接线图画面、设备参数、运行状态及各种操作指导信息并动态更新，实现当前主要设备运行参数和设备状态运行监视。

（4）报警功能。根据系统实际需要，用户可指定在某些事件发生时或保护动作时自动发出报警（分事故报警和预告报警），如开关量突然变位、断路器位置不对应、模拟量越限、计算机自诊断故障等。

（5）操作功能。实现对监控范围内的电气设备如断路器、隔离开关、接地开关的正常操作，倒闸操作和其他必要操作；具有微机“五防”功能，能实现断路器、隔离开关、接地开关防误操作闭锁；对需要同期的断路器完成同期监测，实现捕捉同期或同期闭锁合闸。

（6）事故追忆功能。对厂站一些主要电气设备进行事故前后一段时间内的连续测量记录，通过这些记录可了解系统或某一回路在事故前后所处的工作状态，对分析和处理事故起到辅助作用。

（7）远动功能。监控系统的信息远传功能的作用可代替远动系统中设在厂站的远动终端（RTU[2]），将监控系统所采集的信息中远动系统所需的信息筛选出，远传至调度中心，实现常规RTU的全部功能。这样，在监控系统仅增加一个远传环节，就可在远动系统中节省了RTU，达到节省投资、简化接线、减少维护工作量的目的。

（8）运行管理功能。包括运行统计报表，控制操作过程记录及报表，各种保护信息、

---

[1] 有关站控层、间隔层和过程层的意义参见第十五章第七节智能变电站。

[2] 有关RTU参见第十五章第二节。

事件顺序记录、事故追忆记录报告或曲线等。

除此之外，还有同步时钟对时、人机联系、自诊断、自恢复和自动切换、事故分析及处理指导、遥控修改继电保护整定值等多种功能。

目前，微机监控系统是以国际电工委员会（IEC）关于电力系统厂站结构规范为标准，真正以全开放分层分布式结构代替传统的集中式结构，设计理念是面向厂站内的电气间隔或元件，而不是面向整个发电厂或变电站。

2. 微机监控系统在火力发电厂的应用

现代火力发电厂按生产过程分为燃烧系统、汽水系统和电气系统三大系统，其中电气系统又分为发电机组、厂用电系统及升压站三大块。

火力发电厂微机监控系统分为两大部分。一部分是以发电厂热工（锅炉、汽机）为主的分散控制系统（DCS），另一部分是发电厂电气系统的监控系统；后者又可分为发电机组和厂用电的发电厂电气监控系统（ECS）和升压站网控监控系统（NCS）。三者之间的关系如图 14 - 4 所示。如果升压站出线回路较少、接线简单，NCS 可以与 ECS 合并。

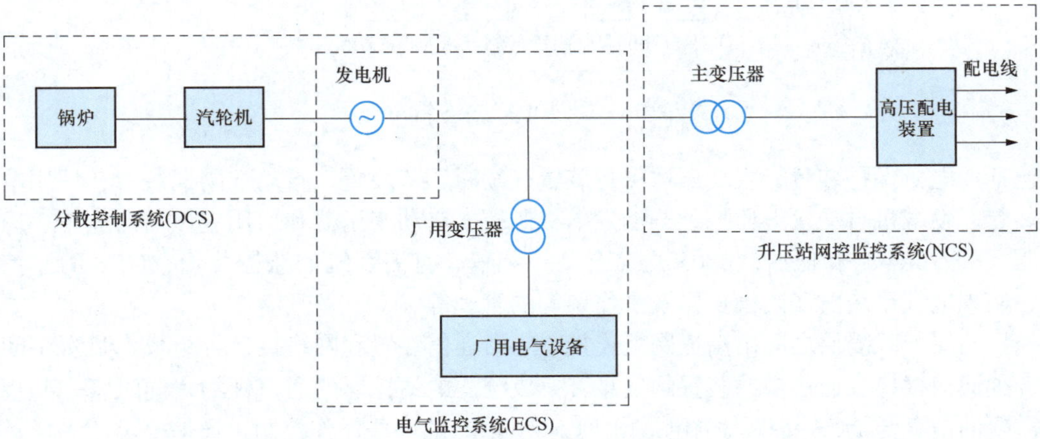

图 14 - 4　火电厂电气系统的监控系统框图

（1）分散控制系统（DCS）。DCS 是发电厂的主要控制系统，可实现对发电厂锅炉、汽轮机、发电机三大主机的控制和针对发电厂水务系统、输煤系统、除灰系统、脱硫脱硝系统等辅机的控制。

（2）电气监控系统（ECS）。ECS 控制主要是针对发电厂发电机组、厂用电系统，并作为对发电厂 DCS 的辅助监控。它采用分层分布结构方式，包括站控层、间隔设备层，两层之间及每层内部由通信网络连接，如图 14 - 5 所示。

站控层是整个 ECS 的控制管理中心，完成对整个 ECS 的数据收集、处理、显示、监视功能，并经过相应授权，能对相应设备进行控制，它的所有数据和操作通过接口对 DCS 开放，同时为运行人员提供对设备控制管理功能。站控层主要包括后台监控系统计算机硬件和各种专业应用软件，通常硬件有数据服务器、工程师工作站、操作员工作站、通信机设备及打印机等；应用软件有监视控制和数据采集（SCADA）、基础应用软件、高级应用软件及后台系统与发电厂其他管理系统间的通信接口软件等。

间隔层由众多的自动装置构成，具有测量、控制、保护、信号、通信等基本功能。主

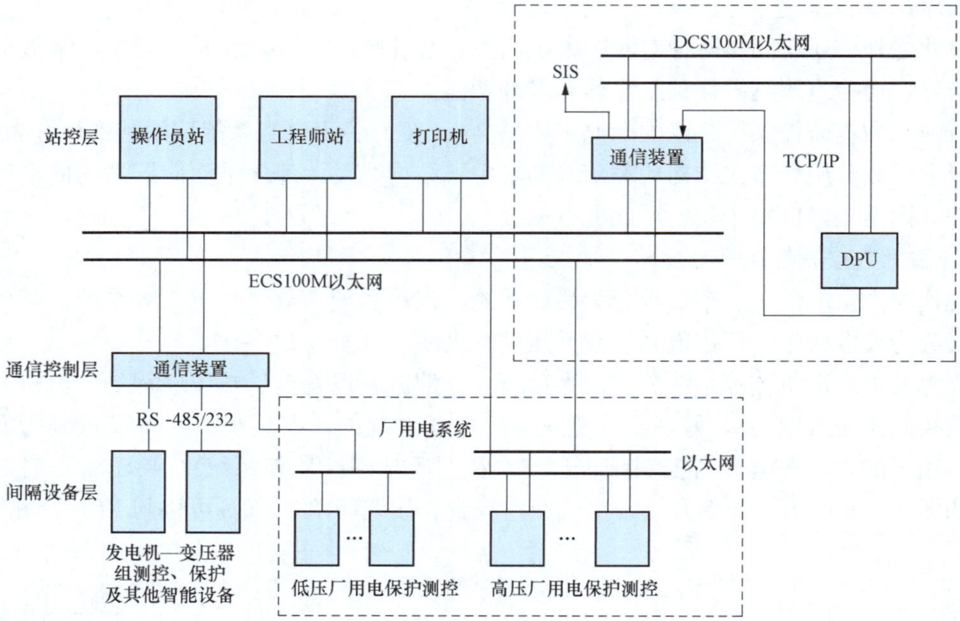

图 14-5　火电厂 ECS 结构图

要包括发电机保护装置、主变压器保护装置、励磁调节装置、自动准同期装置、厂用电快切装置、发电机自动发电监控、柴油发电机监控、启动变压器和厂用变压器的监控、厂用高压（6～10kV）和低压（380V）综合测控装置、直流系统的监控装置、UPS 的监控装置、实现电气系统防误闭锁操作及操作票等的管理等。

厂站层与间隔层之间由高速网络连接，它由通信装置和网络接口等组成，负责将间隔层各种通信接口、通信规约装置的信息转换成统一的站控层的通信规约，同时将一些规定的需要的信息与 DCS 交换，也包括由 DCS 对 ECS 的一些操作控制。通信要灵活多样，控制要稳定可靠。

图 14-5 中还表示出 ECS 与 DCS 的某种组网方式。在这种组网方式中，ECS、DCS 及高压厂用电保护测控装置都采用双以太网结构，其中，高压厂用电保护测控装置直接接于站控层以太网交换机；其他智能装置接于通信装置，再经通信装置的以太网接口上传到 ECS 站控层主站监控系统；DCS 的处理单元（DPU）直接与站控层的通信装置进行通信。这种组网方式取消了硬接线，实现了全部网络通信方式，再加上双以太网的采用，大大提高了系统的实时性和可靠性。

（3）网控监控系统（NCS）。新建的发电厂都会设置升压站网控监控系统作为全厂监控系统的子系统，通过光缆以太网与 DCS 和 ECS 连成一体，构成完整的发电厂全厂电气系统的监控系统。NCS 结构与电网中的变电站监控系统相似，其监控系统可以套用成熟的变电站微机监控系统，实现数据采集、安全监视测量、控制操作、自动电压无功调整、防误操作连锁、事件记录、事故追忆、统计制表、事故画面自动推出、系统自诊断等多种功能；还要有接受调度命令进行操作和调节功能。

大型发电厂计算机控制的应用大致经历了集中控制、分散控制和一体化分散控制三个阶段。随着计算机技术和网络技术的发展，发电厂一些专用的控制系统逐渐纳入分散控制，发电厂的分散控制开始进入一体化实现阶段。电气设备纳入分散控制是一体化分散控制系统应用的重要标志。

第二节 控制回路和信号回路常用的低压电器

电气控制回路和信号回路常用的低压电器按用途可分为配电电器、控制电器、主令电器、保护电器和执行电器等。

（1）低压配电电器：用于低压供电系统中电能传送和分配的电器，包括低压断路器、低压熔断器和刀开关等。

（2）低压控制电器：在控制回路中起控制和保护作用的电器，包括接触器、控制按钮、刀开关、继电器、凸轮控制器等。这类电器要求有一定通断能力、操作频率高、电气和机械寿命长等。

（3）低压主令电器：自动控制系统中发送动作指令的电器，如按钮、行程开关、主令开关、转换开关等。这类电器要求操作频率高、抗冲击、电气和机械寿命长等。

（4）低压保护电器：用于对电路或设备进行保护的电器，如熔断器、热继电器、电流继电器、电压继电器、避雷器等。这类电器要求有一定通断能力、反应灵敏、可靠性高、动作时间短、热稳定和动稳定性能好等。

（5）低压执行电器：用于完成某种动作或传送功能的电器，如电磁铁、电磁离合器等。这类电器要求结构紧凑、灵活、动作力强等。

低压电器的品种规格繁多、用途广泛、功能多样、结构和工作原理各异。尤其是进入电子时代后，低压电器的更新换代很快，新型的低压电器不断涌现，令人目不暇接。总的来说，低压电器正向着小型化、高性能、高可靠、模数化、模块化、组合化和智能化等方向发展。本节将着重对发电厂变电站控制和信号回路常用的低压电器的工作原理及用途作简单介绍，为控制回路与信号回路的设计奠定基础。

一、低压断路器

1. 低压断路器的型式

低压断路器又称自动空气开关，是低压开关中性能最完善的开关，它可以切断负荷电流，也可以切断短路电流。低压断路器被广泛用作不频繁操作的低压配、变电站的总开关和大负荷电力线路及大功率电动机的控制开关，它的各种保护功能可依靠开关内部直接接在主回路中不同功能的脱扣器（如过电流、过载、欠电压、分励等脱扣器）来实现，不需通过互感器和继电器。当被保护元件发生严重过电流、过载、短路、断相、漏电等故障时，断路器能自动切断线路，起到保护作用。

低压断路器通常分万能式（框架式）和封闭式（塑料外壳式）两种，近年来还有直流快速式和限流式的低压断路器出现。

万能式低压断路器的外形结构是敞开地装在框架上，具有较完善的灭弧结构，断流能力强。它的保护方案和操作方式比较多，可以直接由手柄操作或通过杠杆手动操作，也可以由电磁铁操作或电动机操作，故也称为万能式自动开关。封闭式断路器的全部结构和导电部分全安装在一个塑料外壳内，在外壳盖的中央露出操作手柄，供手动操作用。

2. 低压断路器的基本结构和工作原理

图 14-6 所示为低压断路器外形及工作原理示意图。断路器的本体结构包括触头系统、灭弧系统、操动机构、智能控制器和辅助开关、二次插接件、过电流和欠电压及分离脱扣器等部分。触头系统采用多路并联，可降低电动斥力，提高触头系统电动稳定性。操动机构采用五连杆的自由脱扣机构，并设计成储能形式。在使用过程中，机构总是处于预储能状态，只要一接到合闸命令，断路器就能立即瞬时闭合，预储能的释放可用手动释能按钮或合闸电磁铁来完成。

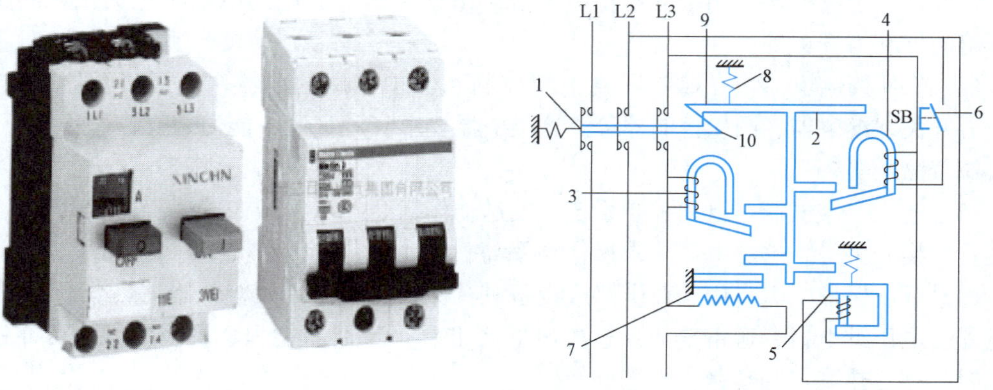

(a)　　(b)

图 14-6　低压断路器外形及工作原理示意图

(a) 低压断路器外形图；(b) 低压断路器工作原理示意图

1—主触头；2—脱扣机构；3—过电流脱扣器；4—分励脱扣器；5—欠电压脱扣器；6—分励按钮；7—热脱扣器；8—反作用弹簧；9—锁扣；10—搭钩

低压断路器的工作原理为：当手动操动机构使断路器合闸，串联在主电路中的主触头靠搭钩和锁扣维持在闭合状态，电路正常工作。过电流脱扣器 3 的线圈和热脱扣器 7 的发热元件也串联在主电路中，欠电压脱扣器 5 的线圈与电源并联。当电路严重过载或发生短路时，过电流脱扣器 3 的衔铁吸合，推动脱扣机构 2 动作，从而使主触头 1 动作，断开主电路。当电路过载时，热脱扣器 7 的热元件发热使双金属片向上弯曲，推动脱扣机构 2 动作，断开主电路。当电源电压降低时，欠电压脱扣器 5 的衔铁释放，也可使脱扣机构 2 动作，断开主电路。分励脱扣器 4 则用来实现对断路器的远距离控制，正常工作时线圈不通电，当要实现远距离控制时，可按下分励按钮 6，使分励脱扣器 4 的线圈通电，吸合衔铁即可推动脱扣机构 2 动作，断开主电路。

新一代低压断路器配有微处理器型电子（或称智能型）脱扣器，保护单元使用 16 位微处理机，并带有通信接口实现了与中央监控系统的通信，大大提高了开关的故障判断速度和处理精度，具有整套的标准保护功能和友好的用户界面。

低压断路器主要参数有额定电压、额定电流、极数、脱扣器类型及其额定电流整定范围、电磁脱扣器整定范围、主触头的分断能力等，使用时可查相关产品手册。

智能型低压断路器增加了智能控制系统，具有智能化保护功能，选择性保护精确，能提高供电的可靠性，避免不必要的停电。智能控制器具有试验、负载监控、大信息量显示、越限报警、现场还可编程和通信等功能，也可实现三段或四段保护。

二、 控制按钮

控制按钮是一种结构简单、使用广泛的手动主令电器。通常是用来短时间的接通和断开小电流控制电路，在控制回路中作远程控制，也可以用来转换各种信号电路和电气连锁电路。控制按钮种类很多，如有按钮式、紧急式、钥匙式、旋转式、指示灯式、防爆式、保护式等，但其工作原理基本类同。

控制按钮通常由按钮帽、复位弹簧、触点和外壳组成。图 14－7 所示为普通控制按钮的工作原理图。图示按钮由一个动触点 3 和两对静触点组成一对动合触点 4 和一对动断触点 5（根据需要也可用增加动触点和静触点数的方法来增加触点对数）。当用手按动按钮帽 1 向下运动时，复位弹簧被压缩，和按钮帽联动的动触点将使动断触点断开、动合触点闭合，接通所需的控制回路发出控制信号，并将复位弹簧 2 压紧。当手松开后，动触点将在弹簧 2 的作用下复位。根据需要，控制按钮也可做成自持式按钮，即按下后可自动保持所处位置，断电后才能复位。图 14－8 所示为控制按钮外形图。

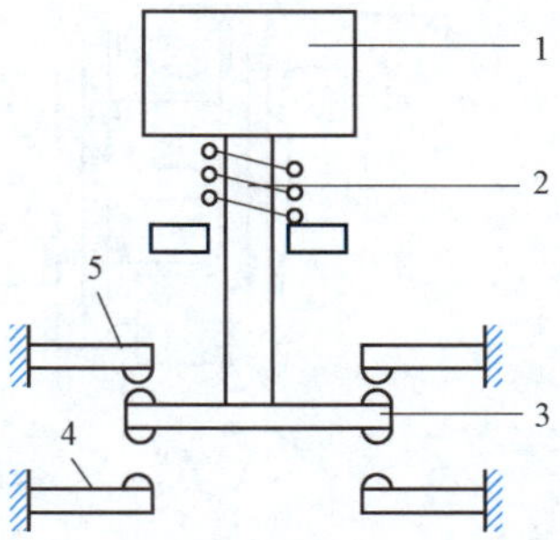

图 14－7　控制按钮结构示意图

1—按钮帽；2—复位弹簧；3—动触点；4—动合触点；5—动断触点

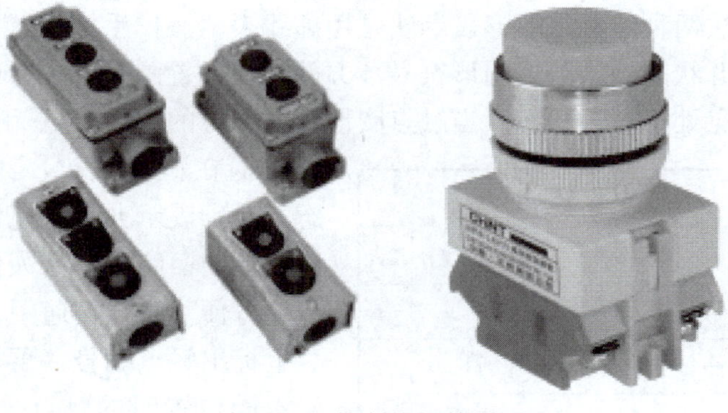

图 14－8　控制按钮外形图

为标明各按钮的作用，避免误操作，通常按钮帽要做成不同的颜色，如红、绿、蓝、白等，以便区别。控制按钮的主要参数有型式、触头数量、触头电流容量、安装孔尺寸等，在产品说明书中都有详细说明。

三、 控制开关

控制开关是一种多挡位、多段式、能对多个回路进行控制的主令电器，也称（万能）转换开关。

控制开关通常采用组合式结构设计。图 14－9 所示为 LW2 型万能转换开关的外形图，基本组件有操动机构、定位系统、限位系统、接触系统、触点盒、面板及操动手柄等。接触系统采用桥式双断点结构，由手柄带动旋转，并通过各自的凸轮控制其通断；定位系统采用棘轮、棘爪式结构，采用不同的棘轮和凸轮可组成不同的定位模式，从而得到不同的触点位置。操作手柄在不同的位置时，有不同的触点通断状态。控制开关通常都采用若干个触点盒组合在一起的组合式结构，根据需要采用不同的组合形式。控制开关的触点和操动手柄位置较多，其触点通断与操动手柄不同位置之间的对应关系常用操作触点图表来表示。对于按照标准操作触点图表制造的转换开关，选用时应注意认真核对；当标准操作触点图表不能满足需要时，可设计新的触点图表以进行特殊订货或改装。常用的转换开关有LW2、LW5、LW6、LW8、LW9、LW12、LW16等系列，选用时可参考有关手册。

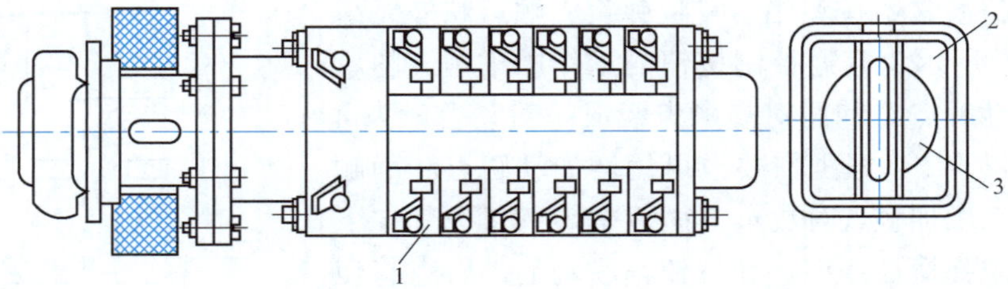

图 14 - 9　LW2 万能转换开关外形图

1—触点盒；2—面板；3—操动手柄

由于控制开关的操作手柄有不同的操作位置，其触点接通或断开的状态与手柄的位置有关，因此在电路图中除画出触点图形符号外，还应画出操作手柄位置与触点分合状态的表示方法。图 14 - 10 所示为控制开关触点分合状态图，其表示方法分为触点图形表示法和触点接通图表表示法两种。触点图形表示法是用虚线表示操作手柄位置，用有无“•”表示触点的闭合和断开状态。当触点图形符号下方的虚线位置画有“•”时，表示操作手柄在该位置时，此触点处于闭合状态；当触点图形符号下方的虚线位置无“•”时，表示操作手柄在该位置时，此触点处于断开状态。这种表示方法是把触点图形符号直接画在控制回路中，使人们阅图直观、分析问题方便。触点接通图表表示法是在图形表上标出触点编号，再标示出操作手柄处于不同位置时的触点分合状态，有“×”表示操作手柄在该位置时，其触点处于闭合状态；无“×”表示操作手柄在该位置时，其触点处于断开状态。这种表示方法能整体、直观地看出所有触点在操作手柄处于不同位置时分合的状态，但是在阅图时必须逐个从触点接通图表中查阅操作手柄不同位置时触点的分合状态，然后再逐一分析控制回路动作原理，造成阅图的不便。所以，工程图纸多采用触点图形表示法。

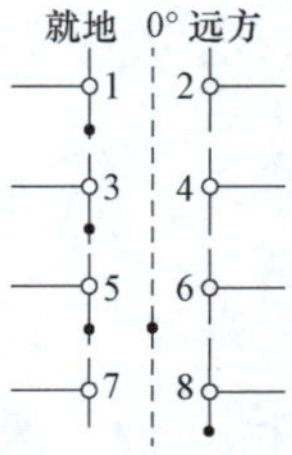

(a)

LW5-15D0403/2				
触点编号		就地	0°	远方
	1-2	×		
	3-4	×		
	5-6	×	×	
	7-8			×

(b)

图 14 - 10　控制开关触点分合表示法

(a) 触点图形表示法；(b) 触点接通图表表示法

四、接触器

1. 接触器的分类

接触器是一种能远距离频繁操作交直流电路及大容量控制电路的自动控制开关电器，

主要控制对象有交流电动机、直流电动机、照明灯和电阻炉等。其中用得最多的是电磁接触器，它由电磁机构、触点系统、灭弧系统、压力弹簧机构、支架和底座等部分构成。接触器触头由主触点和辅助触点组成，主触点串联在被控主回路中，其所控制的电流较大，需要配备相应的灭弧装置；辅助触点用于控制回路或信号回路中，可根据需要选用其类别（动合触点或动断触点）和数量，不需专设灭弧装置。

接触器按被控电路电流性质可分为交流接触器和直流接触器（有些产品已做成交直流型接触器）。接触器按极数的不同，可分为单极、二极、三极等；按灭弧介质的不同，可分为空气式、油浸式和真空式等；按驱动机构的不同，可分为电磁式、液压式和气动式等；若按有无触点，又可分为有触点（机械）接触器和无触点（半导体）接触器等。

真空接触器主要由真空灭弧室和操动机构组成，真空灭弧室具有通过正常工作电流和在频繁切断工作电流时可靠灭弧的作用，但不能切断过负荷电流和短路电流。我国生产的真空接触器有单极、二极、三极和多极等型式。真空接触器除独立使用外，工程上还广泛采用与熔断器配合代替真空断路器使用的方式，用真空接触器来频繁接通和切断正常工作电流，用熔断器来切断过负荷电流和短路电流。

2. 接触器的基本工作原理

图 14 - 11 所示为常见的 CJ20 - 40 型交流接触器外形图及工作原理图。交流接触器的基本工作原理是利用电磁铁的运动来带动触点控制主电路的通断。图 14 - 10 中，操动机构由带铁心的吸持线圈和衔铁构成，当接触器线圈加上额定电压后，在铁心中产生磁通，形成电磁吸力，电磁力克服反力弹簧的作用力，使衔铁动作与铁心紧密接触，主触点（图中未画出）在衔铁带动下接通主电路，辅助触点的动合触点闭合，动断触点断开。当电磁铁线圈失电或电压明显降低，电磁吸力为零或很小后，在反力弹簧的作用下，铁心和衔铁分开，使触点恢复到原始状态。接触器的灭弧室是由陶土材料制成，并根据狭缝熄弧原理使电弧熄灭。

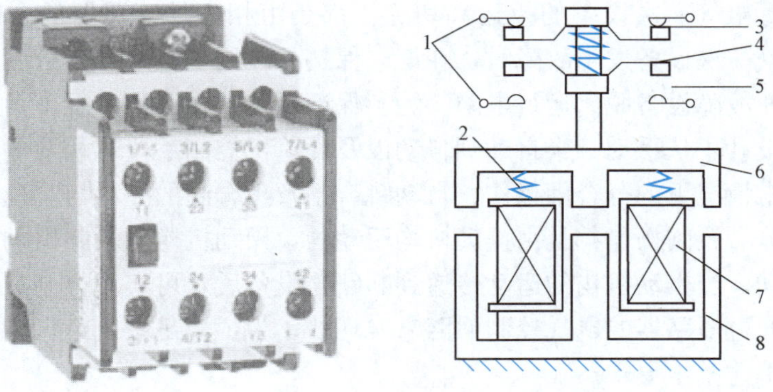

(a)　　　　　　　　(b)

图 14 - 11　交流接触器的外形图及工作原理示意图

(a) 交流接触器外形图；(b) 交流接触器工作原理图

1—静触点；2—复位弹簧；3—动断触点；4—动触点；

5—动合触点；6—衔铁；7—线圈；8—铁心

接触器的参数有额定电压、额定电流、接通和分断能力以及线圈的额定电压等。

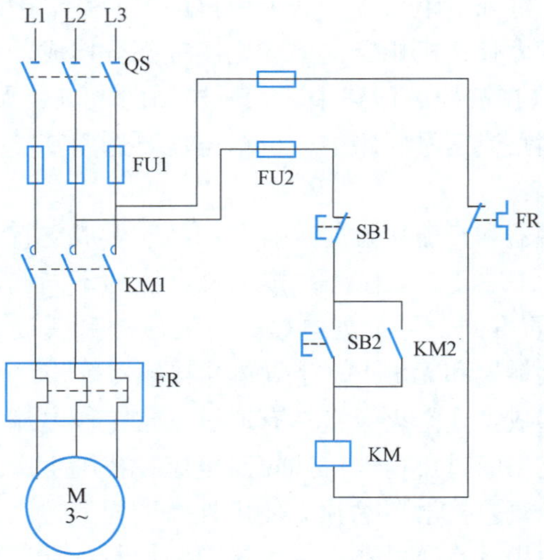

图 14-12　三相异步电动机全压启停控制电路图

3. 交流接触器应用举例

图 14-12 绘出了利用交流接触器控制电动机 M 的电路图。接触器 KM 有一对串入主电路的主触点 KM1、一对接在控制回路中的动合辅助触点 KM2。当按下按钮 SB2 时，接触器线圈 KM 通电，KM1 闭合，接通主电路，使电动机 M 启动；KM2 闭合起自保持作用，即在松开按钮 SB2 后，使线圈 KM 保持在励磁状态，保证 KM1 牢固接通主电路。当按下按钮 SB1 时，KM 失电，KM1 断开，主电路断开，KM2 断开，准备好下次动作。图 14-12 中，FR 为热继电器，是一种利用电流热效应原理工作的电器，主要与接触器配合使用，用于三相异步电动机的过载保护。当三相异步电动机的工作电流长时间高于额定电流时，热继电器动作，位于控制回路中的动断触点 FR 打开，K 失电，K1 断开，主电路断开，三相异步电动机停机，实现电动机的过载保护。

第三节　高压断路器的控制

一、概述

断路器是发电厂和变电站最重要的开关电器，例如，发电机、变压器、输电线路、电抗器、电容器等电气一次设备的投运和切除，都是由相应的断路器的合闸或分闸来实现的。运行中电气一次设备发生故障时，在继电保护的作用下，跳开（分闸）距故障设备最近的断路器，使故障设备脱离运行电源。为了保证断路器在上述工况下可靠、正确、迅速地动作，人们设计了从手动、半自动到自动以及计算机控制手段和相应的控制回路，以实现对断路器正常情况下的分合闸操作、自动跳合闸及重合闸的控制与监视。

断路器的分、合闸操作都是由操动机构驱动的，操动机构与断路器的主触头保持电气隔离、机械联动，当操动机构的运动传递到断路器设备后，可实现分闸或合闸动作。操动机构的动作是通过断路器的电气控制回路来实现的，为了满足系统运行的需要，断路器控制回路应满足下述基本要求。

（1）断路器既能在远方或就地由控制开关操作进行合闸和分闸，又能在继电保护或自动装置作用下自动合闸或跳闸。

（2）断路器分、合闸后，应能迅速自动切换对应的操作电路，以避免因跳、合闸线圈长时间通电而烧毁。

（3）正常运行时，能指示断路器分、合闸位置状态；事故跳闸时，应有区分与正常运行时的明显信号显示，并伴有事故音响信号。

（4）具有防止断路器连续多次分、合闸的防“跳跃”闭锁功能。为此，断路器应装设

"电气防跳"或"机械防跳"装置。

（5）应能监视控制回路电源和断路器跳闸、合闸回路的完好性。

（6）对于气压、液压和弹簧操动的断路器，应分别具有气压不足的"气压闭锁"、液压不足的"液压闭锁"、弹簧储能下降时的"储能不足闭锁"功能。

（7）具有分相操动机构的断路器，应有三相机构不一致的监视信号。

二、 高压断路器的控制电路

在发电厂和变电站中，经过多年的发展和更新，断路器的控制电路已日趋完善和成熟。图 14 - 13 所示为综合保护、测控装置中对电磁操动机构断路器进行控制的典型电路。

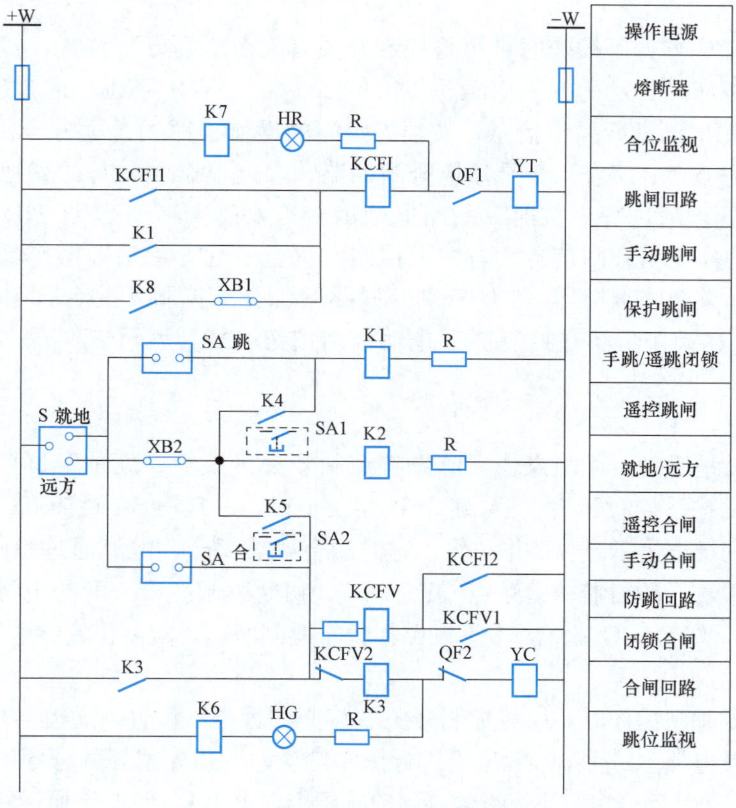

图 14 - 13 高压断路器控制回路图

K1—跳闸继电器；K2—远方控制继电器；K3—合闸闭锁继电器；K4—远方跳闸继电器；K5—远方合闸继电器；K6—跳位继电器；K7—合位继电器；K8—保护跳闸继电器；KCFI、KCFV—防跳闭锁继电器；YT—跳闸线圈；YC—合闸线圈；S、SA—控制开关；XB1—保护跳闸连接片；XB2—遥控连接片；HG—绿灯；HR—红灯；R—限流电阻

断路器的操作可实现"就地"操作和"远方"操作两种方式。"就地"操作是在断路器的开关柜上将控制开关 S 的手柄旋至"就地"位置、遥控连接片 XB2 打开的情况下，由操作人员在开关柜上按动控制开关 SA 的操作，所以也叫"手动"操作。"远方"操作是将控制开关 S 旋至"远方"位置、遥控连接片 XB2 合上的情况下，操作人员在主控制室控制屏上按动控制开关 SA 的操作，这也叫"远方手动"操作；若是无人值班的情况，

则可由上一级调度值班人员发出指令，按照预先编好的操作程序通过计算机自动操作，称为“远方自动”操作。

1. 合闸操作

下面以“就地手动”操作为例来分析断路器的合闸过程：首先将控制开关 S 旋至“就地”位置、遥控连接片 XB2 打开，核对无误后，按下控制开关“SA 合”，这时电路（+W）—S — SA 合— KCFV2 — K3 — QF2 — YC —（—W）接通，于是断路器合闸。当断路器合闸过程完成时，与断路器传动轴一起联动的辅助触点[1] QF2 断开，QF1 闭合。辅助触点 QF2 的断开切断了合闸回路的电源，可避免合闸线圈 YC 因长期通电而烧毁；辅助触点 QF1 的闭合，电路（+W）— K7 — HR — R—QF1 — YT —（—W）接通，于是红灯发光，表明断路器处于合闸状态，同时合闸位置继电器 K7 也励磁动作，发出合闸信息。

同样要进行远方合闸操作时，可将控制开关 S 旋至“远方”位置，接通遥控连接片 XB2，于是电路（+W）— S — XB2 — K2 — R —（—W）接通，远方控制继电器 K2 励磁并动作，发出可进行操作信息，按预先编好的操作程序通过远方合闸继电器 K5 动作，使其动合触点 K5 闭合，于是接通合闸回路，断路器合闸。与“就地手动”合闸操作一样，断路器合闸过程完成时，断路器辅助触点 QF1 闭合，红灯 HR 发光，合闸位置继电器 K7 动作发出合闸信息。若在主控制室进行“远方手动”操作，应在远方跳闸继电器 K4 和远方合闸继电器 K5 处分别并联跳闸、合闸控制开关 SA1 和 SA2（图中虚框所示），按上述操作步骤在控制屏上按动合闸按钮 SA2，就可以实现“远方手动”合闸操作。

2. 跳闸操作

若进行“就地手动”跳闸操作，应先将控制开关 S 旋至“就地”位置，遥控连接片 XB2 打开，然后按下控制开关“SA 跳”，电路（+W）— S — SA 跳— K1 — R—（—W）接通，于是跳闸继电器 K1 励磁并动作，它的动合触点闭合，电流通过跳闸线圈 YT，使断路器跳闸。接着，断路器辅助触点 QF1 断开，切断跳闸线圈 YT 的电源；断路器辅助触点 QF2 闭合，绿灯 HG 发光，表明断路器处于跳闸状态，跳闸位置继电器 K6 动作发出跳闸信息。

若进行远方跳闸操作时，应将控制开关 S 旋至“远方”位置，遥控连接片 XB2 接通，于是远方控制继电器 K2 动作，发出可进行操作信息，按预先编好的程序通过远方跳闸继电器 K4 动作，使其动合触点 K4 闭合，启动跳闸继电器 K1，使电流通过跳闸线圈，断路器跳闸、绿灯发光、跳闸位置继电器发出跳闸信息。当控制开关 S 在“远方”位置、遥控连接片接通情况下，按下控制屏上控制按钮 SA1 同样可以完成远方手动操作。在保护连接片 XB1 接通情况下，如果线路发生故障，保护跳闸继电器 K8 动作，于是断路器事故跳闸、绿灯发光、跳闸位置继电器发出事故跳闸信息。

3. 防“跳跃”闭锁

由上述断路器操作过程可知，按下控制开关“SA 合”后，断路器就合闸。如果是合闸于有预伏性故障的线路上，则在继电保护作用下，断路器会自动事故跳闸。假若由于某

[1] 断路器的辅助触点设置在操作断路器动作的操动机构中。

种原因造成控制开关“SA 合”或合闸闭锁继电器触点 K3 未复归（如操作手柄未松开、触点焊住和被卡住），合闸回路一直在发合闸信号，则断路器在事故跳闸后会再次合闸。由于是永久性故障，在继电保护作用下，断路器又会跳闸，造成断路器多次合闸、跳闸，即出现断路器“跳跃”现象，这极易造成断路器损坏，必须加以防止。所谓“防跳”就是采取措施防止断路器“跳跃”的发生。工程上可采取电气“防跳”和机械“防跳”的措施。电气“防跳”闭锁通常是在控制回路中增设防跳闭锁继电器 KCF。防跳闭锁继电器 KCF 有两个线圈，一个线圈是串联在跳闸回路中的电流线圈 KCFI，它有两对触点 KCFI1 和 KCFI2；另一个线圈为与合闸线圈 YC 并联的电压线圈 KCFV，它也有两对触点 KCFV1 和 KCFV2。其工作原理如下：当利用“SA 跳”进行断路器跳闸或利用继电保护使断路器跳闸时，电流线圈 KCFI 励磁，其动合触点 KCFI1 和 KCFI2 闭合，KCFI1 的闭合可以保证防跳继电器电流线圈在断路器断开前保持在励磁状态，KCFI2 闭合可启动防跳闭锁继电器的电压线圈 KCFV，它的动断触点 KCFV2 断开，切断合闸回路，避免断路器的再次合闸；它的动合触点 KCFV1 的闭合，能使防跳闭锁继电器的电压线圈自保持在启动状态，切断合闸信号，从而防止了断路器的“跳跃”。只有当合闸信号解除，防跳闭锁继电器 KCF 的电压线圈 KCFV 断电后，才能恢复至正常状态。

4. 控制回路的监视

断路器控制回路的监视是由跳位继电器 K6 和合位继电器 K7 以及绿灯 HG 和红灯 HR 实现的。当断路器合闸（或跳闸）后，断路器辅助触点 QF1 和 QF2 切换，一方面可避免合闸线圈和跳闸线圈长时间通电，另一方面会使指示灯发光和合位继电器、跳位继电器励磁发信息，也就是说合位继电器和红灯是用来监视跳闸回路完好性的，而跳位继电器和绿灯是用来监视合闸回路完好性的。平时仅有一种指示灯（红灯或绿灯）发光，一旦两种指示灯都不发光，就说明控制回路电源出了故障。

5. 操作回路的闭锁

上述采用电磁操动机构断路器是靠合闸线圈瞬间通入大电流（可达 100A 以上）所产生的强大电磁冲击力实现断路器的合闸，无操作时不需要储能。

采用弹簧操动机构的断路器是利用储存在被拉紧的弹簧装置中的能量进行合闸的，只有在弹簧拉紧（储能）时，才允许进行断路器的合闸操作。因此，在合闸回路中应串入弹簧闭锁触点，使之只有在弹簧拉紧（储能），弹簧闭锁触点闭合时，才能进行断路器的合闸操作。同时，当断路器储能弹簧未拉紧时应能发出“弹簧未储能”信号。

采用液压操动机构的断路器是利用液体（油）压力中的储能作为断路器跳合、闸的动力，并依靠液压使断路器保持在合闸位置。因此，当液压低于某一定值时，打压电动机应能自动启动，使之储能；当液压高于某一定值时，应能自动停止打压，以免液压过高而发生事故。当液压过低时应能闭锁跳、合闸回路，以免断路器动作速度太慢而烧坏断路器触头，甚至拒绝动作。根据上述原则，采用液压操动机构的六氟化硫断路器的控制回路应有以下闭锁。

(1) 当液压不足以满足断路器正常合闸要求时，液压开关中的微动开关动作，使合闸闭锁继电器动作切断合闸继电器线圈电路，从而实现合闸闭锁，同时发出“液压降低闭锁合闸”信号。

(2) 当液压降低到不能满足断路器跳闸时，液压开关中的微动开关动作，使跳闸闭锁继电器动作断开跳闸线圈电路，从而实现跳闸闭锁，同时发出“液压降低闭锁跳闸”信号。

（3）油泵电动机零压闭锁。断路器在合闸中若液压过低（低至储压筒充气压力），重新打压，造成断路器缓慢分闸时，要启动电动机闭锁继电器，使电动机不能启动打压，同时发出“主储油筒压力过低”信号。

（4）液压机构储压筒漏氮时会发出“储压筒漏氮”信号。

（5）六氟化硫断路器因漏气而使六氟化硫气体压力不能满足跳闸要求时，通过闭锁使断路器只能保持原先位置，不能实现跳、合闸动作，同时伴有“六氟化硫气压低闭锁跳、合闸”信号输出。

我国220kV及以上电压等级的电网为大接地电流系统，线路发生单相接地时只跳单相电路，然后单相重合，其他故障三相跳闸然后三相重合，若是永久性故障就断开三相并不再自动重合，这就是综合自动重合闸。因此，在220kV及以上电压等级的断路器均具有分相操作功能。这就要求断路器相应的控制回路应既能实现手动的三相操作，又能实现自动单相和三相跳闸和合闸。相关控制回路可参考有关手册。

第四节　高压隔离开关的电动操作与闭锁

高压隔离开关的操作也有“就地”操作和“远方”操作两种方式，110kV以下电压等级的隔离开关通常采用“就地”操作，而110kV及以上电压等级的隔离开关既可以采用“就地”操作，也可以采用“远方”操作。对于无人值班的发电厂和变电站，为提高自动化程度都采用“远方”操作。隔离开关控制回路构成原则如下。

（1）由于隔离开关没有灭弧机构，不允许用来切断和接通负载电流，因此控制回路必须有与相应断路器闭锁的措施，以保证在断路器合闸的状态下，不能操作隔离开关。

（2）为防止带接地合闸，控制回路必须有与接地开关闭锁的措施，以保证在接地开关合闸的状态下，不能操作隔离开关。

（3）操作脉冲应是短时的，完成操作后应能自动解除。

（4）隔离开关应有所处状态的位置信号。

根据操动机构型式的不同，隔离开关的控制回路可分为电动操作式、液压操作式和气动操作式等。下面以图14-14隔离开关电动操作为例，分析其操作过程。图中给出的一次接线示意图表明，出线断路器QF两侧有两组隔离开关1QS和2QS，1QS的一侧带有接地开关（1QS1），而2QS是两侧均有接地开关（2QS1和2QS2）。因为隔离开关没有专门的灭弧装置，不能用来切断或接通负荷电流和短路电流，所以必须是在断路器断开及接地开关断开的情况下，才能对隔离开关进行操作。为避免误操作，隔离开关与断路器、接地开关的操作之间必须按规定的操作顺序加以闭锁。即在图14-14中，隔离开关1QS的控制回路中应采用接地开关1QS1的动断触点作闭锁，隔离开关2QS的控制回路中应同时采用接地开关2QS1和2QS2的动断触点作闭锁，隔离开关1QS和2QS控制回路与断路器的闭锁可共同由断路器的动断辅助触点QF来实现。

隔离开关的分闸和合闸由接触器KM1和KM2控制电动机M正转和反转来实现，接触器 KM1 和 KM2 分别由合闸按钮 SB1 和分闸按钮 SB2 启动，并由其动合触点 KM1 和 KM2 自保持。合闸（或分闸）到位后，由行程开关 SQ1（或 SQ2）切断电路，电动机由热继电器 FR 保护。

下面以隔离开关 1QS 为例来说明隔离开关的合闸和分闸操作。

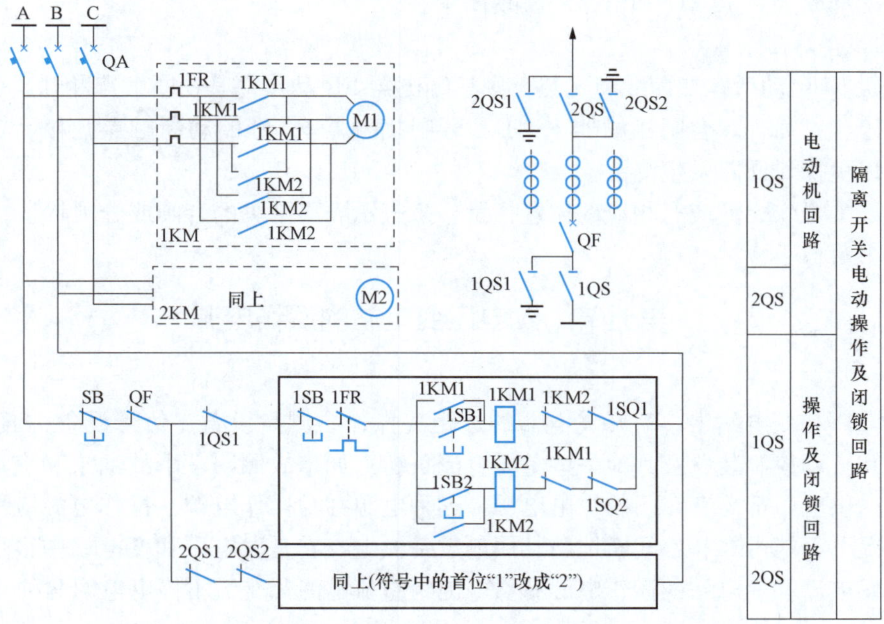

图 14 - 14　隔离开关电动操作及闭锁回路图

SB、1SB、2SB—紧急停止按钮；1SB1、2SB1—合闸按钮；1SB2、2SB2—分闸按钮；
1KM1、2KM1—合闸接触器线圈；1、2KM2—分闸接触器线圈；1、2SQ—行程开关；
1、2FR—热继电器；1QS、1QS1、2QS、2QS1、2QS2—隔离开关辅助触点；
1、2KM—隔离开关电动机构；M1、M2—电动机；QA—低压断路器

1. 合闸操作

合闸操作前断路器 QF 和接地开关 1QS1 均处于断开位置，其动断触点 QF 和 1QS1 均是闭合的，在紧急停机按钮 SB 和 1SB 的动断触点闭合、热继电器的动断触点 1FR 也闭合的情况下，远方按动合闸按钮 1SB1，使电路 A — SB — QF — 1QS1 — 1SB — 1KR — 1SB1 —1KM1 — 1KM2 — 1SQ1 — B 接通，1KM1 励磁，电动机 M1 正转，隔离开关 1QS 合闸。当合闸到位时，行程开关 1SQ1 断开，切断合闸回路，1KM1 失电，电动机停止正转，合闸操作完毕。

2. 分闸操作

同样道理，分闸操作前断路器 QF 和接地开关 1QS1 也应该处于断开的位置，其动断触点 QF 和 1QS1 均是闭合的。在紧急停机按钮 SB 和 1SB 的动断触点闭合、热继电器的动断触点 1FR 也闭合的情况下，按动分闸按钮 1SB2，于是分闸接触线圈 1KM2 励磁，电动机 M1 反转，隔离开关分闸。待分闸到位时，行程开关 1SQ2 断开，切断分闸回路，1KM2 失电，电动机停止反转，分闸操作结束。

3. 电动机紧急停止

接入两组隔离开关各自回路中的紧急停机按钮 1SB 和 2SB，以及两组隔离开关总控制回路中的紧急停机按钮 SB，是供行程开关 1SQ、2SQ 失灵或其他原因而紧急停机用的。为防止同时按动分闸和合闸按钮引起电动机电源短路，分、合闸控制回路分别用合闸和分闸接触器的动断触点 IKM1 和 IKM2 实现闭锁。

4. 分、合闸回路保护

电动机 M 启动后，如因故障发热，则热继电器 FR 动作，其动断触点断开整个控制回路，操作停止。另外，合闸接触器 KM1 和分闸接触器 KM2 的动断触点互相闭锁分、合闸回路，以免操作回路发生混乱。

隔离开关操作之后应有相应的位置指示，来表示隔离开关的合闸或分闸状态。

第五节　发电厂变电站的操作电源

在发电厂和变电站中，对开关电器的远距离操作、测量设备、信号设备、通信系统、继电保护和自动控制装置及其他一些重要直流负荷（如事故照明、事故油泵和交流不停电电源等）的供电，都需有专门的供电电源，这种电源称为操作电源。操作电源应保证在任何事故情况下都能可靠和不间断地向其用电设备供电，它是发电厂和变电站中很重要的部分。现代发电厂和变电站的操作电源有蓄电池组直流电源和交流不停电电源两种。

一、蓄电池组直流电源

蓄电池是一种储存直流电能的设备，它能把电能转变成化学能储存起来（充电），使用时再将化学能转变成电能（放电），供给直流负荷。实际中都是将多个蓄电池串、并联组成蓄电池组。蓄电池组是一种独立可靠的电源，它不受交流电源影响，在发电厂或变电站内发生任何事故时，甚至在全厂、全站交流电源都停电的情况下，仍能保证直流系统中的用电设备可靠而连续地工作，且电压平稳；同时还可以作为全厂、全站的事故照明电源，是保证供电电源不中断的最后屏障。

蓄电池主要分镉镍碱性蓄电池和铅酸性蓄电池两种。

镉镍碱性蓄电池的正极板采用氢氧化镍活性物质，负极板采用氢氧化镉粉活性物质，电解液采用氢氧化钾，故称为碱性蓄电池。它具有体积小、寿命长、产生腐蚀性气体少、维护方便等优点。但它容量小、单体电池电压低，使电池数量增加，需要设置调压装置，再加有爬碱等缺点，所以主要用于中、小型变电站以及发电厂辅助车间直流负载的供电电源。

铅酸性蓄电池正极板上的活性物质是二氧化铅，负极板上的活性物质是海绵状的金属铅，电解液是稀硫酸，故称为酸性蓄电池。铅酸性蓄电池具有可靠性高、容量大、承受冲击负荷能力强等优点，被广泛用作发电厂和变电站的操作电源。铅酸性蓄电池分为开口式（容器采用玻璃缸）、防酸隔爆式（容器采用防酸隔爆的透明塑缸）及阀控式三种。其中阀控式又分贫油式和胶体式两大类。阀控式蓄电池近年来发展迅速，以其优越的技术性能（如大电流放电性能优良、自放电电流小、不漏液、无酸雾、无需加水和调酸等）大大减少了维护工作量，因而已逐步代替其他型式的铅酸性蓄电池。

以下着重介绍新建发电厂和变电站多采用的阀控式铅酸蓄电池。

1. 阀控式铅酸蓄电池的工作原理

阀控式铅酸蓄电池的工作原理基本上沿袭于传统的铅酸蓄电池。它的放电和充电过程是通过电化学反应来完成的。

（1）放电过程。把带有活性物质二氧化铅（PbO_2）的正极板与带有活性物质海绵状金属铅（Pb）的负极板放入稀硫酸液（H_2SO_4）中，在两极板间就会因化学反应而产生2V的电动势，使外接电路流过电流，把化学能转化为电能。这种由化学能转变成电能的过程称为蓄电池的放电过程，放电过程的化学反应为

正极： $$PbO_2 + H_2SO_4 + 2H^+ + 2e^- \longrightarrow PbSO_4 + 2H_2O \quad (14-1)$$

负极： $$Pb + H_2SO_4 \longrightarrow PbSO_4 + 2H^+ + 2e^- \quad (14-2)$$

所以，在放电状态下，总的化学反应为

$$Pb + PbO_2 + 2H_2SO_4 \longrightarrow 2PbSO_4 + 2H_2O \quad (14-3)$$

由此可见，在蓄电池放电过程中，由于正极板上的二氧化铅和负极板上海棉状铅与稀硫酸电解液起化学反应，将在正、负极板上同时形成硫酸铅（$PbSO_4$），并析出水。随着放电时间的增加，电解液中的水将随之增加而使电解液密度逐渐降低，电池内阻增加，电动势下降，端电压随即减小。当端电压降至1.8～1.75V之后，就不能继续放电，这个电压称为终止电压。

（2）充电过程。若将蓄电池正极接到直流电源正极，负极接到直流电源负极，则当直流电源电压高于蓄电池电动势时，外接电源电流就会流入蓄电池，对蓄电池进行充电。此时蓄电池内进行的化学反应为

正极： $$PbSO_4 + 2H_2O \longrightarrow PbO_2 + 2H_2SO_4 + 2H^+ + 2e^- \quad (14-4)$$

负极： $$PbSO_4 + 2H^+ + 2e^- \longrightarrow Pb + H_2SO_4 \quad (14-5)$$

与放电时相反，所以在充电状态下总的化学反应为

$$2PbSO_4 + 2H_2O \longrightarrow Pb + 2H_2SO_4 + PbO_2 \quad (14-6)$$

这表明在充电过程中，正极板上的 $PbSO_4$ 将被还原成 PbO_2，在负极上的 $PbSO_4$ 将被还原成金属铅（Pb），而且电解液中硫酸增多、水分减少，蓄电池电动势得到恢复，又具备了放电条件。

（3）蓄电池的容量。蓄电池容量是反映蓄电池储存电能的重要技术指标。蓄电池容量 Q 表示蓄电池充足电后，在规定的放电电流下，放电到某一终止电压（蓄电池能再反复充电使用的最低电压）时所释放的能量。也即指蓄电池恒流放电到某一终止电压过程中，放电电流与放电时间的乘积，用数学式表示为

$$Q = It \quad (14-7)$$

式中：Q 为蓄电池容量，A·h；I 为放电电流，A；t 为放电时间，h。

蓄电池放电至终止电压所用的时间称为放电时率，同一蓄电池在不同放电时率下会具有不同容量。例如，同一蓄电池，当放电时率为10h时，容量为100A·h（即当放电电流为10A时，允许放电10h）；当放电时率为3h时，容量将降低为75A·h（即当放电电流为25A时，只允许放电3h）。可见，蓄电池容量与放电电流大小密切相关；同一蓄电池在不同放电电流下放电，会具有不同容量。通常，蓄电池的额定容量是指放电时率为10h时

的容量。

电力系统通常采用的放电时率为 20h、10h，分别写作 C20、C10，其中 C 代表蓄电池容量，后面数字表示放电时率。容量相同而放电时率不同的蓄电池，它们的额定放电电流会相差甚远。例如，一组蓄电池容量为 100A·h，放电时率为 10h，写为 100A·h10，它的额定放电电流为 100A·h/10h=10A；而另一组蓄电池容量同样为 100A·h，而放电时率为 20h，写作 100A·h20，它的额定放电电流则为 100A·h/20h=5A。

（4）析氢和析氧。应该指出，在充电过程中，除由式（14-4）和式（14-5）所示的主反应外，还存在以正、负极作为电解极的“电解水”反应（副反应）。

当充电到 70%容量，电池电压达到 2.27V 时，正极开始析出氧气，其反应式为

$$H_2O \longrightarrow \frac{1}{2}O_2\uparrow + 2H^+ + 2e^- \qquad (14-8)$$

当充电到 90%容量，电池电压达到 2.35V 时，负极开始析出氢气，其反应式为

$$2H^+ + 2e^- \longrightarrow H_2\uparrow \qquad (14-9)$$

氢、氧的析出使传统开口式铅酸蓄电池的电解液消耗很大，需要经常加酸、补水，进行维护。

阀控铅酸蓄电池采用多元合金作板栅，提高了负极析氢过电位，抑制了蓄电池在充电过程中负极板氢气的析出；采用改进蓄电池结构的方法，使蓄电池在充电过程中正极板产生的氧气沿着气体通道传递到负极板，与海绵状铅发生如下化学反应

$$O_2 + 2Pb + 2H_2SO_4 \longrightarrow 2PbSO_4 + 2H_2O \qquad (14-10)$$

生成 $PbSO_4$ 和 H_2O，能促使氧在蓄电池内部顺利循环，水重新回到电解液中。因此阀控铅酸蓄电池在使用过程中不需加酸、补水。为了使正极析出的氧气能顺利传输到阴极，阳极区要保持一定的压力，为此阀控铅酸蓄电池要采取一定的密闭措施。

2. 阀控式密闭铅酸蓄电池的构成

阀控式密闭铅酸蓄电池由正极板、负极板、电解液、隔板、电池槽、电池盖、安全阀和极柱等组成，如图 14-15 所示。其各部分的结构和功能如下。

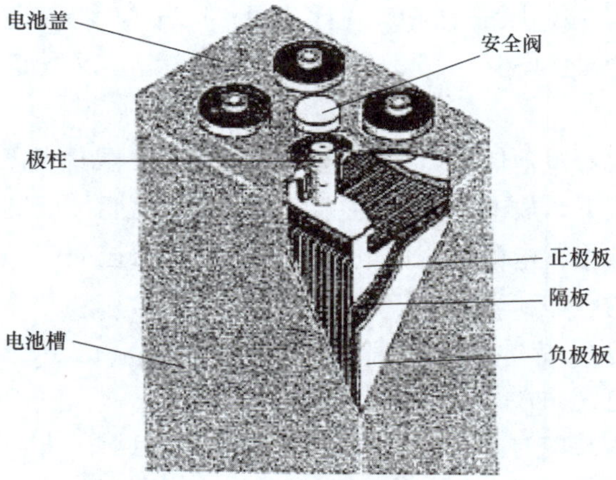

图 14-15 阀控式密闭铅酸蓄电池构成图

（1）正、负极板：由活性物质材料和板栅组成，正极板上的活性物质是二氧化铅，负极板上的活性物质是海绵状的金属铅。板栅采用铅、钙、锡、铝四元合金，使负极析氢过电位提高 300～350mV，只要充电不超过 2.55V，负极就不会大量析氢。

（2）隔板：选用超细玻璃纤维作正、负极板间的隔板，隔板可吸附电解液保持其不流动。隔板之中留出气体通道，使充电时正极析出的氧气可通过隔板中的通道到达负极板表面，实现氧循环。

（3）电池槽、盖：由阻燃和高强度的材料制成，其主要功能在于储存极板、隔板、电解液，保持密封状态。

（4）安全阀：是阀控蓄电池的一个重要零部件，“阀控”之名就源于此。其功能在于使电池保持一定的内压；防止外界气体进入蓄电池；防止电解液蒸发，避免蓄电池干涸；释放阀控蓄电池在过充电等不正常条件下产生的过量气体，防止发生爆炸。安全阀应具有准确的开、闭阀压力，从而保证阀控蓄电池的安全运行。

阀控式密闭铅酸蓄电池具有体积小、质量轻、放电性能好、维护工作量小，不溢酸雾、对环境无腐蚀和污染等优良特性，而且可实现无人值守和微机集中监控的现代化管理。因此在电力系统中得到大量使用，逐渐取代了传统的铅酸蓄电池和其他碱性蓄电池。但应注意，阀控蓄电池对温度反应灵敏，不允许过充电和欠充电，对充放电装置要求严格。而且因为是全封闭，不能配置比重计和液位计，因此要设置蓄电池在线监视装置。

二、 阀控蓄电池组直流系统

（一）直流系统的构成

图 14-16 所示为电力系统广泛应用的直流系统，它由交流配电单元、充电模块、集中监控单元、绝缘监测单元、蓄电池组等部分以及各直流负载单元（诸如合闸回路、控制回路等）构成。

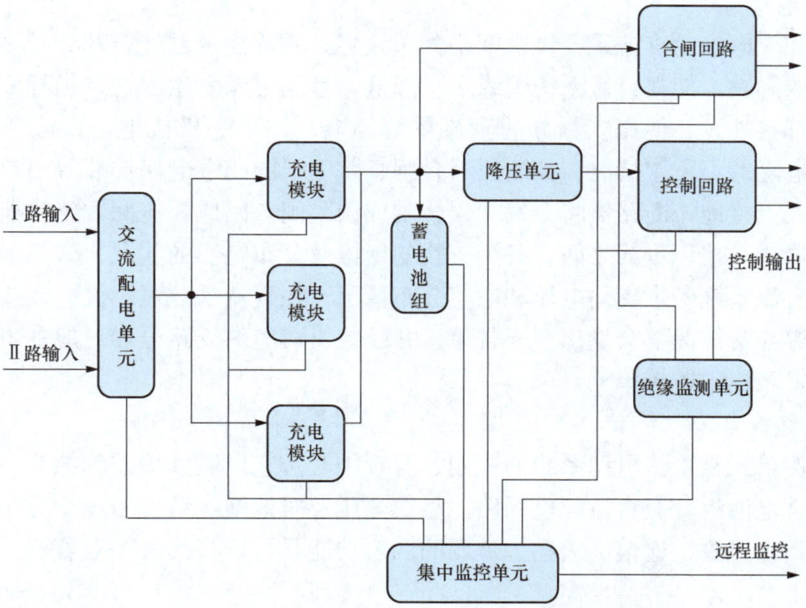

图 14-16　直流系统组成图

图中交流电输入经交流配电单元给充电模块供电；充电模块输出稳定的直流，一方面对蓄电池组充电，另一方面为负载提供正常的工作电源；绝缘监测单元可在线监测各直流支路的对地绝缘状况；集中监控单元可实现对交流配电单元、充电模块、绝缘监测单元、蓄电池组和直流负载单元等运行参数的采集以及对各单元的控制和管理，并可通过远程接口接受后台操作员的监控。

1. 充电装置

目前，大中型发电厂和变电站采用的充电装置有高频开关型和相控型（晶闸管整流器型）两种类型。高频开关型充电装置具有集成模块化、技术性能好、体积小、功耗小、效率高（90%以上）、电磁干扰小、自动化水平高等优点，因此在工程上得到广泛应用。因为它是模块化结构，其整流模块最低应满足 $N+1$ 冗余配置，其中 N 块整流模块的额定输出容量已满足该段直流母线最大负荷，所以，可不用设置专用备用装置。装置的整流模块主回路采用 AC—DC、DC—AC、AC—DC 三个步骤的电压和功率变换，将交流输入转换为直流输出，整流模块采用功率器件及高频软开关控制技术。

2. 蓄电池的监视

蓄电池可装设专用的微机巡查装置，依次对每一单只蓄电池进行在线巡查，实时记录不同工作状态下每一只电池的电压、容量，出现异常时发出告警信号，给蓄电池维护提供重要参考依据，及时发现和排除隐患，确保蓄电池组安全运行。

智能蓄电池管理系统采用二级监控模式，能对蓄电池的端电压、充放电电流、蓄电池室温及其他参数作实时在线监测。可准确根据蓄电池的充放电情况估算蓄电池容量的变化，还能在蓄电池放电后按用户事先设置的条件自动转入限流均充（均衡充电）状态，通过控制母线电压来完成蓄电池的均充过程，并且可完成蓄电池的定时均充维护，不需任何人工干预，实现全智能化。

3. 直流绝缘监察单元

发电厂和变电站的直流系统供电网络分布较广，系统复杂且外露部分较多，容易受外界环境因素的影响，使得直流系统绝缘水平降低，甚至可能发生因绝缘损坏而接地。如果是正、负极都接地，会使相应部分的直流系统停电；如果一极接地，直流系统可继续运行，但这是危险的不正常情况。如断路器合闸、跳闸线圈或继电保护装置出口继电器接地后再伴随第二点接地，断路器将会发生误合闸或误跳闸。因此，应配置绝缘监察单元来检查直流系统母线对地、母线之间、各个支路的绝缘及分布电容的状况。微机型绝缘监察装置用来监测直流系统各个支路电压和电容分布情况，在直流系统过、欠电压或直流系统绝缘强度降低等异常情况下会发出声光告警，并能找出对应的支路号和对应的电阻值，将对应告警信息发至集中监控单元。

4. 集中监控单元

集中监控单元是直流电源系统的控制、管理中心。它以微处理器为核心，对高频开关整流模块、蓄电池组、交直流配电回路、母线电压及对地绝缘情况实施全方位的监视、测量和控制，具有遥测、遥信、遥控、遥调的四遥功能，可以替代人工对直流系统的维护和管理。

在具有大容量发电机组的发电厂中，通常设有多个彼此独立的直流系统，例如单元控制室直流系统、网络控制室直流系统、输煤直流系统、脱硫直流系统等。

（二）直流电源系统的接线

直流电源系统的电压等级有 220、110、24V 等。在选择直流电源系统电压等级时，应考虑受电负荷的性质、容量大小、二次设备及控制电缆截面对投资的影响等因素。我国 DL/T 5044—2014《电力工程直流电源系统设计技术规程》对直流电源系统电压做如下规定：220V 供断路器的控制操作、事故照明、事故油泵、UPS 等的动力负荷；110V 主要供信号、测量、保护、控制、自动装置等的控制负荷；24V 为通信负荷用。电源系统的电压等级有 220、110V 和 24V 等。

发电厂及变电站直流电源系统的接线，通常广泛采用单母线或单母分段接线。当采用分段接线时，应在同一电压等级的两段直流母线之间设置联络断路器或隔离开关，正常运行时断路器或隔离开关应处于断开位置，以提高直流电源系统供电的可靠性。直流电源系统的直流馈电回路多采用辐射供电方式，不宜采用环状供电方式，且直流控制与保护的馈线回路应分开供电。这是因为辐射供电方式运行操作灵活、可靠性高，一旦直流电源系统发生接地故障便于查找。

直流电源系统接线中的充电装置应满足冗余配置的要求。如果选用相控型充电装置，通常要求是对单母接线应设一套工作充电装置，一套备用充电装置；若是单母分段接线应在每段母线各设一套工作充电装置，另再设第三套充电装置作为备用，它可在两段母线之间切换。如选用高频开关型充电装置最低应满足 $N+1$ 的冗余配置并采用并列运行，当任一充电模块故障或退出运行，不影响高频开关充电装置的输出和直流系统的运行，因此通常不必再设专门的备用充电装置。

图 14-17 所示为发电厂大容量发电机组单元控制室直流电源系统接线图。由图可以看出，该单元机组的直流电源系统由三个电压等级构成，其中 230V 母线供发电厂动力负荷用电，采用单母线接线；115V 母线供发电厂控制负荷用电，采用单母分段接线；24V 母线供全厂通信负荷用电，采用单母线接线。发电厂低压（400V）厂用电通常在一个单元设有若干个动力中心（简称 PC）和由 PC 供电的若干个电动机控制中心（简称 MCC）。直流电源系统工作充电装置的交流电源均从 MCC 的保安母线引接，正常工作由厂用电供电，一旦厂用电失去时，由柴油发电机快速投入供电，以确保直流电源系统供电的可靠性。直流电源各分段的蓄电池与充电装置分别与相应的 230、115、24V 充电母线相连。直流电源系统的备用充电装置按“装置冗余”的原则配置，即电压 110V 采用单母分段接线两分段共同设一组备用充电装置，在两段母线之间切换，220V 和 24V 采用单母线接线各设一组备用充电装置。

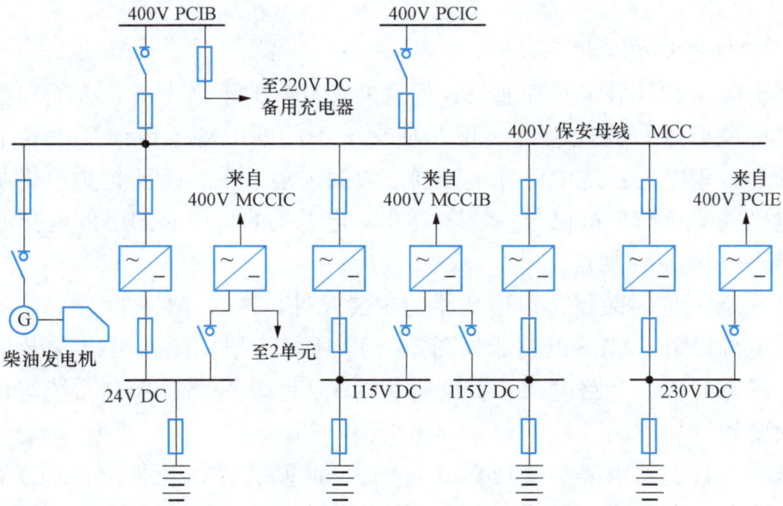

图 14-17 发电厂单元控制室直流电源系统接线图

（三）直流电源系统的运行

在大中型发电厂和变电站中，直流电源系统正常运行时采用浮充电运行方式，不允许采用没有蓄电池组只有充电装置带直流母线的运行方式。所谓浮充电运行方式是将充满电的蓄电池组与充电装置并联运行，充电装置正常工作时，除承担经常性负荷外，还同时以很小的电流向蓄电池组进行充电（简称浮充电），用以补偿蓄电池组的自放电损耗，使蓄电池经常处于满充电状态。但当直流系统中出现较大的冲击性直流负荷（如断路器合闸）时，由蓄电池组供给冲击负荷，充电装置中断时，则全部直流负荷要由蓄电池组供电。冲击负荷消失后，负荷仍恢复由充电装置供电，蓄电池组转入浮充电状态。由此可以看出，浮充电的目的是补充蓄电池的自放电，防止运行中的蓄电池的硫化，使蓄电池组能经常性地在饱满的容量下处于备用状态，随时准备供电给直流负荷，提高了供电的可靠性。而且由于放电机会少，不需经常进行充电，蓄电池寿命也可大大提高。

实际运行中，经过较长时间以浮充电方式运行的蓄电池组，由于每个电池自放电不相等，但浮充电流是一致的，结果会出现部分电池处于欠充电状态，造成个别蓄电池运行状态不佳，电压偏低。为补偿蓄电池在使用过程中产生的电压不均现象，或自放电和爬电漏电所造成的蓄电池容量的亏损，对较长时间以浮充电方式运行的蓄电池组应定期或不定期进行定电压、定电流的充电，这就是均衡充电，一般三个月进行一次均衡充电。

经过较长时间以浮充电方式运行的蓄电池组，由于蓄电池内阻增大，降低了极板中活性物质的作用，使蓄电池容量大幅下降。所以，应按照规定的运行周期，将已长时间运行的蓄电池退出运行，并以规定的放电电流进行恒流放电，直至其中的一个单体蓄电池（或蓄电池组）降至规定的终止电压时，停止放电，然后再充满电后恢复运行，这就是蓄电池组的核对性放电。其目的就是通过核对性放电，检验其实际容量，并使蓄电池得到活化，容量得到恢复，使用寿命延长，提高直流系统供电可靠性。

三、交流不停电电源（UPS）

1. 交流不停电电源的功用

随着计算机应用的日益普及和通信、信息处理技术的不断发展，人们对供电的可靠性和质量提出了更高要求，为此引入一种新型交流不间断电源系统（Uninterrupted Power Systems，UPS），为电力系统中计算机控制、数据采集系统、重要机炉电保护系统、测量仪表及重要电磁阀等负荷，提供与系统隔离、防止干扰的、可靠的不停电交流电源。

2. 交流不停电电源的构成

UPS是一种含有储能装置，以逆变器为主要元件，通过AC—DC—AC双转换技术恒频恒压输出的电源设备。UPS的构成如图14-18所示。根据图示可以看出，UPS由整流器、逆变器、静态开关、旁路电源、直流后备电源、手动旁路、控制系统等部分构成。其各部分功能简要叙述如下。

（1）整流器。整流器由隔离变压器（T001）、晶闸管整流元件（A030）、输出滤波电抗器（L001）和相应的控制板组成。其中隔离变压器可以改变交流电压输入大小，为整流器提供一个合适电压；输出滤波器是由电感线圈构成，作用是过滤DC电流，减小整流器输出电压的波纹系数。

（2）逆变器。逆变器由逆变转换电路（A032）、滤波电抗器（L002）和稳压（T002）

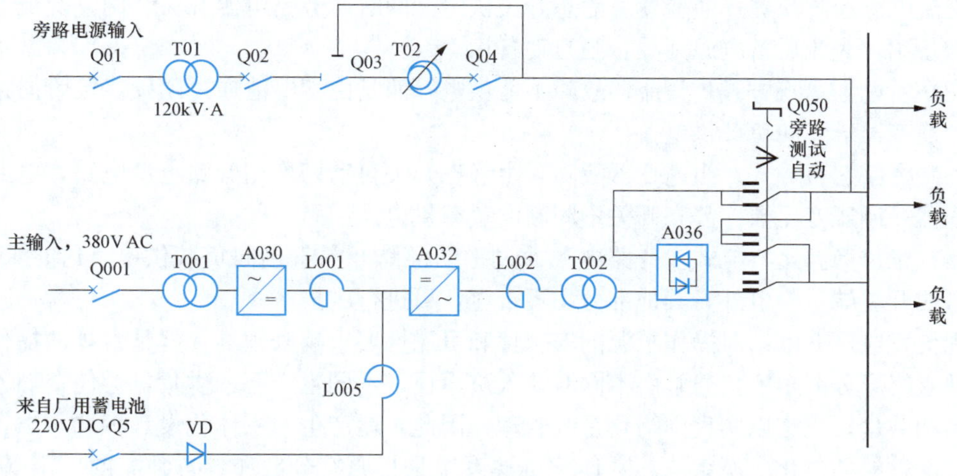

图 14-18 UPS构成图

电路、同步板、振荡器等部分构成。其功用是把直流电变换成稳压的符合标准的正弦交流电，并具有过载和欠电压保护。其中逆变转换电路由 4 个晶闸管和换向电容、电感等构成。通过控制 4 个晶闸管交替动作，将直流转换为方波，然后通过谐波滤波和稳压，输出稳定的交流电；同步板的作用是将逆变器输出与旁路输入的正弦波相位和频率进行比较，并通过振荡板控制逆变器的输出，使逆变器的频率和相位与旁路输入电压的频率和相位相同，从而保持逆变器与旁路电源同步；振荡器的作用是通过提供晶闸管选通信号，产生合适频率的方波选通脉冲以控制电源开关电路，产生一个频率为 50Hz 的矩形方波，经过滤波和稳压电路进行滤波整形后，形成正弦波。

（3）静态开关。静态开关由一组并联反接晶闸管（A036）和相应控制板组成。通过控制板控制晶闸管的切换，当逆变器电源电压消失、受到过度冲击、过负荷或 UPS 回路短路时，会自动切换到旁路电源运行，并发出报警信号，静态开关切换过程无供电中断，必须满足同步条件，具有先合后断功能。

（4）旁路电源电路。旁路电源电路包括旁路隔离变压器（T01）和旁路调压变压器（T02），前者的作用是防止外部高次谐波进入 UPS 系统，后者的作用是将市电交流电压自动调整在规定范围内。

（5）手动旁路。有些 UPS 另设有手动维修旁路，可将静态开关和逆变器完全隔离，可实现在不间断负载供电的条件下对 UPS 进行维护。

（6）直流后备电源。装置内单另配置蓄电池或以发电厂和变电站直流电源系统作为 UPS 应急电源，当整流器故障可作为逆变器的后备电源。

（7）控制系统。控制系统包括微处理器、面板、模/数转换器、电源板、电流和温度传感器等，可实现测量、显示、报警和控制。UPS 具有输入缺相、反相、欠电压、过电压保护，完全由微处理器控制，实现自动保护，并在故障消失后能自动恢复至正常工作状态。

3. 交流不停电电源的运行方式

（1）正常运行方式。正常运行时，工作市电（或保安电源）开关合闸，不间断负荷由三相交流电源经整流器—逆变器—静态开关供电。同时，旁路电源开关合闸，交流旁路电源跟踪备用，直流后备电源开关合闸自动备用。

（2）蓄电池运行方式。整流器故障不能供电，而是由蓄电池通过闭锁二极管向逆变器供电，逆变器继续向负载供电。

（3）旁路运行方式。当逆变器故障，由静态开关自动切换至旁路电源电路，电源经隔离变压器—调压变压器—静态开关不间断向负载供电。

（4）维修旁路运行方式。旁路电源通过手动维修开关直接向负载供电。这时 UPS 装置除进线开关端子带电外，其他部分均不带电，可进行维护检修。

现代发电厂变电站对操作电源的安全性和可靠性要求越来越高，但是常规的操作电源都是独立组屏分散布置，通常由不同专业人员设计，不同生产厂家供货，会使资源不能充分利用和共享，也难以实现网络化系统管理，因此，就产生了一体化设计理念，出现了发电厂变电站的一体化电源系统。一体化电源系统是将原有分散和各自独立的厂用（站用）交流电源系统、直流电源系统、逆变电源系统、通信电源系统一体化设计，一体化配置，一体化监控、运行、调试和服务等，共享直流电源的蓄电池组。这种将直流电源与上述多种电源所构成的组合体称之为一体化电源设备。这可使发电厂变电站的操作电源更加安全可靠，也便于操作维护，有利于整个发电厂变电站的安全可靠运行。

本章小结

阅读电气二次接线图和常用图纸资料，是从事电力系统工作的工程技术人员必备的技能，是分析二次回路异常或故障的基本能力。二次接线图分为原理接线图、展开接线图和安装接线图。其中展开接线图是初学者的难点，然而又是工程常用的、必不可少的工程接线图纸。要看懂和绘制展开接线图，首先应熟悉常用电气二次设备的图形符号和文字符号，此外对断路器和隔离开关的辅助触点要有清晰概念，弄清人为规定的正常状态以及辅助触点与电气设备开断位置的关系。

电气二次系统是发电厂变电站重要组成部分，而且随着发电机组单机容量的增大和系统电压等级的提升，人们对电气二次系统及自动化水平更加重视和期待。传统的二次设备数量多、功能单一、相互重复、可靠性不高、维护不便，根本无法满足对现代发电厂变电站监控发展的需求。发电厂变电站微机监控系统采用开放、分层、分布网络结构，可综合实现对厂站数据的实时采集、控制（包括防误闭锁和同期检测）、报警处理、事件顺序记录、制表打印等，并具备遥测、遥信、遥控、遥调全部远动功能，同时具有与调度中心高速通信交换信息和共享资源的能力。与传统的监控系统相比，微机监控系统具有可靠性高、组态灵活的优点，同时还可以简化二次回路、节约控制电缆、缩小控制室面积、性价比高等。发电厂变电站的微机监控系统经过不断发展和完善，现已达到成熟阶段，在实际工程中逐步推广应用，不仅提高厂站电气系统自动化技术水平和运行可靠性，而且在经济上也能有效降低投资。目前在我国微机监控系统可以与远动融合在一起，不再单独设置远动装置；110kV 及以下的中低压系统已经将间隔层的测控和保护单元合并为测控保护综合单元，当电子式互感器在电力系统进入实用阶段时，微机监控系统才能增加过程层真正成为三层结构的监控系统，这些都在不断提升厂站自动化水平。我国发电厂变电站的微机监控系统正逐渐向着综合化、远程化、智能化发展，它的应用必将对发电厂变电站电气二次系统设计产生根本性变革，对厂站电气系统总体设计也会产生较大影响。

为实现二次系统功能，必须有相应的二次低压控制元器件和操作电源。目前发电厂和变电站的操作电源多采用蓄电池的直流电源和交流不停电电源。直流电源通常采用主要由阀控蓄电池组和高频开关的充电装置构成的直流系统，负责向发电厂变电站的控制保护和操作等二次系统、重要辅机及设备、UPS 电源、事故照明等负荷供电。阀控蓄电池凭借它优越的技术性能被广泛应用，并已积累了成熟运行和管理经验，它特别适用像断路器操作时的冲击负荷。发电厂和变电站的直流系统都采用浮充电运行方式，其目的是补充蓄电池的自放电，防止运行中的蓄电池硫化，使蓄电池能经常性地在饱满容量下处于备用状态，从而延长其寿命。除此之外，还要定期对蓄电池进行核对性放电和均衡充电，使蓄电池能在健康水平下运行。UPS 装置采用可靠性很高的交流转直流、直流转交流的工作方式，交流电源的干扰、电压、频率的波动都被滤除掉，一旦市电中断，立即改由蓄电池作为逆变器输入电源，维持 UPS 供电连续性；当 UPS 故障或维修情况下，负载通过旁路功能由静态开关将负载无扰动地自动转换到旁路交流电源供电（转换时间可做到零），从而保证负载的不间断供电及设备维修。所以 UPS 是一种供电可靠性、连续性质量很高的交流电源。

思考题与习题

14 - 1　发电厂变电站二次回路有哪几类？其作用是什么？

14 - 2　发电厂变电站二次接线图有哪几种？各有何特点？

14 - 3　交流接触器的基本工作原理是什么？它与低压断路器的主要区别是什么？

14 - 4　什么是高压断路器的“跳跃”现象？如何防止？

14 - 5　对断路器控制回路有什么基本要求？举例说明如何满足这些基本要求。

14 - 6　在隔离开关电动操作回路里，如何实现隔离开关与断路器和接地开关的闭锁？

14 - 7　发电厂、变电站的直流系统由哪几部分组成？各部分的功用是什么？

14 - 8　阀控蓄电池直流电源系统正常运行时为什么要采用浮充电运行方式？其特点是什么？

14 - 9　UPS 由哪几部分构成？其作用是什么？

14 - 10　UPS 有哪几种运行方式？各种运行方式原理怎样？

14 - 11　发电厂变电站微机监控系统结构怎样？具有哪些主要功能？

第十五章　电力系统自动化技术

第一节　概　　述

随着现代的电力系统容量及规模的不断增大，相应的一些问题也显现出来，例如电力系统结构变得复杂，运行难度增大。在发生局部故障后，若不能及时或不能正确处理，事故将会扩大以至危及整个系统的安全，因而对自动化控制水平要求很高。

电力系统安全运行是指，所有运行电气设备处于正常状态，满足运行工况需要，系统电压和频率保持在规定范围之内，所有发电机保持同步运行。系统由电气元件产生的故障称为元件事故，通常由继电保护装置处理；因电压或频率的异常引起系统稳定性的破坏称为系统事故，通常由系统安全自动装置来控制和处理。

对电力系统实施的安全控制措施，是建立在对电力系统运行分析的基础上，并由此确定电力系统安全控制状态，采取相应的控制手段。

一、电力系统安全控制状态

电力系统运行状态是指电力系统在不同的运行条件下的运行状态。电力系统的运行条件可以用等式约束条件和不等式约束条件来描述。等式约束条件是指系统发出的有功和无功功率在任一时刻与系统中负荷的有功和无功负荷及输配电元件有功和无功损耗之和相等。可表示为

$$\left.\begin{aligned}\sum P_{Gi}-\sum P_{Li}-\sum \Delta P_{S}=0\\ \sum Q_{Gj}-\sum Q_{Lj}-\sum \Delta Q_{S}=0\end{aligned}\right\}\qquad(15-1)$$

式中：P_{Gi}、Q_{Gi}为发电机和其他电源发出的有功功率和无功功率；P_{Lj}、Q_{Lj}为负荷的有功功率和无功功率；ΔP_{S}、ΔQ_{S}为电力系统中各种输配电元件的有功和无功损耗。

不等式约束条件是指涉及系统供电质量和安全运行的某些参数（如母线电压、线路潮流等）应该处于系统或设备安全运行的允许范围（上限和下限）之内。可表示为

$$\left.\begin{aligned}U_{i\min}\leqslant U_{i}\leqslant U_{i\max}\\ P_{Gi\min}\leqslant P_{Gi}\leqslant P_{Gi\max}\\ Q_{Gi\min}\leqslant Q_{Gi}\leqslant Q_{Gi\max}\\ S_{ij\min}\leqslant S_{ij}\leqslant S_{ij\max}\\ f_{\min}\leqslant f\leqslant f_{\max}\end{aligned}\right\}\qquad(15-2)$$

式中：U_i、$U_{i\max}$、$U_{i\min}$为母线电压及其上下限值；P_{Gi}、$P_{Gi\max}$、$P_{Gi\min}$为发电机有功输出功

率及其上下限值；Q_{Gi}、Q_{Gimax}、Q_{Gimin}为发电机无功输出功率及其上下限值；S_{ij}、S_{ijmax}、S_{ijmin}为输电线路和变压器的功率潮流及其上下限值；f、f_{max}、f_{min}为系统频率及其上下限值。

根据电力系统的不同运行条件，通常将其运行状态分为五种，即系统正常状态、系统预警状态、系统紧急状态、系统崩溃和系统恢复状态。随着运行条件的变化，电力系统在各种状态之间转变，如图 15-1 所示。

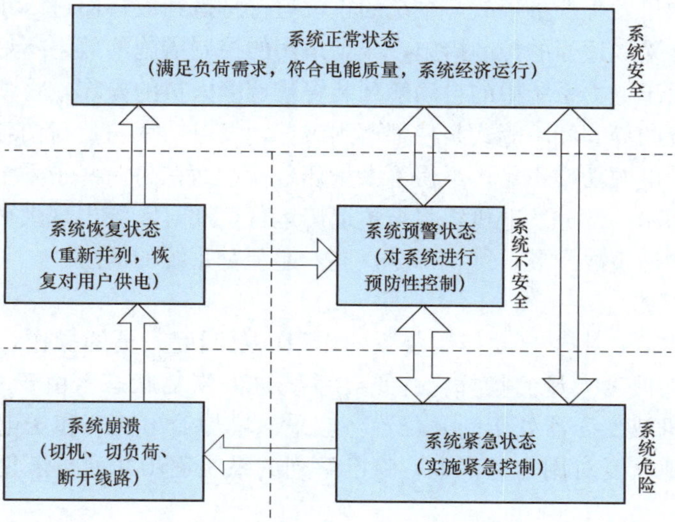

图 15-1　电力系统运行状态转变示意图

1. 系统正常状态

电力系统在正常状态运行时，均满足所有等式和不等式约束条件，系统满足负荷对电能的需要和质量的要求。电力系统各发电和输变电设备均运行在规定的容许值之内，各母线电压和系统频率都处于允许的偏差范围之内。在正常运行状态下的电力系统，其发电和输变电设备还保持有一定的备用容量，使系统具有一定的安全水平，能承受正常的干扰（如电力负荷的随机变化和正常的设备操作等），而不会影响电力系统的安全水平。同时，在保证系统安全的条件下，可以实现电力系统的经济运行。电力系统对经常性的小负荷变化的反应，可以认为是系统从一个正常状态连续变化到另一个正常状态的过程。

2. 系统预警状态

电力系统进入预警状态对系统是安全的。主要可以由发电机计划外停运，发电机、变压器、输电线路运行环境的恶化，使得电力系统的各种电气元件的备用容量减少到允许程度以下，系统安全水平降到最低。虽然处于预警状态下的电力系统，仍然满足等式和不等式的约束条件，也能向用户提供质量合格的电能，但系统已经不能承受各种正常的干扰，否则将使系统不能满足某些不等式的约束条件。这时应积极采取预防性措施，例如，调整负荷的配置、切换线路、调整发电机的输出功率等，以使电力系统尽快恢复到正常状态。

3. 系统紧急状态

处于正常状态和预警状态的电力系统，如果发生严重的干扰，例如主要输电线路发生短路，或是当大容量发电机组非正常退出工作等严重故障，系统将进入紧急状态。这时，等式约束条件可能仍然满足，即负荷功率仍然满足，但是电能质量（电压或频率）已不能达到标准，系统的某些不等式约束条件已经遭到破坏，如某些线路或变压器过负荷、某些母线的电压低于下限值。此时如果迅速采取有效的紧急控制措施，系统有可能恢复到预警状态或是正常状态。

4. 系统崩溃状态

电力系统中如果发生严重事故，系统的正常运行将遭到破坏而进入预警状态。如果不能及时排除故障并采取适当的控制措施，或是采用的控制措施的效果不好，则电力系统有可能失去稳定。由于电力系统中的自动解列装置或调度人员的操作，将使系统解列为几个子系统。这时系统的等式和不等式条件都遭到破坏，发电功率与负荷消耗功率不平衡，在一些子系统中由于电源功率不足，不得不大量切负荷；而在另一些子系统中，由于电源功率大大超过负荷功率，部分发电机组将被迫退出运行，此时系统出现大面积停电。解列后的系统应防备连锁性事故发展，维持部分供电，避免全系统的崩溃。

5. 系统恢复状态

在系统崩溃之后，由于自动控制装置的作用以及调度人员的操作，系统或几个子系统均趋于稳定，在调度人员的指挥操作下，系统进入恢复状态。由于有部分用户停电，部分线路、发电机或变压器处于断开位置，应采取增加输出功率和送电能力的措施，快速、平稳且有序地恢复对用户的供电，将已解列的系统逐步并列，恢复系统到正常状态或预警状态。

目前，对电力系统的运行状态并没有严格和统一的定义，而只是一种分类的方法，从一种状态转变到哪一种状态由很多因素决定。通过对这些状态的分析，可以清楚了解系统运行的概念和针对各种情况采取的控制措施以及特点。

二、 电力系统自动化的目的和内容

自动化是指用特定的仪器、设备对生产过程、工作流程等进行调节和控制，用以取代人工直接操作控制。自动化可以有效地提高生产过程、工作流程的效率，改善生产工作人员的劳动条件，在许多情况下可以完成人力难以直接胜任的工作。典型的自动控制系统应该包括控制对象、自动控制装置以及存在于它们之间的监测信息通道和控制信息通道，其逻辑框图如图 15 - 2 所示。

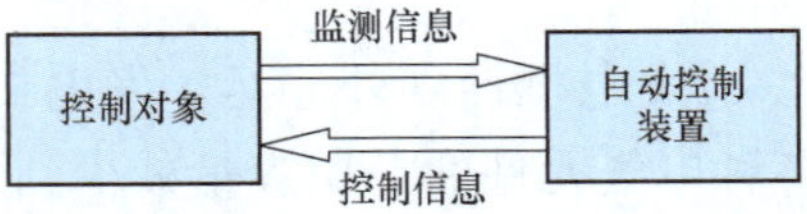

图 15 - 2　自动控制系统逻辑框图

电力系统自动化是以电力系统（一次系统）为控制对象的自动化。为使电力系统能正常运行，保证安全、经济、稳定地向所有用户提供质量良好的电能，在电力系统中，要应用各种具有自动检测、信息处理和传输、自动操作和控制功能的装置，对系统中的设备、子系统或全系统进行就地或远方的自动监测、调节和控制。在电力系统发生偶然事故时，应迅速切除故障防止事故扩大，尽快恢复系统正常运行，保证供电可靠性。电力系统自动化技术会随着电力系统的发展而逐步发展进步。在现阶段，电力系统自动化的主要内容大致可以划分为以下几方面。

1. 电力系统调度自动化

电力系统调度是电力系统生产运行的重要指挥部门。为了在不同运行状态下有针对性地对电力系统实行调度和控制，需要实时监测电力系统的运行状态。对分布地域广阔的电力系统实施自动化监测和调度控制时，还必须依赖远程监控系统（远动系统）。调度控制的目的是保证系统优质、安全、经济地向用户供电。

2. 电力系统自动装置

电力系统自动装置可以分为正常运行自动装置、异常状态下的安全稳定控制装置及保护装置三类；也可分为自动调节型装置和自动操作型装置两类。属自动调节型装置的主要有同步发电机自动励磁控制和电力系统自动调频；属自动操作型装置的主要有同步发电机自动并列装置，自动解列装置，电力系统继电保护装置，自动低频减载装置，以及自动重合闸、水轮发电机低频自启动、事故切机、备用电源自动投入装置等。电力系统自动装置对保证电力系统的安全稳定运行，保证电能质量以及防、反事故都具有重要的作用。继电保护是电力系统中重要的自动装置，但鉴于其在电力系统中的专门作用且其内容自成体系而单独讲授（见第十三章）。

3. 配电网自动化

配电网自动化又称配电自动化。它利用计算机、电子和通信技术对配电网和用户的设备及用电负荷进行远方自动监视、控制和管理。配电网自动化分为配电调度自动化、配电变电站自动化、配电线路（馈线）自动化以及用户自动化等。其主要功能有以下几方面：配电网数据采集及运行控制、优化配电网运行、负荷管理、电压/无功综合控制、配电网可靠性管理、信息管理、配电网地理图示、安全与节能管理。

4. 变电站自动化

变电站自动化是将变电站传统的二次设备（包括测量仪表、信号系统、继电保护、自动装置、故障录波和测距以及远动装置等）经过功能的组合和优化，利用先进的计算机技术、现代电子技术、通信技术和信号处理技术，实现对全站的主要设备和输、配电线路的自动监视和测量、自动控制和保护，以及与调度通信等综合性的自动化功能，所以又称为变电站综合自动化。变电站自动化程度的高低，直接反映了电力系统自动化的水平。

电力系统自动化是一个发展着的概念，其涵盖内容在深度和广度上在不断延拓和相互融合，电力系统发展对其自动化的要求也在不断提高。电力系统自动化正在发展成为一个CCCPE的统一体，即计算机（Computer）、控制（Control）、通信（Communication）和电力电子（Power Electronics）装置构成的电力自动化系统。

本章主要介绍电力系统调度自动化、配电网自动化和变电站综合自动化以及常用的自动控制装置和电力通信方式。

第二节　电力系统调度自动化

电力系统调度是电力系统生产运行的重要指挥部门。电力系统调度自动化系统，是使用以电子计算机为中心的信息采集、传送和处理的先进技术手段来保证电网的安全、可靠和经济运行。

20 世纪 30 年代电力系统建立调度中心之初是没有自动装置的，当时调度员只能依靠电话与发电厂和变电站联系，无法及时和全面地了解电网的变化，出现事故的情况下只能凭经验进行处理。20 世纪 40 年代出现了早期的电力系统调度自动控制系统，它具有对电力系统运行状态的监视（包括信息的收集、处理和显示）、远距离的开关操作以及制表、记录和统计等功能。这个系统称为监视控制和数据采集（Supervisory Control and Data Acquisition，SCADA）系统。它可将电网中各发电厂和变电站的有关数据集中显示到模拟盘上，使整个电力系统运行状态展现在调度员面前，及时将开关变化和数值越限报告给调度员，这增强了调度员对电力系统的感知能力，减轻了调度员监视电力系统运行状态的负担。20 世纪 50 年代发展了自动发电控制（Automatic Generation Control，AGC），包括负荷频率控制（Load Frequency Control，LFC）和经济调度控制（Economic load Dispatching Control，EDC），增强了调度员控制电力系统的能力。20 世纪 60 年代发展了负荷预测、发电计划和预想故障分析，这为调度员提供了辅助决策工具，增强了调度员对电力系统分析与判断的能力。20 世纪 70 年代出现的能量管理系统（Energy Management System，EMS）将 SCADA、AGC 和网络分析等功能有机联系在一起，使处于独立的或者分离的自动化系统上升为一个可实现统一管理的系统，实现了更高级的监控、控制和优化功能。随着信息技术的快速发展，调度自动化系统已经向智能化和信息化方向发展，提升智慧化调度能力，为电力系统自动化向综合自动化水平发展创造了条件，对保障新型电力系统安全、经济、高效运行具有重要的作用。

一、 电力系统调度自动化的实现

（一）电网调度组织及其任务

从理论上讲，对电力系统的调度控制可以采用集中调度控制的方式，也可以采用分层调度控制的方式。所谓集中调度控制，就是将电力系统内所有发电厂和变电站的信息都集中在一个调度控制中心，由一个调度控制中心对整个电力系统进行调度控制。集中调度控制，要通过远距离通道把所有的信息传输并集中到一个点。由于电力系统的设备在地理位置上分布很广，从经济上看，投资和运行费都比较高；从技术上看，把数量很大的信息集中在一个调度中心，调度人员不可能全部顾及和处理，即使使用计算机辅助处理，也会占用计算机大量的内存和处理时间；此外，从数据传输的可靠性看，传输距离越远，受干扰的机会就越大，数据出现错误的机会也就越大。鉴于集中调度控制的上述缺点，目前世界各国的大型电力系统都采用分层调度控制。国际电工委员会标准（IEC 870-1-1）提出的典型分层结构就是将电力系统调度中心分为主调度中心（MCC）、区域调度中心（RCC）和地区调度中心（DCC）三层。中国的大电力系统从技术层面也分为三级调度，即大区电网调度中心（简称网调）、省调度中心（简称省调）和地区调度所（简称地调）。从管理层面上划分，也可将中国电力系统调度划分为国家电力调度中心（简称国调）、网调、省调、地调和县级调度（县调）五级，其示意图如图 15-3 所示。

（1）国调的任务。国家调度中心是我国电网调度的最高级，其任务是协调各大区网的联络潮流和运行方式，在线收集、监视、统计和分析全国的电网运行情况，并提供电能信息；进行大区互联系统的潮流、稳定、短路电流及经济运行计算，通过计算机通信，校核计算的正确性，并向下一级传送；处理有关部门的信息，做中长期的电网安全、经济运行分析，并提出对策。国调不直接控制发电厂和变电站。

(2) 网调的任务。按照统一调度、分级管理的原则，网调负责超高压电网的安全运行，按照规定的发供电计划及监控原则对超高压电网进行管理，提高电能质量和经济运行水平。其任务是实现对超高压电网的数据收集和监控、经济调度和安全分析；进行负荷预测，制订开停机计划和水、火或核电的经济调度日分配计划，实现自动发电控制；进行省（市）和有关大区网的供受电量的计划编制与分析；进行电网潮流、稳定、短路电流及经济运行计算，通过计算机通信，校核计算的正确性，并上报和下传。

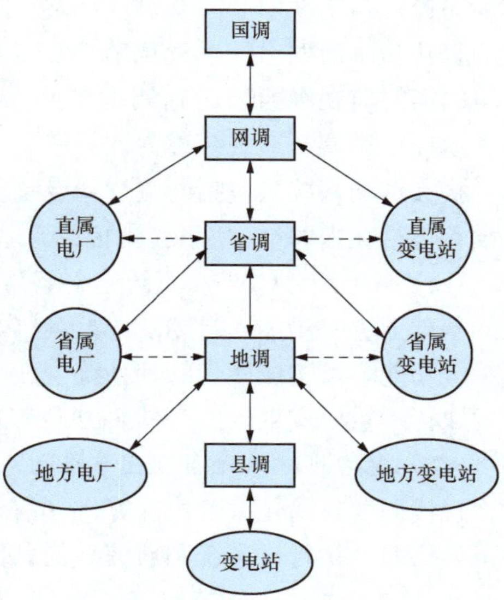

图 15-3　电网分级调度示意图

(3) 省调的任务。省调负责省网的安全运行，按规定的发供电计划及监控原则对省网进行管理，提高电能质量和经济运行水平。其任务是实现对省网的数据收集和监视，无论是独立省网还是与大区网或是与相邻省网相连，都必须对电网中的开关状态、电压水平、功率等信息进行采集计算；进行控制和经济调度；进行负荷预测，制订开停机计划及电网各管理电厂的经济调度日分配计划，编制区间和省有关网的供受电计划，指导自动发电控制；进行潮流、稳定短路电流及经济运行计算，分析其正确性并上报下传；进行对功率总和、开关状态变化等信息的记录与制表等。

(4) 地调的任务。地调负责采集地区电网的各种信息，进行安全监控；进行有关厂（站）开关的远方操作、变压器分接头的调节、电力电容器的投切；进行用电负荷的管理等。

(5) 县调的任务。县调应对县级电网和所属的变电站实现数据采集和安全监视功能，进行负荷管理，向上级调度发送必要的实时信息。

虽然各级调度的任务不同，但实现电力系统运行状态和参数的实时数据采集、处理和控制，对电力系统进行在线的安全监视，具有参数越限和开关变位告警、显示、记录、打印制表、事件顺序记录、事故追忆、统计计算及历史数据存储等功能，以及对电力系统中的设备进行远方操作和调节，是各级调度都需要具备的功能。

在电力系统调度中心对电力系统实施的实时远方监视与控制，称为电力系统远动。远动系统由控制站（调度端）、被控站（厂、站端）和远动通道三部分组成。在远动系统中，厂（站）端的远动设备，又称为远动终端（Remote Terminal Unit，RTU），它和调度中心的远动设备间采用相应的通信系统（如微波、光纤、电力线载波等）作为远动通道，相互联系，相互传递有关数据和命令。RTU 向调度中心传送被测模拟量和数字量的实时采样数据，称为远程测量，简称遥测；RTU 向调度中心传送设备的开关状态信息，称为遥信；由调度中心向 RTU 发送改变设备运行状态（如断路器的分/合闸）的远程控制命令，称为遥控；当调度中心需要对厂（站）某些设备的运行状态进行调节，例如为改变发电机组的有功功率而发出的远程调节命令，称为遥调；采用视像系统把远方厂（站）的设备、环境的实时监视画面传送到调度中心系统，提供直观的现场信息，称为遥视。遥测、遥信、遥控、遥调、遥视统称为“五遥”，是远动系统的基本功能。

狭义远动系统只包括两端远动设备和远动通道；而将控制站的人机设备和被控站的过程设备包括在内的称为广义远动系统，广义远动系统实际上就是监视控制与数据采集系统（SCADA 系统）。SCADA 系统是对各级调度中心都适用的基本系统。在 SCADA 系统功能的基础上进一步加入自动发电控制（AGC）和经济调度控制（EDC），安全分析和安全对策等功能，可构成能量管理系统（EMS）。近十几年来我国在 EMS 系统应用软件的研究开发取得了重要成果，国产的 SCADA/EMS 系统已在我国电网占据主导地位。

（二）电力系统调度自动化系统的基本结构

现代调度自动化系统由计算机（信息采集处理与控制）子系统、人机联系子系统、信息采集与命令执行子系统和通信（信息传输）子系统组成，如图 15-4 所示。

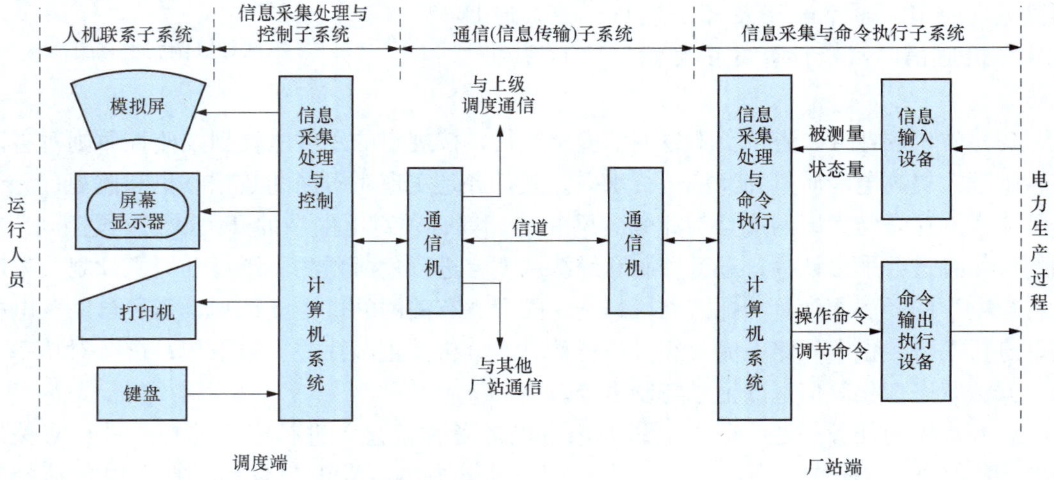

图 15-4 调度自动化系统的基本结构框图

1. 信息采集处理与控制子系统

信息采集处理与控制子系统是整个调度自动化系统的核心。它对采集到的信息进行处理、加工，把结果通过人机联系子系统展现给调度人员或通过执行子系统直接进行远方控制、调节操作。计算机子系统由调度中心的计算机硬件和软件系统组成。

（1）计算机硬件系统。根据不同等级的调度中心，计算机硬件系统可以采用简单的单台计算机直至多台不同类型的计算机组成的复杂系统。相应的配置方式有集中式的单机或双机系统、分层式的多机系统和网络式的分布系统。

1）集中式的单机系统是由一台计算机执行所有数据采集、人机联系和应用程序的功能。为了提高可靠性，可设置一台备用计算机，构成双机系统（双重化系统）。这种配置适用于小型的 SCADA 系统，也是早期普遍使用的方式。

2）分层式多机系统是把数据采集和通信等实时性较强的任务由独立的前置处理机完成。前置机和主计算机之间具有高速数据通道实现信息交换。分层式多机系统还可分成前置机、主控机和后台机等三个层次，其中前置机担任与各厂、站远动终端的通信并取得信息，主控机担任 SCADA 任务，后台机担任安全分析和经济计算等任务，各层次的计算机都双重化，这就是典型的四机或六机系统。20 世纪 70、80 年代大量采用这种配置。

3）网络式的分布系统是把各种功能进一步分散到多台计算机中去，由局域网络 LAN（Local Area Network）将各台计算机连接起来，各台计算机之间通过局域网络交换数据，备用机同样连在局域网络上，并可随时承担同类故障机或预定的其他故障机的任务。如果这种系统进一步在硬件接口和软件接口中都遵循一定的国际标准或工业标准，使不同厂家的产品容易互联，容易扩充，就可称之为开放系统（Open System）。这种配置是 20 世纪 80 年代后期开始出现的。

（2）计算机软件系统。调度计算机软件系统可分为系统软件、支持软件和应用软件三个层次。

1）系统软件包括操作系统、语言编译和其他服务程序，是计算机制造厂为便于用户使用计算机而提供的管理和服务性软件。实时操作系统可同时处理几个任务，但同一时刻只执行一个任务。每个任务都有自己的优先级，操作系统按优先级决定先执行哪个任务，对时间响应要求很高的任务可用中断方式处理，中断处理优先级很高。

2）支持软件是一个介于操作系统和应用软件之间，对应用软件起支持作用的软件，主要有数据库管理、网络通信、人机联系管理、备用计算机切换管理等服务性软件，是为了计算机的实时、在线应用而开发的。它为电力系统调度自动化的各种应用程序以及数据库的结构提供了一个面向用户的框架。在这个支撑系统的支持下，电力系统的工程师可以方便地编制应用软件，用户可以利用所提供的实时数据库系统共享数据，也可以建立自己的数据库。

3）应用软件是完成各种电网在线分析计算、最终实现调度自动化各种功能的软件，包括 SCADA 软件、自动发电控制和经济运行软件、安全分析和对策软件等。

2. 人机联系子系统

该子系统完成显示、人机交互、记录和报警等任务。其主要设备有彩色屏幕显示器、动态模拟屏、打印机、记录仪表和拷贝机以及音响报警器等。

1）屏幕显示器是主要的人机联系手段，可以完成除记录以外的所有人机联系任务。在屏幕显示器上，运行人员可以观察到电力系统的实时运行状态和参数、各种报警信息和统计报表以及分析计算的结果。运行人员也可通过键盘、跟踪球、鼠标等对屏幕显示画面进行各种操作，如调出新的画面，控制计算机程序的运行，或对电力系统设备进行远方操作和控制。目前，国际上普遍使用全图形显示器，它可以显示复杂的二维甚至三维图形，并具有放大、缩小和平移等功能。现在，全图形显示器多采用图形工作站，它具有很强的数据处理和图形处理能力，可通过局域网络与其他计算机相连，减轻主计算机处理画面的负担。

2）动态模拟屏显示所辖调度区域电力系统的全貌和最关键的开关状态和运行参数。它是调度人员监视电力系统运行的传统手段。现在，应用计算机和屏幕显示器之后并未取消模拟屏，而是将两者更好地结合起来。由计算机和模拟屏接口把灯光、报警、数字显示信号送到模拟屏上显示，因此模拟屏已不可能脱离计算机独立工作，而是逐步简化模拟屏。

3）打印机为记录输出设备。当电力系统中发生异常或事故时，发生的时间顺序等信息可由打印机按照预先设定的要求与格式打印输出。正常运行时打印机可按时打印有关运行报表，也可由运行人员进行召唤打印。

4）记录仪表可将系统重要参数的变化曲线完整地记录下来。拷贝机可以把重要的屏幕显示器画面拷贝下来，以备事后分析和查询。

5）音响报警是当电力系统的某些参数越出设定值或者发生故障之后，发出音响报警信号，以引起调度人员的注意。目前，语音报警也开始使用，使运行人员可以直接了解事件的原因与位置。

3. 信息采集与命令执行子系统

信息采集与命令执行子系统是由分布在电力系统中各厂（站）的远动终端 RTU 和调度中心的前置处理机组成。RTU 实现厂（站）端的信息采集并通过信息传输通道发送到调度中心，同时也执行调度中心计算机下达的遥控遥调命令。表 15 - 1 和表 15 - 2 分别列出了电力系统运行所需主要信息和电力系统运行的主要控制及调节信息。电力系统运行所需信息将由各厂（站）的 RTU 向调度端传送，调度端则将控制和调节信息向厂（站）RTU 传送。

表 15 - 1　电力系统运行所需主要信息

信息传送方向	信息类别	信息名称
发电厂和变电站或下级调度控制中心 ↓ 调度控制中心	遥测信息	线路潮流（有功、无功功率）或电流（包括联络线功率） 变压器潮流（有功、无功功率）或电流 发电机（发电厂）功率（有功、无功功率）、负荷的有功、无功功率 母线电压（电压控制点） 变压器分接头位置 频率（每一可能解列的部分） 功率角 水库水位 气象信息（温度、雨量等）
	遥信信息	断路器分、合状态 隔离开关分、合状态 继电器和自动装置动作状态 发电机组开、停状态 发电机输出功率上、下限，变压器分接头上、下限等设备状态
	其他	遥信变位 遥测变化（变化到一定程度才传送） 事件顺序记录和各类报表 转发厂（站）送来的信息 对时信号 厂（站）端设备的某些限值资料和可变参数 调度控制中心要求执行任务的结果

表 15-2 电力系统运行的主要控制和调节信息

信息传送方向	信息类别	信息名称
调度控制中心 ↓ 发电厂和变电站或下级调度控制中心	遥控信息	断路器操作命令 隔离开关操作命令 机组启动或停止等操作命令 投入或切除并联电容器的操作命令
	遥调信息	发电厂或机组有功功率的给定值 发电厂或机组无功功率的给定值 变压器的分接头值
	其他	对时信号 索取和查询各种信息的命令 厂（站）的远方诊断所需信息 厂（站）远动装置软件的某些控制和计算参数

4. 通信（信息传输）子系统

调度中心的计算机系统和厂（站）RTU之间的信息传递以及各级调度中心计算机系统之间的信息传递都要借助于通信系统。通信系统的媒介有微波、电力线载波、专用通信电缆、特高频无线、卫星和光纤等。调度自动化要求通信子系统提供一定质量和带宽的通信，一般误码率应不大于 10^{-5}，RTU与调度中心通信的典型速率为600～1200bit/s，远程计算机之间的通信则要求1200～9600bit/s或更高。对重要的RTU通信和计算机间通信应具备备用通道，调度端与厂（站）端通道的连接方式有点到点、共线、数据集中和转发、环形等。

二、 电力系统调度自动化的功能

电力系统调度自动化的功能包括电力系统监视与控制、安全分析、经济调度、自动发电控制等。不同层次的电网调度中心可以采用不同规格、不同档次、不同功能的电网调度自动化系统。其中最基本的是监视控制与数据采集（SCADA）系统，而功能最完善的是能量管理系统（EMS）。也有的是在SCADA的基础上，增加了一些功能，如自动发电控制（AGC），经济调度（EDC）等，可记为SCADA＋AGC/EDC。

（一）电力系统监视与控制

对电力系统的监视与控制是调度自动化系统的基本功能，该项功能是指通过数据采集系统和监视控制系统对电力系统的运行状态实行在线监视，并对远方设备进行操作控制。

监视是指对电力系统运行信息的采集、处理、显示、告警和打印，以及对电力系统异常或事故的自动识别，向调度员反映电力系统实时运行状态和电气参数，为调度员及时了解和掌握电力系统的运行情况提供方便。对电力系统的监视，主要包括电力系统运行状态的监视、发电和供电负荷监视、频率监视、潮流和电压监视、设备过负荷监视、水库水位监视；还要进行事故顺序记录、事故追忆记录、频率考核记录、越限报警以及统计制表等。其中，事故顺序记录的功能可为电力系统中发生的复杂事故的分析，提供开关和继电保护在事故发展过程中的动作顺序。通常开关动作顺序是根据故障录波器记录的电气量变化分析的。远动计算机系统能够以毫秒级的精确度打印输出开关动作时间，为调度员分析事故提供参考。如能利用数字式故障录波器采集电力系统运行信息，再经过电子计算机的处理和分析，可以使调度自动化中的事故顺序记录和事故追忆记录功能得到进一步的提高。

控制则主要是指通过人机联系设备执行对断路器、隔离开关、静电电容器组、变压器分接头等设备进行远方操作的开环控制。调度员通过人机联系设备执行电力系统日运行计划的操作，并保持频率和中枢点电压的质量，采取预防性措施消除系统的不安全因素，处理事故，恢复电力系统的正常运行。

监视控制功能为自动发电控制、经济调度、安全分析等高层次功能提供实时数据。电力系统状态估计是实现电力系统监视与控制的一种重要软件，在调度端，由于通过远动系统收集的电力系统数据可能不完全、不精确或数据受到干扰有错误，调度端计算机的状态估计软件依据状态估计原理分析计算，可对某一时间断面的遥测量和遥信量进行实时数据处理，自动排除偶然出现的错误数据和信息，提高实时数据的精确度，补足缺少的数据和信息，从而获得表征电力系统运行状态的完整而准确的信息，使调度端计算机能正确对电力系统进行监视和控制。

1. SCADA 系统

SCADA 系统可完成对电力系统监视与控制的基本功能，可概括为：①数据采集（遥测、遥信）；②信息显示（CRT 或动态模拟屏）；③远方控制（遥控、遥调）；④监视及越限报警；⑤信息的存储及报告；⑥事件顺序记录；⑦数据计算；⑧事故追忆（或称扰动后追忆）。图 15 - 5 所示为 SCADA 系统的框图。其中调度中心的信息收集与处理系统、通信系统和厂（站）端的 RTU 构成远动系统，调度中心端为远动主站端，厂（站）端的 RTU 为远动终端。通信系统包括通信通道、两端的调制解调器及通信设备。

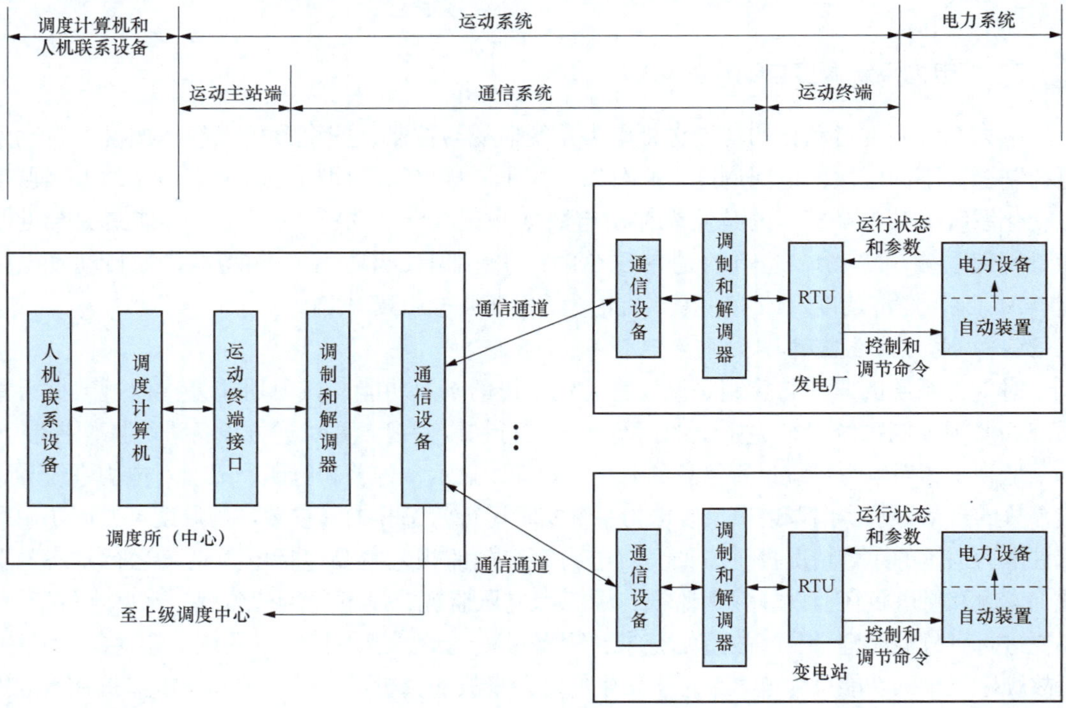

图 15 - 5　SCADA 系统框图

2. 远动终端（RTU）

远动终端（RTU）是电力系统调度自动化系统的基础设备。它们安装于远离调度端的发电厂或者变电站内，故也称远方终端，是一种对现场信息实现检测和控制的装置。在厂（站）端，电网的运行状态和参数通过信息转换成 RTU 能够处理的信息形式，通过 RTU 采样处理后由远动通道送到调度端，调度端下达的各种命令经过远动通道送给 RTU，再由 RTU 将控制和调节命令转送给自动装置或者直接对设备进行操作控制。RTU 的功能可概括如下。

（1）实时数据的采集、预处理和上传。RTU 完成的数据及信息采集，包括电流、电压等“遥测”量以及断路器开或关状态、自动装置或继电保护的工作状态等“遥信”量。有些量还要进行预处理，然后按照一定的规约将数据整理，经由远动通信通道发送到调度端。

（2）事故和事件信息的优先传送。当电力系统有事故或者事件发生，如电气元件出现故障导致继电保护动作后，RTU 应中断当前的正常工作，立即把事件或事故信息发送到调度端，以加强调度自动化系统在电网监视过程中对突发事件的快速反应能力。

（3）接收调度端下发的命令并执行命令。主要是接收调度端发来的“遥控”和“遥调”命令，且予以执行；另外，还能接收调度端发来的各种召唤、对时、复归等命令，对有些命令的执行还要将执行结果上报给调度端。

（4）本地功能。处理由键盘或其他装置发送的人机对话信息，如通过本机键盘进行对遥测、遥信量的显示观察，RTU 运行模式的设置，遥控、遥调的操作等。

（5）自诊断功能。程序死机时自行恢复功能；自动监视主、备通信信道及切换功能；自动对时以统一电力系统时钟功能；个别插件损坏诊断报告功能等。

早期的 RTU 是由分立元件构成的电子设备，采集的信息量很少，功能较为简单，随后出现了集成电路的布线逻辑式 RTU，采集的信息量大大增加，实现的功能有所增强。而现代的 RTU 是一个以微计算机为核心的具有多输入/输出通道、功能丰富的计算机系统。其硬件和软件可以根据需要以模块形式适当组合，工作灵活、适应性强、性价比高。多 CPU 结构 RTU 基本框图如图 15-6 所示。其中除主 CPU 模块外，其他各主要模块如“模拟量输入”模块、“开关量输入”模块等也都配有自己的 CPU。这类智能模块可用常规芯片，也可用单片机构成。主 CPU 模块统筹全局，与各模块采用并行或串行方式进行通信。公共总线（包括数据总线、地址总线和控制总线）由主 CPU 控制，通过地址总线来选择各模块，只有被选中的模块才可以接收控制信号并存取数据。

现在，电力系统自动化技术发展很快，一些水电厂、变电站实现了综合自动化，可以实现无人或者少人值守，已不设独立的 RTU 装置，而将 RTU 的功能融入厂（站）端综合自动化系统中，成为其中的一个或者几个模块。

（二）电力系统经济调度（EDC）

经济调度是电力系统调度的重要任务之一。电力系统经济调度是指在调度过程中按照电力系统安全可靠运行的约束条件，在给定的电力系统运行方式中，保证系统频率质量的条件下，以全系统的运行成本最低为原则，将系统的有功负荷分配到各可控的发电机组。经济调度的基本方法是：按照供电标准煤耗微增率相等的原则分配各发电厂的发电负荷，并考虑电力线路有功功率损耗的修正，必要时还应该按燃料价格进行修正。

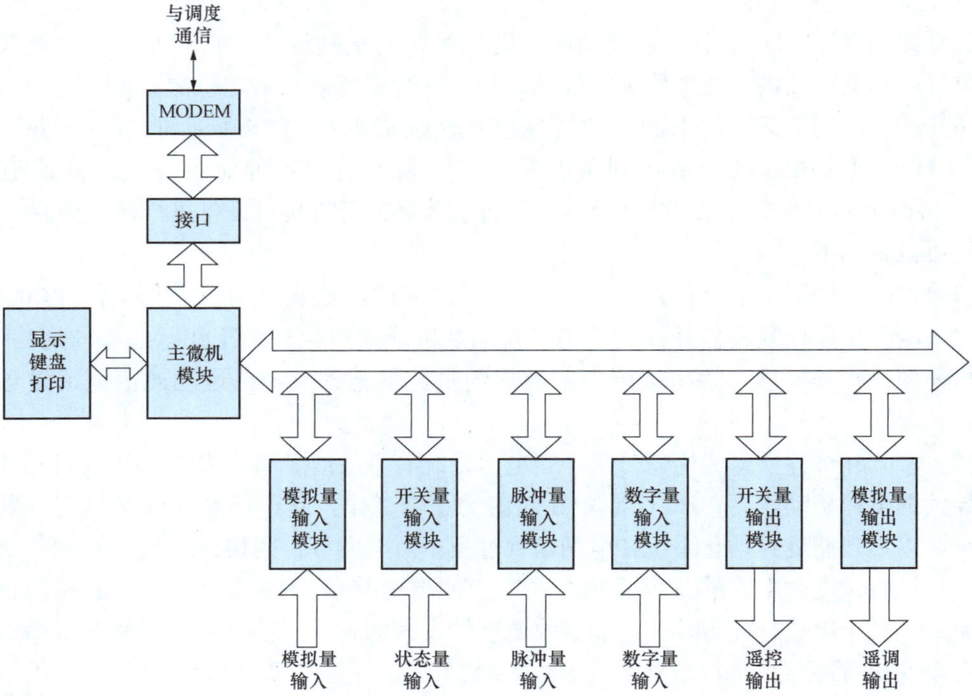

图 15 - 6　多 CPU 结构 RTU 基本框图

电力系统的日发电计划按经济调度的要求进行，也可以根据负荷预测按指定时刻编制发电计划。实时经济调度的计算周期一般为几分钟甚至更长的时间，主要是考虑到发电机开、停机和达到功率控制的时间。经济调度是能量管理系统（EMS）中发电级的核心应用软件。经济调度一般只按静态优化来考虑，不计算其动态过程。

（三）自动发电控制（AGC）

自动发电控制（AGC）是现代电力系统运行调度中一个基本而重要的实时控制功能。自动发电控制的目的就是按事先设定的准则实现对区域内的调频发电机功率的调整，使系统功率和系统负荷相适应，从而保持系统频率在允许范围，通过联络线的交换功率等于计划值，并尽可能实现机组（电厂）间负荷的经济分配。具体地说，自动发电控制有下述五个基本目标。

（1）使电力系统发电自动跟踪系统负荷变化，使全系统的发电功率和负荷功率相匹配。

（2）跟踪负荷和发电的随机变化，维持电力系统频率为额定值（50Hz）。

（3）控制区域间联络线的交换功率，维持区域间净交换功率为计划值，实现各区域内有功功率的平衡。

（4）对周期性的负荷变化，按发电计划调整发电功率；对偏离预计的负荷，在区域内在线地实现各发电厂间负荷的经济分配。

（5）监视和调整备用容量，满足电力系统安全要求。

上述的第一个目标与系统中所有发电机的调速器有关，即与频率的一次调整有关。第二和第三个目标与频率的二次调整有关，也称为负荷频率控制。通常所说的 AGC 是指前三项目标，包括第四项目标时，往往称为 AGC/EDC（自动发电/经济调度控制）。

自动发电控制（AGC）是由自动装置和计算机程序对频率和有功功率进行二次调整实现的。所需的信息（如频率、发电机的实发功率、联络线的交换功率等）是通过 SCADA 系统经过上行通道传送到调度控制中心，然后根据 AGC 的计算机软件功能形成对各发电厂（或发电机）的 AGC 命令，通过下行通道传送到各调频发电厂（或发电机）。AGC 的启动周期为 4～8s。

在调度自动化中安排的自动发电控制功能，包括频率和发电机有功功率的自动控制以及电压和无功功率的自动控制两个方面。实现电力系统频率和发电机有功功率自动控制的基础自动化系统是发电机组的调速系统。发电机的励磁控制系统是实现电力系统电压和无功功率自动控制的子系统，它通过调节发电机励磁、变压器分接头和并联电抗器（或电容器）来调节电压，并使输电线路有功损耗为最小，而且还可以定期地校验电力系统枢纽母线的电压，当发现电压偏移超出规定范围时，就可以启动控制电压的设备。

（四）SCADA＋AGC/EDC

AGC/EDC 可根据电力系统频率调整和经济调度的要求，由调度中心的计算机直接控制各个调频电厂发电机组的功率，其他非调频电厂则按日负荷曲线或按经济调度的要求运行，经济调度计算中要考虑线损修正。对互联电网则按联络线净功率和频率偏差进行控制。AGC 程序几秒钟执行一次。EDC 最初仅是利用计算机进行离线计算，现在也成为几分钟就运算一次的在线程序了。

在监视控制与数据采集系统（SCADA）的基础之上增加 AGC/EDC 功能，可以实现对电力系统的实时闭环控制。

电力系统的安全监控功能由于涉及系统全局，应由各级调度共同承担，而自动发电控制和经济调度则由大区网调或省调负责。网调和省调还应具有安全分析和校正控制等功能。

为了实现以上功能，除了要有相应的软件以外，还要求有较强的计算机处理能力和较方便的数据库及人机联系的支持。

（五）能量管理系统（EMS）

现代计算机及网络技术发展迅速，新技术、新设备层出不穷，如精简指令集计算机（RISC）、高速 CPU、面向对象技术、Internet 技术、大规模商用数据库、超大容量硬盘和内存、100M/1000M 高速交换以太网、IEC 61970 开放式系统接口标准等，为电网调度自动化系统发展提供了强有力的技术支持。现代电网调度自动化系统除 SCADA 基本功能和 AGC/EDC 之外，又增加了许多新的高级应用功能的软件，如网络拓扑、电力系统状态估计、负荷预报、安全分析与安全控制、在线潮流、调度员培训仿真系统等，形成新一代电网调度自动化系统——能量管理系统（EMS）。其中状态估计是一切高级应用软件的基础，真正的能量管理系统必须有状态估计功能。一般认为，只有在增加了状态估计功能之后，调度自动化系统才可能运行安全分析等高级软件，才可以称为能量管理系统。

EMS 在现代电力系统的调度控制中心（如网调和省调）的采用，使调度自动化水平提高到一个新阶段。EMS 还是现代电力企业中其他非实时系统的实时数据源，尤其在电力市场环境中，需要 EMS 提供大量数据，而且能够通过电力企业综合总线采用服务器层、Web 层、客户层三层结构实现与电力交易管理系统、电能计量系统、合同管理系统、结算系统、燃料管理系统、GIS系统、办公自动化系统等的互联，它们只相互交换数据，功能各自独立。显然，随着新技术、新要求的出现，EMS中所涵盖的功能还会不断发展和丰富。

三、能量管理系统的高级应用软件

（一）网络拓扑

网络拓扑又称网络接线分析。它的基本功能是根据开关的开合状态（遥信信息）和电网一次接线图来确定电网的拓扑关系，即各节点——支路的连通关系，为其他应用做好准备。

网络拓扑根据开关状态和电网元件状态，将网络的物理结点模型转化为计算用模型。运用堆栈原理，搜索网络图的树支，来判断支路的连通状态，划分电网中的各拓扑岛。

当电网解列时，网络拓扑可以给出各子系统的拓扑结构。此外，利用网络拓扑结果可以标识电网元件的带电状态，进行网络跟踪着色，用直观形象的方式表示网络元件的运行状态和网络接线的连通性。EMS中的网络拓扑可以用于电网实时模式或研究模式，由开关变位事件驱动或召唤启动。

网络接线分析是一个公用模块，可被实时网络状态分析、潮流、预想事故分析、最优潮流和调度员培训模拟系统等应用软件调用。

（二）电力系统状态估计

SCADA收集全电网的实时数据，汇成实时数据库，但无论多么完善的SCADA所收集的数据未经处理前（称为生数据）都可能存在以下缺点：①采集的数据不齐全；②采集和传输的数据不精确；③受干扰时会出现不良数据；④数据不和谐，即数据相互之间不符合建立数学模型所依据的基尔霍夫定律。

电力系统状态估计是电力系统高级应用软件的一个算法模块（程序），它针对SCADA实时数据的这些缺陷，依据状态估计原理进行分析计算，能够把不齐全的数据填平补充，不精确的数据“去粗取精”，同时找出错误的数据“去伪存真”。例如，辨识和检测状态信息和遥测信息中的错误、估计变压器分接头的位置、估计量测值偏差等，使整个数据系统和谐严密，质量和可靠性得到提高。EMS的许多安全和经济控制功能都必须用完整的、可靠的数据集作为输入数据集。而可靠数据集就是状态估计程序的输出结果。所以状态估计是一切电力调度自动化系统高级应用软件的基础，真正的能量管理系统必须有状态估计功能。

状态估计的实现必须建立在对电力系统的量测有一定的冗余度的基础之上，即采样得到的系统量测数据多于描述系统特征所需要的最少变量数（系统状态变量数）。状态估计的依据是这些量测和待估计数据必须符合基本的物理机理和电路定律，譬如必须满足基尔霍夫电路定律、支路的开断状态必须与该支路潮流为零对应、量测数据都有一定合理范围等。电力系统状态估计的数学方法主要有加权最小二乘法、快速分解法、正交化方法和混合法等，其中最常用的是加权最小二乘法。

（三）系统负荷预测和母线负荷预测

电网未来某个时段的负荷变化趋势是调度部门必须掌握的基本信息之一。系统负荷预测功能是根据电网负荷构成特点和历史负荷记录，用适当的数学模型和算法预测未来某时段的负荷变化。它是EMS的重要应用功能之一。根据应用的目的和时间的长短，负荷预测可分为以下几种。

（1）中长期负荷预测。预测未来10年、20年内逐年最大负荷值或电量，用于电源和网络发展规划。

（2）年负荷预测。预测下一年度每日（或周）最大负荷，用于确定年度设备检修计划、水库运行计划。

（3）日负荷预测。预测未来24h负荷变化曲线，用于安排日调度计划、开停机、联络线交换功率、水火电协调、负荷经济分配等。

（4）短期负荷预测。预测未来10min～1h的负荷，用于安全运行的预防性控制和实时经济调度。

（5）超短期负荷预测。预测未来1～5min的负荷值，用于安全监视和自动发电控制。

影响负荷变化的因素很多，大体可分为负荷构成、天气变化、季节变化、节日和重大事件、随机波动。

负荷预测的数学方法主要有多元线性回归分析法、时间序列分析法、人工神经网络法、相似日法、灰色关联分析法等，这些预测模型和方法各有特色和适用场合，不能绝对地肯定或否定某种方法。

在EMS中的一些网络分析软件如潮流计算等，还需要用到系统中未来某时段每一母线的负荷值，而且同时需要有功负荷和无功负荷，这是母线负荷预测的任务。母线负荷预测原则上也可以采用系统负荷预测的一些方法，但由于往往不可能实时量测到系统中每一母线上的负荷，所以常常是将量测到或预报出来的地区系统负荷近似地分配到该地区各母线上。

（四）安全分析与安全控制

电力系统在运行中始终把安全作为最重要的目标，就是要避免发生事故，保证电力系统能以质量合格的电能充分地对用户连续供电。在电力系统中，干扰和事故是不可避免的，不存在一个绝对安全的电力系统。重要的是要尽量减少发生事故的概率，在出现事故以后，依靠电力系统本身的能力、继电保护和自动装置的作用以及运行人员的正确控制操作，使事故得到及时处理，尽量减少事故的范围及所带来的损失和影响。

电力系统安全控制的主要任务包括：对各种设备运行状态的连续监视；对能够导致事故发生的参数越限等异常情况及时报警并进行相应预调整控制；发生事故时进行快速检测和有效隔离，以及事故时的紧急状态控制和事故后恢复控制等。它可以划分为以下几个层次：

（1）安全监视。安全监视是对电力系统的实时运行参数（频率、电压和功率潮流等）以及断路器、隔离开关等的状态进行监视。当出现参数越限和开关变位时即进行报警，由运行人员进行适当的调整和操作。安全监视是SCADA系统的主要功能。

（2）安全分析。安全分析是在安全监视的基础上，分析电力系统当前的运行状态在出现故障后能否保证连续供电，即对电力系统的运行状态做出是否安全的安全评价。

安全分析的主要内容是利用实时数据对诸如电力系统发生一条线路或一台发电机、变压器跳闸等假想事故进行在线快速模拟计算，以便随时发现每一种假想事故是否可能造成设备过负荷、频率和电压超出允许范围等不安全情况。这是一系列以单一设备故障为目标而进行的在线潮流计算。如果发现在可能发生的事故中会出现不安全的状态，计算机系统应该提出关于处理对策的控制手段。

安全分析包括静态安全分析和动态安全分析。静态安全分析只考虑假想事故后稳定运行状态的安全性，不考虑当前的运行状态向事故后稳态运行状态的动态转移。动态安全分析则是对事故动态过程的分析，着眼于系统在假想事故中有无失去稳定的危险。

安全分析和对策是在实时网络结构分析和状态估计的基础上按 $N-1$ 原则或预定的多重事故组合进行事故预想，在出现不安全的情况下提出对策，使调度人员能够预先采取措施提高电力系统安全运行水平，实现正常状态下的预防措施。在电力系统已经发生线路或设备的过负荷或电压越限等不正常状态时，计算机可提出恢复正常约束的校正措施，供调度人员决策参考。

事故预想是电力系统调度中心的一项安全工作，是反事故措施中的重要内容之一。实现安全分析功能可以为调度员开展事故预想工作提供一定的方便。在开展事故预想工作中，并不局限于简单的单一设备故障，而是要考虑比较复杂的事故预想，包括事故现象、事故后果和事故处理等。这就要求计算机实现的安全分析功能由单一设备故障扩大到复杂的多重故障。关于复杂事故的分析、判断、提出处理对策，乃至由电子计算机与继电保护和自动装置自动处理电力系统复杂事故，是电力系统调度自动化的一个重要研究发展方向。

（3）安全控制。安全控制是为保证电力系统安全运行所进行的调节、校正和控制。安全控制可分为下列三种状态：

1）正常运行状态（包括警戒状态）的安全控制。为了保证电力系统正常运行的安全性，首先在编制运行方式时就要进行安全校核；其次，在实际运行中，要对电力系统进行不间断地严密监视，对电力系统的运行参数，如频率、电压和线路潮流等不断地进行调整，始终保持尽可能的最佳状态；同时，还要对可能发生的假想 $N-1$ 事故进行后果模拟分析；当确认当前属警戒状态时，可对运行中的电力系统进行预防性的安全校正。

2）紧急状态的安全控制。紧急状态的安全控制的目的是迅速抑制事故及电力系统异常状态的发展和扩大，尽量缩小故障延续时间及其对电力系统其他非故障部分的影响。在紧急状态中的电力系统可能出现各种“险情”，例如频率大幅度下降、电压大幅度下降、线路和变压器严重过负荷；系统发生振荡和失去稳定等。如果不能迅速采取有效措施消除这些险情，系统将会崩溃瓦解，出现大面积停电的严重后果，造成巨大的经济损失。紧急状态的安全控制可分为三个阶段：第一阶段的控制目标是事故发生后快速而有选择地切除故障，这主要由继电保护和自动装置完成，目前最快可在一个周波内切除故障；第二阶段的控制目标是防止事故扩大和保持系统稳定，这需要采取各种提高系统稳定性的措施；第三阶段是在上述努力均无效的情况下，将电力系统在适当地点解列。

3）恢复状态的安全控制。重大事故后的电力系统恢复过程是一个有序的协调过程。恢复状态的安全控制首先要使各独立运行部分的频率和电压都正常，消除各元件的过负荷状态，然后再将各解列部分重新并列，并逐个恢复停电用户的供电。

继电保护是保证电力系统安全运行的重要自动化装置，是反映电力系统运行状态发生异常变化的重要工具。继电保护动作信息是调度员分析判断事故的重要依据，是实现电力系统安全监视和安全分析功能所必不可少的重要信息。因此，电力系统的调度自动化中心，应同时具备利用远动装置传递继电保护动作信息的功能。继电保护可以划分为反映设备内部故障的主保护与反映区外故障的辅助保护两类。每类保护公用一个信号就可以满足分析判断电气设备故障范围和事故性质的要求。计算机应该对继电保护动作的信息进行处理，在屏幕上显示出设备故障范围，为调度员分析和判断事故提供方便，以缩短处理事故的时间。

（五）调度员培训仿真

调度员培训仿真系统是一个大型应用软件，包括控制中心模型、电力系统模型和教练员系统等部分。调度员培训仿真以现实的系统运行环境培养电力系统操作人员掌握 EMS 各项功能和处理各种紧急事件的应变能力。

现代大电力系统对运行的安全可靠性提出了越来越高的要求。这就要求电力系统运行操作人员必须具备丰富的专业知识、经验和能力。调度员培训仿真系统 DTS（Dispatching Training System）是培训电力系统运行操作人员的有效工具。DTS 能从 SCADA 系统取得电网的实时数据和历史数据，对电力系统的动态行为进行逼真的模拟，严格模拟调度室中的人机会话和操作过程，使受训学员能够在真实的操作环境中接受调度培训，进行“准实战”考核，尽快熟悉其所在电网的特性和薄弱环节，掌握保证电能质量和防止重大事故的能力，积累迅速、正确判断和处理各种故障的经验。

DTS 的主要功能有：

（1）正常运行条件下的操作培训；

（2）紧急状态下的事故处理培训；

（3）事故后电力系统恢复的操作培训；

（4）预防性操作及操作后分析重演；

（5）运行方式研究，继电保护和自动装置的整定配合分析。

除上列软件外，还应配有潮流计算和分析、网损修正计算、网络状态监视、预想故障分析、安全约束调度、最优潮流、短路电流计算、电压稳定性分析、暂态分析等应用软件。

第三节 电力通信网络及其通信规约

电力系统由发电厂、变电站、输/配电网络和用电设备等组成，地域分布辽阔。为此，调度控制中心必须通过远动系统对分布于不同地点的发电厂、变电站等进行监视和控制，将表征电力系统运行状态和各设备的实时信息采集到调度中心，将调度中心的命令发往相关厂、站，完成对电力设备的远程控制和调度。电力系统通信网络是传递电力系统远动系统所需信息的必不可少的支撑系统。

对电力系统远动系统的技术要求最主要的是可靠、准确和及时。如果远动系统提供的遥测、遥信数据有差错或不及时，就有可能导致调度中心判断或决策失误；如果遥控、遥调命令有差错或不及时，则将直接影响系统的运行，甚至引发严重的后果。电力生产的特殊性决定了电力系统远动系统所需信息的传递不能借助已有的公用通信网，而必须采用专用的电力通信网络。我国和世界上大多数国家都建有专用的电力通信网络。

为了保证通信的正常有序进行，通信双方必须遵循一些共同的约定。这些约定被称为通信规约或远动规约，通常是由通信权威部门制订发布的。

一、通信系统的基本组成

通信的目的是传送信息，即把信息源产生的各种形式的信息，通过相应的手段，快速、准确地传给受信者。显然，通信系统由信息发送者（信源）、信息接收者（信宿）、处理信息的各种设备及传输信息的媒质（信道）共同组成。图 15 - 7 所示为通信系统组成模型。

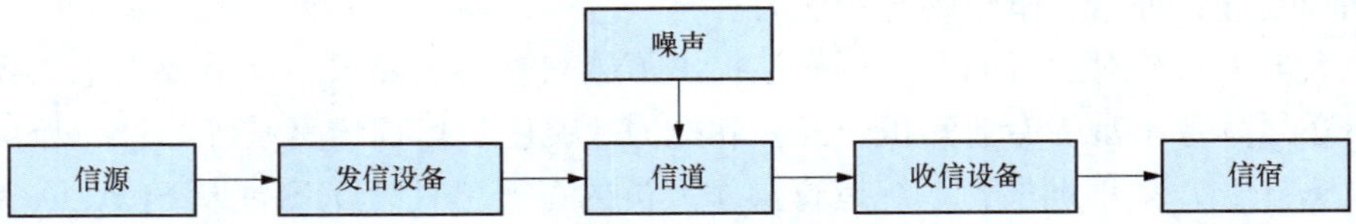

图 15 - 7　通信系统组成模型

信源和信宿可以是人，也可以是机器设备（如计算机、传真机等），因而既可以实现人—人通信，也可以实现人—机或机—机通信，信源发出的信号既可以是话音信号，也可以是数字、符号、图像等非话音信号。

发信设备对信源发来的信息进行加工处理，使之变换为适合于信道传输的信号，经功率放大后从信道发送出去。信号根据其随时间变化的状况，可分为连续信号和离散信号两种形式。连续信号是随时间而连续变化的，它是时间的连续函数；离散信号不随时间连续变化，而是每隔一段时间取某一个值。通常把可以在一个范围内连续取值的连续信号称为模拟信号，而把只能取有限个值的离散信号称为数字信号。

信道是信息的传输媒体。在信道上传输模拟信号（如声音和图像信号）的通信系统称为模拟通信系统，在信道上传输数字脉冲信号（如电报符号、数字数据等信号）的通信系统称为数字通信系统。模拟通信系统的优点是信号频谱较窄，信道利用率较高，但信号在传输过程中混入噪声干扰后不易消除，抗干扰能力差，此外设备集成化程度低，不便与计算机等信息化工具相联，故在一定程度上限制了它的应用和发展。数字通信虽然要求的频带宽，即系统的频带利用率较低，但由于高效编码和调制技术、数字压缩技术等的飞速发展，以及宽带媒质（光纤）的广泛使用，已使数字通信的这一劣势得到弥补，而且数字通信的质量大大优于模拟通信，并能运用计算机技术对信息进行各种需要的处理，使得数字通信技术得到了飞速的发展。目前，除了在某些特定的场合及普通模拟电话的接入网中还使用模拟通信方式外，一般的通信系统均为数字通信系统。

按传输信号的方法来分，信道可分为有线信道和无线信道两大类。有线信道包括电缆和光缆，无线信道可按无线通信的电磁频谱划分为不同的频段，利用不同性能的设备和配置方法，组成不同的无线通信系统，如微波中继通信、卫星通信、移动通信等。

不同频段的信道传输性能不同，其传送的信号形式也不同。如频率在 300～3400Hz 的话音信号，可通过常规的电缆信道直接传输；若用光缆传送，则必须将话音信号变换为光信号；若用微波传送，则需要对话音信号进行调制，将信号频谱搬移到微波系统的射频频段上去。因此需要用发信设备对信源信息进行加工、处理，进行变换。

在传输信号的同时，自然界存在的各种干扰噪声，包括各种电磁现象（如雷电、电晕、电弧）引起的干扰脉冲以及邻近/邻频的其他信道的干扰，也会同时作用在信道上。干扰噪声对信号的传输质量影响很大，如果噪声过强而又没有有效的抗干扰措施，轻则会使信号产生失真，重则出错，甚至将有效信号完全湮没掉。因此，收信设备接收到信息后，除了应进行与发信设备的信号加工过程相反的变换以外，还应具有强大的抗干扰能力，能有效地去除噪声、检查或纠正传输错误，以准确地恢复原始信号。

图 15-7 所示为一个单向的点—点通信系统模型。实际上大多数的通信系统都是双向的，即两端都有信源和信宿，这就需要在两端都设置有发/收信设备。为了实现多点间的通信，需利用交换设备和各种网络连接设备，将多个双向系统有机地连接在一起，组建成大的通信网络。

二、电力通信网络

电力通信网络是指利用有线电、无线电、光波等各种方式，对电力系统运行、经营和管理等活动中需要的各种信息（符号、文字、声音、图像、数据等）进行传输和交换的电力系统专用通信网络。根据通信范围的不同，电力通信可分为系统通信和厂站通信。

系统通信又称站间通信（Inter-Station Communication），主要提供发电厂、变电站、调度所、公司本部等单位之间的通信连接；厂站通信也称站内通信（Intra-Station Communication），其通信范围仅限于发电厂、变电站内部，主要任务是满足厂、站内部生产、管理信息的传递和共享，对于抗干扰、可靠性等有一些特殊的要求。厂站通信与系统通信之间通过适当接口互连。

广义的电力通信不仅包括系统通信和厂站通信这两类专用通信，也泛指利用电力系统的通信资源提供的各种通信服务。电力通信业务种类很多，总的来说可归纳为生产控制、行政管理和市场运营三大类。如远动信号、调度电话属于生产控制类，电话会议属于行政管理类，而电价发布、B2C/B2B 等电子商务信息则属于市场运营类。

1. 电力通信网络的主要作用

（1）传送电力系统远动、保护、负荷控制、调度自动化等运行、控制信息，保障电网的安全、经济运行。

（2）传输各种生产指挥和企业管理信息，为电力系统的现代化提供高速率、高可靠的信息传输网络。

2. 电力通信网络的特点

（1）实时性。即信息的传输延时必须很小，以便及时发现事故，迅速下达控制命令。远动系统的实时性能主要由信息的传递时间（包括终端设备的信息处理时间）来表征。对于不同性质的信息，规定有相应的时间标准。比如，开关状态发生变化时的变位遥信信息必须在 1s 内送到主站，而重要遥测信息的循环时间不大于 3s。公用通信网在这方面没有严格的要求。

（2）可靠性。为防止机构误动，信息传输必须高度可靠、准确，不能出错。特别在传送数字信号时，若将“0”误传为“1”，“1”误传为“0”，或数据序列发生漏位错位的差错，则很有可能导致灾难性的可怕后果。因此，为保证高度可靠，远动通信中必须采取“循环传送、反复对比”的策略。而公用通信网的要求则可以不那样高，比如一份传真出现错误，可以再传一次。

(3) 连续性。由于电力生产是不间断的，电力系统的许多信息（如远动信息）需要占用专门信道，长期连续传送。这在公用通信网中难以实现。

(4) 信息量较少。电力通信网主要传送电力系统的生产、控制、管理信息，故网上传输的信息量比公用通信网少，通信网络的触角也只需伸至基层变电站。

(5) 网络建设可利用电力系统独特的资源。如利用高压输电线进行的载波通信，利用电力杆塔架设全介质自承式光缆 ADSS（All-Dielectric Self-Supporting）等。

三、数字通信系统

现代计算机和数字通信系统都采用二进制这种计数的制式。所有的数字信息在传输和处理中都用二进制代码来表示。二进制数字信号的一位通常称为比特（bit），是最小的信息单位。8 位二进制数称为一个字节。

计算机存储器的容量通常是以字节数衡量的，常用 KB（千字节）来表示。不过这里的 K 指 1024，而不是 1000。若干字节又可组成一个“计算机字”，简称“字”（word），作为一个整体单元被计算机系统一次并行处理。在存储器中，通常一个单元存储一个“字”，并对应着一个“地址”，因而每个“字”都是可以寻址的。计算机每个“字”所包含的数位或字符的数量称为“字长”（wordlength）。根据计算机类型的不同，“字长”有固定和可变两种。微型计算机的“字长”有 8 位、16 位和 32 位等几种，大型计算机的“字长”有 48 位、64 位等。

在二进制数字通信系统中，接收端通常采用某种检测电路定时地进行信号检测，采用“像谁是谁”的方法对信号进行判决。与传输其他进制码元相比，因每个二进制码元只可能具有两种不同状态，故最容易识别，最不容易出错。因此二进制数字信号的抗干扰能力最强。另外，在远程中继通信中，中继站可以重新产生正确的二进制数字信号（再生）继续向前传输，从而完全消除传输引起的失真，因此对数字通信的距离可以不加限制，无论远近，都可以获得同样好的质量，保真度非常好。

（一）数字通信系统的主要质量标准

电力系统调度自动化对信息传输系统的质量要求主要有可用率（或可靠性）、误码率和传输速度（或实时性、响应时间）三种。

(1) 可用率（可靠性）。其计算式为

$$\text{可用率}=\frac{\text{运行时间}}{\text{运行时间}+\text{停用时间}}\times 100\%$$

信息传输系统的运行时间是指整个系统保证基本功能正常的持续时间。停用时间是通信系统丧失基本功能而不能运行的时间，包括故障时间和维修时间。信息传输系统的可用率必须大于电力系统调度自动化系统的可用率。

根据 IEC-TC57 标准，可用率级别分为 A_1、A_2、A_3 三级，三级指标分别是：$A_1 \geqslant 99.00\%$，$A_2 \geqslant 99.75\%$，$A_3 \geqslant 99.95\%$。

(2) 误码率（准确性）。通常以传输的码元中发生错误码元的概率作为传输质量的指标，称为误码率。一般要求误码率不大于 10^{-5}，即平均每传输 100000 个二进制码，出现的误码不超过 1 个。

(3) 传输速度(实时性)。传输速度通常以码元传输速率来衡量。码元传输速率定义为每秒钟传输码元的个数,单位为dB(波特)。例如每秒钟传输600个码元,传输速率即为600dB。码元传输速率也称为码元速率或波特率。目前,波特率已日益趋向标准化,一般低速信道为600、1200、2400、4800、9600dB,高速信道(如光纤通道)则在兆比特(Mbit)以上。

数字通信中的传输速率也可以用信息传输速率来表征。信息传输速率定义为每秒传输的信息量,单位为bit/s(比特/秒)。信息传输速率又称为信息速率或比特率。

电力系统调度自动化要求RTU与调度中心的信息传输速率为600～1200bit/s,远程计算机之间的信息传输速率为1200～9600bit/s或更高。

根据IEC-TC57通信标准,远动通信对总传送时间的要求是:遥测量为3～10s;遥信量<3s;遥调、遥控<3s。电能量要对时准确,但发送时间可延时几分钟。

(二)信息传输的差错控制

电力系统采集到的量测信息,通常都经变送器变换成了标准的直流电压信号,通过采样开关按规定的次序逐个采样。开关量是两态的,用"0"和"1"两个信号表示,形成一个数据流。为了能正确地传输这些实时数据,要对实时数据进行编码。

1. 实时信息抗干扰编码

在现代化信息传输系统中要注意防止干扰引起的错误,以保证信息传输的可靠性。传输速度越高,则每个码元所占用的时间就越短,波形也越窄,因而受到干扰后发生错误的可能性也就越大。在电力系统实时通信系统中,如果出现一个误码,就有可能导致错误的操作,而使系统正常运行遭到破坏,所以,要求有很高的传输正确率。为便于误码的检出,需要采取必要的编码和校正误码的措施。常用的办法是,在传输信息的同时,通过编码器按照一定的编码规则增加若干冗余的校验码,这些校验码与有效的信息码之间具有一定的关系。这样,在接收端收到信息后,由译码器检验它们之间的关系是否符合原定的规则。在确认信息可靠无误后,就可将其输出。如果发现信息受到干扰而有错误时,则应做出必要的处理,拒绝接收,要求重新发送或设法纠正错误。

常用的编码方法很多,有奇偶校验码、方阵码、分组码和线性分组码等,下面仅就奇偶校验码和方阵码检验作一简单介绍。

(1) 奇偶校验码。奇偶校验是最简单的监督码构成方式,仅在信息码后附加一个奇(偶)监督码元,使合成码字中"1"的数量成奇(偶)数。举例说明如下。

奇校验:有效信息为1011001,附加奇校验位"1",合成发送码字为10110011(奇数个"1")。接收端若收到数码为10100011,发现码元"1"的个数为4(非奇数),即判为出错。

偶校验:有效信息为1011001,附加偶校验位"0",合成发送码字为10110010(偶数个"1")。接收端若收到数码为10100010,发现码元"1"的个数为3(非偶数),即判为出错。

显然,奇偶校验可发现1位(或奇数个)错码。若2位(或偶数个)码元同时出错,则不能被发现,可见漏检情况较多,更没有纠错能力。

(2) 方阵码检验。方阵码又称水平垂直奇(偶)校验,它以方阵的形式发送和接收信息,同时进行水平方向和垂直方向的奇(偶)校验。例如,有一组七位有效信息:

1011001

0101010

0101001

1101001

在其末行和末列附加奇方阵校验码后，应为

```
1011001 ┊ 1
0101010 ┊ 0
0101001 ┊ 0

1101001   1
-------
1001100   1
```

接收到上述信息后，可逐行、逐列地检查是否符合奇（偶）校验规则。这种从水平、垂直两个方向进行奇（偶）检验的方式，检错能力明显提高，并且具有一定的纠错能力——横向和纵向不满足奇（偶）规则的交叉点即是错码。只有同时发生 4 位错误并且恰在纵向、横向的四角位置上时，才不能检出错码。

2. 差错控制方式

（1）循环传送检错法。发送端循环发出可被接收端检出错误的码字，接收端经检错译码判定有无错码。如无错码，则该组码字可用；如有错码，则丢弃不用，待下一次循环送来该信息无错再使用。循环检错方式比较简单，只需要单工信道。

（2）反馈重传纠错法。发送端发出可检错码，接收端经检错译码判定有无错码，并通过反馈信道把判决结果告诉发送端。发送端根据反馈来的判决信号，把出错的码字重新发送，直到接收到正确的信号为止。这种方式仅用检错编码即实现了纠错，但需要全双工信道。如果干扰严重，重传次数增多，会影响通信的实时性能，降低传输效率。

（3）信息反馈对比法。接收端把收到的数据信息，原封不动地通过反馈信道回送给发送端，由发送端将其与刚才所发送信息进行对比，如两者不一致，则将原来的发送信息再重发一次，直到返回信息与原发信息一致时为止。这种方式的电路较简单，也需要全双工信道。遥控返送校核常采用这种方式来确保遥控对象的正确。

（4）前向纠错法。这种方式发送的必须是能被纠错的纠错码，即接收端收到数据信息后不仅能发现错误，并能指出是第几位错了，然后将该位“取反”，纠正错误。这种方式只需单向信道即可，但可纠错编码比只有检错能力的检错码复杂得多。

（5）混合纠错法。它是前述方式的综合。发送端发送较简单的纠错码，接收端收到后首先检查错误情况，如果在码的纠错能力以内，即自动纠错并使用；若错误位数多，超过了码本身的纠错能力，则通过反馈信道要求发送端重发该信息。

四、调制和解调

数字信号在电路上的表达为一系列高低电平脉冲序列（方波），称为“数字基带信号”，这种波形所包含的谐波成分很多，占用的频带很宽。若将这种基带数字信号直接在通信线路上传输，不仅过多占用了有限的信道频带资源，而且长距离传输可能使信号波形畸变严重，接收端无法正确判读，从而造成通信失败。

为此，在数据通信中，必须先把数字基带信号用调制器（Modulator）转换成携带其信息的模拟信号（某种高频正弦交流波信号）。在长途传输线上传输的是这种经调制的模拟信号。到了接收端，再用解调器（Demodulator）将其携带的数字信息解调出来，恢复成原来的基带信号。由于正弦波是最适宜于在通信线路上长途传输的波形，而正弦交流波的特征值是振幅、频率和初相位，故对应的调制方法也有振幅调制、频率调制和相位调制三种。图 15-8 所示为调制与解调的示意图。

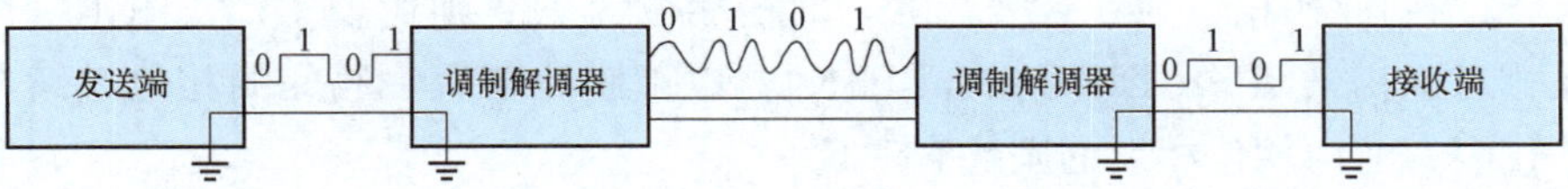

图 15-8　调制与解调的示意图

（一）振幅调制

振幅调制又称幅移键控（Amplitude Shift Keying，ASK），是最简单的调制方式。如图 15-9（b）所示，在一固定频率的载波交流信号上用不同的振幅分别表示“1”和“0”，最特殊的振幅调制是以无信号时代表“0”；有信号时代表“1”。由于这种调制方式很易受传输过程中的干扰或衰减等作用影响其振幅而出现错误，所以现在一般很少采用。

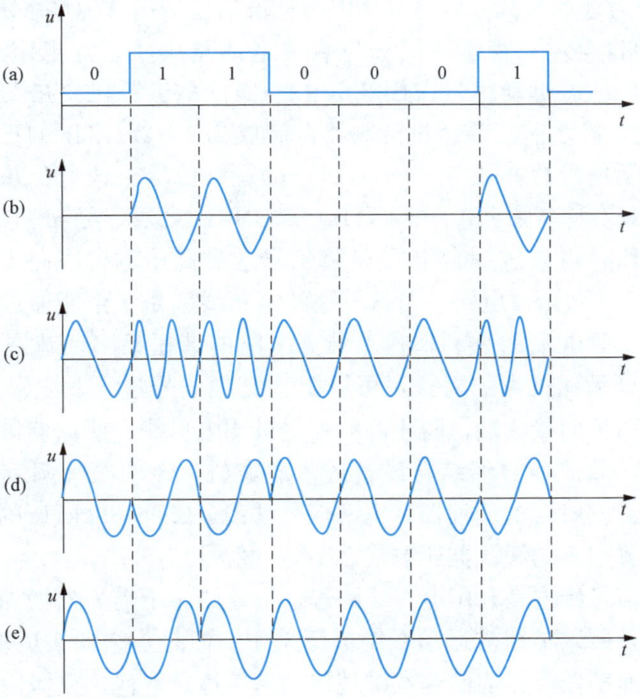

图 15-9　数字信号调制方式

（a）基带信号码元波形；（b）调幅波（ASK）；（c）调频波（FSK）；
（d）二元绝对调相波（2PSK）；（e）二元相对调相波（DPSK）

（二）频率调制

频率调制又称频移键控（Frequency Shift Keying，FSK），它利用载波信号的频率变化来传输数字信息。如图 15-9（c）所示，“0”和“1”分别用两个不同的频率来表示，例如用较高频率 $f_1=f_0+\Delta f$ 表示“1”，用较低频率 $f_2=f_0-\Delta f$ 代表“0”。数字调频在电网调度自动化系统中应用较广，抗干扰性能较好。

（三）相位调制

相位调制又称相移键控（Phase Shift Keying，PSK），它利用载波信号的相位变化来传输数字信息，有绝对调相和相对调相之分。图 15-9（d）所示为二元绝对调相（2PSK），以调制波初相位为 0°代表“0”，而初相位为 180°则代表“1”；图 15-9（e）所示为二元相对调相（DPSK-Differential PSK），以调制波在后一码元的相位继续与前一码元相同，代表“0”，相位相反的则代表“1”。

某些相位调制器中有几种不同的相位移，以便在一次相位变化中传输几位信息。这种调制方式在恒参数信道下具有很高的抗干扰性能，可更经济有效地利用频带，是比较优越的调制方式，特别在超过 2400dB 的高速传输情况下，但其硬件、软件比较复杂。

五、信息传输通道（信道）

电力调度自动化系统使用的信道媒介有以下四种。

（一）远动与载波电话复用电力载波信道（载波通信）

图 15-10 所示为远动与载波电话复用电力载波信道的信息传输系统图。电话通路频率范围为 0.3～3.4kHz。为了使远动信号与载波电话复用，通常规定载波电话话路占用 0.3～2.3kHz 的音频段，远动信号占用 2.7～3.4kHz 的音频段。在发送端，远动的数字脉冲信号在送入载波机之前，要经过调制器调制成 2.7～3.4kHz 的正弦波数字信号，然后送入载波机与电话信号合并成 0.3～3.4kHz 的音频信号。这个合并后的信号经过电力载波机中频（12kHz）和高频（40～500kHz）二次调制之后，经功率放大器将信号放大，用结合设备隔离高压，再通过耦合电容 C 将信号送到高压输电线路上去。图 15-10 中，阻波器 7 是一个 LC 并联谐振电路。谐振电路的电感线圈是一个能通过很大工频电流的强流线圈，可以保证工频电流的顺利输送。谐振电路的谐振频率调节在高频信号的频率附近，对高频载波信号呈现极大的阻抗，可以阻止高频信号进入发电厂或变电站的电力设备，而只沿输电线路传向接收端，防止高频信号被输电母线、变压器等设备旁路，产生功率损失。在接收端，载波信号经结合设备进入载波机，经两次解调后变成 0.3～3.4kHz 的音频信号。0.3～2.3kHz 的滤波器将电话信号滤出，2.7～3.4kHz 的滤波器将远动信号滤出，再经接收装置本身的解调器还原成数字脉冲信号。

由于电力载波信息传输是利用电力线路作通信线路，不需另外增加线路投资，而且结构坚固、运用方便，所以早期被远动系统广泛采用。但是，它的频道拥挤、杂音电平高、频率特性差、传输速率低，目前已基本被现代高速信道所取代，只保留作为备用通道。

（二）无线信道（微波通信）

无线信道是将远动信号调制在微波或其他无线电波上，经空间传送。

微波信息系统是用频率 300MHz～300GHz，波长 0.001～1.0m 的无线电波传输信息。微波是直线传播的（称“视距传输”），而地球是球体，使微波的直线传输距离受到限制。一般在平原地区，一个 50m 高的微波天线通信距离约为 50km。为了增加传输距离，要设立微波中继（接力）站。微波传输信息的优点是频带宽，一套设备可传输多路信息，信息

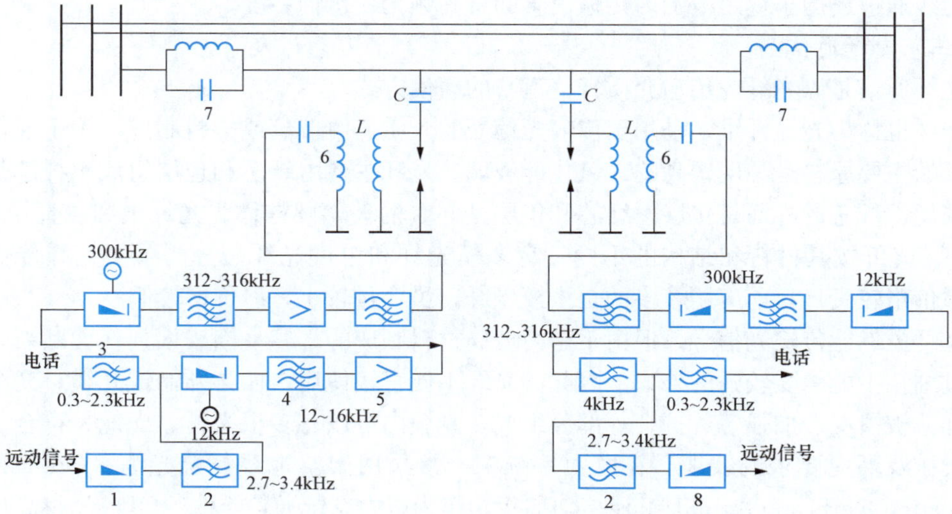

图 15-10　远动与载波电话复用电力载波的信息传输系统图

1—调制器；2—高通滤波器；3—低通滤波器；4—带通滤波器；5—放大器；
6—结合设备；7—阻波器；8—解调器

传输稳定，方向性强，保密性好。

图 15-11 所示为微波信息传输系统的构成示意图。在发送端，电话和远动信号经过载波终端机形成多路复合信号，再经过微波信道机调制成微波，经波导管、馈线，由天线向空间辐射。在微波中继站，中继机把在传播中损耗了的信号加以放大，并向下一个微波中继站转发。在接收端，先用微波信道机将由天线接收的信号解调成多路信号，再用载波终端机进一步解调，分别取出电话和远动信号，各自传送给电话交换机、记录器或计算机系统。目前我国将 2GHz 频率用于电力系统微波信息传输的主干线，8GHz 频率用于分支线，11GHz 频率用于近距离的局部系统。

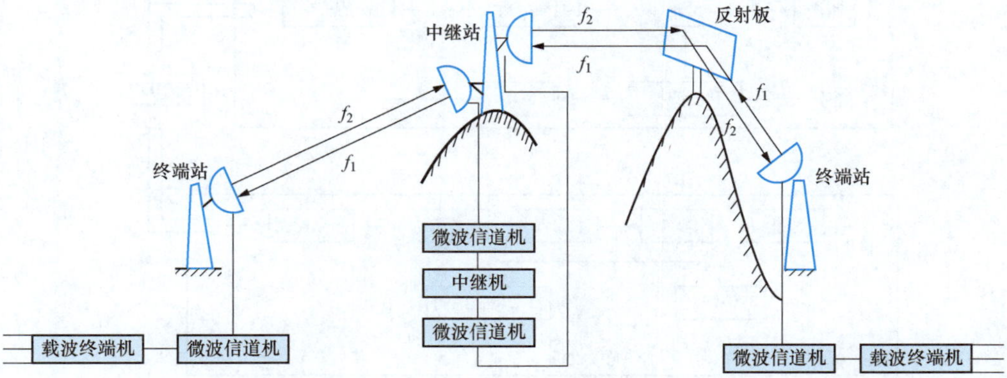

图 15-11　微波信息传输系统的构成示意图

卫星信息传输也是利用微波进行的，由于微波中继站设在同步卫星上，因此不受地形和距离的限制，传输的信息容量大、稳定、可靠性高。我国目前使用的上行频率为 5925～6425MHz（地球发往卫星），下行频率为 3700～4200MHz（卫星发往地球）。

无线通道还用于视距范围内传输信息的特高频无线传输系统。

（三）光纤通信

光纤通信是以光纤为传输介质（信道）的通信方式。

光纤也称为光导纤维，是用于传输光信号的介质，由玻璃或塑料制成。用于通信系统的光纤的主要原料是纯度很高的二氧化硅玻璃。光纤主要由纤芯和包层组成。纤芯是很细的玻璃丝，纤芯的外面是包层。纤芯和包层是同心的玻璃圆柱体。光纤很细，直径在 5～100μm。光纤按其材料和结构的不同，有多模光纤和单模光纤之分。单模光纤传输容量大，但价格较贵。目前应用较多的是多模光纤，虽容量较小，但价格较低。

光纤虽然能传输光信号，但由于是由玻璃材料制成的，容易因表面损伤而断裂，而且直径过细，不能承受较强的外力。因此，光纤不便直接使用，而必须制成光缆。光缆一般由光纤、被覆层、加强芯、护套等部分组成，光缆内可以有多根光纤。光缆是符合一定光学、机械及环境要求的线缆。在电力系统中，常采用架空地线复合光缆（Optical Fiber Composite Overhead Ground Wire，OPGW）作为电力系统通信干线。OPGW 将高质量光缆放在架空地线多股导线中央的硬质气密复合管中，可以兼具架空地线和通信线的双重功能，无需单独铺设线路，且性能好，运行可靠。

光纤通信系统的基本构成如图 15 - 12 所示，主要由光发送机、光缆、光中继机和光接收机等组成。光发送机的作用是将电信号转换成适于在光缆中传输的光信号。光接收机的作用是将光缆中传来的光信号还原成电信号。光信号以光的形式在光缆中传输是会衰减的，为了补偿光信号在传输过程中的衰减，在光通信的信道上需要设置光中继机。在光中继机中先将光信号转换成电信号，并进行放大、再生，然后再以光的形式将信号发送到下一段光缆中去，依此逐段传输直到终点。

按照信号的调制方式，光信号传输分为模拟式和数字式两种。在电力系统通信中，光纤通信系统多采用数字式。

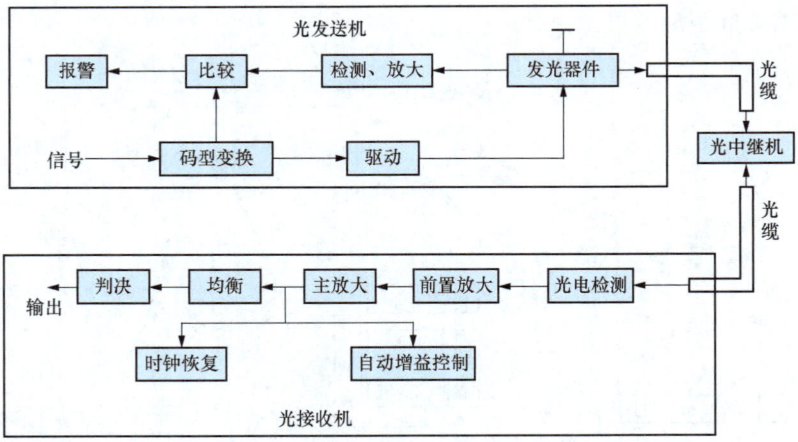

图 15 - 12　光纤通信系统的基本构成示意图

图 15 - 12 中，光发送机中的“信号”是已经经过编码的电信号。该信号再经过“码型变换”变换成适合于在光缆中传输的归零信号。驱动电路的作用是使发光器件发出光脉冲（即对光源调制）注入光缆。发光器件的背向光由本机检测、放大、比较，若有超出设定

的发送错误则予以报警。发光器件采用半导体激光器（LD）或发光二极管（LED）。LD输出光功率大、光谱宽度窄、与光纤的耦合效率高，对控制、保护电路的要求高，适合于长距离、大容量的光纤通信系统。LED温度稳定性好，对保护电路要求低，光谱宽度宽，色散大，但与光纤的耦合效率低，入纤功率小，适合于短距离、小容量的光纤通信系统。发光波长一般为 0.85μm 或 1.3μm，与光纤的两个低衰减窗口相对应。

光是以波的形式传播的，它的参数有振幅（即强度）、频率和相位。目前，只能对光的强度进行调制，还不能调制频率和相位。

光纤通信的优点为：

（1）频带宽，通信容量大；

（2）抗电磁干扰能力强，保密性能好；

（3）光纤是绝缘体，通信两端可以实现完全的电隔离（全电隔离）；

（4）光纤损耗小，中继距离长；

（5）光纤细，质量轻，构成光缆后容易敷设等。

由于具有上述诸多优点，光纤通信已成为一种新型的、发展迅速的通信手段，成为干线通信的主力信道。尤其光纤通信所具有的抗干扰能力强和可以实现通信两端的完全电隔离等优点，使得它在电力系统通信中获得了广泛应用。

（四）架空明线或电缆信道

利用架空明线或电缆传输信息的通信方式称为有线通信。架空明线或电缆用铜线、铁线或铝线作为传输介质。信息传输过程中，信息能量沿传输介质传输。在电力系统中，有线通信是一种重要的通信手段。它多用于地区通信或短距离通信枢纽站之间的通信。为了更多地传输信息，在有线通信中常将音频信号和直流脉冲信号调制成不同频带的高频信号，或编码形成脉冲编码调制信号，然后将这些调制后的信号叠加起来在一对通信线路上传输，以实现通信线路的多任务。

六、 信息传输网络的基本类型

电力系统中远动通信系统的主站（MS）与子站（RTU）之间通过信道传输远动信息。若干远动站通过通信线路连接起来，组成一个远动通信网络。远动通信系统有图 15-13 所示的五种基本类型。

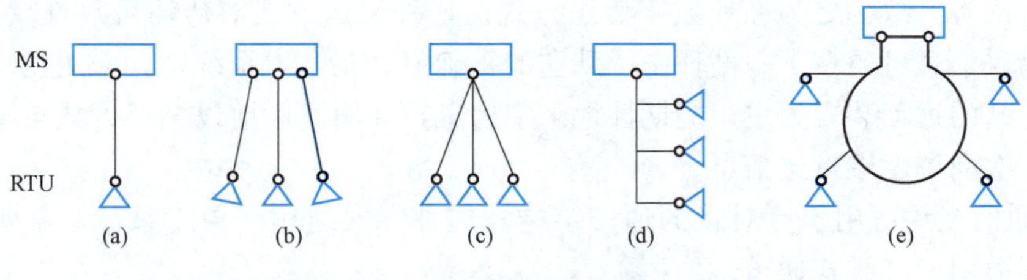

图 15-13 远动通信系统的配置

(a) 点对点配置；(b) 多路点对点配置；(c) 多点星形配置；(d) 多点共线配置；(e) 多点环形配置

（1）点对点配置。一站与另一站通过专用的通信线路相连。这是一种最基本的一对一方式，如图 15-13（a）所示。

（2）多路点对点配置。多个主站与若干子站通过各自的通信线路相连，多个主站也相互联系，如图 15 - 13（b）所示。在这种配置中，各主站能同时与各个子站交换信息，某主站与一个子站通信的失效不影响其他站的通信。

（3）多点星形配置。一个主站通过相互独立的线路与若干子站相连，如图 15 - 13（c）所示。在这种配置中，任何时刻只允许一个被控子站向主站传送信息。主站可选择一个或若干子站传送信息，也可向所有子站同时传送全局性的报文。

（4）多点共线配置。调度控制中心或主站通过共享线路与若干子站相连，如图 15 - 13（d）所示。这种配置的正常通信时的特点与多点星形配置相似，但信道故障将使通信完全失效。

（5）多点环形配置。所有站之间的通信链路形成一个环形，如图 15 - 13（e）所示。在这种配置中，调度控制中心或主站可用两个不同的路径与各个被控站通信。因此，当信道在某处发生故障时，主站与被控站之间的通信仍可正常进行，通信的可靠性得到提高。

将以上几种基本配置组合起来，可构成各种混合配置。

七、 通信规约

在电力系统远动中，主站与远方终端之间进行实时数据通信时必须事先做出约定，制订必须共同遵守的通信规约。按照远动信息不同的传送方式，远动通信规约分为循环式（Cyclic Digital Transmission，CDT）规约和问答式（Polling）规约两种。微机远动通信规约的实现取决于应用程序，与硬件独立，所以可以实现各种规约。在一个电力系统中通信规约必须统一。我国已经颁布的电力行业标准 DL 451—1991《循环式远动规约》是参照国际电工委员会（International Electrotechnical Commision，IEC）的建议，并考虑微机和数据通信技术新成就而制订的全国统一的远动通信规约。

现在正在进行循环与问答兼容传送方式的研究，它兼有 CDT 和 Polling 两种方式的特点，是随着微机通信技术的发展针对上述两种制式的特点而出现的，实用推广还有待时日。

（一）循环式（CDT）通信规约

在循环传送通信方式中，发送端将要发送的信息分组后，按双方约定的规则编成帧，从一帧的开头至结尾依次向接收端发送。全帧信息传送完毕后，又从头至尾传送。这种传送方式实际上是发送端周期性地传送信息帧给接收端，而不顾及接收端的需要，也不要求接收端给予回答，故称之为循环数字传送方式。这种传送方式对传输可靠性要求不很高，因为任一错误信息可望在下一循环中得到它的正确值。在电力系统中，采用循环数字传送方式以厂、站的远动装置为主，周期性地采集信息，并周期性地以循环方式按事先约定的先后次序依次向调度端发送信息。

CDT 通信规约适用于点对点的通信结构。这种方式适用于单工条件，不管接收端的情况，但不适用于共线式通道。

（二）问答式（Polling）通信规约

Polling 通信规约的特点是由调度（主控端）向厂、站（受控端）发送一定信息格式的查询命令（召唤代码），厂、站端响应后按调度端发来的命令传送信息或执行调度命令。在未收到查询命令时，厂、站端的远动装置处于静止状态。用这种方式，可以做到调度端需要什么，厂、站端就传送什么，即按需传送，主动权在主控端。典型的遥测问答式传送方式可以逐个信息地响应，即主控端发出所需要信息的地址，受控端传送回相应的信息；也可以批量传送信息，即主控端发出提取批量信息的命令，受控端按序连续整批传送信息。

虽然各 RTU 只有在接到主站询问后才可以回答（报送数据）。但平时各 RTU 也与循环通信方式一样采集各项数据，不同之处在于这些数据不马上发送，而是存储起来，当主站轮询到本站时才组装发送响应数据。

20 世纪 90 年代，由国际电工委员会（IEC）推出了 IEC 60870-5-101、IEC 60870-5-102、IEC 60870-5-103、IEC 60870-5-104 四个远动通信标准，2004 年又发布了 IEC 61850 通信规约，共 10 个部分 14 个标准，是关于智能变电站通信的最完善的国际标准。IEC 61850 通信规约是一种基于面向对象的用于现代智能电力系统的数据通信规范，具有统一的物联网架构，包括网络和边缘设备以及软件，支持各种设备、协议和应用程序之间的数据交换，是智能电网的一种重要技术支持。

第四节　电力系统典型自动控制装置

本节主要介绍几种电力系统典型自动控制装置，包括在电力系统正常运行时同步发电机的自动并列操作装置，以及事故情况下的电力系统自动按频率减负荷、水轮发电机机组低频自启动和自动解列等装置的基本原理和构成。

一、同步发电机的自动并列装置

正常情况下，电力系统中运行着的同步发电机转子都以相同的电角速度旋转，转子间的电角度保持相对稳定，即系统中运行着的发电机均处于同步运行的状态。由于电力系统运行的需要，系统中运行的发电机的台数是变动的，即经常会有同步发电机退出或重新投入电网运行。将同步发电机投入电网并列运行的操作称为并列操作。

（一）对并列的基本要求

电力系统中，并列操作分为发电机并列操作和系统并列操作两种。发电机并列操作是将发电机与系统连接的断路器闭合，使发电机投入电力系统运行的操作。系统并列操作是将连接两个系统的联络线上的断路器闭合，使两个分开的系统并联运行的操作，两种并列操作的原理大同小异。对并列的基本要求是：

（1）并联时的冲击电流瞬时最大值不超过允许值，且应尽可能小；

（2）并列后应能迅速进入同步运行。

这里“并联时的冲击电流”是指并列断路器合闸时通过断路器主触头的电流。通常冲击电流的幅值较高，持续时间较短。发电机并列时的冲击电流会在定子绕组中产生电动力，其值与冲击电流的平方成正比。冲击电流太大时，过大的电动力可能使定子绕组损坏，如造成定子绕组端部开断等。过大的冲击电流还可能使电力系统中其他设备损坏或使电力系统发生振荡。“进入同步运行”是指刚并入电力系统的发电机与系统内的发电机组以相同的电气角速度旋转，或两个刚并列的系统内的发电机组以相同的电气角速度旋转。

并不是每一次并列都能成功。如果并列时冲击电流超过允许值或不能被拉入同步，就会对机组的安全造成危害。当机组容量与系统容量相比足够大时还会对系统产生扰动，造成系统振荡。出现上述情况时，必须立即将刚刚并列的两部分解列。

同步发电机并列操作，有准同期并列操作（也称准同步并列操作）和自同期并列操作（也称自同步并列操作）两种方式。

准同期并列，是在同步发电机投入调速器和励磁装置的条件下，当发电机电压的幅值、频率和相位分别与并列点系统侧电压的幅值、频率和相位接近相等时，通过并列点断路器合闸将发电机并入系统。其优点是并列时的冲击电流小，对发电机和系统不会带来冲击。缺点是在并列操作过程中需要对发电机电压和频率进行调整，捕捉合适的合闸相位点，所需并列时间较长。这种操作可以由自动准同期装置来完成，某些情况下也可由运行人员来完成。

自同期并列，是将未加励磁电流但接近同步转速且机组加速度小于允许值的发电机，通过断路器合闸并入系统，随之投入发电机励磁，在原动机转矩、同步力矩的作用下将发电机拉入同步，完成并列操作。这种并列方式具有操作简单和并列时间短的优点，但在并列时会产生较大的冲击电流，同时会从系统吸收无功而造成系统的电压下降。

由于并列操作不当可能造成设备损坏或系统振荡，所以并列操作是电力系统中最重要的操作之一，只有有丰富经验的运行人员才允许进行手动并列操作。

（二）准同期并列的条件

进行准同期并列操作时，先将待并列双方（系统或发电机）的电压加到并列断路器主触头两侧，然后调整两侧电压，在电压幅值、频率和相角接近相等时闭合断路器主触头，使并列双方并联在一起运行。

1. 准同期并列的理想条件

图 15 - 14 所示为同步发电机同期并列示意图。图中，待并发电机机端电压为 $\dot{U}_G$，系统侧电压为 $\dot{U}_S$。

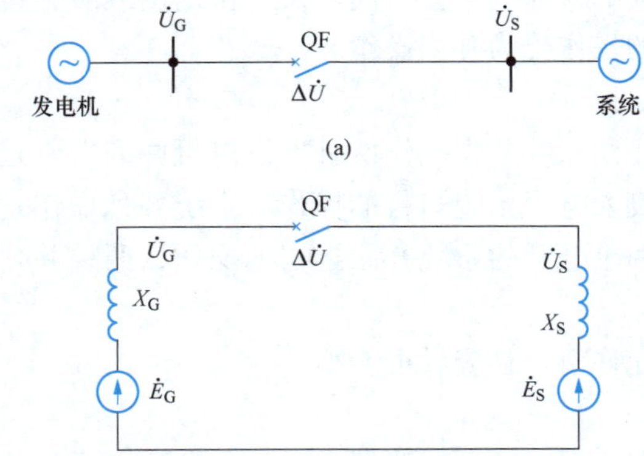

图 15 - 14　同步发电机同期并列示意图

(a) 电路示意图；(b) 等值电路图

设发电机和系统电压的瞬时值分别为 u_G 和 u_S，则有

$$\left.\begin{aligned} u_G &= U_{Gm}\sin(\omega_G t + \varphi_{0G}) \\ u_S &= U_{Sm}\sin(\omega_S t + \varphi_{0S}) \end{aligned}\right\} \tag{15 - 3}$$

式中：U_{Gm} 为发电机电压的幅值；ω_G 为发电机电压的角频率；φ_{0G} 为发电机电压的初相角；U_{Sm} 为系统电压的幅值；ω_S 为系统电压的角频率；φ_{0S} 为系统电压的初相角。

当发电机与系统电压的频率不相等时，$\dot{U}_G$ 和 $\dot{U}_S$ 以不同的电角速度 ω_G 和 ω_S 旋转，设在 t 时刻，发电机和系统电压的相角分别为 δ_G 和 δ_S，两者的相角差记为 δ_e，则

$$\delta_e = \delta_G - \delta_S = (\omega_G t + \varphi_{0G}) - (\omega_S t + \varphi_{0S}) \tag{15 - 4}$$

设 $t=0$ 时 $\dot{U}_G$ 和 $\dot{U}_S$ 重合，即 $\varphi_{0G}=\varphi_{0S}$，则有

$$\delta_e = \omega_G t - \omega_S t = (\omega_G - \omega_S)t = 2\pi(f_G - f_S)t \tag{15 - 5}$$

引入滑差角频率（简称滑差）ω_e，和滑差频率（简称频差）f_e，令

$$\left.\begin{aligned}\omega_e &= \omega_G - \omega_S \\ f_e &= f_G - f_S\end{aligned}\right\} \tag{15-6}$$

则有

$$\delta_e = \omega_e t = 2\pi f_e t \tag{15-7}$$

称 δ_e 变化 360°（2π rad）所用的时间为滑差周期 T_e，且认为滑差在一个周期内保持不变，则滑差周期与滑差、频差之间的关系为

$$T_e = \frac{2\pi}{\omega_e} = \frac{1}{f_e} \tag{15-8}$$

定义 $\omega_G > \omega_S$ 时滑差为正，$f_G > f_S$ 时频差为正；$\omega_G < \omega_S$ 时滑差为负，$f_G < f_S$ 时频差为负，但滑差周期 T_e 均取正值。

图 15 - 15 所示为发电机电压和系统电压的相量图。图中 $\dot{U}_G$、$\dot{U}_S$ 和 $\Delta\dot{U}$ 分别为发电机电压、系统电压和断路器 QF 主触头两侧电压之差的相量。由此可以得出：如果调节断路器主触头两侧电压，使其幅值相等，即 $U_G = U_S$、频率相同，即 $\omega_G = \omega_S$、相角一致，即 $\delta_e = \delta_G - \delta_S = 0$，则断路器两端的电压差 $\Delta\dot{U}$ 就会等于零。在这种情况下闭合断路器主触头时，冲击电流为零，且并列之后双方会立即同步运行。这无疑是同期并列的理想条件。

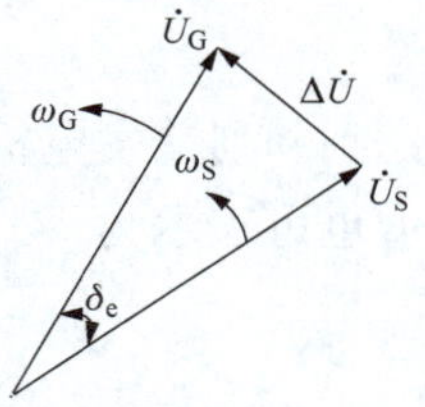

图 15 - 15　电压相量图

2. 幅值差、相角差、频率差对并列的影响

实际上，准同期并列合闸时很难完全满足理想条件，会存在一定误差。下面分别从原理上分析存在电压幅值差、频率差和相角差时对并列产生的影响。

（1）电压幅值差对并列的影响。分析条件是 $U_G \neq U_S$，$\omega_G = \omega_S$，$\delta_e = \delta_G - \delta_S = 0$ 。图 15 - 16（a）给出在忽略待并发电机定子电阻和系统等值电阻的情况下，$U_G > U_S$ 时，相量 $\dot{U}_G$、$\dot{U}_S$ 和 $\Delta\dot{U}$ 间的关系。在这种情况下，并列时产生的冲击电流周期性分量的有效值为

$$I'' = \frac{|U_G - U_S|}{X''_d + X_S} = \frac{\Delta U}{X''_d + X_S} \tag{15-9}$$

式中：X''_d 为发电机直轴次暂态电抗；X_S 为电力系统等值电抗。

冲击电流的最大瞬时值为

$$i''_{im} = 1.8 \times \sqrt{2} I'' \tag{15-10}$$

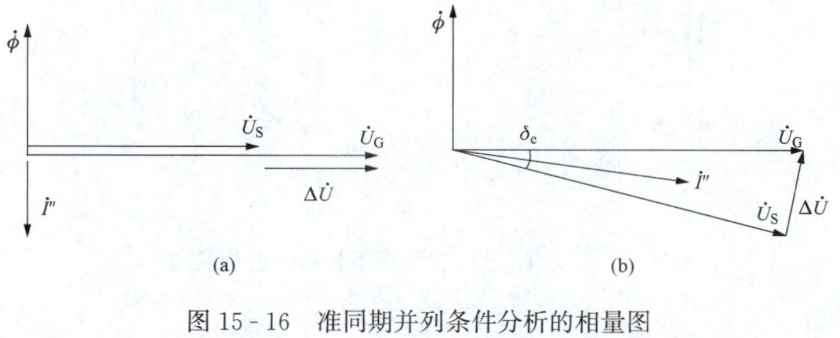

图 15 - 16　准同期并列条件分析的相量图

(a) $U_G > U_S$，$f_e = 0$，$\delta_e = 0$；(b) $U_G = U_S$，$f_e = 0$，$\dot{U}_G$ 超前 $\dot{U}_S$ 角度 δ_e

由此可知，冲击电流 I'' 与电压差 ΔU 成正比，且滞后同步发电机电压 90°，为无功性质，说明当发电机并入系统时将立即向系统输出无功功率。显然，当 $U_G < U_S$ 时，冲击电流 I'' 会超前同步发电机电压 90°，此时发电机将从系统吸收无功功率。冲击电流产生的电动力可能对发电机定子绕组特别是其端部造成危害。因此，在并列时应控制发电机与系统电压的差值，避免并列时出现过大的冲击电流，以及对系统带来过大的无功冲击。

（2）合闸相角差对并列的影响。分析条件是：$U_G = U_S$，$\omega_G = \omega_S$，$\delta_e = \delta_G - \delta_S \neq 0$，此时的相量关系如图 15-16（b）所示。这种情况下，并列发电机产生的冲击电流周期分量的有效值 I'' 和电压差值 ΔU 分别为

$$I'' = \frac{\Delta U}{X''_q + X_S} \tag{15-11}$$

$$\Delta U = 2U_G \sin\frac{\delta_e}{2} \tag{15-12}$$

考虑到并列前发电机空载运行，发电机端电压和电动势相等，并列时冲击电流周期分量有效值也可表示为

$$I'' = \frac{2U_G}{X''_q + X_S}\sin\frac{\delta_e}{2} = \frac{2E''_q}{X''_q + X_S}\sin\frac{\delta_e}{2} \tag{15-13}$$

式中：X''_q 为发电机交轴次暂态电抗；E''_q 为发电机交轴次暂态电动势。

冲击电流的最大瞬时值亦为 $i''_{im} = 1.8 \times \sqrt{2} I''$。

由相量图可知，当合闸相角差 δ_e 不大时，冲击电流主要为有功性质。由于并列时一般 δ_e 都很小，所以在只有相角差的情况下并列，发电机主要承受有功的冲击，即机组将受到轴扭矩冲击。在发电机电压相量超前系统电压时，发电机主轴受到的是制动的轴扭矩。在发电机电压相量滞后系统电压时，发电机主轴受到的是驱动的轴扭矩。因此，在并列合闸时应将相角差限制在一定范围内。

（3）合闸时角频率差对并列的影响。分析条件是：$U_G = U_S$，$\delta_e = 0$，$\omega_G \neq \omega_S$，滑差角频率 $\omega_e = |\omega_G - \omega_S|$。并列前，由于发电机电压和系统电压的频率不相等，在相量图上 $\dot{U}_G$ 相对 $\dot{U}_S$ 以 ω_e 的滑差运动（发电机频率高于系统频率），相位差角 δ_e 在 0°到 360°之间周期性变化，如图 15-17 所示。

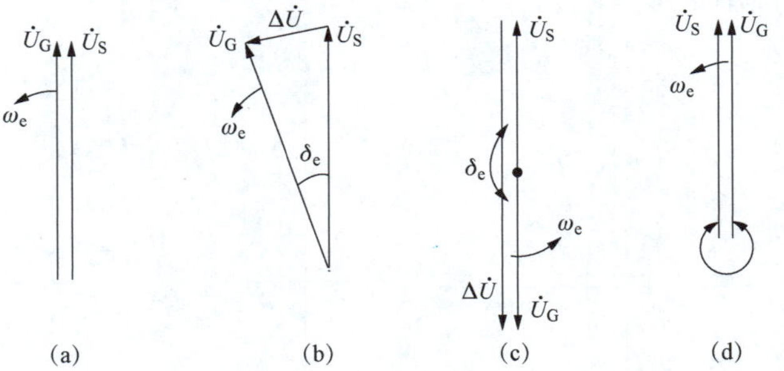

图 15-17　$\dot{U}_G$ 与 $\dot{U}_S$ 频率不相等时的相量图

（a）$\delta = 0°$；（b）$0° < \delta_e < 180°$；（c）$\delta_e = 180°$；（d）$\delta_e = 360°$

发电机与系统并列之前，发电机的电动势 $\dot{E}_q$ 和机端电压 $\dot{U}_G$ 是相等的。在并列之后，发电机端电压 $\dot{U}_G$ 与系统电压 $\dot{U}_S$ 相等（即 $\Delta U = 0$），因此并列之后 $\dot{U}_G$ 与 $\dot{U}_S$ 的相角差 δ_e 也就是

并列前$\dot{E}_q$与$\dot{U}_S$之间的夹角（功角）。这样，同步电机进入同步运行的暂态过程就可以仿照同步发电机的功角特性来分析，如图 15-18 所示。

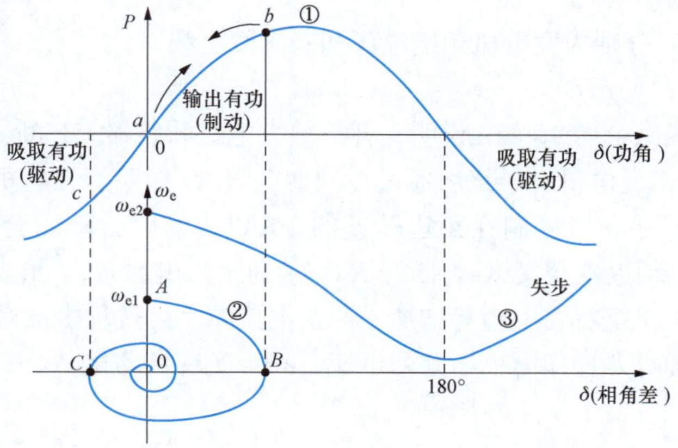

图 15-18 机组并列时同步过程分析图

设系统为无穷大，并列前待并列发电机原动机的机械功率只需维持机组空转（不输出电功率），而且维持机组空转所需的机械功率与转速无关；在机组被拉入同步的过程中机组调速器不动作，即在并列过程中，待并列发电机原动机的输出功率不变。

已知并列合闸时，$\delta=\delta_e=\delta_G-\delta_S=0$，设合闸时刻的角频率差为$\omega_{e1}$，$\omega_{e1}=\omega_G-\omega_S>0$，并列之后，发电机的工作点将沿功角特性曲线①从 a 点（即 0 点）上升，使功角 δ 增大，发电机逐渐带上有功。由于发电机原动机的输出功率不变，发电机输出的电功率是靠机组动能的减少来提供的，也就是说，从 A 点开始发电机的角频率 ω_G 将逐渐下降，从而使角频率差 ω_e 下降。当发电机输出功率沿功角特性曲线到达 b 点时，$\omega_G=\omega_S$，$\omega_{e1}=0$，相角差达到最大值（B 点）$\delta_{max}<180°$。由于这时功角 $\delta>0$，发电机将仍然输出功率，ω_G 继续减小，ω_{e1}开始变负，功角 δ 开始减小，发电机输出功率沿特性曲线从 b 点向原点返回，到达原点时，ω_{e1} 达最大负值。随后机组输出功率曲线进入负值区，功角 δ 变负，发电机变为从系统吸取有功，ω_{e1} 和 δ 继续沿曲线变化直到与 $\omega_G=\omega_S$ 所对应的功角特性曲线上的 c 点，相角差 δ 在 C 点达负的最大值。此后，$\omega_G>\omega_S$，功角 δ 又往反方向运行。由于阻尼等功率损耗因素，机组运行功角 δ 减幅摆动，直到机组进入同步运行，稳定到原点 0。可见，机组进入同步运行的暂态过程与并列时滑差角频率 ω_e 的大小有关，ω_e 较小时，经过几个震荡，就可以很快进入同步运行。

若 ω_e 增大，并列合闸后发电机角频率 ω_G 下降到 ω_S 所给出的机组动能将增大，δ_{max} 也将随之增大，此时发电机将在经历较长时间的振荡之后才能进入同步运行。

图 15-18 中还给出了角频率差很大，等于 ω_{e2} 时，发电机合闸机组沿曲线③运行而失步，最终只能将机组解列的情况。因此，并列时应将角频率差限制在一定的范围内。

对于机组转子角速度 $\omega_G<\omega_S$ 情形下并列合闸过程的分析与上述类似。

应该指出，在实际的准同期并列过程中，三个条件的偏差往往是同时存在的，对发电机和系统的影响是这几种情况的综合。为了减小在并列时对系统的冲击和发电机自身的安全，同步发电机同期并列的允许偏差定为：

1）允许电压差（通常以有效值表示）$\Delta U<(5\sim10)\%U_{GN}$；

2）允许频率差 $f_e<(2\sim5)\%f_N$；

3）允许相位角差 $\delta_e<5°\sim10°$。

其中，U_{GN}与 f_N 分别为发电机额定电压和系统额定频率。

（三）自同期并列的原理

自同期并列可以结合图 15－19 说明。开机前发电机断路器 QF 断开，灭磁开关 K_E 断开励磁电源 U_E，并将发电机转子绕组通过自同期电阻 R_Z 短路。开启机组，将机组驱动到接近额定转速（转速差一般控制在额定转速的 5%以内）时自动闭合发电机断路器 QF，由 QF 的辅助触点联动灭磁开关 K_E，断开 R_Z，接通励磁电源 U_E，给发电机转子绕组加励磁电流。这样，发电机组将在电动势增加、冲击电流减小的过程中被系统拉入同步。

自同期并列的优点是操作简单，并列迅速，易于实现自动化。

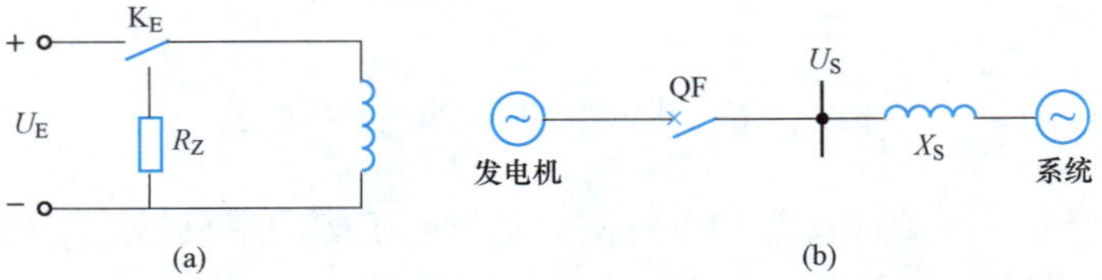

图 15－19　自同期并列简图

（a）电路图；（b）接线图

由于自同期并列合闸时发电机尚无励磁，所以在断路器闭合的瞬间相当于电力系统通过发电机定子绕组三相短路，冲击电流的周期分量

$$I''=\frac{U_S}{X''_d+X_S} \tag{15-14}$$

式中：U_S 为系统电压；X_S 为系统等值电抗；X''_d 为发电机纵轴次暂态电抗。

而自同期时发电机端电压为

$$U_G=\frac{U_S}{X''_d+X_S}X''_d \tag{15-15}$$

式（15－14）、式（15－15）表明，同步发电机自同期并列的缺点是冲击电流大，会在自同期并列的机组附近造成电压瞬时下降，对电力系统扰动大。

综上所述，自同期并列只在电力系统事故、频率降低时紧急开机使用，例如水轮发电机组低压自启动。需要指出的是，由于自动化水平的提高和机组容量的增大，现在在我国自同期方式并列已很少采用了。

（四）准同期并列装置的基本原理

1. 准同期并列装置的操控信号

准同期并列是在同步发电机已投入调速器和励磁装置，当发电机电压的幅值、频率和相位与并列点系统侧电压的幅值、频率和相位接近相等时，通过并列点的断路器合闸将发电机投入系统。显然准同期并列装置所要控制的是由同步发电机电压 $\dot{U}_G$ 与系统电压 $\dot{U}_S$ 决定的三个状态量，即电压幅值差、频率差和相角差。下面仍结合图 15－14 来分析。

发电机与系统并列之前，断路器 QF 主触头两侧的电压 $\dot{U}_G$、$\dot{U}_S$ 和并列断路器两侧间的电压幅值差 $\Delta\dot{U}$ 的相量关系如图 15－20 所示。$\Delta\dot{U}$ 的瞬时值表述式为

$$\Delta u = U_{Gm}\sin(\omega_G t+\varphi_{0G}) - U_{Sm}\sin(\omega_S t+\varphi_{0S}) \quad (15-16)$$

Δu 为正弦脉动波，称为正弦脉动电压。显然，Δu 的最大幅值出现在 $\dot{U}_G$ 与 $\dot{U}_S$ 反相位时刻，即 $\delta_e=\pi$ 时，其值为 $\Delta u_{max}=U_{Gm}+U_{Sm}$；$\Delta u$ 的最小幅值出现在 $\dot{U}_G$ 与 $\dot{U}_S$ 同相位，即 $\delta_e=0$（或 2π）时，其值为 $\Delta u_{min}=|U_{Gm}-U_{Sm}|$。利用三角余弦定理可求得相位差为 δ_e 时正弦脉动电压的幅值为

$$U_e=\sqrt{U_{Gm}^2+U_{Sm}^2-2U_{Gm}U_{Sm}\cos\delta_e} \quad (15-17)$$

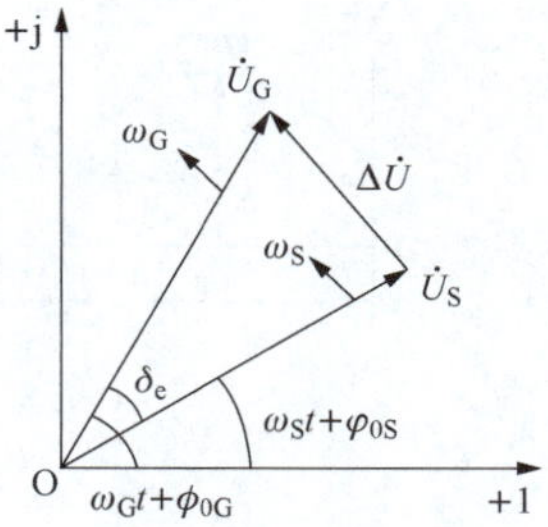

图 15-20 $\dot{U}_G$、$\dot{U}_S$ 和 $\Delta\dot{U}$ 的相量图

设初相角 $\varphi_{0G}=\varphi_{0S}=0$，$\dot{U}_C$ 与 $\dot{U}_S$ 在 $t=0$ 时重合，则当 $U_{Gm}=U_{Sm}$ 时，有

$$\Delta u = 2U_{Gm}\sin\left(\frac{\omega_G-\omega_S}{2}t\right)\cos\left(\frac{\omega_G+\omega_S}{2}t\right)=U_e\cos\left(\frac{\omega_G+\omega_S}{2}t\right) \quad (15-18)$$

由式（15-18）可知，Δu 是幅值为 U_e、频率接近工频的变幅交流波形。

$$U_e=2U_{Gm}\sin\left(\frac{\omega_G-\omega_S}{2}t\right)=2U_{Gm}\sin\frac{\omega_e t}{2}=2U_{Gm}\sin\frac{\delta_e}{2} \quad (15-19)$$

由式（15-19）可知，U_e 是一缓变交流量，其最大幅值为 $2U_{Gm}$，最小值为 0，脉动周期为 $\frac{2\pi}{\omega_e}$。不难看出其脉动周期即为滑差周期 T_e。

图 15-21 给出了正弦脉动电压 Δu 的波形，电压波形的幅值变化如虚线包络线所示。

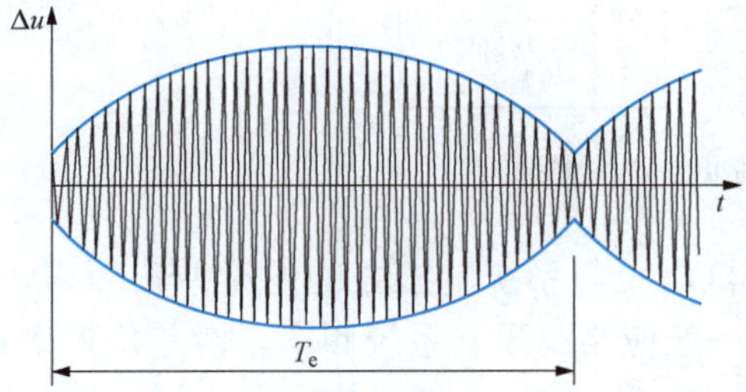

图 15-21 幅值变化的正弦脉动电压波形

图 15-22 给出的是正弦脉动电压 Δu 经桥式整流和滤波后获得的脉动电压，通常称 U_e 为正弦整步电压。不难看出，正弦整步电压具有如下特点：

1）若 $\dot{U}_G$ 与 $\dot{U}_S$ 的幅值相等，则 $U_{emin}=0$，否则，$U_{emin}=|U_{Gm}-U_{Sm}|\neq 0$；

2）$\delta_e=0$（2π）时，$U_e=U_{emin}$；

3）相邻两次 U_{emin} 经过的时间为滑差周期 T_e，$T_e=\frac{1}{f_e}=\frac{2\pi}{\omega_e}$，$T_e$ 大，表明 f_e（或 ω_e）小，否则反之；

4）当 $U_G=U_S$ 时，$U_e=2U_{Gm}\sin\left(\frac{\delta_e}{2}\right)$，$\delta_e=2\arcsin\frac{U_e}{2U_{Gm}}$，相角差值 δ_e 与整步电压 U_e 具有对应关系。

以上特点表明，正弦整步电压 U_e 反映出了检查同期并列条件的所有信息，即电压幅值差 ΔU_m、角频率差 ω_e 和相角差 δ_e。因此，准同期并列装置通常将正弦整步电压作为信号电压。

2. 自动准同期装置的构成

自动准同期装置一般由均频控制单元、均压控制单元、合闸信号控制单元和电源部分构成，如图 15-23 所示。系统电压 U_S 和发电机电压 U_G 分别经过电压互感器 1TV 和 2TV 降压后送入自动准同期装置。图中 u_{sa}、u_{sb} 分别与系统 A 相电压 U_{SA}、B 相电压 U_{SB} 同相位；u_{ga} 和 u_{gb} 分别与发电机电压 U_{GA}、U_{GB} 同相位。因为准同期并列要比较发电机电压和系

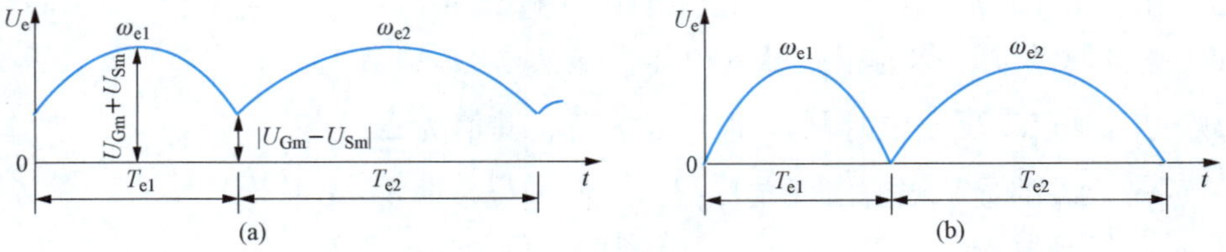

图 15-22　正弦整步电压（$\omega_{e1}>\omega_{e2}$）

(a) $U_G\neq U_S$；(b) $U_G=U_S$

统电压的幅值、相角和频率，为此要有一个公共参考点，在准同期并列系统没有特殊要求时，一般均将 b 相电位作为参考电位，即将两电压互感器二次侧 b 相接地。

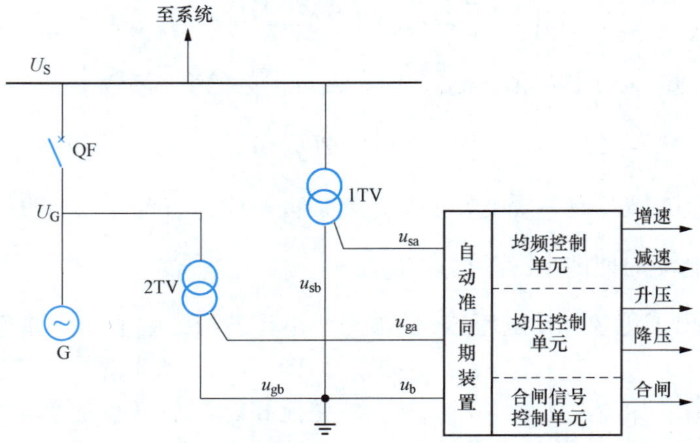

图 15-23　典型自动准同期装置构成原理

(1) 均频控制单元。其任务是自动检测发电机电压与系统电压之间的滑差角频率 ω_e，且自动调节发电机转速，使发电机频率接近于（一般应略高于）系统频率，滑差角频率 ω_e 应充分小。

(2) 均压控制单元。其任务是自动检测发电机电压与系统电压值之差，且自动调节发电机电压 U_G，使它与系统电压差值小于规定的允许值。

(3) 合闸信号控制单元。其任务是自动检测准同期并列条件，在滑差角频率 ω_e（或滑差频率 f_e）和电压差都满足并列条件的情况下，在发电机电压相量 $\dot{U}_G$ 与系统电压相量 $\dot{U}_S$ 重合（即 $\delta_e=0$）之前提前发出合闸信号，使并列断路器主触头接通时，相角差 $\delta_e=0$ 或控制在允许范围以内。

合闸信号控制单元是自动准同期装置的核心部件，按提前量的不同，准同期并列装置可分为恒定越前相角和恒定越前时间两种原理。

(1) 恒定越前相角准同期并列。并列装置所取的提前量信号是一恒定相角 δ_{YJ}，即在脉动电压的幅值 U_e 到达 $\delta_e=0$ 之前的 δ_{YJ} 相角差时发出合闸信号。其工作原理可根据图 15-24 来分析，图中给出了三个不同的滑差条件 $\omega_{e1}>\omega_{e2}>\omega_{e3}$。由式（15-17）知，相角差 $\delta_e=\omega_e t$ 与脉动电压的幅值 U_e 间存在一定对应关系，当越前相角差为 δ_{YJ} 时，它所对应的脉动电压幅值为 U_0。设断路器的合闸动作时间为 t_{QF}，则可求出当 $\omega_e=\omega_{e0}=\dfrac{\delta_{YJ}}{t_{QF}}$ 时（图

15 - 24 中的 ω_{e2}），装置在越前相角 δ_{YJ} 时刻发出合闸信号即可使断路器主触头在相角差 $\delta_e=0$ 时准确闭合，因此 ω_{e0} 称为最佳滑差角频率。当 $\omega_e<\omega_{e0}$ 时（图 15 - 24 中的 ω_{e3}），如果装置仍在越前相角 δ_{YJ} 时刻发出合闸信号，则断路器主触头将在相角差 $\delta_e=0$ 之前闭合，而当 $\omega_e>\omega_{e0}$ 时（图 15 - 24 中的 ω_{e1}），断路器主触头将在相角差 $\delta_e=0$ 之后闭合。可见，采用恒定越前相角准同期并列时，必须把滑差角频率限制在 ω_{e0} 上下某一定范围内。

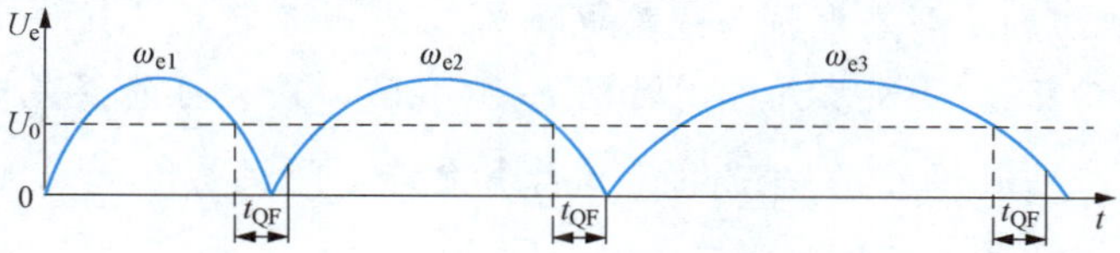

图 15 - 24　恒定越前相角原理

（2）恒定越前时间准同期并列。并列装置所取的提前量信号是一恒定时间 t_{YJ}，即在脉动电压到达 $\delta_e=0$ 之前的 t_{YJ} 时刻发出合闸信号。其工作原理可根据图 15 - 25 来分析，由图可见虽然滑差条件不同，只要装置都在越前时间 $t_{YJ}=t_{QF}$ 时发出合闸信号，就可保证断路器主触头在相角差 $\delta_e=0$ 时准确闭合。显然，这种并列方式比恒定越前相角准同期并列优越，因此在实际自动准同期装置中广泛采用恒定越前时间准同期并列的原理。但还应注意，虽然从原理上说，恒定越前时间准同期并列方式能使合闸相角差 $\delta_e=0$，但实际上由于并列装置的越前时间、合闸回路控制延时及断路器合闸时间都存在分散性，因而难免仍然存在合闸相角差。

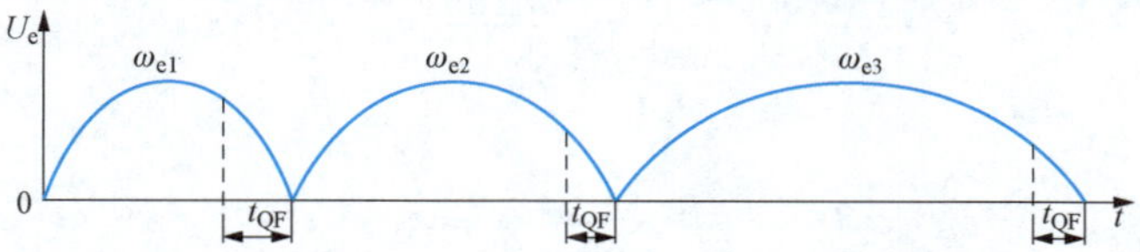

图 15 - 25　恒定越前时间原理

3. 恒定越前时间并列装置的整定计算

大多数工业控制装置在运行前都需要整定调试好其工作参数，恒定越前时间并列装置也不例外，其要求整定的参数如下。

（1）恒定越前时间 t_{ad}。恒定越前时间的大小由并列断路器的合闸动作时间 t_{QF} 和装置合闸回路控制延时 t_c 决定，即

$$t_{ad}=t_{QF}+t_c \tag{15 - 20}$$

（2）允许电压偏差。并列时允许电压偏差与待并发电机及系统承受冲击的能力有关。允许电压偏差一般定为并列点额定电压的 2%～5%。

（3）允许滑差角频率。前述，由于并列装置的越前时间、合闸回路控制延时及断路器合闸时间都存在分散性，会造成并列合闸相角差 δ_e。在时间误差一定的条件下，δ_e 与滑差角频率 ω_e 成正比。设已知发电机组允许合闸相角差 δ_{ey}，则可由式（15 - 21）可求得最大允许滑差角频率 ω_{ey} 为

$$\omega_{ey}=\frac{\delta_{ey}}{|\Delta t_{QF}|+|\Delta t_c|} \tag{15 - 21}$$

式中：$|\Delta t_{QF}|$、$|\Delta t_c|$ 分别为断路器合闸时间和并列装置合闸控制时间的误差。

δ_{ey} 取决于发电机允许最大冲击电流 i''_{im}，当给定 i''_{im} 值后，就可由式（15 - 9）、式（15 - 10）、

式（15-13）得

$$\delta_{ey}=2\arcsin\frac{i''_{im}(X''_q+X_s)}{2\times1.8\sqrt{2}\times U_G}(\text{rad}) \tag{15-22}$$

将求得的 δ_{ey} 值代入式（15-21），即可求出允许滑差角频率 ω_{ey}。

【例 15-1】 某发电机采用自动准同期方式与系统并列，发电机交轴次暂态电抗 X''_q 为 0.125，系统等值机组的次暂态电抗与线路电抗为 0.25，参数均已统一归算为标幺值。断路器合闸时间 $t_{QF}=0.5$s，并列装置控制时间 $t_c=0.25$s，最大可能误差时间为 ±20%；待并发电机允许的冲击电流值为 $i''_{im}=\sqrt{2}I_{Ge}$。试计算允许合闸误差角 δ_{ey}、允许滑差角频率 ω_{ey} 与相应的脉动电压周期。

解 在标幺值下，取 $I_{Ge}=1$，$U_G=1.05$。

（1）求允许合闸误差角 δ_{ey}

$$\begin{aligned}\delta_{ey}&=2\arcsin\frac{\sqrt{2}\times1\times(0.125+0.25)}{\sqrt{2}\times1.8\times2\times1.05}\\&=2\arcsin0.0992=0.199(\text{rad})=11.4^\circ\end{aligned}$$

（2）求允许滑差角频率 ω_{ey}

断路器合闸动作误差时间 $\Delta t_{QF}=0.5\times20\%=0.1(\text{s})$

自动并列装置的误差时间 $\Delta t_c=0.25\times20\%=0.05(\text{s})$

所以 $$\omega_{ey}=\frac{\delta_{ey}}{|\Delta t_{QF}+\Delta t_c|}=\frac{0.199}{0.15}=1.33(\text{rad/s})$$

（3）求脉动电压周期

$$T_e=\frac{2\pi}{\omega_{ey}}=\frac{2\pi}{1.33}=4.7(\text{s})$$

（五）电子型自动准同期装置

图 15-26 所示为电子型自动准同期装置结构框图，由恒定越前时间、同期合闸、均压和均频四个环节构成。现分别对各环节工作原理及各环节之间的关系进行分析。

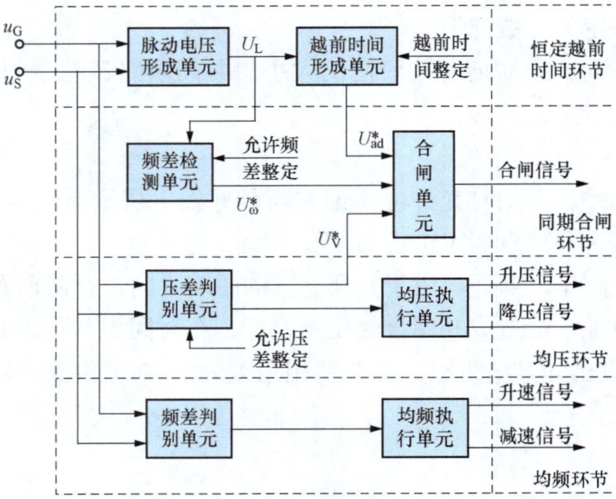

图 15-26 电子型自动准同期装置构成框图

1. 恒定越前时间环节

本环节输入信号为 u_G 和 u_S，由脉动电压形成和越前时间形成两个单元组成。脉动电压形成环节主要产生正弦整步电压或者产生三角形的线性整步电压，通过它们可以产生恒定越前时间信号和对频差进行检测决定是否进行频差闭锁。有关正弦整步电压的产生和特点已在前面述及，以下讨论线性整步电压的产生及利用它进行频差闭锁和产生恒定越前时间信号的原理和方法。

将输入的交流电压 u_G 和 u_S 分别整形，获得在交流电压过零点翻转的方波电压 U_G^* 和 U_S^*，再将它们进行信号的逻辑运算，例如，采用异或逻辑运算 $U_A^*=U_G^*\cdot\overline{U}_S^*+\overline{U}_G^*\cdot U_S^*$，获得在一个频差周期 T_e 之内，其宽度反映对应时刻两输入电压相角差 δ_e 的系列脉冲波。经滤波及信号放大之后，即可得三角形的线性整步电压 U_L，其逻辑电路框图及波形如图 15-27 所示。

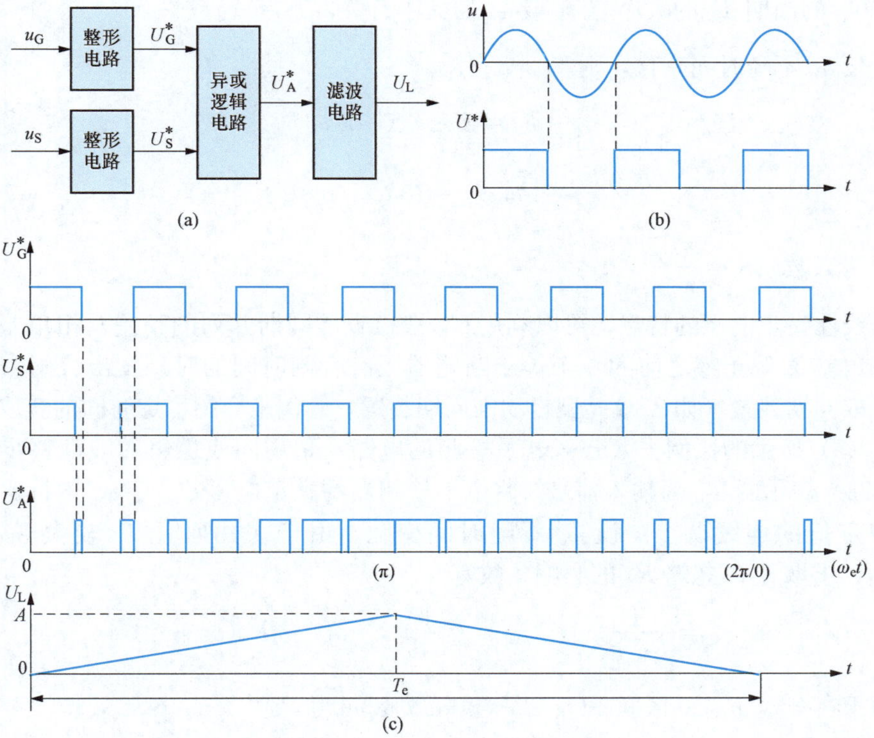

图 15-27 线性整步电压形成

（a）逻辑电路框图；（b）交流电压波形及整形电压波形；（c）异或逻辑运算及整步电压波形

若采用同或逻辑运算，可获得如图 15-28 所示的线性整步电压。

设 U_L 的最大值为 A，在一个频差周期 T_e 中的线性整步电压表达式为

$$U_L=\begin{cases}\dfrac{A}{\pi}(\pi+\omega_e t)=\dfrac{A}{\pi}(\pi+\delta_e) & (t\leqslant 0,-\pi\leqslant\delta_e\leqslant 0)\\ \dfrac{A}{\pi}(\pi-\omega_e t)=\dfrac{A}{\pi}(\pi-\delta_e) & (t\geqslant 0,0\leqslant\delta_e\leqslant\pi)\end{cases}\tag{15-23}$$

应该注意，采用同或逻辑运算电路与采用异或逻辑运算电路所得的线性整步电压在一个频差周期内的波形与表达式是不同的，相位相差 π。

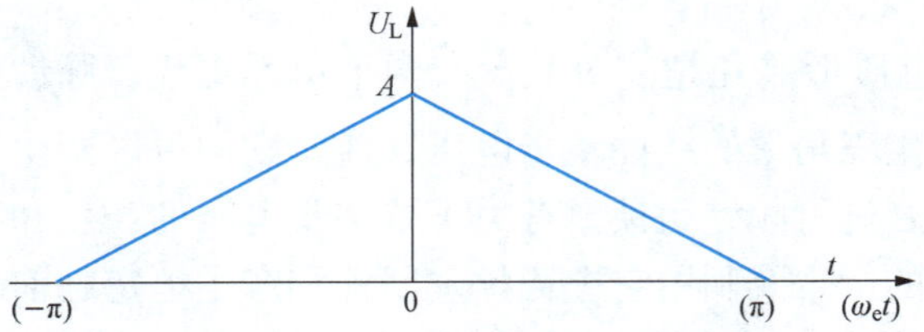

图 15-28 采用同或逻辑的线性整步电压

采用同或逻辑的线性整步电压有如下特点：

（1）U_L 不受发电机电压和系统电压幅值的影响，因而不能用于检查两输入电压的幅值差。

（2）U_L 的最大值 A 由电路参数决定。其最大值时刻与 $\delta_e=0$ 对应，最小值时刻对应两输入电压反相位点，即 $\delta_e=180°$。显然，若采用异或逻辑，对应关系与此相反。

（3）U_L 与 δ_e 成分段线性关系。

（4）U_L 的周期 T_e 的大小与 f_e 或 ω_e 的大小有关，$T_e=\dfrac{1}{f_e}=\dfrac{2\pi}{\omega_e}$。

（5）设 ω_e 不随时间变化，则

$$\frac{\mathrm{d}U_L}{\mathrm{d}t}=\begin{cases}\dfrac{A}{\pi}\omega_e=K\omega_e & (-\pi\leqslant\delta_e\leqslant 0)\\ -\dfrac{A}{\pi}\omega_e=-K\omega_e & (0\leqslant\delta_e\leqslant\pi)\end{cases}\tag{15-24}$$

式中：K 为系数，$K=\dfrac{A}{\pi}$。

根据线性整步电压的特点，可以利用 U_L 来检查准同期并列的频差及相角差条件。通常是在相角差 δ_e 等于零之前的一个等于断路器固有合闸时间的时刻发出合闸命令。下面以模拟式准同期装置（如 ZZQ-5 型自动准同期装置）为例来介绍恒定时间的获取。应用如图15-28（a）所示的比例+微分+电平检测的电路，采用同或逻辑的线性整步电压，即式（15-23）表示的 U_L 为输入信号。将电平检测器的整定电压 U_{act} 与 u_{R2} 进行比较，即可以进行整定值的连续调节。设 ω_e 不随时间变化。由于在并列时 T_e 较大（ω_e 较小），$X_C\gg R_2$，求取 i_C 时忽略 R_2 的影响，故有

$$i_R=\frac{U_L}{R_1+R_2},\quad i_C=C\frac{\mathrm{d}U_L}{\mathrm{d}t},\quad u_{R2}=R_2(i_R+i_C)$$

又由于在 $-\pi\leqslant\delta_e\leqslant 0$ 区间，$U_L=\dfrac{A}{\pi}(\pi+\omega_e t)$，可得

$$i_R=\frac{A}{R_1+R_2}+\frac{A\omega_e t}{\pi(R_1+R_2)}\tag{15-25}$$

$$i_C=\frac{AC}{\pi}\omega_e\tag{15-26}$$

$$u_{R2}=\frac{AR_2}{R_1+R_2}+\frac{AR_2\omega_e t}{\pi(R_1+R_2)}+\frac{AR_2C}{\pi}\omega_e\tag{15-27}$$

设电平检测器的整定动作电平为 U_{act}，令 $U_{act}=\dfrac{AR_2}{R_1+R_2}$，则当 u_{R2} 电平达到 U_{act} 时，电平检测器输出极性变化。令此时刻的 t 为恒定越前时间 t_{ad}，即当 $u_{R2}=U_{act}$ 时，有

$$\frac{AR_2}{R_1+R_2}+\frac{AR_2\omega_e t}{\pi(R_1+R_2)}+\frac{AR_2C}{\pi}\omega_e=\frac{AR_2}{R_1+R_2}\tag{15-28}$$

可解得

$$t_{ad}=-(R_1+R_2)C \tag{15-29}$$

式中的负号代表电平检测器输出极性的变化时刻是在 $\dot{U}_G$ 与 $\dot{U}_S$ 两电压相量重合点之前，其大小只与电路中的 R_1、R_2 和 C 等参数有关，不受频差 ω_e 的影响，因而 t_{ad} 值是恒定的。图 15 - 29（b）给出了与两个不同频差周期所对应的 t_{ad} 值，可见所获 t_{ad} 是相等的。t_{ad} 可根据式（15 - 20）进行整定。

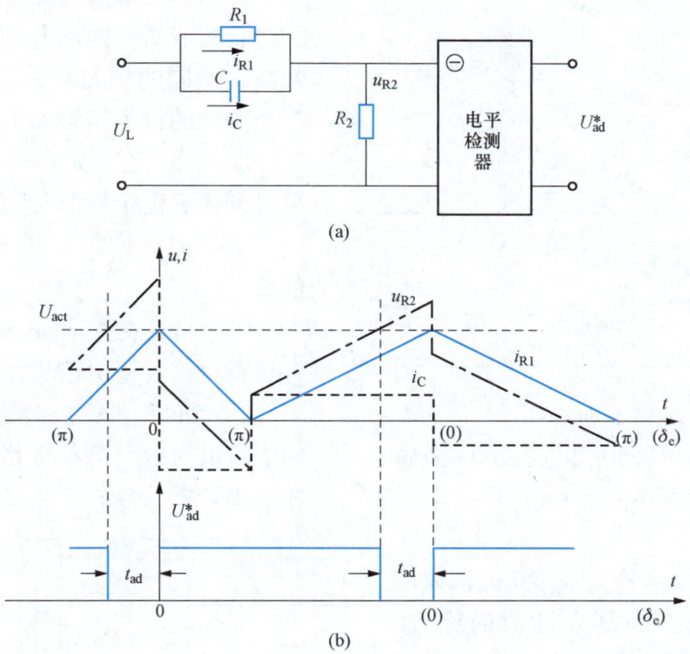

图 15 - 29　恒定越前时间的获取

（a）电路图；（b）波形图

2. 同期合闸环节

本环节由频差闭锁单元和合闸执行单元两部分电路组成。频差闭锁单元实现对角频率差 ω_e（或频差 f_e）与整定允许角频率差 ω_{ey} 的检查比较，输出是否符合频差条件的逻辑信号 U^*_ω。

根据线性整步电压的特点，ω_e 的大小可用 U_L 的微分结果来反映，故可采用图 15 - 30（a）的电路，通过检查线性整步电压的斜率来检查频差是否满足要求。

令代表角频率差的信号 $U_\omega=\dfrac{dU_L}{dt}$，据式（15 - 24）有 $U_\omega=\pm K\omega_e$；代表允许角频率差 ω_{ey} 的整定信号为 $U_{\omega y}=K\omega_{ey}$，比较的结果为

$$U_\omega-U_{\omega y}=\pm K\omega_e-K\omega_{ey}=\begin{cases}K(\omega_e-\omega_{ey}) & (-\pi\leqslant\delta_e\leqslant 0)\\ -K(\omega_e+\omega_{ey}) & (0\leqslant\delta_e\leqslant\pi)\end{cases} \tag{15-30}$$

考虑到电路输出电压 $U_{\omega o}$ 是比较结果的反相。比较结果将如图 15 - 30（b）波形所示。

在 $0\leqslant\delta_e\leqslant\pi$ 区间，比较结果信号恒为正值，不能作为检测依据。

在 $-\pi\leqslant\delta_e\leqslant 0$ 区间，比较结果信号若为正值，表明 $\omega_e<\omega_{ey}$，满足要求；若为负值，表明 $\omega_e>\omega_{ey}$，不满足要求，发出频差闭锁信号。若将放大器输出信号以逻辑信号 U^*_ω 表

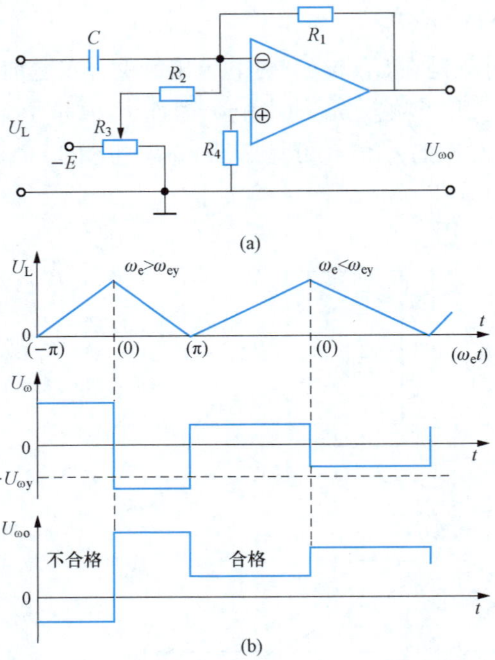

图 15 - 30　利用线性整步电压斜率检查频差

(a) 电路原理图；(b) 波形图

示，则在检查频差有效区间 $-\pi\leqslant\delta_e\leqslant 0$ 的检查结果可表示为

$$U_\omega^* = \begin{cases} 1, & 频差检查合格 \\ 0, & 频差检查不合格 \end{cases} \tag{15-31}$$

合闸执行单元功能框图如图 15 - 31 所示。它完成对准同期并列三个条件的综合判断，若同时满足要求，则发合闸信号。三个条件的检测结果如下：

$U_{ad}^*=0$，在 $-\pi\leqslant\delta_e\leqslant 0$ 区间，其下跳沿时刻代表恒定越前时间 t_{ad} 的逻辑信号；

$U_V^*=1$，代表压差检查合格的逻辑信号；

$U_\omega^*=1$，在 $-\pi\leqslant\delta_e\leqslant 0$ 区间，代表频差检查合格的逻辑信号。

U_V^* 和 U_ω^* 只有在恒定越前时间信号的下跳沿对应时刻都合格时合闸执行单元才发出合闸信号。

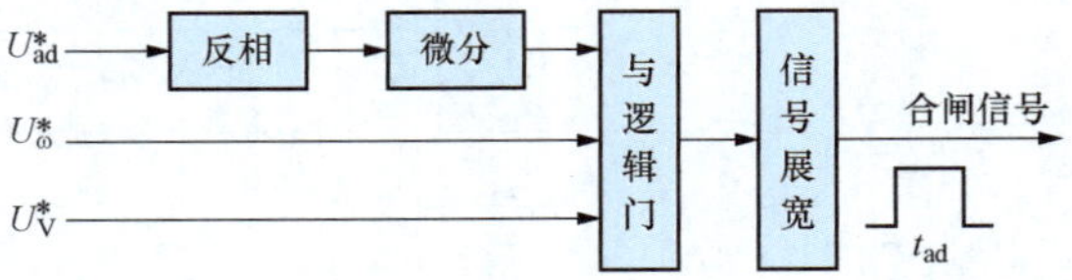

图 15 - 31　合闸执行单元功能框图

3. 均压环节

本环节的输入信号为 u_G 和 u_S，完成对（电）压差是否满足允许值的检查。若不满足，则判别出发电机电压高于还是低于系统电压，并发出降压或升压的调节信号。该环节功能可以很容易地根据以下的数学模型利用电路来实现。

$$\left|\,|U_G|-|U_S|\,\right|-\Delta U_y \begin{cases} >0, 压差闭锁\ U_V^*=0 \\ \leqslant 0, 压差条件满足\ U_V^*=1 \end{cases} \tag{15-32}$$

$$|U_G|-|U_S|-\Delta U_y>0, 发电机降压 \tag{15-33}$$

$$|U_S|-|U_G|-\Delta U_y>0, 发电机升压 \tag{15-34}$$

式中：ΔU_y 为整定的允许电压差值；U_V^* 表示压差条件的逻辑变量。

压差判别之后的调压信号经均压执行单元输出与励磁调节器相适应的调压信号；压差检测的结果信号 U_V^* 作为准同期条件之一进入合闸环节。

4. 均频环节

本环节由频差判别和均频执行两个单元组成，输入信号为 u_G 和 u_S，主要完成对频差方向的判别以及大小的检查，在频差不满足要求时发出调速信号。

$$|f_S-f_G|-f_{ey} \begin{cases} >0, 频差闭锁\ U_\omega^*=0 \\ \leqslant 0, 频差满足要求\ U_\omega^*=1 \end{cases} \tag{15-35}$$

$$(f_G-f_S)-f_{ey}>0, 频差闭锁\ U_\omega^*=0, 机组减速 \tag{15-36}$$

$$(f_S-f_G)-f_{ey}>0, 频差闭锁\ U_\omega^*=0, 机组升速 \tag{15-37}$$

式中：f_{ey}为整定的允许频差值；U_{ω}^{*} 表示频差条件的逻辑变量。

由于在同期合闸环节已通过对频差的检查，本环节表示频差条件的逻辑变量U_{ω}^{*}不必再输出。根据式（15-36）和式（15-37）判别频差的方向，由均频执行环节输出与发电机组调速器相适应的调速信号。

频差判断也可以利用$\frac{f}{v}$变换电路将频率转换为与之成正比的电压，按上式判别方法设计电路来实现，或者通过对两输入电压过零点的相位逻辑关系进行判别来实现。应指出的是，由于调速器系统有较大的时间常数，对机组速度调节的信号不能采用连续方式，可采用在一个频差周期内给出一次调速信号。为保证发电机并列合闸时的转速（频率）相对稳定，调速信号一般应在$0<\delta_e<\pi$时发出；当两电压的频率非常接近且δ_e几乎不变时，为加快并列过程可以增加一次增速调节信号。

（六）微机自动准同期装置

随着微电子技术和计算技术的发展，微机型自动准同期装置已得到大量应用。其软件的高可靠性和编程的灵活性，使整体性能几近完美，达到了真正的快速和小冲击的并列操作。微机自动准同期装置还可以自动记录以往并列过程的相关指标，自适应地优化设定控制参数，比如，可自动记录最近几次实际合闸动作时间，修正下一次并列指令越前时间，从而保证并列的准确、快速，并且与全厂自动化系统一同作为发电厂自动发电控制（AGC）的一个环节。

微机自动准同期装置的简化结构框图如图15-32所示，由硬件和软件两部分组成。硬件部分主要包括信号调理电路、整形电路、人机接口电路、微机系统及输出执行电路等。信号调理电路完成电压变换和滤波，人机接口电路提供显示、参数整定。软件部分主要完成对输入信号的测量、计算比较、判断以及控制等。

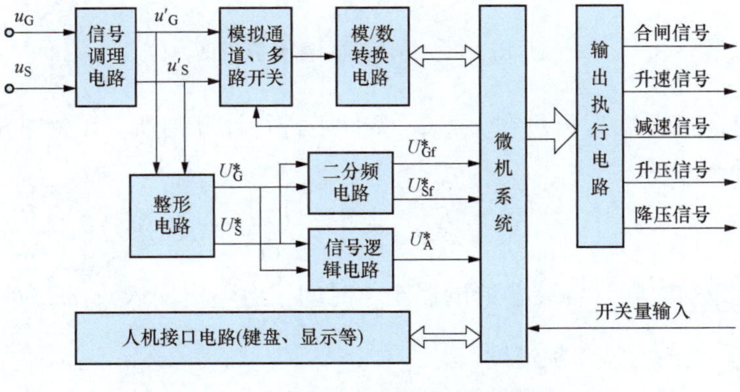

图15-32　微机自动准同期装置简化结构框图

按照准同期并列的基本原理，微机准同期装置的主要功能仍然是完成对电压差、频率差的检测并在不满足条件时发出机组转速和电压的调节信号，在测量相角差δ_e与以恒定越前时间t_{ad}为依据计算出的δ_{ec}值接近时发出合闸信号，即在$\delta_e\approx0$时闭合断路器主触头，完成并列操作。

1. 输入电压幅值差的检查

图15-32中，由信号调理电路输出与输入电压u_G和u_S成比例的u'_G和u'_S，通过模拟

通道，经模数转换后获得 U_G 和 U_S 的数字值。计算机完成对电压差的检查和判断。不符合并列条件时，对合闸信号进行闭锁，并发出电压调节信号。

2. 输入电压频差的检查

由信号调理电路输出的 u'_G 和 u'_S 分别经整形电路变换为方波 U_G^* 和 U_S^*，再经二分频电路获得占宽比对称的矩形波 U_{Gf}^*、U_{Sf}^*。U_{Gf}^*、U_{Sf}^* 高电平（或低电平）的时间宽度严格与交流电压的周期对应。由微机系统以高精度时钟测量高电平（或低电平）的宽度，得出频差值，作出是否符合并列条件的判断。不符合条件时，对机组发出调速信号。

3. 相角差 δ_e 的测量及以恒定越前时间为依据的越前相角 δ_{ec} 计算

有多种对两个输入信号的逻辑运算获得脉冲宽度与相角差对应的信号波形。如同或逻辑运算、异或逻辑运算等。现以 $U_A^*=\overline{U}_S^* U_G^*$ 的逻辑运算为例进行分析。如图 15-33 所示，经逻辑运算的信号 U_A^* 的矩形波的宽度和当时时刻的 δ_e 对应。令系统电压的周期 $T_S=2\tau_S$，τ_S 已由频率测量所得为已知值，通过对 τ_i 的测量可得 i 点对应时刻两输入电压的相角差 δ_{ei}。

$$\delta_{ei}=\frac{\tau_i}{\tau_S}\pi \tag{15-38}$$

相对两相量的重合点而言，当 $\tau_i>\tau_{i-1}$ 时，δ_{ei} 为滞后相角，当 $\tau_i<\tau_{i-1}$ 时为越前相角。

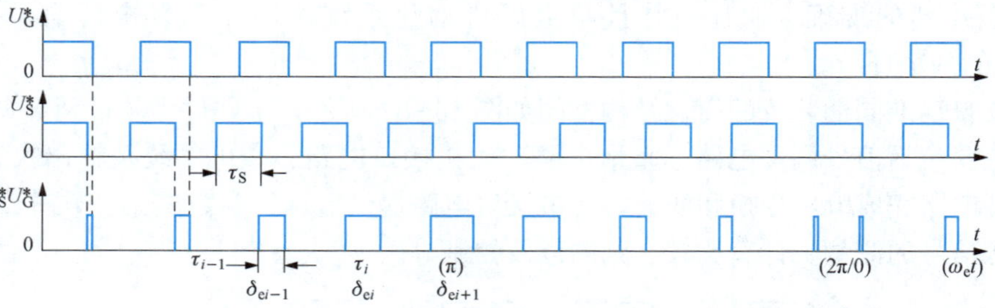

图 15-33 相角差 δ_e 测量分析图

理想的越前合闸相角 δ_{ec} 可只在 $\tau_i<\tau_{i-1}$ 条件下进行计算判断。在忽略角频率加速度高次项后的 δ_{ec} 由下式计算。

$$\delta_{ec}=\omega_{ei}t_{ad}+\frac{1}{2}\times\frac{d\omega_{ei}}{dt}t_{ad}^2 \tag{15-39}$$

式中：t_{ad} 为恒定越前时间（含装置继电器动作时间，由整定输入）；ω_{ei} 为计算点的滑差角速度；$\frac{d\omega_{ei}}{dt}$ 为计算点的滑差角加速度。

若以增量表示，式（15-39）可改写为

$$\delta_{ec}=\omega_{ei}t_{ad}+\frac{1}{2}\times\frac{\Delta\omega_{ei}}{\Delta t}t_{ad}^2 \tag{15-40}$$

其中

$$\omega_{ei}=\frac{\Delta\delta_{ei}}{\Delta t}=\frac{\delta_{ei-1}-\delta_{ei}}{2\tau_S} \tag{15-41}$$

$$\frac{\Delta\omega_{ei}}{\Delta t}=\frac{\omega_{ei}-\omega_{ei-1}}{2\tau_S} \tag{15-42}$$

微机准同期装置根据式（15-40）至式（15-42）来计算 δ_{ec}，可在每个交流周期（约

20ms）计算一次。在计算中，若 ω_{ei} 为负值，应丢弃本次计算。当测量越前相角差 δ_{ei} 与计算的理想越前合闸相角差 δ_{ec} 的绝对差值小于或等于允许值 ε 时，即

$$|\delta_{ei}-\delta_{ec}|\leqslant\varepsilon \tag{15-43}$$

则立即发出合闸信号。反之，继续进行下一点的测量与计算，直到满足式（15 - 43），完成同期并列操作为止。

二、 自动低频减负荷装置

电力系统的频率反映了系统中发电机组发出的有功功率与负荷所需有功功率之间的平衡情况。电力系统正常运行时，负荷的变动会引起系统频率的微小变化，系统中各发电机组的调速器或自动调频系统将根据频率的变化自动调节原动机的输入，使系统频率维持在额定值附近。但是，当电力系统发生故障后，如果所有运行机组均已达到最大功率，而仍有较大的有功功率缺额时，电力系统的频率会急剧下降。

过低的系统频率会使以电动机为主的用户不能正常工作。特别是火电厂的厂用机械（如风机、给水泵等）在频率为 47～48Hz 时的功率比额定频率时要显著降低，使锅炉功率减小，导致电厂发电功率进一步减小；机组转速的严重降低将可能使汽轮机叶片发生共振引起断裂，造成停机，使功率缺额进一步加剧，频率继续下降。即频率的降低会使发电功率降低，发电功率降低又会使频率进一步降低，造成系统的“频率崩溃”。与此同时，由于励磁机、发电机转速的降低，致使发电机电动势下降，系统无功功率不足，在系统频率和电压均下降较大时，作为主要负荷的电动机又会从系统吸取更多的无功功率，使系统无功功率更加不足，引起电压的进一步下降，出现系统的“电压崩溃”。频率崩溃和电压崩溃会使系统的稳定性遭到破坏，最后导致系统瓦解。

因此，为了保障系统的安全运行，保证对重要负荷的供电，在频率急剧下降时应采取紧急控制措施，切除部分用电负荷，使系统频率恢复到电力系统安全运行的水平。自动低频减负荷就是这种紧急安全控制措施之一。

（一）负荷调节效应

从第五章介绍过的负荷的频率静态特性可知，负荷吸取的有功功率是随频率而变化的，频率降低，负荷吸取的功率会减小，反之会增加。在额定频率 f_N 附近，负荷的频率特性近似一条直线。如图 15 - 34 所示，在正常工作时，系统在额定频率下运行，此时系统发出的功率 P_N 和负荷吸取的额定功率 P_{LDN} 相等，系统在特性曲线上功率平衡的 a 点运行。由图 15 - 34（a）可知，当系统发出的总功率降低到 P_1，而出现功率缺额 $\Delta P_1=P_1-P_N$ 时，频率开始下降，负荷吸取的功率也随之下降。当频率下降到 f_1，负荷吸取的功率降低 ΔP_1，负荷功率下降到 $P_{LD1}=P_1$ 时，功率达到了新的平衡，系统会在 a' 点稳定运行。这种靠频率改变自动调节负荷功率来实现功率平衡的作用，称为负荷的调节效应。负荷调节能力的大小可以用负荷调节效应系数 K_{LD} 来表示。采用有名值时为

$$K_{LD}=\frac{\Delta P_{LD}}{\Delta f}\quad(\text{MW/Hz}) \tag{15-44}$$

采用标幺值时为

$$K_{LD^*}=\frac{\Delta P_{LD^*}}{\Delta f_*} \tag{15-45}$$

取系统额定频率为 f_N，负荷额定功率为 P_{LDN}，有名值与标幺值间的换算关系为

$$K_{LD}=\frac{\Delta P_{LD}}{\Delta f}=\frac{\Delta P_{LD*}}{\Delta f_*}\times\frac{P_{LDN}}{f_N}=K_{LD*}\ \frac{P_{LDN}}{f_N} \tag{15-46}$$

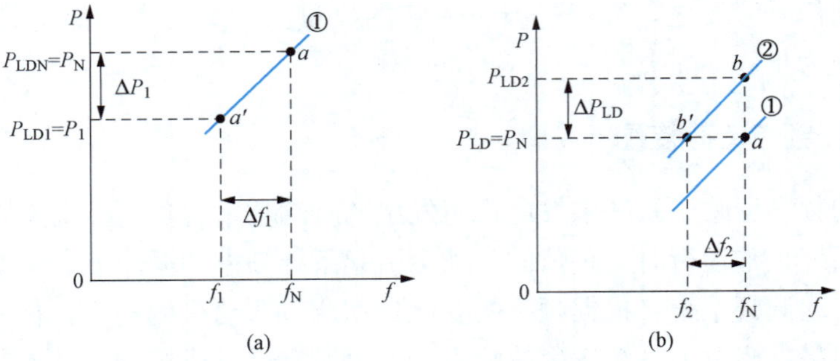

图 15 - 34　负荷调节效应

（a）系统发出功率减少时；（b）系统负荷增加时

负荷调节效应系数和负荷的组成特性有关。在我国 K_{LD*} 值取 1.5～3。当 K_{LD*} 确定后，由有功功率变化造成的稳态频率偏差 Δf 可利用式（15 - 44）和式（15 - 46）求出，即

$$\Delta f=\frac{\Delta P_{LD}}{K_{LD}}=\frac{\Delta P_{LD}}{K_{LD*}}\times\frac{f_N}{P_{LDN}} \tag{15-47}$$

下面再来分析由于运行方式的改变使系统所带的负荷突然增加，而系统发出的总功率 P_N 保持不变的情况。参考图 15 - 34（b），曲线②为负荷增大 ΔP_{LD}后的负荷特性，在负荷功率增加的初始时刻系统频率仍为 f_N，由于负荷增加后负荷吸取的功率比系统发出的功率多出 ΔP_{LD}，因此系统频率开始下降，负荷吸取功率值从 b 点沿曲线②向 b'点过渡，最终在 b'点稳定运行，功率达到新的平衡，系统频率下降到 f_2。

负荷突然增加所造成的频率偏差也可由式（15 - 47）求出。例如，某电力系统额定有功负荷为 3000MW，$K_{LD*}=2$，设系统发电机组有功不可调。当系统运行方式改变突然增加 300MW 负荷，即系统有功功率缺额 $\Delta P_{LD}=-300$MW。可求得系统的稳态频率偏差 Δf 为

$$\Delta f=\frac{\Delta P_{LD}}{K_{LD*}}\times\frac{f_N}{P_{LDN}}=\frac{-300\times 50}{2\times 3000}=-2.5(\text{Hz})$$

即系统可以在 $f=47.5$Hz 的频率下达到新的功率平衡。

（二）频率的动态特性

自动低频减负荷装置的工作除了需要上述的频率静态特性外，还需要知道频率随时间的变化过程，即频率的动态特性 $f(t)$或 $\Delta f(t)$。

将系统等值为一台有功功率不可调节的发电机组，从转子运动方程出发，可导出系统等值发电机组的频率变化方程式为

$$T_S\frac{P_{GN}}{P_{LDN}}\frac{d\Delta f_*}{dt}=P_{T*}-P_{LD*} \tag{15-48}$$

式中：T_S 为系统等值发电机组的惯性时间常数，以 P_{GN}为功率基准；P_{T*}、P_{LD*} 分别为以负荷额定功率 P_{LDN}为基准值的等值发电机组的原动机输出功率标幺值及负荷功率标幺值。

设在系统到达稳态时，原动机输出功率 P_{T*} 等于机组发电功率 P_{G*}，频率为 f_∞，

$\Delta f_{\infty}=f_N-f_{\infty}$。应用式（15-45），式（15-48）右边可改写为

$$P_{T*}-P_{LD*}=-\Delta P_{LD*}=-K_{LD*}\Delta f_*\tag{15-49}$$

将式（15-49）代入式（15-48）中，整理后可得$\dfrac{T_SP_{GN}}{K_{LD*}P_{LDN}}\dfrac{d\Delta f_*}{dt}+\Delta f_*=0$，令$T_{ST}=\dfrac{T_SP_{GN}}{K_{LD*}P_{LDN}}$（$T_{ST}$称为系统频率变化过程中的时间常数），则有

$$T_{ST}\frac{d\Delta f_*}{dt}+\Delta f_*=0\tag{15-50}$$

已知，当$t=0$时，$\Delta f_*=0$；$t=\infty$时，$\Delta f_*=\Delta f_{\infty*}$。则由式（15-49）可解得

$$\left.\begin{aligned}\Delta f_*&=\Delta f_{\infty*}(1-e^{-\frac{t}{T_{ST}}})\\ \text{或}\ \Delta f(t)&=\Delta f_{\infty}(1-e^{-\frac{t}{T_{ST}}})\end{aligned}\right\}\tag{15-51}$$

$$\left.\begin{aligned}f(t)&=f_N-\Delta f(t)=f_N-\Delta f_{\infty}(1-e^{-\frac{t}{T_{ST}}})\\ \text{或}\ f(t)&=f_{\infty}+\Delta f_{\infty}-\Delta f(t)=f_{\infty}+\Delta f_{\infty}e^{-\frac{t}{T_{ST}}}\end{aligned}\right\}\tag{15-52}$$

由式（15-52）可知，系统出现功率缺额时，系统频率的动态特性是按衰减指数曲线变化的，如图15-35所示。其中衰减时间常数T_{ST}与P_{GN}、P_{LDN}、T_S及K_{LD*}有关，T_{ST}值一般约为4～10s。Δf_{∞}则可由功率缺额ΔP_{LD}及K_{LD*}求得。

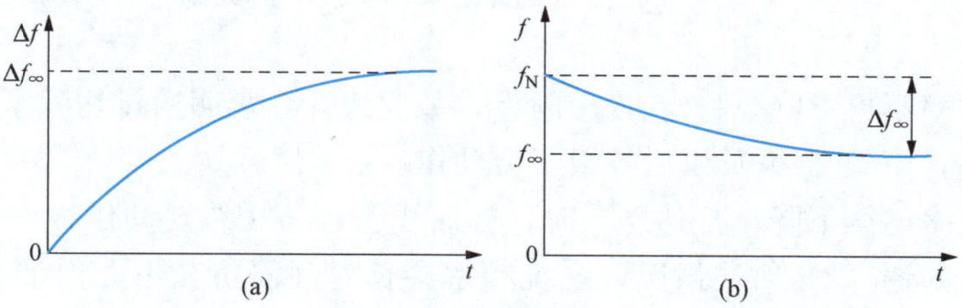

图15-35 频率的动态特性

(a) 以$\Delta f(t)$表示；(b) 以$f(t)$表示

设正常运行时电力系统的频率为额定值f_N，总负荷为P_{LDN}，若由于某种事故使系统出现有功缺额ΔP_{LD}，将引起系统频率下降，若不采取任何措施，只是依靠负荷的调节效应自动补偿，则系统将稳定在低频率f_{∞}运行，负荷吸收的有功功率降低为$P_{LD\infty}=P_{LDN}-\Delta P_{LD}$，据式（15-46），$\dfrac{P_{LD\infty}-P_{LDN}}{P_{LDN}}=K_{LD*}\dfrac{f_{\infty}-f_N}{f_N}$，由于$P_{LDN}-P_{LD\infty}=\Delta P_{LD}$，可解得稳态频率$f_{\infty}$和频差$\Delta f_{\infty}$分别为

$$\left.\begin{aligned}f_{\infty}&=f_N\left(1-\frac{1}{K_{LD*}}\frac{\Delta P_{LD}}{P_{LDN}}\right),\text{或}\ f_{\infty*}=1-\frac{\Delta P_{LD*}}{K_{LD*}}\\ \Delta f_{\infty*}&=\frac{\Delta P_{LD*}}{K_{LD*}}\end{aligned}\right\}\tag{15-53}$$

（三）自动低频减负荷原理

自动低频减负荷装置的任务是在系统发生事故且出现严重有功缺额时，快速切除相应的负荷，使系统迅速恢复到稳定运行。由于系统事故类型的随机性和多样性，事故时出现的功率缺额是不同的，自动低频减负荷装置需根据系统频率的下降值，以及频率下降的速度，按设置的动作频率值逐级动作，切除相应的负荷，阻止系统频率下降和使频率恢复到

系统安全水平。

自动低频减负荷装置动作切除部分负荷的过程可通过图 15-36 说明。图中曲线①为未采用低频减负荷装置时系统出现功率缺额后频率随时间变化的曲线。采用低频减负荷装置后，当频率降低到 f_1 时，装置的第 1 级动作，自动切除 $\Delta P_{cut,1}$，使频率下降的速度减慢；当频率降低到 f_2 时，装置的第 2 级动作，自动切除 $\Delta P_{cut,2}$ 负荷，使频率的下降进一步减慢……

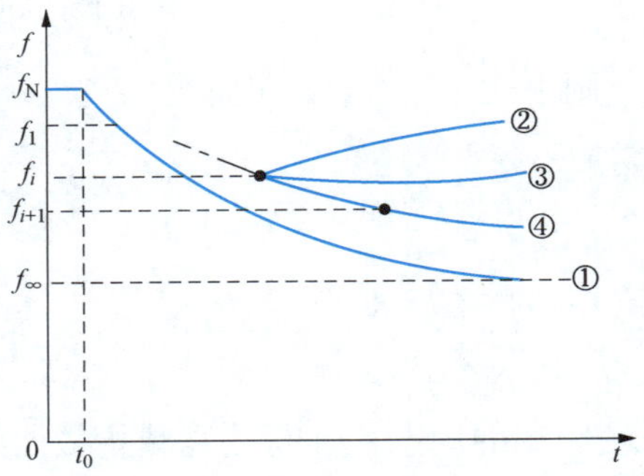

图 15-36　自动低频减负荷装置第 i 级动作频率变化情况

这种按频率的下降值来设置切除负荷的分级称为自动按频率减负荷的基本级。当频率下降到 f_i 时，是已分别在 f_1，…，f_{i-1} 切除了负荷 $\Delta P_{cut,1}$，…，$\Delta P_{cut,i-1}$，如仍未能阻止系统频率的下降，则装置的第 i 级动作，切除负荷 $\Delta P_{cut,i}$。下面以第 i 级动作为例，讨论切除 $\Delta P_{cut,i}$ 负荷后可能出现的三种结果。

（1）系统频率开始回升，最终接近额定频率，如曲线②。这表明前 i 级切除的总负荷 $\sum_{j=1}^{i}\Delta P_{cut,j}$ 已接近实际的功率缺额，$i+1$ 级及以后各级不必动作。

（2）系统频率不再下降，稳定在 f_i 附近，如曲线③。表明通过切除了 i 级负荷后，已阻止了频率下降，第 $i+1$ 级及以后各级不会动作。

（3）系统频率继续下降，抵达 f_{i+1} 时，如曲线④，$i+1$ 级要动作。

应该注意，如遇（2）所述情况，系统频率会长时间停留在不能保证系统稳定运行的水平。因此，为了使频率恢复到安全运行所要求的最低频率（称频率的恢复值 f_{res}），低频减负荷装置中还应根据 f_i 和 f_{res} 间的功率缺额，设置进一步切除负荷的特殊级。特殊级也设有多级，均在频率下降到 f_1 时启动，按顺序在不同时延后动作逐级切除负荷。如果自动低频减负荷装置在基本级和特殊级中安排的切除负荷总功率等于系统可能出现的最大功率缺额，则在所有级均动作后，系统频率必然会恢复到所希望的值。

（四）自动低频减负荷装置的整定原则

由于自动低频减负荷是在系统事故情况下所采取的一种反事故措施，自动低频减负荷装置动作切除的负荷值应按如下两个基本要求整定：

1）保证切除足够的负荷功率，使系统频率可恢复到允许值（f_{res}）；

2）尽量避免过多切除负荷。

1. 切除负荷总量的确定

在一个系统中，最大功率缺额 $P_{La,max}$ 的确定，要根据在最不利的运行方式下发生故障时，整个系统（或者系统解列成几个小系统）可能发生的最大功率缺额来确定。因此，自动低频减负荷装置应分散装设在各变电站中。由于是系统严重事故，装置动作后频率的恢复值 f_{res} 应小于系统频率的额定值 f_N，系统切除负荷的总量 $P_{cut,\Sigma}$ 应小于系统最大功率缺额 $P_{La,max}$。此时，功率差 $P_{La,max}-P_{cut,\Sigma}$ 由在频率差 f_N-f_{res} 下的负荷调节效应来平衡，对应 f_N 时的额定负荷功率变为 $P_{LDN}-P_{cut,\Sigma}$。参看图 15-37，图中曲线①为正常运行时的负

荷曲线；曲线②为切除负荷 $P_{cut,\Sigma}$ 后的负荷曲线，结合式（15-45），可得如下关系式

$$\left.\begin{aligned}K_{LD*}&=\frac{\Delta P_{LD*}}{\Delta f_*}=\frac{P_{La,max}-P_{cut,\Sigma}}{P_{LDN}-P_{cut,\Sigma}}\times\frac{f_N}{f_N-f_{res}}\\P_{cut,\Sigma}&=\frac{P_{La,max}-K_{LD*}\Delta f_{res*}P_{LDN}}{1-K_{LD*}\Delta f_{res*}}\\\Delta f_{res*}&=\frac{f_N-f_{res}}{f_N}=\frac{1}{K_{LD*}}\times\frac{P_{La,max}-P_{cut,\Sigma}}{P_{LDN}-P_{cut,\Sigma}}\end{aligned}\right\}\tag{15-54}$$

式中：$P_{La,max}$ 为系统最大功率缺额；$P_{cut,\Sigma}$ 为系统切除负荷总量；f_{res} 为切除负荷后系统的恢复频率。

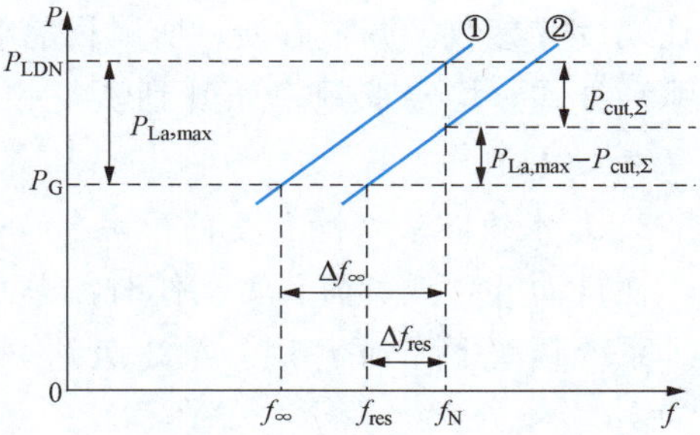

图 15-37 功率缺额与切除功率分析图

【例 15-2】 某电力系统的负荷额定功率 $P_{LDN}=1200$MW，$f_N=50$Hz，$K_{LD*}=2$，系统可能出现的最大功率缺额 $P_{La,max}=192$MW。系统机组输出功率不可调。若系统投入自动低频减负荷装置，在全部动作后希望频率恢复到 $f_{res}=49$Hz，求自动低频减负荷装置的切除负荷总功率 $P_{cut,\Sigma}$。

解 首先求出在最大功率缺额且无减负荷措施时系统频率稳态值 f_∞。由式（15-53）得

$$\Delta f_\infty=\frac{192}{2}\times\frac{50}{1200}=4\text{Hz}$$

故有

$$f_\infty=50-4=46\text{Hz}$$

再由式（15-54），求得

$$\Delta f_{res*}=\frac{f_N-f_{res}}{f_N}=0.02$$

即可求得自动低频减负荷装置的切除负荷总功率 $P_{cut,\Sigma}$ 为

$$P_{cut,\Sigma}=\frac{P_{La,max}-K_{LD*}\Delta f_{res*}P_{LDN}}{1-K_{LD*}\Delta f_{res*}}=\frac{192-2\times0.02\times1200}{1-2\times0.02}=150\text{MW}$$

2. 基本级动作频率的确定

以系统频率的下降值为依据，将自动低频减负荷装置的动作频率按从高到低的顺序分为若干基本级（轮）。根据首级动作频率 f_1，末级动作频率 f_J，以及动作频率级差 Δf，即可求出基本级（轮）的级数 J（J 取整数）。

自动低频减负荷装置首级动作频率 f_1 通常整定在 48.5～49.0Hz，根据系统的电源组成情况确定。将 f_1 定得稍高些，可以快速抑制系统频率的下降，但不利于充分利用系统的备用容量。

自动低频减负荷装置的末级动作频率应由系统所允许的最低频率下限确定。由于当系统频率下降到 46～46.5Hz 时，火力发电厂主要动力机械已不能正常工作，因此末级动作频率不得低于 46～46.5Hz。

对于频率级差 Δf 的确定，有“级差强调选择性”和“级差不强调选择性”两种方式。前者是指，当前一级动作后不能阻止频率下降时，下一级才动作，此时应考虑动作时延对应的频率变化值，所以级差较大，级数较少；后者由于不强调级差的选择性，可减小

频率级差值，增加级数，每级减负荷量较少，切除的负荷功率值能较接近最佳值。

例如，某电力系统自动低频减负荷装置的设置中，首级动作频率 $f_1=48.5\text{Hz}$，末级动作频率 $f_J=46.5\text{Hz}$，按级差强调选择性方式，级差 $\Delta f=0.5\text{Hz}$，则 $J=\dfrac{48.5-46.5}{0.5}+1=5$ 级。若按不强调选择性级差方式，可减小级差，设级差 $\Delta f=0.25\text{Hz}$，则有 9 级。

早期的电磁式或模拟式频率继电器由于测量准确度低，整定调节麻烦，多采用强调级差选择性的方式。由于数字式自动低频减负荷装置对频率的测量准确，且可通过自动化系统在线设置参数，调整方便，所以目前电力系统多采用不强调级差选择性的方式。无论采用哪种方式，均要求频率回升到恢复频率 f_{res}，最小恢复频率一般不得低于 f_1，如可取 $f_{\text{res}}=49.0\text{Hz}$。

3. 基本级各级切除负荷的确定

在自动低频减负荷装置动作时，总是希望某级动作切除的负荷不多也不少。以 i 级为例，系统频率下降到 f_i 时，第 1 级到第 $i-1$ 级均已动作，对第 i 级切除负荷量的考虑原则为：

1）第 i 级动作是在系统频率继续下降达到 f_i 时，故有 $\Delta f_i=f_{\text{N}}-f_i$，应用式（15-54）可得

$$\frac{f_{\text{N}}-f_i}{f_{\text{N}}}=\frac{1}{K_{\text{LD}*}}\times\frac{P_{\text{La,max}}-\sum_{j=1}^{i-1}P_{\text{cut},j}}{P_{\text{LDN}}-\sum_{j=1}^{i-1}P_{\text{cut},j}} \tag{15-55}$$

2）第 i 级动作后，频率恢复到 f_{res}，即 $\Delta f_{\text{res}}=f_{\text{N}}-f_{\text{res}}$，可得

$$\frac{f_{\text{N}}-f_{\text{res}}}{f_{\text{N}}}=\frac{1}{K_{\text{LD}*}}\times\frac{P_{\text{La,max}}-\sum_{j=1}^{i}P_{\text{cut},j}}{P_{\text{LDN}}-\sum_{j=1}^{i}P_{\text{cut},j}} \tag{15-56}$$

联立式（15-55）和式（15-56），消去最大功率缺额 $P_{\text{La,max}}$ 这个中间变量，可得基本级第 i 级的切除负荷量 $P_{\text{cut},i}$ 为

$$\left.\begin{aligned}P_{\text{cut},i}&=\left(P_{\text{LDN}}-\sum_{j=1}^{i-1}P_{\text{cut},j}\right)\times\frac{K_{\text{LD}*}(f_{\text{res}}-f_i)}{f_{\text{N}}-K_{\text{LD}*}(f_{\text{N}}-f_{\text{res}})}\\P_{\text{cut},i*}&=\left(1-\sum_{j=1}^{i-1}P_{\text{cut},j*}\right)\times\frac{K_{\text{LD}*}(\Delta f_{i*}-\Delta f_{\text{res}*})}{1-K_{\text{LD}*}\Delta f_{\text{res}*}}\end{aligned}\right\} \tag{15-57}$$

式中：功率与频率的标幺值分别以 P_{LDN} 和 f_{N} 为基准值；$\sum_{j=1}^{i-1}P_{\text{cut},j*}$ 是第 1 级到第 $i-1$ 级已切除负荷功率标幺值之和。

4. 特殊级（轮）的设定

特殊级也称为后备级。前面已述及，当基本级如 i 级动作后，系统频率不上升，也不下降到 f_{i+1}，则 $i+1$ 级不动作，系统频率会一直处于较低的数值，对系统的安全稳定极为不利。为了解决这种问题，要设置特殊级。特殊级的启动频率应不低于基本级第 1 级的动作频率 f_1，按时间顺序分级动作，第 1 级时限以系统频率下降过程的时间常数 T_{ST} 的 2～3 倍确定。如设特殊级的级数 $M=3$，$T_{\text{ST}}=5\text{s}$，级间间隔时差为 $\Delta t=5\text{s}$，则各级在启

动之后到动作切除负荷的时延为

$$\begin{aligned}\Delta t_i &= 3T_{ST} + (i-1)\Delta t \\ &= 15 + (i-1) \times 5 \quad (i = 1,2,3) \end{aligned} \tag{15 - 58}$$

在某级（基本级或者特殊级）动作切除部分负荷之后，系统频率 f 能上升达到恢复频率 f_{res}，则未动作的特殊级即从启动状态返回。

接入特殊级的切除功率总数应按最不利的情况考虑，即根据自动低频减负荷装置所有基本级切除负荷之后系统的最低频率以及使系统频率恢复到 f_{res} 的要求来确定，再将特殊级总切除负荷量合理地分配到各级中。

（五）自动低频减负荷装置的运行

根据电力系统的结构和负荷的分布情况，将自动低频减负荷装置分散安装在各变电站中。装置的基本级与特殊级的级数以及各级实际减载量的确定，还必须按所在变电站的出线数及其重要程度、出线容量等因素综合考虑。图 15 - 38 所示为变电站内自动低频减负荷装置原理接线图，图中 f_i 是低频继电器，Δt 和 Δt_{Ti}是延时继电器，ZK_i 和 ZK_{Ti}是执行继电器，其触点接入线路断路器的跳闸控制回路。增加时延 Δt 的目的是为了防止当电力系统的某些操作及运行等造成系统电压的瞬时急剧下降或频率的瞬时下跌时造成误切负荷。

现以图 15 - 38 的自动低频减负荷装置配置为例，对电力系统低频减载的工作情况进行综合说明。

设基本级 $J=5$，动作频率 f_1 到 f_5 分别为 48.5、48、47.5、47、46.5Hz，忽略动作延时；恢复频率 $f_{res}=49$Hz；特殊级 $M=3$，特殊级启动频率 $f_{T1}=f_1=48.5$Hz，整定时间延迟分别为 15、20、25s。

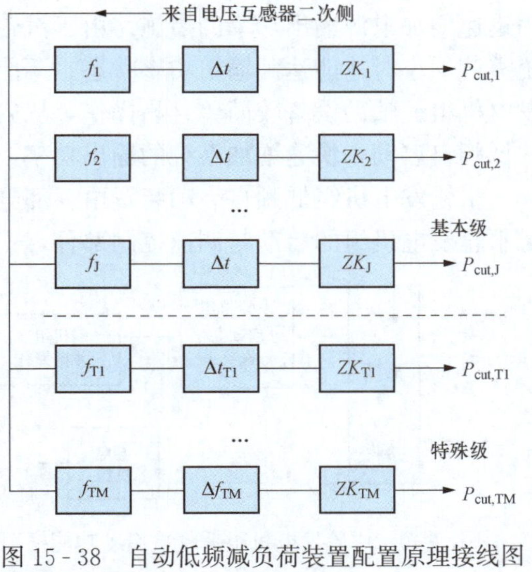

图 15 - 38　自动低频减负荷装置配置原理接线图

如图 15 - 39 所示，在 t_0 时刻系统发生严重事故，系统备用容量已全部投入，但仍有较大功率缺额，频率下降。t_1 时刻到达 f_1（A 点），基本级第 1 级动作（同时特殊级启动，开始延时），切除 $P_{cut,1}$ 负荷，系统频率仍然下降但较前减缓，t_2 时刻到达 f_2（B 点），基本级第 2 级动作，切除 $P_{cut,2}$ 负荷，但频率还是缓慢下降。t_3 时刻到达 f_3（C 点），基本级第 3 级动作，切除 $P_{cut,3}$ 负荷，阻止了频率的下降，但频率并不回升，基本级的第 4、5 级不会再动作。特殊级在 t_1 启动后经 $\Delta t_{T1}=15$s 的延时后系统频率到达与 t_4 时刻相对应的 D 点，特殊级第 1 级动作，切除 $P_{cut,T1}$ 负荷，频率回升，再经 5s 频率在 t_5 时刻到达 E 点，特殊级第 2 级动作，切除 $P_{cut,T2}$ 负荷，频率加速回升，$t_6-t_5<5$s 之内频率已达 f_{res}（F'点），已启动的特殊级第 3 级返回。到此，自动低频减负荷装置的动作结束。

由于自动低频减载是电力系统紧急安全控制的一种措施，虽然自动低频减载装置动作之后系统频率仍低于额定值，但它已使系统进入恢复状态。此时调度运行人员采取相应的控制和调节措施即可使系统进入正常运行状态，然后再设法对已切除的负荷逐步恢

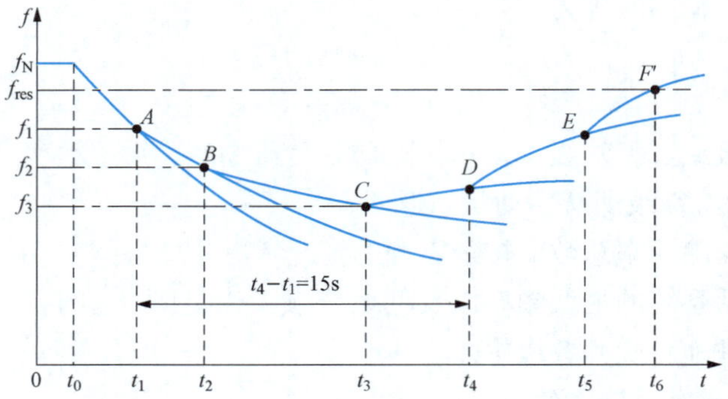

图 15 - 39　某系统自动低频减负荷装置动作综合说明图

复供电。

三、 其他安全自动装置

（一）水轮发电机组低频自启动装置

在电力系统事故发生功率缺额时，系统频率将降低。减小系统功率缺额、阻止频率下降的系统安全稳定措施，从负荷侧考虑，可采取自动低频减载措施；从电源侧来说，可采用迅速增加电源输出功率的措施。由于汽轮发电机组从冷状态开始启动时，动力和机械系统需若干小时才能达到输出功率状态，不能满足事故情况下迅速投入电源的要求。而水轮发电机组的辅助设备较简单且易操作，从启动到并列的时间很短。所以常用水轮发电机组的低频自启动，快速增加系统的输出功率，以提高系统运行的稳定性。

水轮发电机组低频自启动装置由三部分的功能块组成。一是系统频率测量部分，二是对水轮发电机组的启动与调速控制部分，三是快速并列操作部分，如图 15 - 40 所示。

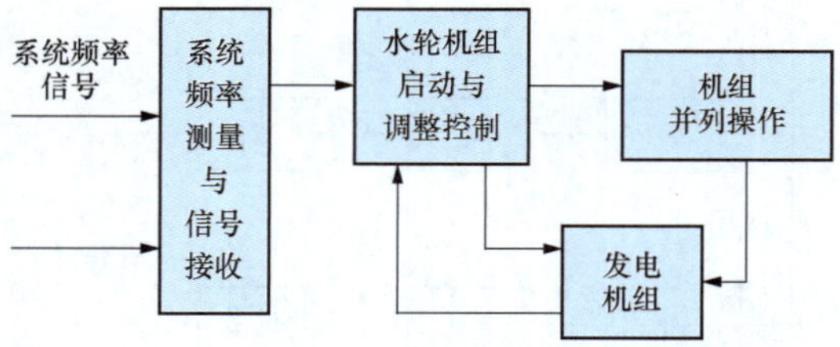

图 15 - 40　水轮发电机组低频自启动功能框图

频率测量部分用来监视和测量系统频率。当系统频率降低，达到整定的低频率时或接收自动化系统的控制信号后，给出对水轮机组的启动信号。

启动与调速控制部分将根据水轮机及调速器的特性，控制导水叶的开度，使机组能快速且平稳地接近系统的等值转速。

快速并列操作部分按照预先设置的并列方式完成机组与系统的并列，例如可以采用自同期并列方式，也可以由快速微机准同期装置完成。

目前，在现代化的水力发电厂，综合自动化的水平很高，对某些机组实现低频自启动的控制过程，已可以成为自动化系统中的一个模块。这种模块化的数字式水轮发电机组低频自启动装置，通过对系统频率的测量，可以在系统发生严重故障，频率下降到设定值时，马上执行机组的启动过程，根据水轮机组调速器特性以最优方式进行机组速度调节和励磁控制，并完成对机组的快速并列操作，甚至按准同期方式进行快速且无冲击的并列。从发电机组启动控制、调节、实现准同期并列到机组满负荷运行可在 1min 内完成，这对系统事故的处理，提高电力系统安全可靠运行具有重要作用。

（二）自动解列装置

自动解列装置是一种反应电力系统稳定性受到威胁和遭破坏的紧急情况下动作，在预定解列点将系统解列，防止系统崩溃，提高系统运行安全性的自动装置。当电力系统发生稳定破坏或接近静稳定极限时，靠装设在系统解列点的自动解列装置检测出系统的运行方式和事故情况，或者受远方控制，在合适的位置迅速地将系统解列为功率尽可能平衡的两个或几个独立运行的系统。

对解列点的选择应遵循如下原则：

1）尽量保持解列后的子系统的功率平衡，防止电压和频率急剧变化；

2）操作方便，易于恢复，具备良好的通信条件。

解列方式可分为系统解列和厂用电系统解列两种。

采用系统解列时，随着解列点位置的不同，构成解列装置的判断条件也可能不同。例如，在联络线上装设的振荡（失步）解列装置，必须区分系统短路和振荡时系统状态量的变化特征。即系统发生短路时，短路电流是突然变化的；而发生振荡时，系统电压和电流以振荡频率作周期性的大幅度变化，在振荡中心，电压变化最大。因此，振荡解列装置可通过测量阻抗的周期性变化进行判断，确定是否动作。某些解列点的装置则要通过对系统特征量的检测，以低频低压、过频过压、低频与功率的大小和方向等作为解列控制的条件。

厂用电系统的解列主要是防止系统事故时频率的大幅下降危及电厂本身电能生产的安全。在厂用电系统具备独立供电条件的发电厂，应考虑厂用电系统与系统解列运行的方式。图 15-41 所示为发电厂厂用电与电力系统解列一次系统示意图。下面通过该图予以说明。

系统正常运行时，厂用电由母线 W1、W2 供电，并经主变压器 T1 与系统相连，给 W1、W2 母线供电的 G1、G2 号机组容量与厂用电功率基本平衡。当电力系统发生事故，系统频率大幅度下降时，解列点装设的低频自动解列装置可控制断路器 QF2 跳闸，使厂用电系统与电力系统解列。厂用电系统由 G1、G2 发电机组供电，不受系统低频率的影响，提高了电厂运行的可靠性。

在对系统故障采取各种安全控制的措施后，系统将进入恢复状态，在调度运行人员的指挥下，可将已解列的系统逐步并列。此时解列点成为并列点，可按照同期并列的要求将两个系统进行并列操作。

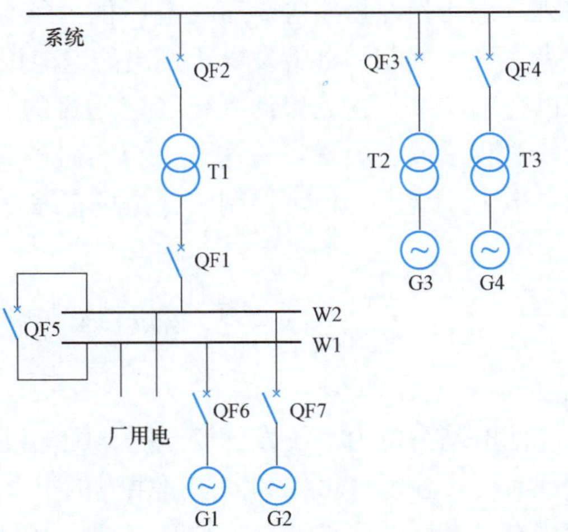

图 15-41　发电厂厂用电与电力系统解列一次系统示意图

（三）电力系统安全稳定控制装置

近年来，由于微电子技术、计算机技术、通信技术及检测技术的发展，针对现代电力系统对安全稳定运行要求的提高，发展了功能齐全、配置灵活和高可靠性的电力系统安全稳定控制装置。

电力系统安全稳定控制装置按控制体系可分为就地分散式、分布式、分层分布式、集中式几类。目前采用全系统的分层分布式和集中式仍有较大的难度，主要是由于全系统巨大的数据信息量的传输收集以及对复杂系统的分析（静态安全分析和动态安全分析）计算费时较长，不能满足针对全系统运行状态的实时监控。世界各国均在致力于这方面的研究与实现，其关键是计算机硬件系统、软件系统、数据采集和高速通信系统等，其中计算机对庞大数据的实时处理能力是至关重要的，而并行处理技术的采用是解决此问题的主要途径。

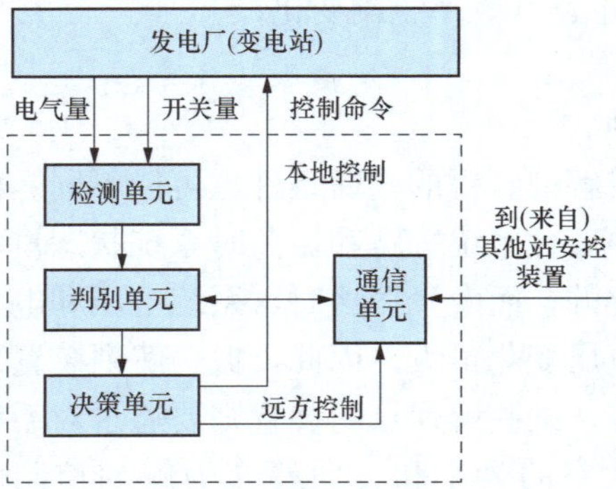

图 15-42 电力系统安全稳定控制装置功能框图

目前，就地分散于厂、站或由几个就地分散式组成的简单分布式系统，技术较成熟，已积累了较丰富的运行经验，图 15-42 为其功能框图。

装设在厂、站端的装置，通过检测单元获取其所在厂、站端的电气量和开关量数据并存储；由判别单元进行启动判别、故障判别以及包括厂、站端电气元件的运行方式的识别；决策单元根据判别结果，结合在线或离线的控制策略表作出装置的动作决策；发布控制命令到执行单元将决策予以实施。这种分散独立式装置对系统有很快的反应速度，但由于不能及时获取系统的较多信息，实施的决策控制会有一定偏差。简单分布式系统是将几个就地分散式装置通过通信通道相连，组成区域电网安全稳定控制系统，因而可使控制决策更合理。

电力系统安全稳定控制装置可以实现的紧急控制功能较多，如低频减负荷、系统振荡解列、电压稳定控制等。若在电厂侧，还会有切机（按要求容量快速切除相应的机组），或者实现电气制动（将发电机发出的电能按要求数量通过接入的电阻消耗掉，以减少输电线的传输功率，达到保持系统稳定的目的）。装置还可以有许多辅助功能，如事件记录、故障过程录波、装置自检报告、分析计算输出及定时制表打印等。在这个意义上可以认为，电力系统安全稳定控制装置是具有综合功能的新一代电力系统自动装置。

第五节 配电网自动化

配电网是电力系统发、变、送、配电过程中的最后一个环节，它直接向用户供电，是保证对用户稳定、可靠和高质量供电的重要环节。随着电力需求的增大，用户对供电质量和供电可靠性的要求也越来越高。配电网自动化系统以现代计算机、通信等技术为手段，实现对配电网的自动监控和管理，向用户提供安全、经济、可靠和高质量的电能。

一、配电网的构成

在我国，通常将输电电压为 220kV 及以上的电网归为输电网，220kV 以下归为配电网，又将配电电压等级分为三级，110、60、35kV 为高压配电电压，10kV 为中压配电电压，380/220V 为低压配电电压，与其电压等级相对应的配电网分别称为高压配电网、中压配电网和低压配电网。随着电力负荷的快速增加，部分大城市已开始将 10kV 升压改造为 20kV 中压配电电压。配电网由配电变电站和配电线路组成，通过变压器、母线、断路器（重合器）、隔离开关（分段器）、配电线路等电气元件构成不同结构的配电网。

安装在架空配电线路上用作配电的 10/0.4kV 变压器，实际上是一种最简单的中压配电变电站。对于不具备变电功能而只具备配电功能的配电装置则称为开关站，它实际上是将 110kV 或 35kV 主变电站或配电变电站的 10kV 配电母线延伸到负荷集中区域。开关站通常由双电源供电，电源取自不同的主变电站，采用单母线分段运行方式，以提高供电可靠性，用多条配电线向周围区域负荷供电。

配电网的接线方式可以分为辐射状和环网状两类（见第四章）。

配电网和继电保护、自动装置、无功补偿装置以及控制设备组成配电系统。配电系统应具有如下的功能：

（1）保证配电网重要用户的供电，调配负荷使供用电平衡，提高电能的利用率；

（2）及时调节无功功率补偿设备的运行，保证负荷端供电电压的质量；

（3）控制配电网的运行状态，及时调整配电网设备的运行，使线路潮流和有功功率分布合理；

（4）降低配电线路的功率损耗，提高配电网运行的经济性；

（5）保护设备和自动化设备能在配电系统发生事故时正确快速动作，提高配电网运行的可靠性。

二、 配电网自动化的功能及要求

配电网自动化（Distribution Automation，DA），是配电企业就地或从远方以实时方式对配电系统进行监视、保护和控制的自动化系统。监视是指无论在正常还是故障情况下，都应具有足够的判断系统元件运行状态的能力；保护是指能够快速识别故障或不正常运行的电气元件及其位置，并将故障元件割离出去；控制是指可根据配电网的运行情况，改变其运行方式。

配电网自动化系统（Distribution Automation System，DAS），是由计算机系统、通信系统以及远方终端设备构成，图 15-43 所示为配电网自动化系统的组成。图中，CPU（Central Processing Unit）为中央处理单元，通常是高性能的微型计算机及系统；FEP（Front End Processor）为前置机；MTU（Measuring Terminal Unit）为测量终端装置，负责对配电网数据的采集；M（Modem）为通信接口。

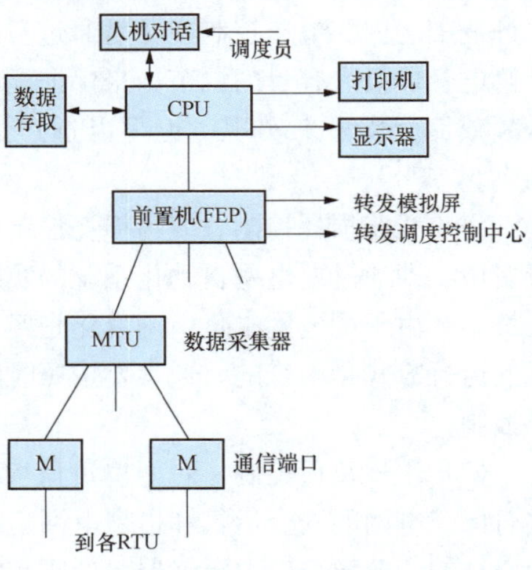

图 15-43 配电网自动控制系统

配电网自动化是在电力系统不断发展以及对系统安全稳定、经济运行和保证向用户持续不断提供高质量电能的要求下逐步发展起来的。从 20 世纪 80 年代开始，在一些工业发达国家，配电网自动化系统就受到了广泛的重视，开发研制出具有就地控制方式和远方监视控制的机电通信一体化设备，以及利用计算机技术构成的自动控制系统，并将其应用于配电网系统，推动了配电网自动化系统的发展。与输电网相比，配电网的特殊性表现为面广、点多、网络构成复杂且设备量大，因而加大了配电网自动化系统的实施难度。

虽然各种配电网自动化系统在组成规模和自动化水平上会有差异，但实现的目的和基本功能是一致的。对配电网自动化的基本要求可概括为以下五项。

（1）实时监测。配电网实时监测的基础是能实时获得配电网内各重要母线的电压、各条配电线路输送功率、重要用户的负荷情况（包括负荷电力和电量表计的信息）；实时监测到各柱上开关、断路器和配电变压器的运行状态。而且监测信息要求有时间的统一性，获得的数据要求有连续性、完整性和可靠性，以便正确实施各种控制。

（2）故障控制。故障控制的目的，是当配电网系统发生故障后，通过对故障类型的识别和故障地点的确定，对配电网系统实施及时控制，包括切除或者隔离故障元件，以减小停电范围，避免和减少设备的损坏。例如配电线路发生永久性故障时，将故障隔离在最小范围内；当发生瞬时性故障时，依靠继电保护和自动重合闸等自动装置的配合动作来消除故障和恢复供电。故障控制主要包括：

1）配电线路的切换和运行方式的确定。对于辐射状配电网，主要是通过保护和重合闸装置的动作，正确切除永久性故障线路或消除瞬时性故障。对于环型配电网，一旦发生永久性故障，配电网自动化系统将根据遥测和遥信的实时信息自动地判别故障类型和位置，将故障段迅速隔离开，再自动地确定配电网运行方式，恢复所有非故障线路的供电。可见，对于配电线路的故障控制，应包括故障判别、故障定位、故障隔离和配电线路运行方式的重新确定（配电网络重构）。

2）母线自动分段。对重要用户供电的配电变电站低压母线一般按母线分段来配置。若其中一段母线发生永久性故障，配电网自动化系统应自动将该段母线的配电线切换到无故障母线段运行。

3）重新恢复。当配电网停电时间较长，需要重新恢复配电线供电时，配电自动化系统应分时按次序对用户恢复供电，防止供电短时冲击性负荷对配电系统的冲击。

（3）电能质量控制。电能质量控制的目的，是保证配电网的供电电压和频率在规定的允许范围之内。电压控制主要是通过对配电变压器有载调压分接头的调节，以及并联无功补偿电容器投入容量的调节，来保证配电网的电压质量。频率控制主要是通过负荷控制和低频减负荷装置来实现，也可以通过适当降低配电网允许电压来减少负荷取用的有功功率。

（4）线路损耗控制。线路损耗控制的目的，是降低电能在传输过程中的损耗以减少运行费用，即通过配电网自动化系统的实时潮流计算确定配电网的最优运行方式，使有功损耗最小。由于配电网中负荷的变化是经常性的，有时变化的相对容量较大，要实现实时最优的运行方式是困难的，通常要按照时间段、同时配合无功功率控制来进行运行方式的优化控制。

（5）用户负荷控制。对用户负荷控制的目的是提高负荷率，实现负荷的填谷和削峰。这对保障电网的安全运行和提高电网运行的经济性有重要作用，可以采用集中（负荷控制中心）的、分散（电力定量器、低频减载）的及用户负荷自我控制这几种方法，对电力负荷进行控制和管理。这需要电力用户的配合支持以及相应的电价政策。电力负荷集中控制方式需要远程控制手段，其实现方式有以下几种：

1）音频控制（利用配电线路传输音频控制信号）技术；

2）工频控制（利用输电线路的工频电压的畸变信号）技术；

3）无线电控制（利用无线电信道传输控制信号）技术；

4）电力线载波控制（利用配电线路传输载波控制信号）技术；

5）光纤通信控制技术；

6）专用通信线或电话线控制技术。

三、配电网自动化系统

配电网自动化系统按功能结构，可分为配电网 SCADA 系统、配电网地理信息系统（Geographic Information System，GIS）和需求侧管理（Demand Side Management，DSM）三大部分，其功能组成关系见表 15 - 3。

表 15 - 3　　配电网自动化系统功能组成

<table>
<tr><td rowspan="7">配电网自动化</td><td rowspan="4">配电网 SCADA 系统</td><td>进线监视</td></tr>
<tr><td>10kV 开关站、配电变电站自动化</td></tr>
<tr><td>馈线自动化</td></tr>
<tr><td>变压器巡检与无功补偿</td></tr>
<tr><td colspan="2">配电网地理信息系统（GIS）</td></tr>
<tr><td rowspan="2">需求侧管理（DSM）</td><td>负荷监控与管理</td></tr>
<tr><td>远方抄表与计费自动化</td></tr>
</table>

（一）配电网 SCADA 系统

在配电网自动化系统中，通常将从为配电网供电的 110kV 或 35kV 主变电站的 10kV 部分的进线监视，到 10kV 馈线自动化以及 10kV 开关站、配电变电站和配电变压器的自动化，称为配电网 SCADA 系统。监控对象既包含大量的开关站和小区变电站，又包括数量很大的户外分段开关，因而系统的构成较复杂。

进线监视一般完成对配电网进线配电变电站的开关位置、母线电压、线路电流、有功和无功功率以及电度量的监视。

1. 配电网 SCADA 系统的功能

（1）数据采集。配电网的基本信息由安装在配电现场的 RTU 收集，包括如断路器、隔离开关、保护等设备的工况和告警之类的状态信息，以及如电压、电流、有功、无功等测量值。

（2）监视及事件处理。监视是指对采集的数据进行监视。对状态值主要监视其变化，并按时序进行记录；对测量值是监视其变化率并记录其连续变化趋势。当监视的测量值超过了设置的上、下限值或者监视的状态值发生了变化，就要进行事件处理，包括将事件信息进行分组归类、打印显示和报警等。

（3）控制功能。控制功能包括对单独设备的控制，如断路器和隔离开关的开断控制等；对设备的调整控制，即将调整控制信息传输到当地设备的监控装置来完成，如变压器分接头的调节、电压水平的调整等。这些控制可以是自动进行，也可以按在控制中心的运行人员的命令进行。

(4) 其他功能。配电网 SCADA 系统还有如数据维护、数据分析与计算、数据的利用与共享等方面的功能。从而实现对数据的保存，配电网运行方式及故障分析计算，统计报表和打印显示，以及将有关数据提供给上一级管理系统。

2. 配电网 SCADA 系统硬件的组成

配电网 SCADA 系统在硬件上由三大部分组成，一是调度（主站）端，即监控计算机系统；二是执行端，即现场遥信和遥测数据的采集以及遥控和遥调的执行装置。在软件上主要有通信功能、配电网实时画面显示功能、遥控和遥调功能模块和配电网高级应用软件；三是通信信道。

(1) 调度（主站）端。调度端一般由一台数据收发装置、一台计算机（或一个计算机局域网）及周边设备等硬件组成，它是配电网的自动监控中心。调度计算机运行高级监控软件，进行配电网运行情况的实时监控、安排和实现配电网的最佳运行方式、制定设备开停计划、配电网操作管理等。

(2) 执行端。在 SCADA 系统中，执行端是位于现场的具备通信及遥信、遥测、遥控和遥调功能的 RTU，也称为远动装置。它们可以是采用微机和多个单片机构成的分布式智能化配置的配电变电站和开关站内的 RTU，也可以是具备专门功能的配置在馈线分段开关处的柱上开关远程终端（Feeder Terminal Unit，FTU）和配电变压器远方测控单元（Transformer Terminal Unit，TTU）。

(3) 通信通道。配电自动化系统需要采用有效的通信手段，将反映远方设备运行情况的数据信息传输到控制中心，以及将控制中心的控制命令传送到各远方终端。目前可选用的通信方式和手段较多，应按照不同的技术经济要求进行配置，因而在配电网自动化系统中，有多种通信方式的混合使用。从通信信道的角度来说，主要有有线通信、无线通信、光纤通信、载波通信四类通信方式。

通信系统应具有双向通信的能力以及高的可靠性，应具有在恶劣自然环境下正常工作和抗强电磁干扰的能力；能满足通信速率的要求，且使用和维护方便。

(二) 配电网自动化用开关设备的应用

配电网自动化用开关设备有重合器和分段器两种。

1. 重合器的应用

重合器是一种具有保护、检测、控制功能的自动化开关设备。重合器能对合闸次数和时间进行记忆和判断，可自动执行预先整定的各种多次重合操作顺序。

目前重合器的相间故障开断都采用反时限特性，使其能与熔断器的安秒特性配合。重合器具有瞬时动作和延时动作两种功能，与之相应有快、慢两种安秒特性曲线，供瞬时动作跳闸用的快速曲线只有 1 条，供延时动作用的慢速曲线可多达 16 条，以便与熔断器的安秒特性配合。

重合器的第一次开断都按快速曲线整定，使其能在 0.03～0.04s 内切断额定短路电流，以后各次开断要根据保护配合的需要选择不同的曲线。

重合器可用于放射式配电网，也可用于环网。重合器的配置方式有三种：重合器与重合器配合；重合器与断路器配合；重合器与分段器配合。下面以图 15-44 采用三个重合器构成的环网方案为例，介绍重合器在配电网中的应用。

图 15-44 中，QF1、QF2 是变电站的出线断路器；QR1、QR2 是分段重合器，平时为合闸状态；QR0 是联络重合器，平时为分闸状态，事故处理时，可自动合闸，转移供电；TV 为电压互感器。

出线断路器 QF1、QF2 设置重合闸装置，速断保护的动作时限整定为 0.2s，其保护的动作时限与重合器的动作曲线相配合，联络重合器 QR0 的动作按延时关合一次故障分闸后闭锁的方式整定。

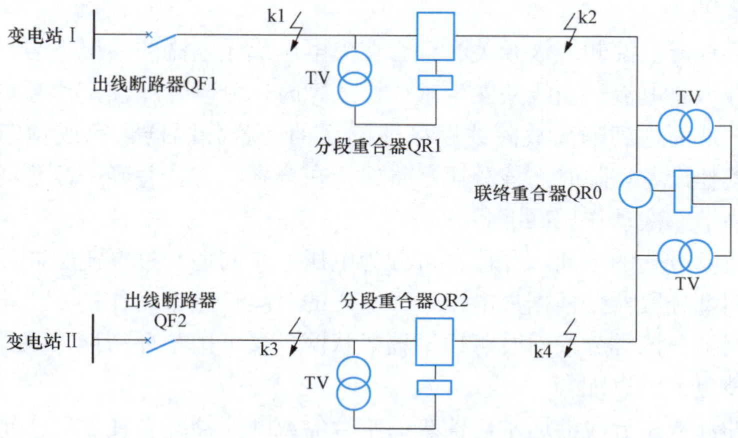

图 15-44　三个重合器构成的环网方案示意图

在运行中发生故障时，重合器的动作过程如下：

(1) k1 段发生故障。若为瞬时性故障，出线断路器 QF1 在速断保护的作用下，跳闸并重合，重合成功，恢复供电；若为永久性故障，QF1 重合不成功后自动闭锁，重合器 QR1 和 QR0 的控制器检测到电源侧失压，开始计时，由于 QR1 的延时分闸时间的整定值 t_1 小于 QR0 的合闸延时时间的整定值 t_2，在经过时间 t_1 后，重合器 QR1 先分闸，切除故障，QR0 在经过 t_2 时间后合闸，使 QR1 和 QR0 之间的无故障区段恢复正常供电。

(2) k2 段发生故障。重合器 QR1 检测到并确认通过的电流是故障电流时，快速分闸。若为瞬时性故障，重合器重合成功；若为永久性故障，QR1 重合不成功后分闸闭锁，使出线断路器 QF1 至重合器 QR1 之间的无故障区段恢复正常供电。联络重合器 QR0 检测到一端失压，经预定延时 t_2 后合闸，因存在故障，QF0 快速跳闸并闭锁。

(3) 当变电站Ⅰ母线失电后，QR1 检测到电源端失电，QR0 检测到 QR1 方向失电，两台重合器的控制器同时计时，因为 $t_2 > t_1$，故 QR1 经 t_1 时间后跳闸并闭锁，QR0 在 t_2 时间合闸，则 QR1 和 QR0 之间的区段恢复正常供电，而电源不会倒送到变电站Ⅰ母线。

(4) 变电站Ⅰ母线检修，出线断路器 QF1 分闸，则 QF1 至重合器 QR1 之间区段无电，若要给该段供电，必须人工合上 QR1，才能进入由 QF2 供电的非环网供电方式（转移供电方式）。

(5) 在转移供电方式下运行时，QF1 处于分闸状态，QF2、QR1、QR2、QR0 处于合闸状态。若 k1 发生永久性故障，则 QR1、QR0 和 QR2 将同时检测到故障电流，3 个重合器均将跳闸。QR1 跳闸后不能重合（已失去工作电压），而 QR0、QR2 经预定延时后重合成功，故障被隔离在 QR1 至 QF1 区段。k2 段发生故障时，QR0、QR2 同时检测到故障电流而跳闸。QR0 重合到故障线路上跳闸闭锁，而 QR2 重合成功，故障被隔离在 QR0 至 QR1 之间的区段上。k4 和 k3 段故障时可类推。

重合器动作程序的选定可根据电网的实际需要预先整定，如“一快一慢”“一快三慢”“二快二慢”等组合。这里“快”是指快速分闸，快速分闸一般设定在第一、二次，以便尽快消除瞬时性故障；“慢”是指按一定的电流—时间特性曲线（安秒特性曲线）跳闸，即为延时性动作，以便与其他设备，如分段器、熔断器等进行配合，隔离故障点。

2. 分段器的应用

分段器是一种与电源侧前级开关配合，在失电压或无电流的情况下自动分闸的开关设备，它不能断开短路电流。当线路发生永久性故障时，分段器在预定次数的分合操作后闭锁于分闸状态，从而达到隔离故障线路区段的目的。若分段器未完成预定次数的分合操作，故障已被其他设备切除时，该分段器将保持在合闸状态，并经一段延时后恢复到预先的整定状态，为下一次动作做好准备。

根据判断故障方式的不同，分段器可分为电压—时间型和过电流脉冲计数型两类。

电压—时间型分段器是根据加电压、失电压的时间长短来动作的，失电压后分闸，加电压后合闸或闭锁。该类分段器既可用于辐射状网，又可用于环形网，只需在功能设置上和有关参数的整定上予以配合。

过电流脉冲计数型分段器通常与前级的重合器或断路器配合使用，不能开断短路故障电流，但有在一段时间内记忆前级开关设备开断故障电流动作次数的能力。在预定的记录次数之后，在前级的重合闸或断路器将线路从电网中短时切除的无电流时间内，过电流脉冲计数型分段器分闸，达到隔离故障区段的目的。如果前级开关设备没有达到预定的动作次数，则过电流脉冲计数器型分段器在一定的复位时间后计数器清零，分段器恢复到预先整定的初始状态。

分段器既可以用在辐射网中，也可以用于环形网中。但必须与其他开关设备配合使用，如重合器与分段器配合、熔断器与分段器配合等。图 15 - 45 所示为分段器与重合器、熔断器配合构成的辐射网方案。图中 QR 为重合器、QS 为分段器、FU 为熔断器。重合器动作次数及操作顺序为“一快三慢”。分段器动作次数整定为 3 次。当永久性故障发生在 k1 段，重合器 QR 按操作程序（一快三慢）快速分闸后合闸，进入慢速操作；再次分闸—合闸；当 QR 第三次分闸后，按动作次数为 3 次整定的分段器 QS 分闸闭锁，隔离了故障，所以 QR 第三次合闸成功，恢复对 QR 与 QS 之间非故障线路的供电。

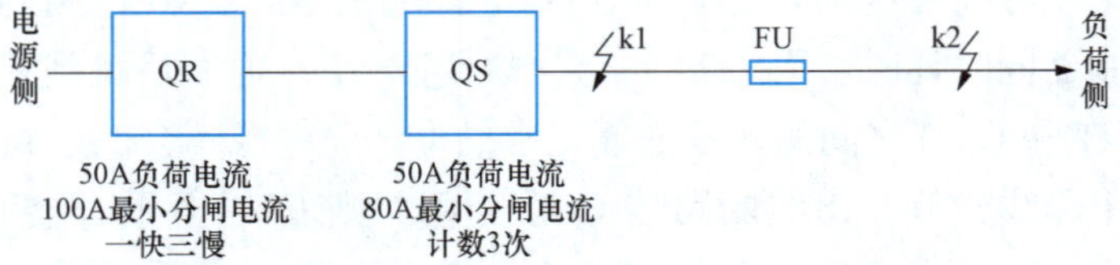

图 15 - 45　分段器与重合器、熔断器配合原理图

QR—重合器；QS—分段器；FU—熔断器

当故障发生在 k2 段时，若为瞬时性故障，由重合器快速动作，切除瞬时故障电流后重合成功，恢复正常运行；若为永久性故障，第一次熔断器不熔断，由重合器快速开断，分段器计数一次，重合器第一次重合后，由于故障仍然存在，重合器进入慢速分闸，熔丝

熔断，故障电流消失，重合器保持在合闸位置不动。分段器计数两次但不动作（因未达到整定的三次），使熔断器前的线路正常运行。

（三）馈线自动化

馈线自动化（Feeder Automation，FA）是配网自动化中的一项重要功能。在一定意义上可以说配网自动化指的就是馈线自动化。

馈线自动化的主要功能有三个方面：第一是配电线路负荷监测，即在正常情况下，对馈线分段开关与联络开关的状态和馈线电流、电压情况以及对配电变压器的实时远方监视；第二是对线路开关的远方合闸和分闸操作，以实时调整、变更配电系统的运行方式；第三是配电线路故障时获取故障记录，并自动判别和隔离馈线故障区段以及恢复对非故障区域供电，减少停电区域和持续时间。

1. 基于重合器的馈线自动化

这是一种采用重合器与分段器配合实现故障区段隔离的方法。现以重合器与电压—时间型分段器配合将辐射状网故障区段隔离为例说明其工作过程。图 15 - 46 所示为一个典型的辐射状网在采用重合器与电压—时间型分段器配合时隔离故障区段的过程示意及动作时序图。图 15 - 46（a）所示为正常工作时的线路图，A 为重合器（或断路器），B、C、D、E 为分段器，在 c 区段发生永久性故障。

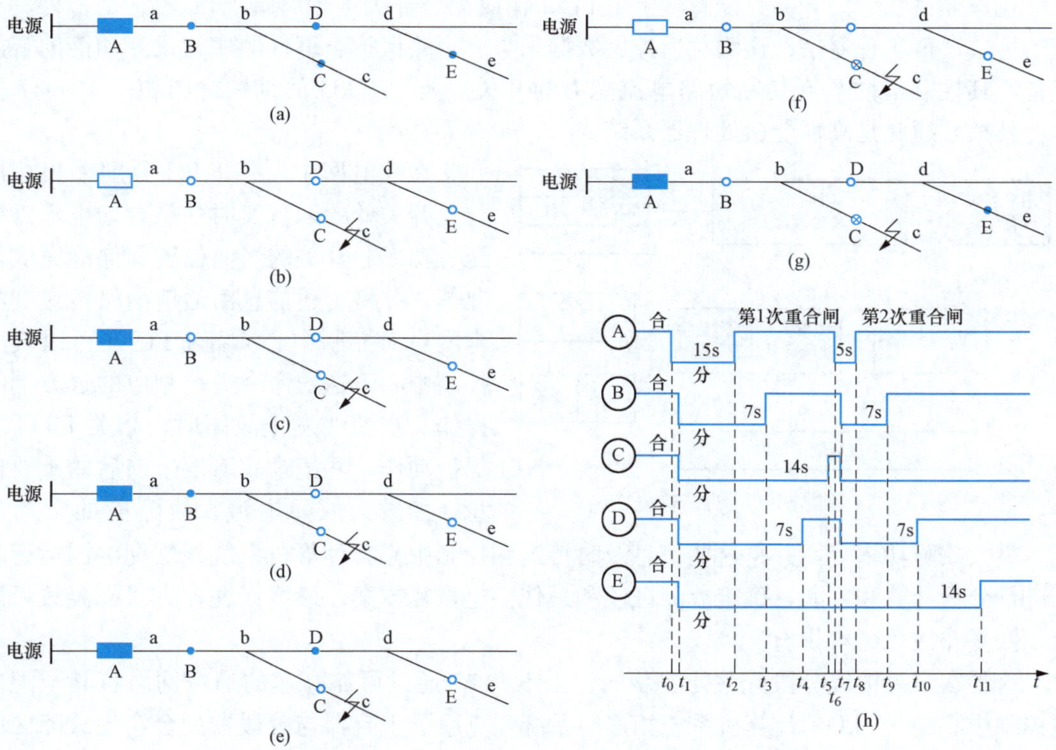

图 15 - 46　辐射状网故障区段隔离过程与时序图

▭—断路器分闸；▬—断路器合闸；●—分段器合闸；○—分段器分闸；⊗—分段器闭锁在分闸

在 c 区段发生短路故障之后，重合器 A 在 t_0 时刻跳闸，导致线路失电压；在 t_1 时刻分段器 B、C、D 和 E 都分闸，如图 15 - 46（b）所示；A 重合器的第一次重合时限整定为 15s，在 t_2 时刻重合，如图 15-46（c）所示，使 a 段线路带电；B 分段器整定在有压之后 7s 时限的 t_3 时刻自动合闸，如图 15-46（d）所示，将电供至 b 区段；此时 b 区段带电且涉及 D 和 C 两个分段器，D 分段器整定在有电压之后 7s 时限的 t_4 时刻自动合闸，如图 15-46（e）所示，将电供至 d 区段；而 C 分段器整定在有电压之后 14s 时限的 t_5 时刻自动合闸，将电供至 c 区段，由于 c 区段是永久性故障，再次导致 A 重合器在 t_6 时刻跳闸，使线路失电压，造成 B、C、D 分段器在 t_7 时刻均分闸（E 已在分闸状态），由于分段器 C 前次合闸后未达到整定的时限（如 5s）就又失电压，C 分段器被闭锁在跳闸状态而不会再次自动合闸，如图 15-46（f）所示；A 重合器从跳闸时的 t_6 经 5s 时限后，在 t_8 时刻第 2 次重合。从 t_8 时刻开始，分段器 B、D、E 在 a、b、d 区段有压后分别经过整定的 7、14、28s 时限后，在 t_9、t_{10}、t_{11} 时刻自动合闸，而分段器 C 因闭锁保持在分闸状态，从而隔离了故障区段，恢复了健全区段的供电，如图 15-46（g）所示。图 15-46（h）给出了以上对 c 区段故障隔离中重合器 A 及各分段器的动作时序。

从上述过程可见，使用重合器与分段器配合对实际线路的故障区段实现隔离时，应进行严格的整定配合。基于重合器的馈线自动化系统仅在线路发生故障时发挥作用，不能在远方通过遥控完成正常的倒闸操作。

2. 基于 FTU 的馈线自动化

在户外馈线分段开关处配置柱上 RTU，构成馈线开关远程终端 FTU，它是一种具有通信接口，可实现遥信、遥测、遥控、数据采集、短路保护、事件顺序记录等功能的智能设备，其控制面向具有切断短路电流能力的开关。典型 FTU 的结构框图如图 15-47 所示，其核心通常是高性能微处理器系统。

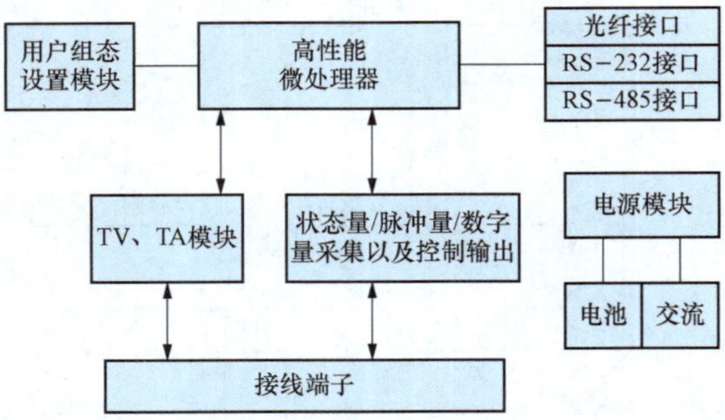

图 15-47 典型 FTU 的结构框图

在配电网中，各 FTU 分别采集相应柱上开关处的运行实时信息，如电流、电压、功率、开关的当前位置和储能完成情况等，并将上述信息由通信网络传送到配电网自动控制中心。各 FTU 还可以接受控制中心下达的命令进行相应的远方倒闸操作。在馈线发生故障时，相关 FTU 的保护动作，并记录故障发生前后的重要信息，如最大故障电流、故障前的负荷电流、最大故障功率等，并将这些信息及时传送到控制中心；计算机系统根据配电网运行状态进行分析计算和判断，确定故障区段和最佳供电恢复方案，最终以遥控方式隔离故障区段，恢复非故障区段供电。

这种在户外馈线分段开关处安装的柱上 RTU，通过可靠高速的通信网络将其与配电网控制中心的 SCADA 计算机系统相连的系统，克服了重合器与分段器配合实现故障区段隔离时重合器再次重合到故障点的缺点，隔离故障和恢复供电较快，是一种高性能的配电网自动化系统，成为目前馈线自动化发展的方向。

3. 配电变压器远方测控单元 TTU

配电变压器可以安装在架空配电线路的杆塔或者地面上，就近分为多路向低压用户供电。配电变压器远方控制单元 TTU 完成对配电变压器的电流、电压、有功功率、无功功率、功率因数、分时电量和电压合格率等数据的采集，可将这些运行参数作为考核和经济运行分析的依据，还可作为安全运行的监视手段。根据配电变压器的负荷曲线，可以准确地计算线路损耗，为配电网规划及故障分析提供基础数据。典型 TTU 的结构框图如图 15-48 所示。

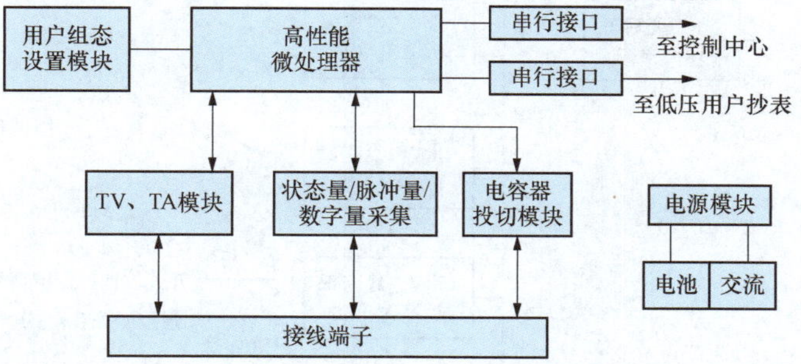

图 15-48 典型 TTU 的结构框图

TTU 的硬件配置与 FTU 类似，由于功能上的差别，系统程序有所不同。控制出口的作用是通过在配电变压器的低压侧投切一组补偿电容器，进行功率因数补偿。补偿电容器可以由 TTU 根据所采集的电压和无功功率等参数自动投切，也可以由控制中心运行人员在远方进行控制操作。

（四）开关站和配电变电站自动化

配电变电站和开关站自动化由元件的基础自动化装置及站内微机远动装置 RTU 组成，与配电网 SCADA 系统相联系，采集站内设备运行的实时数据并向控制中心传送，接收控制中心的控制与调节命令并执行。具体地说，具有四遥、事件顺序记录、系统对时及电度量采集等功能，完成开关站和小区变压器的开关位置、小电流接地选线情况、母线电压、线路电流、有功和无功电流以及电度量的远方监视，开关远方控制，变压器远方有载调压等功能。

随着计算机控制向综合智能控制的发展，电气设备的小型化已向机电一体化方向发展，控制和保护已向整体化发展。例如，保护装置具有数据采集、保护、录波及通信功能，并可配备不同的通信和网络接口，可安装在开关柜上。因而开关站和配电变电站自动化系统可采用分布式结构集中式组屏，便于扩充、安装与维护，站内分布式 RTU 单元模块通过串行总线或者现场总线连接，如 LON WORKS（Local Operation Networks）总线。图 15-49 所示为一个典型的采用结构分布式微机远动装置构成 35kV 配电变电站自动化系统结构框图。

（五）需求侧管理（DSM）

需求侧管理是电力的供需双方共同对用电市场进行管理，以达到提高供电的可靠性、减少能源的损耗以及降低供需双方费用的目的。需求侧管理自动化系统主要包括负荷集中控制系统和用电量自动检测系统（远方抄读表系统）。

1. 负荷集中控制系统

电力负荷控制和管理系统的目的是实现计划用电、节约用电和安全用电，通过对负荷的控制来达到改善电能质量，能使电力部门对分散的电力用户以实时方式进行集中监测和

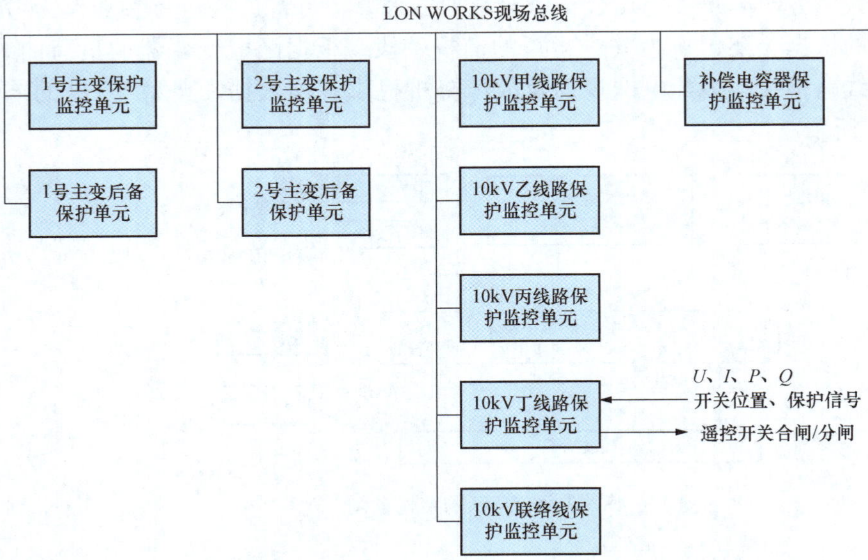

图 15-49　采用结构分布式微机远动装置构成 35kV 配电变电站自动化系统的结构框图

控制，确保供用电的平衡；对电力进行合理调度和科学管理，保障电网安全经济运行。例如，为了调整负荷曲线减少昼夜间负荷差，要采用一定的办法来抑制白天的尖峰负荷和填补深夜的低谷负荷。为此，应考虑对重要程度不同的用户甚至用电设备加以分类控制。还需要供用电双方的配合以及相应的电价政策，如分时电价。

对负荷的控制由负荷控制中心进行，中心具有管理和控制功能。电力负荷控制的方式有音频、工频、无线电、配电线载波控制等。

负荷控制终端装设在用户端，受负荷控制中心的监视和控制。负荷控制终端接收到控制中心的控制信号后，将依据控制命令对负荷进行投、切操作。

2. 用电量自动检测（远方抄读表）系统

由配电变电站对大量的电力用户进行用电量检测，即远方自动抄表，可以加强对负荷的管理和监测。实现这种检测方式除了要有双向的通道以外，还需要配备有存储和收发信功能的电能表计终端。工作方式有由表计终端编码直接向中央装置发信方式；由中继器集中各表计终端的存储数据，再由中继器向中央装置发信方式（通常对居民区的自动抄表采用此种方式）；由中央装置向表计终端作循环检查方式等。

（六）配电网地理信息系统（GIS）

目前，配电网地理信息系统已进入实用化阶段，将管理信息、配电网实时信息、电网结构及设备运行状态与地理位置信息结合在一起，可实现图形和属性（电气元件的运行状态及参数）环境的双重管理功能。

1. 配电网 GIS 的主要功能

（1）配电网中配电设备的信息查询。直接在配电网系统图上搜索和查询配电设备，如小区变压器、箱式变压器、10kV 开关站、柱上开关设备、电杆等，并能统计任意范围内的配电设备信息。

（2）站内运行方式分析。各种配电变电站内部都是一个复杂的拓扑网络结构，利用

GIS的分析功能和SCADA的实时信息，可对配电变电站内各种设备的运行状态进行分析，并将开关状态的改变实时反映到显示器的配电网线路上。还可对包括开关变位在内的运行状态进行分析，即事故重演。

（3）配电变电站供电范围分析与显示。以图形方式显示被选配电变电站的供电区域，并对该区域内的用户数量与分布、用电量及电压质量等各项指标进行统计分析。

（4）故障区域分析与显示。在发生故障时，快速推算出受影响的供电区域并显示区域地理图；变电站故障引起的停电区域显示和馈线停电分析；最优化停电隔离点的分析计算决策。

（5）供电线路运行信息的查询、分析、显示与辅助管理。如线路故障时，能及时进行分析、定位，查看配电网沿线设备的实际地理位置和属性数据等。

（6）负荷控制地理信息管理。如对负荷终端信息的查询与搜索，显示某负荷的位置、当前功率、有功无功电量等。

随着配电网自动化的发展，配电网GIS的功能在不断扩展，GIS的开发技术也在更新，现已发展为组件式。组件式GIS基于标准的组件式平台，各个组件之间不仅可以像搭积木那样进行自由和灵活的重组，而且具有可视化的界面和使用方便的标准接口。组件式GIS代表着当今GIS的发展潮流。

2. 配电网GIS的建立和开发

开发配电网GIS有两种方案：一种是把GIS作为整个配电网自动化的基础平台；另一种是把GIS作为其中的组成部分，与SCADA等其他系统共同完成整个配电网自动化的功能。

从实际操作上看，第二种方案比较可行，原因是：目前大部分地方SCADA系统的功能已经完成，并且投入运行，作为新添加的GIS只要通过数据库的关联，就能实现信息的共享，而且又能保证各子系统的独立性，使整个系统的可维护性增强，同时减少了开发GIS子系统的工作量，免去了资金的重复投入。

配电网GIS系统的开发应根据GIS在配电网自动化中的应用功能进行模块划分；由于GIS数据量大，维护工作比一般管理系统复杂，需要一定的专业知识；另外，根据供电企业部门的职能划分，对GIS也提出了不同的要求。因此，对于建立整个配电网GIS而言，根据功能大致可分为以下三个子系统。

（1）系统编辑、菜单子系统。主要完成配电网图形的编辑和数据库的维护。

（2）实时运行子系统。能够对配电设备进行各种操作，并实时反映操作结果。

（3）浏览、查询子系统。查看当前电网状况，完成各种查询、统计、分析。

在GIS发展初期，由于技术水平所限，GIS软件只是一些满足某些功能的小模块，并没有形成完整的系统，随着理论和技术的发展，各种GIS模块趋向集成化，逐步形成大规模GIS开发平台，称为集成式GIS（Integrated GIS），如Arc/Info、MapInfo、GenaMap等。集成式GIS的优点在于它集GIS各项功能于一体，形成了功能完整的系统；缺点在于系统复杂、庞大、成本高、不易与其他系统集成。

继集成式GIS后出现了模块化GIS，如Intergraph的MGE等。模块化GIS是按照功能把GIS划分为一系列模块，同时又运行于统一的基础平台之上。模块化GIS的模块被有目的地划分，因此模块化GIS具有较强的针对性，便于开发和应用，用户可以根据需求选择所需模块。但模块化 GIS 同样很难与其他系统集成以形成高效、无缝的 GIS 软件。

针对以上两种模式的缺点，提出了核心式 GIS。核心式 GIS 被设计为操作系统的基本扩展。核心式 GIS 提供了一系列动态连接库（DLL），因此可采用高级编程语言，通过应用程序接口（API）访问内核所提供的 GIS 功能来开发 GIS 应用系统。由于核心式 GIS 提供的组件过于底层，给开发者带来一定难度，也不适应当今可视化及面向对象程序设计的潮流。

随着计算机软件技术的发展，组件化方式使 GIS 发展到了一个全新的阶段，产生了组件式 GIS（Component GIS，ComGIS）。组件式 GIS 基于标准的组件式平台，各个组件之间不仅可以进行自由、灵活地重组，而且具有可视化的界面和使用方便的标准接口。

组件式 GIS 不需要专门的 GIS 二次开发语言，只需实现 GIS 的基本功能函数，按照 Microsoft 的 ActiveX 控件标准开发接口。这有利于减轻 GIS 软件开发者的负担，而且增强了 GIS 软件的可扩展性。GIS 应用开发者只需熟悉基于 Windows 平台的通用集成开发环境，以及组件式 GIS 各个控件的属性、方法和事件，就可以完成应用系统的开发和集成。目前，可供选择的开发环境很多，如 Visual C＋＋、Visual Basic、Visual FoxPro、Borland C＋＋、Delphi、C＋＋Builder 以及 Power Builder 等。

第六节 变电站综合自动化

传统的变电站常规二次系统设备复杂，功能分立，占地面积大，电缆交错冗长。随着大规模集成电路、现代通信技术和计算机监控技术的发展，将原来变电站二次系统的监视与控制、远动、继电保护、故障记录等功能进行功能的综合和优化设计，形成两级单元：间隔级单元和中央单元，完全取消了传统的集中控制屏，二次回路极为简洁，控制电缆大量减少，构成一个统一的计算机系统，来完成变电站自动化功能，包括变电站远方监视与控制、远动和继电保护、测量和故障记录、运行参数自动打印等，可以实现无人值班运行。其具有功能综合化、结构微机化、操作监视屏幕化、运行管理智能化的特征。这是变电站自动化技术的发展方向。

和传统的变电站相比较，综合自动化的变电站具有以下几个优势。

（1）变电站综合自动化系统利用当代计算机技术和通信技术，提供了先进技术的设备，改变了传统的二次设备模式，信息共享，简化了系统，减少了连接电缆和占地面积，降低造价，改变了变电站的面貌。

（2）提高了自动化水平，减轻了值班员的操作量，减少了维修工作量。

（3）加强了各变电站能提供信息的能力，以便各级调度中心及时掌握电网及变电站的运行情况。

（4）提高变电站的可控性，要求更多地采用远方集中控制、操作、反事故措施等。

（5）采用无人值班管理模式，提高了劳动生产率，减少了人为误操作的可能。

（6）全面提高运行的可靠性和经济性。

实现变电站综合自动化的目标是提高变电站全面的技术水平和管理水平，提高安全、可靠、稳定运行水平，降低运行维护成本，提高经济效益，提高供电质量，促进配电系统自动化。

一、 变电站自动化的基本概念

变电站自动化是应用控制技术、信息处理和通信技术，利用计算机软件和硬件系统或自动装置代替人工进行各种运行作业，提高变电站运行、管理水平的一种自动化系统。变电站自动化的范畴包括综合自动化技术、远动技术、继电保护技术及变电站其他智能技术等。

变电站综合自动化是将变电站中的微机保护、微机监控等装置，通过计算机网络和现代通信技术集成为一体化的自动化系统。它取消了传统的控制屏台、表计等常规设备，因而节省了控制电缆，缩小了控制室面积。传统的35kV及以上电压等级变电站的二次回路部分是由继电保护、当地监控、计量、远动装置、故障录波和测距、直流系统与绝缘监视及通信等各类装置组成的，以往它们各自采用独立的装置来完成自身的功能且均自成系统，由此不可避免地产生各类装置之间功能相互覆盖，部件重复配置，耗用大量的连接线和电缆。随着计算机技术、网络技术及通信技术的发展，远动终端、当地监控、故障录波等装置相继更新换代，实现了微机化。这些微机化的设备虽然功能各异，但其数据采集、输入输出回路等硬件结构大体相似，使统一考虑变电站二次回路各种功能的集成化自动化系统成为可能，从而可以将变电站各现场输入输出单元部件分别安装在中低压开关柜或高压一次设备附近。现场单元部件可以是保护和监控功能的二合一装置，用以处理各开关单元的继电保护和监控功能，亦可以是现场的微机保护和监控部件分别保持其独立性。在变电站控制室内设置计算机系统，与各现场单元部件进行通信联系。通信方式可以采用常用的串行口如RS-232C，RS-422/485，更多地可采用网络技术，如LON Works或CAN等现场总线型网。将遥测遥信采集及处理、遥控命令执行和继电保护功能等均由现场单元部件独立完成，并将这些信息通过网络送至后台主计算机。由后台主计算机系统承担变电站自动化的综合功能。

二、 变电站综合自动化系统的功能和特征

变电站综合自动化是多专业性的综合技术，它以微型计算机为基础，实现将变电站的监视控制、继电保护、自动控制和远动装置等所要完成的功能组合在一起，通过计算机硬件、模块化软件和数据通信网构成一个完整的系统。其功能可以从以下几方面来说明。

1. 继电保护的功能

变电站综合自动化系统中的微机继电保护主要包括输电线路保护、电力变压器保护、母线保护、电容器保护、小电流接地系统自动选线、自动重合闸。由于继电保护的特殊重要性，综合自动化系统绝不能降低继电保护的可靠性，因此需要继电保护满足以下要求：

（1）系统的继电保护按被保护的电力设备单元（间隔）分别独立设置，直接由相关的电流互感器和电压互感器输入电气量，然后由触点输出，直接操作相应断路器的跳闸线圈。

（2）保护装置设有通信接口，供接入所内通信网，在保护动作后向变电站层的微机设备提供报告等，但继电保护功能完全不依赖通信网。

（3）为避免不必要的硬件重复，提高整个系统的可靠性和降低造价，可以配给保护装

置其他一些功能，但不应降低保护装置的可靠性。

继电保护是变电站综合自动化系统的关键环节，其最重要的功能就是要有独立的、完整的继电保护功能，在此基础上还必须具备如继电保护的通信、系统统一时钟对时、存储各种保护整定值等功能。

2. 监视控制的功能

用变电站综合自动化系统的监视控制功能取代常规的测量系统，如变送器、录波器、指针式仪表等；改变常规的操动机构，如操作盘、模拟盘、手动同期及手控无功补偿等装置；取代常规的告警、报警装置，如中央信号系统、光字牌等；取代常规的电磁式和机械式防误闭锁设备；取代常规远动装置等。其基本功能分述如下：

（1）实时数据采集与处理。采集变电站运行实时数据和设备运行状态，包括各种状态量（如断路器的状态、隔离开关的状态、有载调压变压器分接头的位置）、模拟量（如母线电压、线路电流、电压和功率值）、脉冲量、数字量和保护信号，并将这些采集到的数据去伪存真后存于数据库供计算机处理之用。

（2）运行监视功能。所谓运行监视，主要是指对变电站的运行工况和设备状态进行自动监视，即对变电站各种状态量变位情况的监视和各种模拟量的监视。

状态量变位监视，可监视变电站各种断路器、隔离开关、接地开关、变压器分接头的位置和动作情况、继电保护和自动装置的动作情况以及它们的动作顺序等。

模拟量的监视分为正常的测量和超过限定值的报警、事故中模拟量变化的追忆等。

当变电站有非正常状态发生和设备异常时，监控系统能及时在当地或远方发出事故音响或语音报警，并在显示器上自动推出报警画面，为运行人员提供分析处理事故的信息，同时可将事故信息进行打印记录和存储。

参数报警包括母线电压报警、线路负荷电流越限报警、主变压器过负荷报警等。

异常状态报警包括非正常操作时，断路器变位信号、保护故障动作信号、监控和保护设备异常状态信号以及数据采集的状态量中其他异常信号。

报警方式主要有自动推出画面报警、音响提示（语音或可变频率音响）、闪光报警、信息操作提示，如控制操作超时等。

（3）故障录波与测距功能。变电站的故障录波和测距可采用两种方法实现：①由微机保护装置兼作故障记录和测距，再将记录和测距的结果送监控机存储及打印输出或直接送调度主站，这种方法可节约投资，减少硬件设备，但故障记录的量有限；②采用专用的微机故障录波器，专用于故障录波与测距，并且具有串行通信功能，可以与监控系统通信。

（4）事故顺序记录与事故追忆功能。事故顺序记录就是对变电站内的继电保护、自动装置、断路器等按事故时动作的先后顺序自动记录。记录事件发生的时间应精确到毫秒级。自动记录的报告可在显示器上显示和打印输出。顺序记录的报告对分析事故、评价继电保护和自动装置以及断路器的动作情况是非常有用的。

（5）控制及安全操作闭锁功能。操作人员可通过显示器屏幕对断路器、隔离开关进行分闸、合闸操作；对变压器分接头进行调节控制；对电容器组进行投、切控制，同时要能接收遥控操作命令，进行远方操作；并且所有的操作控制均能就地和远方控制、就地和远方切换相互闭锁，自动和手动相互闭锁。

操作管理权限按分层（级）原则管理。监控系统设有专用密码的操作口令，使调度员、遥调遥控操作员、系统维护员和一般人员能够按权限分层（级）操作和控制。

操作闭锁应包括以下内容：操作系统出口具有断路器跳合闸闭锁功能；根据实时信息，自动实现断路器、隔离开关操作闭锁；适应一次设备现场维护操作的“电脑五防操作及闭锁系统”。

（6）数据处理与记录功能。监控系统除了完成上述功能外，数据处理和记录也是很重要的环节。历史数据的形成和存储是数据处理的主要内容。此外，为满足继电保护和变电站管理的需要，必须进行一些数据统计。

（7）人机联系功能。变电站采用微机监控系统后，无论是有人值班还是无人值班站，最大的特点之一是操作人员或调度员只要面对显示器的屏幕通过鼠标或键盘，就可对全站的运行情况和运行参数一目了然，可对全站的断路器和隔离开关等进行分、合操作，彻底改变了传统的依靠指针式仪表和依靠模拟屏或操作屏等手段的操作方式。

（8）运行的技术管理功能。变电站综合自动化系统能对运行中的各种技术数据、记录进行管理。

（9）自诊断、自恢复和自动切换功能。

3. 自动控制装置的功能

变电站综合自动化系统必须具有保证安全、可靠供电和提高电能质量的自动控制功能。为此，变电站综合自动化系统多配置相应的自动控制装置，如电压、无功综合控制装置、低频减负荷控制装置、备用电源自动投入控制装置、小电流接地选线装置等。

4. 远动及数据通信功能

变电站综合自动化的通信功能包括系统内部的现场级间的通信和自动化系统与上级调度的通信两部分，分别负责自动化系统内部各子系统与上位机（监控主机）和各子系统间的数据和信息交换和完成 RTU 等全部四遥功能。

变电站综合自动化系统最明显的特征表现在以下几方面。

（1）功能综合化。变电站综合自动化技术是在微机技术、数据通信技术、自动化技术基础上发展起来的，是个技术密集、多种专业技术相互交叉、相互配合的系统。它综合了变电站内除一次设备和交、直流电源以外的全部二次设备。在综合自动化系统中，微机监控系统综合了变电站的仪表屏、操作屏、模拟屏、变送器屏、中央信号系统等功能，远动的 RTU 功能及电压和无功补偿自动调节功能；微机保护（与监控系统一起）综合了故障录波、故障测距、小电流接地选线、自动低频减负荷、自动重合闸等自动装置功能。上述综合自动化的综合功能是通过局域网各微机系统硬、软件的资源共享形成的，因此对微机保护和自动装置提出了更高的自动化要求。

（2）结构分布、分层化。综合自动化系统是一个分布式系统，其中微机保护、数据采集和控制以及其他智能设备等子系统都是按分布式结构设计的，每个子系统可能有多个 CPU 分别完成不同功能，由庞大的 CPU 群构成了一个完整的、高度协调的有机综合（集成）系统。这样的综合系统往往有几十个 CPU 同时并列运行，以实现变电站自动化的所有功能。另外，按照变电站物理位置和各子系统功能分工的不同，综合自动化系统的总体结构又按分层原则来组成。

（3）操作监视屏幕化。变电站实现综合自动化后，不论是有人值班还是无人值班，操作人员不是在变电站内，就是在主控站或调度室内，面对彩色屏幕显示器，对变电站的设备和输电线路进行全方位的监视与操作。常规庞大的模拟屏被显示器屏幕上的实时主接线画面取代；常规在断路器安装处或控制屏进行的跳、合闸操作，被显示器屏幕上的鼠标操作或键盘操作所取代；常规的光字牌报警信号，被显示器屏幕画面闪烁和文字提示或语言报警所取代，即通过计算机上的显示器，可以监视全变电站的实时运行情况和对各开关设备进行操作控制。

（4）通信局域网络化、光缆化。计算机局域网络技术和光纤通信技术在综合自动化系统中得到普遍应用。因此，系统具有较高的抗电磁干扰的能力；能够实现高速数据传送，满足实时性要求；组态更灵活，易于扩展；可靠性大大提高；而且大大简化了常规变电站繁杂量大的各种电缆，方便施工。

（5）运行管理智能化。变电站综合自动化另一特征是运行管理智能化。智能化不仅表现在常规的自动化功能上，如自动报警、自动报表、电压无功自动调节、小电流接地选线、事故判别与处理等方面，还表现在能够在线自诊断，并不断将诊断的结果送往远方的主控端。这是区别常规二次系统的重要特征。

运行管理智能化极大地简化了变电站二次系统，取消了常规二次设备，功能庞大，信息齐全，可以灵活地按功能或间隔形成集中组屏或分散（层）安装的不同的系统组态。变电站综合自动化系统打破了传统二次系统各专业界限和设备划分原则，改变了常规保护装置不能与调度（控制）中心通信的缺陷。

（6）测量显示数字化。长期以来，变电站采用指针式仪表作为测量仪器，其准确度低、读数不方便。采用微机监控系统后，彻底改变了原来的测量手段，常规指针式仪表全被显示器上的数字显示所代替，直观、明了。而原来的人工抄表记录则完全由打印机的打印、报表所代替。这不仅减轻了值班员的劳动，而且提高了测量准确度和管理的科学性。

三、变电站综合自动化系统的硬件结构

根据变电站综合自动化系统设计思想和安装的物理位置的不同，综合自动化系统硬件结构形式可以分成很多种类。从国内外变电站综合自动化系统的发展过程来看，其结构形式有集中式、分布式、分散（层）分布式；从安装物理位置上划分有集中组屏、分层组屏和分散在一次设备间隔设备上安装等形式。

第七节　智能变电站

智能变电站（Smart Substation）是在变电站综合自动化技术基础上发展而成的一种新型变电站。智能变电站采用先进、可靠、集成、低碳、环保的智能设备，以全站信息数字化、通信平台网络化、信息共享标准化为基本要求，自动完成信息采集、测量、控制、保护、计量和状态监测等基本功能，并可根据需要支持电网实时自动控制（如智能电压无功自动控制、备用电源自动投入、清洁能源自动接入等）、智能调节（如变压器自动调压、无功补偿设备自动调节等）、在线分析决策（如对变电站的运行状态进行在线监测，在线实时分析和推理，自动报告变电站异常情况，并提出故障处理指导意见等）以及协同互动

（如与网省侧监控中心、相邻变电站、大用户及各类电源等外部系统进行信息交换等）等高级功能的变电站。智能变电站的辅助设施还可涉及视频监控，安防系统，照明自动控制，交直流电源的远方控制，空调、风机、加热器的远程控制或与温湿度控制器的智能联动以及包括智能巡检机器人在内的智能巡检系统。

一、智能变电站的专有设备

1. 智能电子装置

智能电子装置（Intelligent Electronic Device，IED）是一种带有一个或多个处理器且具有以下全部或部分功能的电子装置：①采集或处理数据；②接收或发送数据；③接收或发送控制命令；④执行控制指令；⑤实现变电站的信息共享以及设备的互相操作。

根据监测对象以及实现功能的不同，智能电子装置可分为：①变压器 IED，包括变压器冷却控制 IED、局部放电 IED、油色谱监测 IED、容性设备 IED、铁心电流监测 IED 以及变压器运行工况 IED 等；②智能开关监测 IED，包括断路器机械特性 IED、SF_6 监测 IED、高压开关柜触头温升监测 IED、隔离开关 IED 等；③氧化锌避雷器监测 IED；④容性设备 IED；⑤辅助设备 IED，主要实现照明设备、红外热成像、PDA 巡检、防火防盗以及视频监测等辅助设备的监控。

2. 智能组件

智能组件（Intelligent Component）由若干智能电子装置集合组成，承担宿主设备的测量、控制和监测等基本功能；在满足相关标准要求时，智能组件还可承担相关计量、保护等功能。智能组件可包括测量、控制、状态监测、计量、保护等全部或部分装置。

3. 智能终端

智能终端（Smart Terminal）是一种智能组件。与一次设备采用电缆连接，与保护、测控等二次设备采用光纤连接，实现对一次设备（如断路器、隔离开关、主变压器等）的测量、控制等功能。

4. 电子式互感器

电子式互感器（Electronic Instrument Transformer）是一种由连接到传输系统和二次转换器的一个或多个电流或电压传感器组成的装置，用于传输正比于被测量的量，供测量仪器、仪表和继电保护或控制装置用。

电子式互感器有电子式电流互感器（Electronic Current Transformer，ECT）和电子式电压互感器（Electronic Voltage Transformer，EVT）两种。根据转换原理其可分为：基于电工技术的采用特殊结构空芯线圈（罗氏线圈）或低功耗铁心线圈的 ECT 和各种分压式 EVT；基于光学传感器技术的法拉第磁光效应的光电式 ECT 和 Pockels 电光效应的光电式 EVT。

根据需要，电子式互感器也可集成到其他一次设备中。

5. 合并单元

合并单元（Merging Unit）是电子式互感器二次转换器与智能化二次设备的中间连接环节，是一种独立的智能电子装置。其主要功能是实现多路电子式电流、电压互感器的信号的采集与处理，将各路信号汇总、同步，将数据送给保护和测控装置。合并单元可以是互感器的一个组成件，也可以是一个分立单元。

6. 智能设备

智能设备（Intelligent Equipment）也称智能一次设备，是一次设备和智能组件的有机结合体，它在一次设备的基础上集成了测量、控制、保护、计量和在线监测等技术，具有实现设备状态自我诊断、自我动作等功能。智能一次设备配备有各种数字化接口，能够反映设备所有的一次、二次信息，并能通过光纤将数据传输至变电站信息一体化平台，是具有测量数字化、控制网络化、状态可视化、功能一体化和信息互动化特征的一次设备。常用的有如下六种。

（1）智能变压器，由变压器本体和智能组件组成，包括内置或外置于本体的传感器、测量、控制、计量、监测以及各类 IED 等。通过在变压器本体、有载调压开关、套管上安装各种传感器和执行器，并将运行信息通过互联网通信技术传输至相应的 IED，经光纤上传至信息一体化平台（或监测主机）。

（2）智能断路器，由断路器本体和智能组件组成，本体上装有执行器和传感器，通过内置或外置于断路器本体上的传感器或互感器，经断路器在线监测装置，将信号传递至相应的 IED 和各种测量、控制、保护、计量单元。

（3）智能氧化锌避雷器，包括氧化锌避雷器本体和智能组件。智能氧化锌避雷器的主要功能是实时监测氧化锌避雷器的绝缘状态，包括泄漏电流监测、阻性电流计算、氧化锌避雷器的雷击次数统计等。其智能组件包括采集信号的电流传感器和电压传感器、在线监测装置。将采集信号发送至在线监测装置的 IED，在该 IED 中计算相应的阻性电流和雷击次数并作出初步的诊断，当接收到发送数据指令后将计算和诊断结果发送至信息一体化平台。

（4）智能容性设备，包括传统容性设备（如高压套管、电容型电流/电压互感器和耦合电容器等）本体及其智能组件。智能组件除满足末屏泄漏电流、介质损耗、等值电容等相关参量监测外，还可承担计量、保护、报警等功能，并能够与其他智能设备进行网络通信。

（5）智能高压开关柜，将传统高压开关柜和智能组件有机结合，使其不仅具有传统高压开关柜的功能，而且具有自我监测、自我诊断和自我动作等功能，实现了高压开关柜的智能化。其智能组件一般由智能监测、智能控制、智能识别和智能开关柜 4 个单元组成。智能监测单元包含电量监测子单元、操动机构故障检测子单元、母线/触头温度监测子单元等；智能控制单元包含柜体智能操控子单元、新“五防”闭锁控制子单元等；智能识别单元主要包含嵌入各种设备信息的电子标签。

（6）智能 GIS，在 GIS 本体安装各种传感器和智能组件，将测量、监测、保护、控制、通信和录波等功能集成一体。用电子式互感器替代传统电流互感器，用智能电子操动机构代替机电继电器，实时监测 GIS 的运行状态，并将状态信息传送到具有控制、保护、计量功能的控制单元，实现 GIS 的智能化。

二、 智能变电站的系统结构

智能变电站结构上采用了“三层两网”的结构体系。“三层”是指智能变电站的系统结构分三个层次，即站控层、间隔层和过程层；“两网”是指站控层网络和过程层网络。而从功能实现上看，智能变电站二次设备又可分为系统层和设备层，如图 15-50 所示。设备层包含间隔层和过程层以及过程层网络（GOOSE 和 SV），主要由智能一次设备和网络化二次设备构成，完成保护、控制等功能；系统层包含站控层和站控层网络（MMS），主要面向运行人员和工程师，完成变电站监控及一些高级应用。目前，智能变电站采用以太网结构，实现了 MMS+GOOSE+SV 全部组网方式。

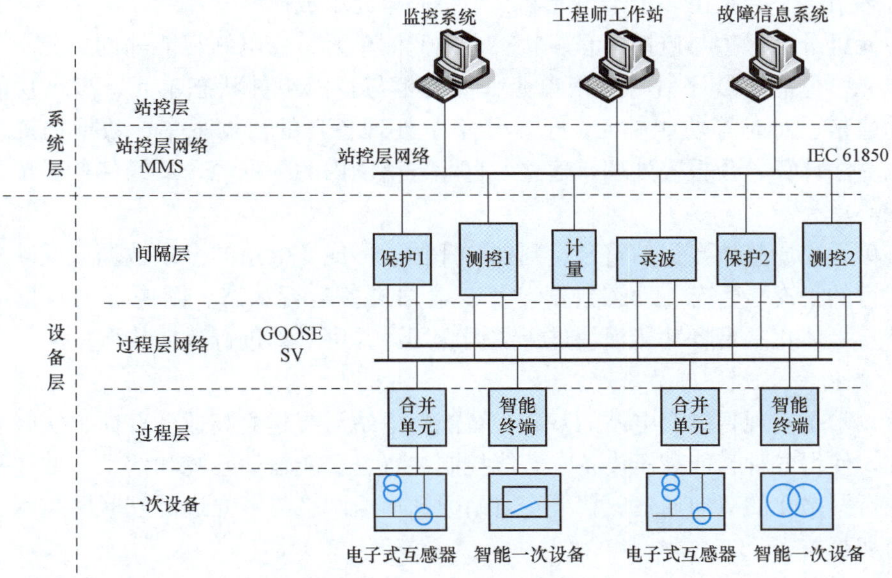

图 15 - 50　智能变电站系统结构

1. 过程层

过程层通常也称为设备层，包括变压器、断路器、隔离开关、电流/电压互感器等一次电气设备及其所属的智能组件以及独立的智能电子装置，诸如现场监测单元、合并单元和智能终端等。过程层的主要功能是检测电力运行实时电气量、运行设备状态参数的在线检测与统计、执行与驱动控制操作命令等。它是电气一次和二次设备的结合面，或者说是指智能化电气设备的智能化部分。

2. 间隔层

间隔层通常按电气间隔配置原则配置，实现对相应的电气间隔的测量、监视、控制、保护和其他一些辅助功能。IED 是智能变电站间隔的关键设备，与信息一体化平台、过程层进行协调工作和双向数据通信。

间隔层直接采集和处理现场原始数据，通过网络传送给站控层后台计算机，同时接收站控层发出的控制操作命令，经过有效性判断、闭锁检测和同步检测后，实现对该间隔一次设备的操作控制，即与各种远方输入/输出、传感器和控制器接口。间隔层也可以独立完成对断路器、隔离开关的控制操作。状态监测、计量、故障录波、网络记录分析一体化、备自投、低频低压减负荷等装置也设在间隔层。

3. 站控层

站控层由各个主站系统构成，包括监控主机、保护管理机、远动通信机等，是整个监控系统的控制管理中心。站控层的主要功能是：实现面向全站设备的监视、控制、告警以及信息交互功能；完成监视控制和数据采集（SCADA）、操作闭锁及同步向量采集、电能量采集、保护信息管理等相关功能。按既定协议将有关信息送往远方调度中心，并将所接收的调度中心有关控制命令转至间隔层或过程层执行。

站控层功能宜高度集成，可在一台计算机或嵌入式装置实现，也可分布在多台计算机或嵌入式装置中。信息一体化平台是实现智能变电站站控层功能的载体，是智能变电站建设的核心环节。平台是由多个子单元和一个核心单元组成。

子单元可分为保护与监控单元、状态在线监测单元、变电站智能辅助单元、一体化电源管理单元、电能质量评估与决策单元、汇控柜与智能组件状态单元、高级功能应用单元、远动通信、对时等功能单元。子单元集中处理各自的数据采集、数据加工、数据容错、数据算法计算、预报警处理，建立各自业务范围内的数据源，最终将各子单元的数据汇总至核心单元。

核心单元完成整体数据的整合、判别与评估，形成变电站的全景数据（反映变电站电力系统运行的稳态、暂态、动态数据以及变电站设备运行状态、图像等的数据的集合），提供给信息一体化平台各功能模块进行数据应用，并可对外进行数据共享。

4. 通信技术

通信技术是实现智能变电站的基础。智能变电站需要建立高速、双向、实时和集成的通信系统，使得各种智能高压设备、智能控制装置、智能辅助系统和信息一体化平台以及与用户进行网络化的双向通信。智能变电站数据通信网络与最先进的互联网技术、光纤通信技术密切相关。

在当前的智能变电站中，过程层网络与间隔层网络互相独立，均采用基于光纤通信技术组成的以太网。智能变电站各层次内部及各层次之间的高速网络通信，执行IEC 61850《变电站通信网络和系统》（简称 IEC 61850 标准）。与传统变电站自动化系统的工程设计和通信实现相比，IEC 61850 标准更加侧重于一个统一环境即系统平台的建立。这个平台包括通信平台（模型、接口、性能要求等）、管理平台（参数、工具、文件化等）以及测试平台（系统测试、设备测试、规约测试等），在这个平台上可实现一致性要求。IEC 61850 标准具有开放系统的特点，各功能单元之间和信息一体化平台传入传出信息通过 IEC 61850 标准协议进行数据和控制指令通信，即可以采用不同厂家的现场设备相互通信、统一组态、互相操作，构成所需的控制网络，系统与商用软件兼容，实现数据信息共享。在测控、保护、计量、故障录波、监测的IEC之间能够进行无缝链接，避免了繁琐的协议转换，实现了间隔层与站控层以及间隔层与智能设备之间的互操作。

三、 未来智能变电站

随着设备智能化的发展，未来的智能变电站的系统结构可以指望简化为设备层和系统层两层结构，一层网络，如图 15－51 所示。设备层包含一次设备和智能组件，将一次设备、二次设备、在线监测和故障录波等进行有机融合，具备电能输送、电能分配、继电保护、控制、测量、状态监测、故障录波、通信等功能。系统层面向全站，通过智能组件获取并综合处理变电站中关联智能设备的相关信息，具备基本数据处理和高级应用功能，包括网络通信系统、对时系统、一体化平台、跨间隔应用等，突出信息共享、设备状态可视化、智能警告、分析决策等高级功能。

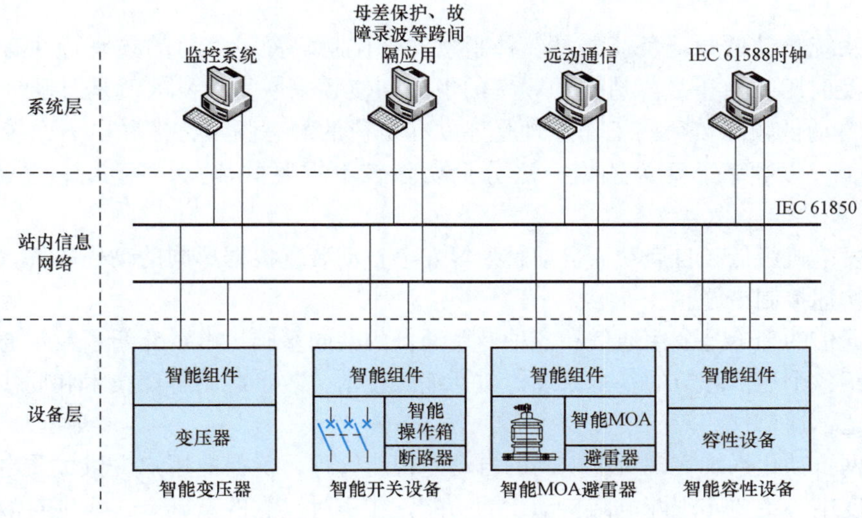

图 15-51 未来智能变电站系统结构

本章小结

现代电力系统分布地域广阔，网络结构复杂，运行设备众多。为了保证系统的安全、稳定和经济运行，必须对电力系统进行自动监视和调度控制，形成了电力系统自动化。电力系统自动化是一门综合性技术，是在电力系统运行理论、计算机技术、现代控制理论、通信和网络技术等基础上发展起来的。

电力系统调度自动化根据电力系统的结构与运行特点，形成统一调度、分级管理的电网调度运行管理结构模式，不同层级的调度中心组成了电力系统的调度指挥网。各级调度自动化系统的基本结构是相同的。调度自动化系统的功能有电力系统监视控制、安全分析、自动发电控制和经济调度等。

SCADA 系统是实现电力系统调度自动化的重要系统。调度端计算机子系统、信息传输子系统与远动终端 RTU 协调工作，完成对远方现场信息的遥信和遥测，进行信息的处理加工，实施对电力系统的遥控和遥调。

RTU 的任务是：将表征电力系统运行状态和各厂、站设备的实时信息采集到调度中心；把调度中心的命令发往相关厂、站，完成对电气设备的控制和调度。在远动系统中，远地的监控终端 RTU 与电网调度中心之间通过适当的通信系统（如微波、光纤、电力线载波等）相联系，相互传递有关数据和命令，根据这些数据和命令的特征和流向分为遥测、遥信、遥控、遥调、遥视，统称为“五遥”，是远动系统的基本功能。

自动装置分为自动调节型和自动操作型两类。本章对自动操作型的同步发电机同期并列装置、自动低频减负荷装置和几种常用的安全自动装置进行了讨论。

对于同步发电机同期并列装置，分析了同期并列的条件，以此为基础，对正弦整步电压、线性整步电压的特点进行了讨论，导出检查同期条件的数学模型与电路实现，进而构成自动准同期装置的功能框图，介绍了以微机实现自动准同期装置的结构框图和计算模型。

电力系统自动低频减负荷，是一种紧急安全控制装置。负荷的频率特性有助于系统的稳定。及时阻止由于故障造成的频率的下降和使频率恢复到要求值是自动低频减负荷的任务。自动低频减负荷的工作原理是建立在负荷的静态频率特性和电力系统动态频率特性基础上，以频率下降为依据分级分批切除较不重要的负荷，逐步逼近实际的有功缺额。

水轮发电机组低频自启动、自动解列等安全自动装置根据不同的动作条件，对系统采取相应的快速控制措施。

数字通信的理论是公用通信和各种专用通信的共同基础。本章介绍了数字通信的基本原理，介绍各个通信环节的基本原理，包括编码技术、数字调制解调技术和同步技术、信息传输通道、通信规约等。

配电网自动化系统实现对配电网的自动监视与管理，确保向用户提供优质电能。县级和城区调度中心主要实现配电网自动化的功能，在实时监测的基础上，实现对故障、电能质量、线路损耗以及用户负荷的控制。配电网的结构特点使馈线自动化占有重要地位，完成对故障的隔离，实现配电网重构和经济运行。众多开关站和配电变电站以及对它们的监控是配电网自动化的特点。需求侧管理涉及用户侧。这些特点使配电网自动化系统很复杂，信息传输系统更庞大。

配电网地理信息系统将管理信息、配电网实时信息、设备运行状态和地理位置等信息结合在一起，实现了图形与属性的双重功能。

变电站综合自动化是将传统的变电站的监视控制、继电保护、计量、自动控制装置和远动等二次部分的功能组合在一起，通过计算机硬件、模块化软件和数据通信网构成一个完整的系统。综合自动化系统的结构形式有集中式、分布式、分散（层）分布式；从安装物理位置上来划分有集中组屏、分层组屏和分散在一次设备间隔设备上安装等形式。

智能变电站是在变电站综合自动化技术基础上发展而成的一种新型变电站。智能变电站采用先进、可靠、集成、低碳、环保的智能设备，以全站信息数字化、通信平台网络化、信息共享标准化为基本要求，自动完成信息采集、测量、控制、保护、计量和状态监测等基本功能，并可根据需要支持电网实时自动控制、智能调节、在线分析决策以及协同互动等高级功能。目前智能变电站遵循 IEC 61850 标准进行设计和建设。智能变电站在结构上采用了“三层两网”的结构体系。“三层”是指智能变电站的系统结构分三个层次，即过程层、间隔层和站控层；“两网”是指站控层网络和过程层网络。过程层通常也称为设备层，包括变压器、断路器、隔离开关、电流/电压互感器等一次电气设备及其所属的智能组件以及独立的智能电子装置；间隔层通常按电气间隔配置原则配置，实现对相应的电气间隔的测量、监视、控制、保护和其他一些辅助功能；站控层由各个主站系统构成，包括监控主机、保护管理机、远动通信机等，是整个监控系统的控制管理中心。未来的智能变电站可望简化为设备层和系统层两层结构，一层网络，进一步简化结构，提高自动化水平。

思考题与习题

15-1　为什么现代电力系统调度应当采用分层分级调度方式？电力系统调度可分为哪几级？各级调度的基本任务是什么？

15-2　电力系统调度自动化系统由哪几个子系统组成？

15-3　什么是SCADA，它的主要功能是什么？

15-4　什么是RTU？它的基本功能有哪些？

15-5　电力系统调度自动化有哪些主要功能？

15-6　如何实现自动发电控制（AGC）？

15-7　新一代电网调度自动化系统——能量管理系统EMS，在调度SCADA基础上增加了哪些新的功能？这些新功能对电力系统安全稳定经济运行有什么意义？

15-8　能量管理系统（EMS）应用软件分为哪几级？

15-9　电力系统调度自动化对信息传输系统有什么要求？通信媒介有哪些？

15-10　画出通信系统的组成框图，并说明各组成部分的作用。

15-11　电力通信系统的主要作用和特点是什么？对其可靠性要求为什么特别高？

15-12　说明数字通信系统的误码率的概念。可以采用哪些方法控制数字通信系统的传输差错？

15-13　数字通信系统中为什么要对信号进行调制？说明三种基本调制方式（振幅调制、频率调制、相位调制）的调制原理。

15-14　光纤通信是目前电力系统通信的主要方式，相比于其他方式，光纤通信有哪些突出的优势？

15-15　有哪几种适应于电力系统通信的特种光缆？OPGW和ADSS各有什么特点？

15-16　什么叫通信规约？我国电力系统目前主要采用什么规约？能说出它的主要内容吗？

15-17　请举例说明在电力系统自动装置中，哪些属于自动调节装置？哪些属于自动操作装置？

15-18　在同步发电机的并列操作中，要遵循的基本原则是什么？

15-19　同步发电机在并列操作时若产生冲击电流，试举例分析冲击电流对发电机的影响。

15-20　正弦整步电压有什么特点？用它可以检查同期的哪几个条件？又如何检查？

15-21　如何实现水轮发电机组的自同期并列？

15-22　什么是准同期的恒定越前时间？它的整定值与什么参数有关？

15-23　采用微机实现准同期功能时，如何实现对输入电压频率的测量？

15-24　在对发电机和系统的输入电压分别整型之后再进行$\overline{U}_X^* U_G^*$运算，获得系列脉冲波，如何利用它们进行相角差的测量以及理想越前合闸相角的计算？

15-25　电力系统负荷调节效应系数的物理意义是什么？它的大小对电力系统的运行有什么影响？

15-26　有哪些因素影响电力系统频率的动态特性？请举例说明。

15-27　电力系统自动低频减负荷是一种系统紧急控制措施，它的动作应考虑哪些因素？

15-28　在自动低频减负荷中，为什么必须设置特殊级？

15-29　试分析比较基于重合器的馈线自动化与基于FTU的馈线自动化的特点。

15-30　变电站综合自动化系统的主要功能有哪些？

15-31　请设计一种实现水轮发电机组低频自启动的功能框图，简要说明各单元的作用。

第十六章　变电站电气部分课程设计

变电站是电力系统的重要组成部分，它是联系发电厂和电力用户的中间环节，起着变换和分配电能的作用。根据在电力系统中的地位和作用，变电站可分为枢纽变电站、中间变电站（或地区变电站）、企业专用变电站和终端变电站。设计时应根据不同变电站的特点和要求，来确定设计方案。

变电站电气部分设计应以上级下达的设计任务书为依据，以国家建设方针政策及有关技术规范、规程和规定为准则，对提供和收集的原始资料进行全面综合分析，确定建站的标准和技术指标。全面的技术经济分析比较，使设计方案做到技术先进、经济合理。

本章仅根据近期国内电力系统电气部分设计的发展和国家及部颁的规程规范对电气设计的要求，概括介绍大中型变电站电气部分的设计原则、方法和步骤。

第一节　变电站电气设计程序

设计是一门涉及科学、技术、经济和方针政策各方面的综合性的应用技术科学。设计工作的基本任务是，在工程建设中贯彻国家的基本建设方针和技术经济政策，做出切合实际、安全适用、技术先进、综合经济效益好的设计。大中型变电站电气设计伴随着变电站的整体设计进行，按照国家规定工程基本建设程序，大型变电站的基本建设程序通常经过初步可行性研究、可行性研究、初步设计和施工图设计四个阶段。不同的变电站，要求和任务各不相同，各阶段的深度和广度有所不同，但总的设计思路和方法步骤是相同的。

一、　变电站电气设计的步骤及方法

（1）对原始资料的分析。根据设计任务书提供的原始资料和收集到的资料，如变电站的类型、主变压器容量和台数、电压等级、变电站在系统中的地位和作用、负荷性质、出线回路数的多少、变电站与电力系统的联系情况、变电站所处的地理位置与气候条件等，进行综合分析论证，确定总的设计原则、设计标准及技术指标。

（2）电气主接线方案的拟定与选择。根据设计任务书的要求，在分析原始资料的基础上，提出若干个电气主接线方案（包括主变压器类型、台数和容量的选择，部分短路点的短路电流计算，断路器等电气设备的选择，各侧接线形式的选择，变电站用电接线方式的选择等）；对不同方案进行分析，从技术上论证并淘汰一些明显不合理的方案；保留 2～3 个技术上相当又都能满足任务书要求的方案，再进行经济比较；列出概算；最后确定出推荐的最佳电气主接线方案。

为了统一电网建设标准、加速电网建设速度、提高电网工程建设和管理效率，国家电网公司在统一性、适应性、灵活性、先进性、可靠性、经济性及其处理相互之间辩证统一关系的新设计思想指导下，推出了典型设计方案，目前有2005年版的《500（330）kV变电站典型设计方案推广应用手册》❶ 和2013年版的《国家电网公司配电网工程典型设计》以及即将颁布的《标准配送式智能变电站建设技术及典型设计方案》等。实际工程设计中，在选取变电站主接线方案时应套用这些典型设计方案。

(3) 计算短路电流。在拟定的方案中，选择计算短路点、选择基准值、计算出各元件电抗标幺值、画出等值阻抗图、化简网络、计算各短路点的短路电流，并列表（见表16-1）表示出短路电流计算结果，以供选择设备及确定限流措施用。

(4) 选择主要电气设备。根据工程实际情况及设计的实际需要选择主要电气设备，如各级电压的母线及绝缘子、断路器、隔离开关、电压互感器、电流互感器、避雷器等。

表16-1　短路电流计算结果

短路点	回路名称	I'' (kA)	$I_{t_k/2}$ (kA)	I_{t_k} (kA)	i_{im} (kA)
k1 (220kV)	电源1 电源2 电源N 小计				
k2 (10kV)	电源1 电源2 电源N 小计				

注　I''为次暂态电流有效值；t_k为短路电流作用的时间；I_{t_k}为t_k时的短路电流周期性分量有效值；$I_{t_k/2}$为$t_k/2$时间短路电流周期性分量有效值；i_{im}为短路冲击电流幅值。

(5) 绘制电气主接线图。对最终确定的电气主接线，按工程要求绘制电气主接线工程设计图。

(6) 配置互感器。根据工程实际情况，配置各级电压的电压互感器，配置各回路的电流互感器等。

(7) 各级电压等级配电装置的选型与布置。

(8) 配置避雷器和避雷针。

(9) 全变电站继电保护、自动装置和通信等二次系统的规划设计。

(10) 编制工程概、预算书。

(11) 编写初步设计说明书和设计计算书。

❶《500（330）kV变电站典型设计方案推广应用手册》综合考虑了电压等级、主变容量、无功补偿、出线回路数和方向、电气主接线、短路电流、设备选型、配电装置型式、建筑面积大小、电气二次系统的配置等条件，按采用设备的不同形式提出了GIS、HGIS、瓷柱式断路器、罐式断路器四大类基本方案，然后按影响总平面布置的主要因素划分了六个基本模块，再进一步划分子方案和子模块。如500kV变电站除了设有4个基本方案和6个基本模块外，还有13个子方案和42个子模块。使用者可以根据实际工程条件、前期工作确定的原则，从典型设计的基本方案及拼接组合模块中，选择适合的方案作为变电站本体设计，然后加入典型设计中未包括的外围部分，最后形成符合实际要求的变电站整体设计方案。

二、 课程设计的目的

课程设计是重要的实践性教学环节，它的任务是使学生在有限时间内，运用所学基本理论知识和专业知识，独立完成一座变电站实际工程的设计。通过课程设计可以达到：

（1）巩固所学有关课程理论知识。

（2）通过工程设计训练，初步掌握变电站电气部分设计的基本步骤和方法，逐步树立正确工程观点。

（3）在设计过程中，培养分析问题、解决工程实际问题的能力和技能。

（4）通过复杂的综合性的思维过程，培养创新意识和能力。

（5）通过设计进一步培养工程计算、专业绘图、查阅搜集技术资料和综述撰写的能力。

（6）有条件时可开展计算机辅助设计（CAD），提高计算机应用能力，如短路电流的计算、设备选择计算、导体拉力计算、电气一次系统的接线图绘制、电气二次回路接线图绘制等。

三、 课程设计成果及要求

本课程设计的深度和广度大体相当于变电站电气工程初步设计阶段的内容，所以课程设计的选题应以大中型变电站电气部分设计为基础，电压可以是110～220kV及以下，电压等级可以是三种或两种，变压器可以是三绕组、双绕组或者自耦变压器等，随其他原始资料一并作为设计任务书下达。

变电站电气部分课程设计成果应包括设计说明书、设计计算书、设备汇总表和规定的少量图纸。设计说明书和设计计算书应是对设计过程的总结和归纳。设计说明书的内容大致包括目录、内容提要、设计任务书、分析原始资料、拟定主接线方案的分析论证、短路电流计算原则和方法、选择电气设备的原则和方法、各级电压等级中电压互感器和避雷器及各回路电流互感器配置原则、配电装置选型与布置原则、避雷针和进线保护的配置、二次系统规划设计、结束语及参考文献等，均应视设计任务而定。设计计算书应包括经济比较计算、短路电流计算、电气设备选择计算、防雷保护计算等，设计计算书作为附件附在设计说明书后。设计说明书要求论述清楚、文字简练、层次分明、结构严谨、设计方案合理、理论分析和计算正确。设备汇总表及设计图纸内容完整、清晰、整齐、符合标准规范。设计说明书应采用统一印制的稿纸书写或打印，最后加上封面装订成册。

第二节 电气主接线的选择

一、 主接线选择的主要原则

变电站电气主接线（简称主接线）是电力系统接线的主要组成部分，它表明变电站内的变压器、各电压等级线路、无功补偿装置等以最优化的接线方式与电力系统连接，同时也表明在变电站内各种电气设备之间的连接方式。一个变电站的主接线包括高压、中压、低压各侧以及变压器的接线。因各侧所接入系统情况不同，进出线回路数不一样，所以，其接线方式也不尽相同。

变电站主接线的设计是整个变电站设计的核心技术，它对变电站内电气设备的选择和布置，继电保护和自动装置的设计，变电站总平面布置的设计，都起着决定作用。所以选择主接线时必须结合电力系统规划和变电站具体情况，全面地综合分析有关影响因素，正确处理它们之间的关系，经过技术经济比较，合理地选择电气主接线方案。选择主接线应遵守以下主要原则：

（1）变电站主接线要与变电站所在系统中的地位、作用相适应，据此确定对主接线的可靠性、灵活性和经济性的要求。

（2）变电站主接线的选择应考虑电网安全稳定运行的要求，还应满足电网出现故障时应急处理的要求。

（3）各种配电装置的选择，要考虑该配电装置所属的变电站性质、电压等级、进出线回路数、采用的设备情况、供电负荷的重要性和本地区的运行习惯等因素。

（4）考虑变电站近期接线和远景规划接线相结合，方便接线的过渡。

（5）在确定变电站主接线时要进行技术经济比较，必要时还应进行可靠性的定量分析。

二、主接线选择的主要内容

现代电力系统是个规模庞大、组织严密的统一体，发电厂和变电站在电力系统中分别完成整个电力系统的发电、输电和配电任务。设计和评价主接线的最基本依据是对主接线的基本要求，即可靠性、灵活性和经济性的要求，要从电网和用户等方面综合考察各项规定指标。通常选择主接线时，应根据变电站在电力系统总体设计中的具体情况，结合以下内容进行设计。

（1）变电站的规模，包括主变压器近期和远期的容量和台数、配电装置电压等级和规模、出线回路数及整个变电站占地面积等，都应根据电力系统5～10年规划设计；枢纽变电站连接的电源数和出线回路数要根据电力系统的运行安全性、稳定性和经济性等条件确定。

（2）电压等级与电力系统的联系。为便于运行和管理，大型枢纽变电站电压等级最多不超过三级。根据变电站在系统的地位、作用和与系统的联系，确定采取双回路电源或单回路电源入网。根据系统中性点接地方式确定变电站主变压器中性点接地方式。

（3）各电压侧接线方式的选择。各电压侧接线方式应根据电压等级、出线回路数多少、负荷性质及要求、无功补偿设备种类及装设位置，以及回路是否允许停电检修等，通过技术经济比较确定采用有汇流母线接线或无汇流母线接线以及是否带旁路母线等。

大中型变电站由于容量较大，在低压6～10kV侧短路电流较大，设计接线时应采取限制短路电流的措施。

（4）变电站供电负荷性质。变电站供电负荷性质是指负荷的重要性及其地理位置、输电电压等级、出线回路数及输送容量等。电力负荷的原始资料是设计主接线的基础，负荷重要程度及其对供电的要求直接影响到主接线的确定。对于Ⅰ类负荷必须有两个独立电源供电，而且当任何一个电源失去后，能保证对全部Ⅰ类负荷不间断供电；对于Ⅱ类负荷应有两个电源供电，且当任何一个电源失去后，保证能对全部或大部分Ⅱ类负荷供电；对于Ⅲ类负荷，通常设置一个电源即可。变电站主接线的设计，不仅要考虑负荷现有容量，还应考虑中长期负荷预测，一个优良的设计应能经受当前及较长远时间（5～10年）的检验。

（5）系统备用容量。系统备用容量的大小直接影响着运行方式的变化，例如，当检修母线或断路器时是否允许线路或变压器停运、故障时是否允许切除部分线路或变压器，还有电网中无功电源分布、负荷增长过程等，设计主接线时必须综合考虑这些因素。

（6）根据设计年限内，系统最大、最小运行方式下的短路容量或短路阻抗，计算出各种短路电流，以便选择电气设备和确定限流措施。

（7）根据变电站各侧同期点、系统电能计量关口点，确定电流互感器和电压互感器的配置及对准确度的要求。

（8）根据系统内过电压的数值，采取限压措施，并提出对断路器是否加装合闸电阻的要求。

（9）环境条件，包括当地的气温、湿度、覆冰、污秽、风向、水文、地质、海拔、地震裂度、年平均雷电日数等因素，对主接线中电气设备的选择和配电装置的安装均有影响，应予以重视。对重型设备的运输条件也应充分考虑。

（10）设备供货情况。这往往是设计能否成立的重要前提，为使所设计的主接线具有可行性，必须充分收集各主要电气设备的性能、制造能力和供货情况、价格等资料并进行比较分析。

三、主变压器选择

在变电站中，主变压器（简称主变）担负着改变电压，进行电能输送和分配的作用，正确合理地选择主变压器很重要。主变压器选择应包括选择主变压器型式、主变压器台数和主变压器容量等。主变压器台数和容量直接影响着变电站主接线形式和配电装置的结构。如果主变压器台数过少或容量过小，就会无法满足供电负荷的需求；如果主变压器台数过多或容量过大，则会造成投资浪费、设备不能充分发挥效益、运行电能损耗增大、运行维护工作量大等。因此主变压器的选择必须综合考虑整个电网规划、电网电压和结构、负荷性质以及变压器制造水平等因素。通常从下面几个方面进行选择。

1. 主变压器型式的选择

相对单相变压器而言，三相变压器经济性好、占地少、运行损耗也小，因此在我国330kV及以下电压等级，只要不受制造条件和运输条件限制，都尽量采用三相变压器。但是，对超高压大容量变压器，特别是容量为600MW机组单元连接的主变压器和500kV电力系统中的大型主变压器，需要考虑其运输可能性，若受到限制时，经技术经济比较，可选用单相变压器组成的三相变压器组。

电力变压器按电磁结构分为普通双绕组、三绕组、自耦及低压绕组分裂等型式。对于具有三个电压等级的变电站，通常采用三绕组变压器，但是要求三侧功率均应达到该变压器额定容量的15%以上，否则绕组未能充分利用，反而不如选用两台双绕组变压器在经济上更加合理。符合上述条件，同时高、中压侧又均为中性点直接接地系统时，在降压变电站应优先采用自耦变压器。自耦变压器具有材料消耗少、造价低、损耗小、效率高、阻抗小（对系统稳定有利）、能扩大变压器极限制造容量、便于安装和运输等优点。选用自耦变压器时主要潮流方向应为低压和中压同时向高压送电，或反之，且变化不宜过大，并应注意自耦变压器限制短路电流的效果较差。

2. 主变压器台数的选择

变电站主变压器台数的确定直接影响主接线形式、电压等级、传输容量、与系统联系等。为保证供电可靠性，避免一台主变压器检修或故障时影响供电，变电站一般至少应安装两台主变压器。对于只有一个电源，但变电站中低压侧电网已形成环网，可以取得备用电源给重要负荷供电时，可安装一台主变压器。对于大型枢纽变电站，如果选用两台主变压器，会出现切除一台主变压器，就会切断大量负荷的现象时，可根据工程具体情况选用3～4台主变压器，以提高供电可靠性。但若采用三绕组变压器或三相自耦变压器，则台数不应超过2台，以避免出现连接线交叉过多，给配电装置的布置和运行带来不便。

3. 主变压器容量的选择

主变压器容量应根据电力系统5～10年的规划进行选择，并应考虑变压器正常和事故时的过负荷能力。DL/T 5218—2012《220～750kV变电站设计技术规程》规定，对装设两台主变压器的变电站，应考虑当一台主变压器故障或检修时，另一台变压器容量在计及过负荷能力允许时间内，能保证对60%负荷供电，同时应能对Ⅰ类和大部分Ⅱ类负荷供电，以免对设备、人身和生产造成重大损失。因此，对安装两台主变压器的变电站，每台主变压器的额定容量 S_N 计算式为

$$S_N = 0.6S_{max} \tag{16-1}$$

式中：S_{max} 为变电站最大负荷。

考虑变压器在事故情况下可以过负荷40%运行，故能保证对84%的负荷供电，这样就能基本满足Ⅰ类负荷和大部分Ⅱ类负荷的需要。

4. 主变压器中性点接地方式

电力系统中性点接地方式主要有直接接地、经消弧线圈接地、经电阻接地和不接地等方式。中性点接地方式涉及供电可靠性、过电压与绝缘配合、继电保护和自动装置正确动作、通信干扰、系统稳定等一系列问题，所以电力系统中性点接地方式是一个比较复杂的综合性技术经济问题。参照DL/T 620—1997《交流电气装置的过电压保护和绝缘配合》，电力系统中性点接地方式通常按以下原则考虑：

（1）主变压器的330kV及以上超高电压侧应采用中性点直接接地方式。对于自耦变压器，因其必须用在高、中压侧是直接接地的系统，所以其中性点必须直接接地；对于普通变压器因中性点对地绝缘水平较低的原因，也必须采用中性点直接接地的方式。

（2）主变压器110～220kV侧采用的接地方式。

1）对于自耦变压器，因与超高压系统主变压器相同的原因，其中性点必须直接接地。

2）对于普通变压器，应通过隔离开关接地。变压器中性点接地的数量应使电网中所有短路点的综合零序电抗 X_0 与综合正序电抗 X_1 的比值（X_0/X_1）小于3，以使单相接地时，健全相上工频过电压不超过避雷器的额定电压；同时还应要求 X_0/X_1 比值大于1～1.5，以使单相接地短路电流不超过三相短路电流。采用通过隔离开关接地的方式，可便于调度人员在运行中灵活改变中性点接地变压器的数量以满足 X_0/X_1 比值的要求。当隔离开关断开，变压器成为不接地运行时，若变压器中性点不是按线电压设计，则应在中性点安装避雷器

保护。

3）选择接地点时应保证在任何故障形式下都不会使电网解列成为中性点不接地系统。

（3）主变压器 6～35kV 侧采用的接地方式。主变压器 6～35kV 侧采用中性点不接地方式，但在 6～10kV 电网中，当单相接地电容电流大于 30A，或在 20～63kV 电网中，当单相接地电容电流大于 10A 时，中性点应经消弧线圈接地或经电阻接地。两台变压器合用一台消弧线圈时，应经隔离开关分别与变压器中性点相连。运行时，只合其中一组隔离开关。

5. 其他方面

（1）根据变压器是室内或室外布置以及散热、防火、防污等条件选择变压器的冷却方式，包括干式（自然风冷、强迫风冷）和油浸式（强迫油循环风冷、强迫油循环水冷、强迫导向油循环）等冷却方式。目前国内外开始有 SF_6 气体变压器，其冷却方式与油浸式相似。

（2）变压器三相绕组的接线组别必须与系统电压相位一致。

（3）根据要求，选择升压型或降压型变压器。

（4）对负荷变化比较大、电压波动较大的情况，应采用有载调压变压器。

四、 主接线方案的经济比较

主接线方案的经济比较是指对各方案的综合总投资和年运行费用进行综合效益比较。

1. 综合总投资 O

变电站的综合总投资主要包括变压器综合投资、配电装置综合投资以及不可预见的附加投资等。综合总投资的计算式为

$$O = O_0\left(1+\frac{\partial_1}{100}\right)(\text{元}) \tag{16-2}$$

式中：O_0 为主体设备综合投资，包括主变压器、开关设备、母线、配电装置及明显增加的修建桥梁、道路和拆迁费用等；∂_1 为不明显的附加费用比例系数，如基础加工、电缆沟道开挖费用等，220kV 系统中取 70，110kV 系统中取 90。

综合投资应包括设备本体价格、材料费、安装费及附属相关设备（如控制设备、母线）费用等。进行方案比较时，一般不必计算全部费用，只需算出方案不同部分的投资。

2. 年运行费用 U

变电站年运行费用主要包括一年中变压器的电能损耗费用及设备的检修、维护和折旧等费用，通常按投资百分率计算，有

$$U = \partial_2 \Delta A + U_1 + U_2(\text{元}) \tag{16-3}$$

式中：U_1 为检修维护费，取（0.022～0.042）O，O 为综合总投资；U_2 为折旧费，取 0.058O；∂_2 为电能损失折价系数，取当地电能平均售价；ΔA 为变压器电能损耗，随变压器类型不同而异。

在初设阶段，没有变电站年持续负荷曲线资料，在已知最大负荷年利用小时数 T_{max}、功率因数 $\cos\varphi$ 和最大负荷 S_{max} 等情况下，变压器的电能损耗 ΔA 可采用下述公式计算。

（1）n 台相同容量的双绕组变压器并联运行时，电能损耗 ΔA 为

$$\Delta A = n(\Delta P_0 + K\Delta Q_0)T_0 + \frac{1}{n}(\Delta P + K\Delta Q)\left(\frac{S_{max}}{S_N}\right)^2\tau(\text{kW}\cdot\text{h}) \tag{16-4}$$

$$\Delta Q_0 = I_0(\%)\frac{S_N}{100}(\text{kvar})$$

$$\Delta Q = U_k(\%)\frac{S_N}{100}(\text{kvar})$$

式中：ΔP_0 和 ΔQ_0 分别为一台变压器的空载有功损耗和空载无功损耗，kW 和 kvar；I_0（%）为一台变压器的空载电流百分值；ΔP 和 ΔQ 分别为一台变压器的短路有功损耗和短路无功损耗，kW 和 kvar；U_k（%）为变压器阻抗电压百分值；S_N 为一台变压器的额定容量，kV·A；S_{max}为 n 台变压器承担的最大总负荷，kV·A；T_0 为变压器全年实际运行小时数，h，一般取 8000h；τ 为最大负荷损耗时间，h，可根据 T_{max}和 $\cos\varphi$ 查有关表格；K 为无功经济当量，即每多发或多供 1kvar 无功功率，在电力系统中所引起的有功功率损耗增加的值，一般变电站取 0.1～0.15，发电厂取 0.02。

（2）n 台同容量的三绕组变压器并联运行，其容量比为 100/100/100、100/100/66.6、100/100/50 时，电能损耗 ΔA 为

$$\Delta A = n(\Delta P_0 + \Delta Q_0)T_0 + \frac{1}{2n}(\Delta P + K\Delta Q)\left[\left(\frac{S_1}{S_N}\right)^2\tau_1 + \left(\frac{S_2}{S_N}\right)^2\tau_2 + \left(\frac{S_3^2}{S_N S_{3N}}\right)\tau_3\right](\text{kW}\cdot\text{h}) \tag{16-5}$$

式中：S_1、S_2、S_3 为 n 台变压器三侧分别担负的最大总负荷，kV·A；S_{3N}为第三绕组额定容量，kV·A；τ_1、τ_2、τ_3 为 n 台变压器三侧分别对应的最大负荷损耗时间，h。

目前，我国采用的经济分析内容包括财务评价、国民经济评价、不确定性分析和方案比较四个方面。方案比较主要是通过详细计算，排出不同方案经济上优劣的次序，用于进行方案的筛选。方案比较的方法有费用法、净限值法和抵偿年限法等。在工程计算中，将电气主接线的若干个方案进行比较，以综合总投资和年运行费用都最小的方案为经济性最好的方案，优先考虑选用。若某一方案综合投资大，但年运行费用小，或者反之，则应进一步进行经济比较。当计算资料缺乏时，初设阶段可不做详细计算，在仅做初步工程分析估算的情况下，采用抵偿年限法来确定方案。例如，假设第Ⅰ方案的综合投资 O_{I} 大而年运行费用 U_{I} 低，而第Ⅱ方案的综合投资 O_{II}小而年运行费用 U_{II}高，可算出抵偿年限 T 为

$$T = \frac{O_{\mathrm{I}} - O_{\mathrm{II}}}{U_{\mathrm{II}} - U_{\mathrm{I}}} \tag{16-6}$$

这表示第Ⅰ方案多投资的费用需要在 T 年内依靠年运行费用的节约给以偿还。我国规定标准抵偿年限为 5 年，若 $T<5$，则采用投资大的第Ⅰ方案经济合理；反之，若 $T>5$，表明方案Ⅰ在 T 年内节约的运行费，不足以将多用的投资给以偿还，则应选择投资小的第Ⅱ方案，以达到最佳经济效益。这种方法不考虑投资时间对经济效果的影响，计算比较简单，适合于两个方案均采用一次性投资、主体设备投入情况相近时的经济比较。

五、 主接线方案的技术比较

各电压侧的电气主接线方式应根据电压等级、出线回路数多少、负荷性质及要求，以及是否允许停电检修等，通过技术经济比较确定采用有汇流母线接线或无汇流母线接线，以及是否带旁路母线等。通常变电站高压侧的电气主接线应尽可能采用断路器数目较少的接线形式，以节省投资，减少占地面积。目前我国大中型变电站中，330～500kV 侧，出线回路数较多采用 3/2 接线；110～220kV 侧常采用双母接线或单母分段接线；6～35kV

侧通常多采用双母线或单母分段接线，以便于扩建，对于重要用户可从不同分段取得两个电源。应该指出的是，由于系统的发展，系统接线可靠性的提高，高性能的断路器如 SF_6 断路器和真空断路器的出现，以及继电保护的微机化和双重化配置，旁路母线的作用已经逐渐减弱，新建工程基本上已不再采用带旁路的接线方式。

选择各侧电气主接线方式时，也需拟定几种方案进行技术和经济比较后确定。

六、限制短路电流的措施

短路电流直接影响电气设备的安全，危害电气主接线的运行。特别在大容量发电厂中，当发电机并联运行于发电机电压母线上，即采用有汇流母线的电气主接线时，短路电流可达几万安至几十万安，为使电气设备能承受短路电流的冲击，往往需选用加大容量的电气设备，即重型电气设备，从而增加了投资。为了能合理地选择轻型电气设备，在主接线设计时，应考虑采取限制短路电流的措施。

（1）选择恰当的电气主接线形式和运行方式。为减小短路电流，可选用计算阻抗较大的电气主接线和运行方式。如对大容量发电机可采用单元接线，尽可能在发电机电压级不采用母线；在降压变电站可采用变压器低压侧分列运行方式，即所谓“母线硬分段”接线方式；对具有双回路的电路，在负荷允许的条件下可采用单回路运行等。

（2）加装限流电抗器。依据安装地点和作用，加装限流电抗器可分为母线电抗器和线路电抗器两种。

线路电抗器主要用来限制电缆馈线回路短路电流。由于电缆的电抗值较小，即使在电缆馈线末端发生短路，也与母线短路差不多。为了出线能选用轻型断路器，同时馈线的电缆也不致因短路发热而需加大截面积，常在出线端加装出线电抗器。架空线路上一般不装设电抗器。

母线电抗器装设在母线分段的地方，其目的是让发电机出口断路器、变压器低压侧断路器、母联断路器和分段断路器等都能按各回路额定电流来选择，不因短路电流过大而使断路器容量升级。

随着我国电气设备制造水平的提升，现在国家电网公司的典型设计常采用高阻抗变压器或分裂绕组变压器来限制低压侧短路电流，同时采用开断能力较强的真空断路器或 SF_6 断路器，从而避免了安装电抗器带来的不利因素。

第三节 电气设备的选择

一、电气设备选择的一般条件

变电站的电气设备除主变外还有高压断路器、隔离开关、高压熔断器、限流电抗器、互感器和避雷器以及母线、电缆和绝缘子等多种设备，尽管它们结构型式不同，其作用、性能和工作条件也不一样，但都要承受电压和流过电流。因此对它们有共同的基本要求：①绝缘安全可靠，能承受正常工作电压的长期作用，并能承受规定的过电压；②通过正常工作电流时，其发热不超过长期工作允许的温度；③在通过短路电流时具有足够的动态稳定和热稳定性能；④工作可靠，结构简单，价格低廉；⑤能适应环境的要求，例如安装在户内还是户外，安装地点的海拔高度，是否有防污和防火的特殊要求等。

为了保证电气设备安全可靠运行，在选择电气设备时可先按正常工作条件选定设备的额定电压和额定电流，然后按所需通过的最大短路电流校验其热稳定和动态稳定。各种电压等级的设备所能承受的过电压，将在本章第六节阐述，一般不需进行校验。

（一）按正常工作条件选择

1. 额定电压的选择

电气设备所在电网的运行电压因调压或负荷的变化，有时会高于电网的额定电压，故选择电气设备时应使设备的铭牌额定电压 U_N 大于或等于设备安装地点电网的额定电压 U_{NS}，即

$$U_N \geqslant U_{NS} \tag{16-7}$$

通常设备可在高于其铭牌额定电压 10%～15%情况下运行。

2. 额定电流的选择

电气设备的额定电流 I_N 应大于或等于电气设备在额定环境温度 θ_0 下，在各种合理运行方式下通过的最大长期工作电流 I_{max}，即

$$K_\theta I_N \geqslant I_{max} \tag{16-8}$$

式中：K_θ为温度修正系数。

我国在考虑电气设备的发热时，规定其环境温度为 40℃（裸导体为 25℃），如果实际环境温度与规定值不同，可用温度修正系数 K_θ加以修正。K_θ的计算式为

$$K_\theta = \sqrt{\frac{\theta_N - \theta}{\theta_N - \theta_0}} \tag{16-9}$$

式中：θ_N 为电气设备的长期工作允许温度；θ_0、θ 分别为规定的环境温度和实际环境温度，即当产品的工作环境温度低于规定的环境温度时，有 $K_\theta>1$。温度修正系数可查阅有关手册。

3. 环境条件的影响

当电气设备安装地点的环境条件如温度、风速、污秽等级、海拔、地震烈度、覆冰厚度和平均年雷暴日数等超过一般电气设备使用条件时，应采取措施。

一般非高原型的电气设备使用环境的海拔高度不超过 1000m，当使用环境的海拔高度超过产品的规定值时，由于大气压力、空气密度和湿度相对减少，空气间隙和外绝缘的放电特性将下降。一般，海拔在 1000～3500m 范围内时，海拔每升高 100m，电气设备允许最高工作电压要下降 1%。当最高工作电压不能满足要求时，应采用高原型电气设备，或采用外绝缘提高一级的产品。

此外，还应按电气设备的安装地点、使用条件、检修和运行，以及配电装置布置和工程建设标准的要求，对电气设备进行种类（屋内和屋外）和型式（防污型、防爆型、湿热型等）的选择。

（二）按短路条件校验

1. 热稳定校验

（1）电气设备的热稳定校验式为

$$I_t^2 t \geqslant Q_k \tag{16-10}$$

式中：I_t 为电气设备的 t 时间热稳定电流，kA，是指在 t 时间内电气设备能承受的电流有

效值，由制造厂家提供；Q_k 为短路电流的热效应，$A^2 \cdot s$。

（2）母线导体的热稳定校验式为

$$S_{min} = \frac{1}{C}\sqrt{K_s Q_k} < S \tag{16-11}$$

式中：C 为由所用材料决定的热稳定系数，可由设计手册查得；K_s 为集肤效应系数，可由设计手册查得；S_{min} 为满足热稳定所需的最小截面积，m^2；S 为实际选用的导体截面积，m^2。

短路电流的热效应与短路电流的波形以及短路电流的作用时间有关，其计算式为

$$Q_k = \int_o^{t_k} i_k^2(t)\mathrm{d}t \approx \frac{t_k}{12}(I''^2 + 10I^2\frac{t_k}{2} + I^2 t_k) + TI''^2 \tag{16-12}$$

式中：第一项是由短路电流周期性分量产生的热效应，第二项是由短路电流非周期分量产生的热效应。i_k 为短路全电流，kA；t_k 为短路电流持续时间，s；I''为次暂态电流，kA；$It_k/2$ 为$t_k/2$时的短路电流周期分量有效值，kA；T 为短路电流非周期分量等效时间，s，为简化计算，可以从表 16 - 2 中查取不同情况的 T 值。

表 16 - 2　　非周期分量等效时间

短路点	T(s)	
	$t_k \leqslant 0.1$	$t_k > 0.1$
发电机出口及母线发电机电压电抗器后	0.15	0.2
发电厂升压母线及出线	0.08	0.1
变电站各级电压母线及出线	0.05	

2. 动态稳定校验

（1）电气设备的动态稳定校验式为

$$i_{es} \geqslant i_{im} \tag{16-13}$$

式中：i_{es}为电气设备动态稳定电流，是指电气设备所能耐受的最大峰值电流，由制造厂家提供，kA；i_{im}为短路冲击电流最大值，kA。

（2）硬母线导体的动态稳定校验式为

$$\sigma_{al} \geqslant \sigma_{max} \tag{16-14}$$

式中：σ_{al} 为导体材料允许应力（硬铝为 69×10^6Pa，硬铜为 137×10^6Pa，钢为 157×10^6Pa）；σ_{max}为导体实际承受的最大应力，Pa。

3. 绝缘水平

电气设备的绝缘水平应按电网中出现的过电压和保护设备相应的保护水平确定。当所选设备的绝缘水平低于国家规定的标准数据时，应通过绝缘配合计算，选用适当的过电压保护设备。

4. 短路电流计算条件

应该指出，在校验热稳定和动态稳定时，短路电流应按三相短路计算，计算短路电流的接线应按可能发生最大短路电流的正常接线方式计算。除此之外，在计算条件中还应考虑计算短路点和短路计算时间。

（1）计算短路点。计算短路电流时，应选取通过电气设备和导体短路电流最大的那些点作为计算短路点。比如，两侧均有电源的断路器，应比较断路器前、后短路时通过断路

器的电流值，择其大者为计算短路点；母联断路器应考虑当采用该母联断路器向备用母线充电时，备用母线故障，流过该母线断路器的全部短路电流，所以计算短路点应选在汇流母线的端部；带电抗器的出线回路一般可选电抗器后为计算短路点，这样出线断路器可选用轻型断路器，以节约投资。

（2）短路计算时间。

1）验算热稳定的短路计算时间 t_k。t_k 是用来校验电气设备在短路状态下的热稳定，其值应取继电保护动作时间 t_{pr} 和相应断路器的全开断时间 t_{br} 之和，即 $t_k = t_{pr} + t_{br}$。其中，t_{br} 包括两部分，即 $t_{br} = t_{in} + t_a$。式中，t_{in} 为断路器固有分闸时间，是由断路器接到分闸命令（分闸电路接通）起，到灭弧触头刚分离的一段时间。t_a 为断路器开断时的电弧持续时间，指由第一个灭弧触头分离瞬间起，到最后一级电弧熄灭为止，对少油断路器为0.04～0.06s，对 SF_6 断路器和压缩空气断路器约为0.02～0.04s，对真空断路器约为0.015s。

2）短路开断计算时间 t_k'。断路器不仅在电路中作为操作开关，而且作为保护电器，在短路时要迅速可靠地切断短路电流。断路器的开断能力用开断电流表示，通常取断路器实际开断时间的短路电流作为计算条件，这个电流应是断路器动静触头刚分离时的电流，这个时间应是主保护时间与断路器固有分闸时间之和，称为验算断路器开断能力的短路开断计算时间 t_k'。t_k' 应为主保护动作时间 t_{pr1} 和断路器固有分闸时间 t_{in} 之和，即 $t_k' = t_{pr1} + t_{in}$。

二、 母线、 电缆及绝缘子的选择

这里的母线指的是广义上的母线，它包括各级电压配电装置的汇流母线、引下线以及各种电器之间的连接线。母线正常运行时有较大电流通过，短路时又要承受很大的发热和电动力效应，合理选择母线，可提高运行的安全经济性。母线按安装方式可分为敞露母线和封闭母线。敞露母线按其“柔软性”又可分为硬母线和软母线，硬母线有矩形、槽形和管形母线等，软母线有钢芯铝绞线、铝绞线、电缆等。

母线选择应包括材料、截面形状和排列方式、截面大小以及热稳定和动态稳定校验等。对于大电流母线，还应校验共振问题。对于110kV及以上电压等级的母线，则还应校验其在当地晴天条件下是否发生电晕。

（一）敞露母线选择

1. 材料选择

敞露母线常采用铝质材料，只有在持续工作电流较大且出线位置特别狭窄的发电机、变压器的出线端部，或采用硬铝导体穿墙套管有困难时，以及环境污秽对铝有严重腐蚀的场所才选用铜材。

2. 截面形状选择

变电站屋内配电装置在35kV以下多采用矩形、槽形硬母线，110kV及以上多采用软母线，若用硬母线通常多采用管形母线以避免电晕损耗。屋外配电装置的母线可采用钢芯铝绞线，电流较大时选用铝合金管形母线。为使配电装置结构紧凑和减少占地面积，目前220kV及以上变电站基本上已全部采用管形母线。

3. 排列方式选择

母线可按水平、垂直或三角形排列，其布置有平放和竖放之分，要根据母线类型、空间位置，以及载流量大小和电动力等要求来选择。

4. 截面选择

选择母线截面有下面两种方法：

（1）按最大长期工作电流选母线截面。电气主接线中汇流母线、引出线和临时安装的母线，一般应按最大长期工作电流选择截面大小。设母线需要通过的最大工作电流为 I_{max}（A），参照式（16-8）可求出环境温度折算到裸导体规定温度 25℃时，母线长期允许的电流值 I_{al}（A），即

$$I_{al} \geqslant \frac{I_{max}}{K_{\theta}} \tag{16-15}$$

式中：K_{θ} 为温度修正系数，可由式（16-9）求出。

根据所求得的 I_{al} 即可求出母线所需截面的大小，也可由电气设计手册查得。

（2）按经济电流密度选择母线截面。对于平均最大负荷利用小时数高、母线较长、传输容量较大的回路，如主变回路或长度超过 20m 的导体，应按年计算费用最低的经济电流密度选择截面，其经济截面 S 的计算式为

$$S = \frac{I_{max}}{J}(\mathrm{mm}^2) \tag{16-16}$$

式中：I_{max} 为正常工作时的最大长期工作电流，A；J 为导体的经济电流密度，A/mm²，其大小与导体的种类和最大负荷年利用小时数 T_{max} 有关。

按照我国现行规定，导体的经济电流密度见表 16-3。

表 16-3　导体的经济电流密度　（A/mm²）

导体材料		最大负荷年利用小时数 T_{max}（h）		
		3000 以下	3000～5000	5000 以上
铝裸导体		1.65	1.15	0.9
铜裸导体		3.0	2.25	1.75
35kV 以下	铝芯电缆	1.92	1.73	1.54
	铜芯电缆	2.5	2.25	2.0

根据计算出的经济截面，尽量选择接近式（16-16）的标准截面积，当无合适规格导体时，允许选择小于经济截面的导体以节约投资。按经济电流密度选出的导体，其长期允许电流还必须满足式（16-15）的要求。

5. 按短路条件校验热稳定

计算出短路电流，并按式（16-12）算出短路电流的热效应 Q_k 后，即可按式（16-11）计算出满足热稳定要求允许的导体最小截面 S_{min}，即只要所选择的导体实际截面 $S > S_{min}$ 即可。

6. 按短路条件校验动态稳定

硬母线都由支持绝缘子支撑，当短路冲击电流通过导体时，将会产生电动力使母线弯曲，所以要校验固定在支持绝缘子上母线的动态稳定。

由支持绝缘子支持的硬母线通常可看成是多跨自由梁，在电动力作用下，母线受的最大应力为

$$\sigma_{max} = 1.73 \times 10^{-7} i_{im}^2 \frac{L^2}{aW}(\mathrm{Pa}) \tag{16-17}$$

式中：i_{im}为短路电流冲击电流，A；L为两绝缘子之间距离，m；a为导体相间距离，m；W为母线截面对垂直于作用力方向轴的抗弯截面系数，m^3，可由设计手册查得。

母线材料允许应力σ_{al}应不小于母线短路时受到的最大应力σ_{max}［式（16 - 14）］。

如果不能满足要求，可采取增加相间距离a、提高抗弯截面系数W（如增大截面积、改变母线布置方式等）、减小绝缘子之间跨距L和限制短路电流等措施。

7. 电晕校验

对于110kV及以上电压等级的户外母线，应按当地晴天气象条件下不发生电晕为条件加以校验，即裸导体的电晕临界电压U_{cr}应大于最高工作电压U_{max}，即

$$U_{cr} > U_{max} \tag{16 - 18}$$

由于U_{cr}计算较复杂，工程上通常采用简化处理，即只要电压是220kV且截面面积大于300mm^2、电压是110kV且截面面积大于70mm^2时，可不进行电晕校验。

8. 共振校验

当母线导体的固有振动频率与短路电动力交流分量的频率相近时会发生共振，这时导体内部会产生动态应力。对于大电流母线而言，这个应力可能会使导体及构架损坏，故设计时应避免共振发生。共振校验所用的动态应力最大值可采用修正静态计算法求得，即在最大电动力F_{max}上乘以动态应力系数β。β值可由设计手册查得。

共振一般可以通过在铝管母线内放置阻力线来避免，所以一般不校验。

（二）电力电缆的选择

与裸母线相比，电力电缆布置紧凑，可以直接埋在地下或敷设在电缆沟和电缆隧道里，显得很灵活。因此在出线廊道紧张的变电站或者城市变电站中适宜采用电力电缆。

电力电缆的选择与裸导体选择基本相同，但可以不做动态稳定校验。

1. 额定电压选择

按式（16 - 7）选择，即$U_N \geqslant U_{NS}$。

2. 截面选择

电缆的截面一般按最大长期工作电流选择，即按式（16 - 15）计算，取$I_{al} \geqslant \dfrac{I_{max}}{K_\theta}$。但式中$I_{al}$是电缆在空气温度为25℃或土壤温度为15℃的标准敷设条件时的允许载流量，而温度修正系数K_θ与电缆敷设方式和环境温度有关，应从设计手册查得。当电缆的最大负荷利用小时数$T_{max} \geqslant 5000$h，且长度超过20m时，则应按经济电流密度选择。

3. 热稳定校验

按式（16 - 11）计算出满足热稳定要求的最小截面积S_{min}，但式中热稳定系数C应根据电缆有关参数按设计手册规定的公式计算出。

4. 允许电压降的校验

通常对于供电距离远和容量较大的电缆电路应校验其电压损失。对于三相交流线路，电压损失$\Delta U\%$的计算式为

$$\Delta U\% = 173 I_{max} l (r\cos\varphi + x\sin\varphi)/U \tag{16 - 19}$$

式中：U和l分别为线路的工作电压（线电压）和长度；r和x分别为电缆单位长度的电阻和电抗；φ为功率因数角。

正常运行时电压损失不应超过5%，故障情况下不应超过10%。

电力电缆的型号很多，选择时可根据其用途、电压等级、使用场所和敷设方式来决定。

（三）支持绝缘子的选择

支持绝缘子按额定电压和安装场所（户内或户外）来选择，并进行动态稳定校验。所选支持绝缘子的额定电压应大于或等于所在电网的额定电压。对 3～20kV 屋外支持绝缘子，当有冰雪和污秽时，宜选用高一级的产品。

支持绝缘子动态稳定合格的条件为

$$F_P \geqslant F_{max} \tag{16-20}$$

式中：F_P 为绝缘子允许荷重，N；F_{max}为最大计算电动力，N。

支持绝缘子（抗弯）破坏荷重是指支持绝缘子的下端固定，向帽的水平方向施加外力，在弯曲力矩作用下使支持绝缘子产生破坏的最小外力值。为保证支持绝缘子使用中的安全，取绝缘子的允许荷重为其破坏荷重的 60%。考虑到当母线在绝缘子顶部立放［见图 16-1（b）］时，电动力 F 作用在母线的中部，其作用点的高度为 H，此时电动力 F 对绝缘子产生的弯曲力矩为 FH，而支持绝缘子的破坏荷重是按力作用在绝缘子高度 H'处给定的，$H>H'$。为此应根据对绝缘子作用力矩相等的原则将实际电动力 F 折算到绝缘子帽顶端后作为计算电动力，即计算电动力 F_{max}的计算式为

$$F_{max} = F\frac{H}{H'} \tag{16-21}$$

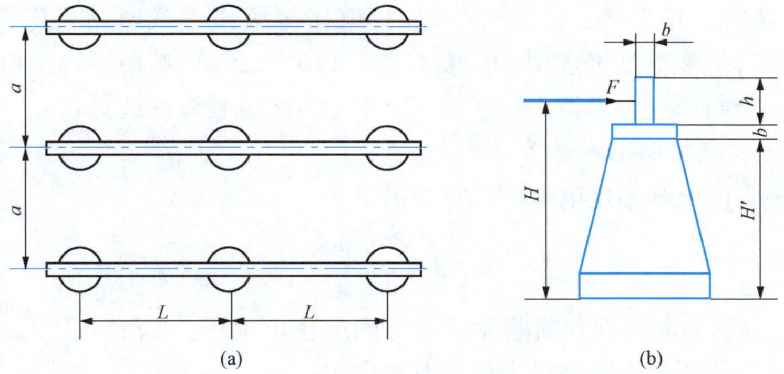

图 16-1　支持绝缘子受力示意图

（a）三相母线；（b）母线在支持绝缘子上固定

式中：F 为三相短路时的最大电动力，N；H'为绝缘子高度，mm；H 为母线中点至绝缘子底部的距离，$H=H'+\frac{h}{2}$，mm。

如果母线采用平放，H 与 H'之间相差仅为母线厚度 b 的 1/2，而母线厚度又远小于绝缘子的高度，故可取 $H=H'$，即 $F_{max}=F$。

三、高压断路器、隔离开关、高压熔断器和电抗器的选择

高压断路器、隔离开关、高压熔断器和电抗器的选择项目和校验项目可按表 16-4 进行，现仅就一些问题予以补充说明。

表 16-4　　电气设备主要选择校验项目汇总表

<table>
<tr><th rowspan="2">设备名称</th><th colspan="4">一般选择和校验项目</th><th rowspan="2">特殊选择项目</th></tr>
<tr><th>额定电压</th><th>额定电流</th><th>热稳定</th><th>动态稳定</th></tr>
<tr><td>高压断路器</td><td rowspan="4">$U_N \geqslant U_{NS}$</td><td rowspan="3">$I_N \geqslant I_{max}$</td><td rowspan="3">$I_t^2 t \geqslant Q_k$</td><td rowspan="3">$i_{es} \geqslant i_{im}$</td><td>$I_{Nbr} \geqslant I_{Pt}$
$i_{Ncl} \geqslant i_{im}$</td></tr>
<tr><td>隔离开关</td><td>—</td></tr>
<tr><td>电抗器</td><td>计算 $x_l\%$
校验 $\Delta U\% < 5\%$
检验 $\Delta U_{re} > 60\% \sim 70\%$</td></tr>
<tr><td>高压熔断器</td><td>$I_{Nft} \geqslant I_{Nfs}$
$\geqslant K I_{max}$</td><td>—</td><td>—</td><td>有限流作用者 $U_N = U_{NS}$
选择性校验</td></tr>
</table>

（一）高压断路器的选择

高压断路器的选择，首先根据电压、电流、开断电流、关合电流及使用环境条件初选一种类型的断路器，然后校验热稳定和动态稳定性能。现将一些特殊问题加以说明。

1. 高压断路器类型的选择

高压断路器的类型应根据安装场所、电压等级、配电装置结构、便于施工调试且维护方便的要求，经技术经济比较之后确定。目前电力系统采用的高压断路器有 SF_6 断路器、少油断路器、真空断路器等。一般 6～35kV 电压等级城市变电站可选用真空断路器，35～500kV 电压等级变电站可选用 SF_6 断路器。110～220kV 城市屋内配电装置，视需要和可能选用 SF_6 全封闭组合电器 GIS（见本章第七节配电装置的选择）。

2. 额定电压和额定电流的选择

断路器的额定电压和额定电流的选择应满足

$$U_N \geqslant U_{NS}$$
$$I_N \geqslant I_{max}$$

式中：U_N、U_{NS}分别为断路器和断路器所在电网的额定电压，kV；I_N、I_{max}分别为断路器的额定电流和断路器所处电路的最大负荷电流，A。

3. 按额定开断电流选择断路器

$$I_{Nbr} \geqslant I_{pt} \tag{16-22}$$

式中：I_{Nbr}为断路器的额定开断电流，由制造厂家提供；I_{pt}为断路器开断瞬间短路电流的周期分量有效值。

当断路器的 I_{Nbr}较系统短路电流大很多，并且采用中速或慢速开断的断路器时，为简化计算，可认为 $I_{pt} \approx I''$，即式（16-22）可简化写成

$$I_{Nbr} \geqslant I'' \tag{16-23}$$

按国家标准的规定，国产高压断路器的额定开断电流 I_{Nbr}中仅计入了 20%的所开断短路电流的非周期分量。当采用快速保护的高速断路器时，由于其开断时间小于 0.1s，则当在电源附近短路时，断路器所开断的短路电流中非周期分量可能超过周期分量的 20%，这时在选择断路器额定开断电流时，应计及开断短路电流中的非周期分量的影响，即应按短路电流全电流验算。短路电流全电流 I_k（有效值）可按式（16-24）计算

$$I_k = \sqrt{I_{pt}^2 + (\sqrt{2}I''e^{-\frac{\omega t_k'}{T_a}})^2} \tag{16-24}$$

式中：I_{pt}为开断瞬间短路电流的周期分量有效值，当开断时间小于0.1s时，$I_{pt}\approx I''$，A；t_k'为短路开断计算时间，s；T_a为非周期分量衰减时间常数，$T_a = X_\Sigma / R_\Sigma$，rad，其中$X_\Sigma$、$R_\Sigma$分别为电源至短路点的等效总电抗和总电阻。

装有自动重合闸的少油断路器，当操作循环符合厂家规定，其开断电流可不变，否则应降低开断电流使用。

4. 按额定关合电流选择断路器

当断路器关合于有预伏性故障的设备或线路时，在断路器动、静触头接触前相距几毫米时会发生预击穿，随之流过短路电流，给断路器造成阻力，影响动触头合闸速度及触头的接触压力，甚至出现触头弹跳、熔化焊接以及损坏断路器等事故，这比在合闸状态下经受极限通过电流更为严重。因此，断路器应具有足够的关合短路故障的能力。标志这一能力的参数就是断路器的额定短路关合电流。也就是说，额定短路关合电流是指在短路时，保证断路器能够关合而不致发生触头熔焊或其他损伤的最大电流，它是断路器的重要参数之一。为保证断路器关合时触头不会因弹跳起弧而发生熔化焊接，断路器的额定关合电流i_{Ncl}应大于短路冲击电流i_{im}，即

$$i_{Ncl} > i_{im} \tag{16-25}$$

5. 短路热稳定和动态稳定校验

热稳定和动态稳定校验公式分别为

$$I_t^2 t \geqslant Q_k$$

$$i_{es} \geqslant i_{im}$$

6. 选择操动机构

断路器的操作是靠操动机构完成的，要根据操作电源的类型选择与断路器相配套使用的操动机构。目前操动机构主要有电磁型、弹簧型及液压型等。110kV及以上电压的SF_6断路器多配液压型操动机构或液压弹簧操动机构，6～35kV的真空断路器则一般采用弹簧操动机构。

（二）隔离开关的选择

隔离开关没有灭弧装置，不能切断负荷电流，它是用来隔离电源、保证检修安全的。但是在正常运行时要通过正常工作电流，短路故障时也通过短路电流，同样存在动态稳定和热稳定的问题。因此与断路器选择相比，它没有按额定开断电流和额定关合电流选择的项目，其他选择项目和断路器相同。

隔离开关类型也较多，按安装地点分为户内型和户外型；按绝缘柱数目可分为单柱、双柱和三柱；按有无接地开关又分为有接地开关型和无接地开关型。隔离开关的型式对配电装置的布置及占地面积有很大影响，因此，选择隔离开关类型时要根据配电装置的特点及使用要求，综合技术经济比较确定。

在进行户外隔离开关的机械荷载校验时，应考虑母线（或引下线）的自重、张力、风力和冰雪等共同施加于接线端的最大水平静拉力。隔离开关接线端的机械荷载不应大于允许值。

最后应将断路器、隔离开关的选择结果列在表16-5中。

表 16-5　断路器、隔离开关的选择结果

计算数据	断路器参数	隔离开关参数
U_{NS}=____kV	U_N=____kV	U_N=____kV
I_{max}=____kA	I_N=____kA	I_N=____kA
I''=____kA	I_{Nbr}=____kA	
i_{im}=____kA	I_{Ncl}=____kA	
Q_k=____ $(kA)^2s$	I_t^2t=____ $(kA)^2s$	I_t^2t=____ $(kA)^2s$
i_{im}=____kA	i_{es}=____kA	i_{es}=____kA

（三）高压熔断器的选择

高压熔断器要按额定电压、额定电流、开断电流和选择性等项进行选择和校验，不需校验热稳定和动态稳定。

1. 按额定电压选择熔断器

一般的高压熔断器应满足 $U_N \geqslant U_{NS}$ 的要求，但充有石英砂的有限流作用的高压熔断器，只能应用在额定电压与熔断器额定电压相等的电网中，因为此种熔断器熔断能力强，当熔体熔断时，会因截流而产生过电压，其过电压倍数和熔体长度有关，一般可达熔断器额定电压的 2～2.3 倍。在 $U_N = U_{NS}$ 的电网中，截流过电压不会超过电网中电气设备的绝缘水平。若将额定电压高的熔断器使用在低于熔断器额定电压的电网中，会因熔体长度过长而引发过高的截流过电压，损坏电气设备。

2. 按额定电流选择熔断器

熔断器的熔体是放在熔管中的，因此按额定电流选择实际上应包括熔断器熔管中额定电流 I_{Nft}、熔体额定电流 I_{Nfs} 的选择。为了保证熔管不损坏，熔管的额定电流不能小于熔体的额定电流。熔体的额定电流则应在最大长期工作电流的基础上乘以相应的可靠系数 K，即取

$$I_{Nft} \geqslant I_{Nfs} = KI_{max} \tag{16-26}$$

对于变压器回路的熔断器，若不计电动机自启动，取 K=1.1～1.3；考虑电动机自启动时，取 K=1.5～2.0。对于保护电容器的熔断器，当保护一台电容器时，取 K=1.5～2.0；当保护一组电容器时，取 K=1.3～1.8。

3. 熔断器开断电流的校验

$$I_{Nbr} \geqslant I_{im}（或 I''） \tag{16-27}$$

对于没有限流作用的熔断器，用冲击电流有效值 I_{im} 进行校验，对于有限流作用的熔断器，因电流达最大值之前已被截断，可忽略非周期分量影响，采用 I'' 进行校验。

4. 熔断器选择性校验

为了保证前后两级熔断器之间，熔断器与电源侧继电保护之间动作的选择性，应进行熔断器选择性校验，各种型号熔断器熔体的安秒特性（即电流－时间特性）曲线由制造厂家提供，熔体熔断时间可从曲线查得。

对于保护电压互感器用的高压熔断器，只需按额定电压及开断电流两项选择。

（四）电抗器的选择

变电站限制短路电流所选用的限流电抗器可安装在10kV出线回路上，也可安装在主变压器低压侧。工程上应首先考虑在主变低压侧安装限流电抗器，这样可以避免每回出线安装电抗器，既节省了安装多台电抗器的设备及费用，又使配电装置的结构简单、方便维护运行。

限流电抗器的选择，应首先根据电压、电流、电抗百分数初步选择一种电抗器，然后按电压损失、母线残压（出线电抗器）、热稳定和动态稳定等进行校验。

1. 按额定电压选择电抗器

限流电抗器的额定电压U_N应不小于所在电网额定电压U_{NS}，即$U_N \geqslant U_{NS}$。

2. 按额定电流选择电抗器

限流电抗器的额定电流I_N应不小于其通过的最大持续工作电流I_{max}，即$I_N \geqslant I_{max}$。

3. 选择电抗百分数

安装限流电抗器的目的是要将短路电流限制到一定数值。假设要求电抗器将短路电流限制到I''，取电压基准值为U_B、电流基准值为I_B，则从电源到短路点总的电抗标幺值$X_{*\Sigma}$应为

$$X_{*\Sigma} = \frac{I_B}{I''} \tag{16-28}$$

设电源至限流电抗器前的系统电抗标幺值为$X'_{*\Sigma}$，则可求出所选电抗器的电抗标幺值X_{*L}为

$$X_{*L} = X_{*\Sigma} - X'_{*\Sigma} \tag{16-29}$$

限流电抗器在其额定参数下的电抗百分值$X_L\%$则为

$$X_L\% = \left(\frac{I_B}{I''} - X'_{*\Sigma}\right)\frac{I_N U_B}{I_B U_N} \times 100\% \tag{16-30}$$

从产品目录中选择电抗百分值接近而略大于式（16-30）计算值的电抗器。算出限流电抗器接入后的短路电流以备进行热稳定和动态稳定校验。

4. 电压损失校验和母线残压校验

正常运行时，限流电抗器的电压损失$\Delta U\%$的计算式为

$$\Delta U\% \approx X_L\% \frac{I_{max}}{I_N}\sin\varphi \leqslant 5\% \tag{16-31}$$

式中：I_{max}为通过的最大持续工作电流，A；φ为负荷功率因数角（一般取$\cos\varphi=0.8$或$\sin\varphi=0.6$）。

若限流电抗器安装在出线上，且出线的继电保护装置带有时限时，为保证该出线发生短路故障后不影响其他非故障出线的继续运行，应计算在出线限流电抗器之后发生短路时汇流母线的残压U_{re}，要求其不低于电网额定电压的60%～70%，即

$$U_{re} = X_L\% \frac{I''}{I_N} \geqslant 60\% \sim 70\% \tag{16-32}$$

若限流电抗器安装在变压器低压侧，则不必校验母线残压。

5. 热稳定和动态稳定的校验

可利用厂家提供的t秒热稳定电流I_t和动稳定电流i_{es}，按式（16-10）和式（16-13）对限流电抗器进行热稳定和动态稳定校验。

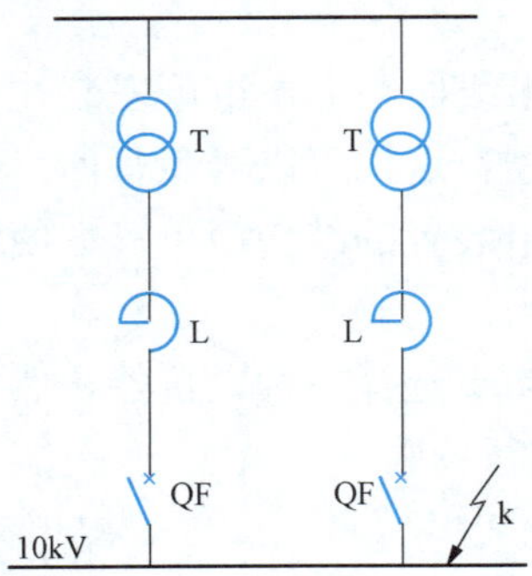

图 16-2 ［例 16-1］图

【例 16-1】 图 16-2 所示变电站安装两台主变压器，经计算 10kV 汇流母线短路电流为 38kA，初步确定在主变压器低压侧安装两台限流电抗器限制短路电流，根据 10kV 侧负荷计算，主变压器低压侧工作电流 $I_{max}=1250A$，电源至 10kV 汇流母线的总电抗标幺值 $X'_{*\Sigma}$ 为 0.11（基准容量为 100MV·A），短路作用时间 $t_k=1.2s$，试选择电抗器。

解 （1）根据工作电流和电压初选 NKL-10-2000 型电抗器，其额定电流 $I_N=2000A$，额定电压 $U_N=10kV$。

（2）选择电抗百分值。暂选择主变压器回路断路器 QF 为 ZN12-10/1250 真空断路器，其额定开断电流 $I_{Nbr}=31.5kA$。在式（16-30）中，令 $I''=I_{Nbr}$ 得

$$X_L\%=\left(\frac{I_B}{I''}-X'_{*\Sigma}\right)\frac{I_N U_B}{I_B U_N}=\left(\frac{5.5}{31.5}-0.11\right)\times\frac{2000}{5500}\times\frac{10.5}{10}\times 100\%=2.5\%$$

由于限流电抗器安装在主变压器低压侧回路，通过工作电流较大，故选电抗百分值为 8%，即选 NKL-10-2000-8 型电抗器，其主要参数为电抗标幺值 $X_{*L}=0.209$（100MV·A 基准值），动稳定电流 $i_{es}=63.8kA$，1s 热稳定电流 $I_t=56.8kA$。

（3）对接入限流电抗器以后的电路进行短路电流计算，得 $I''=22.15kA$，$I_{0.6}=22.12kA$，$I_{1.2}=22.12kA$，$i_{im}=56.48kA$。

（4）校验正常电压损失

$$\Delta U\%\approx X_L\%\frac{I_{max}}{I_N}\sin\varphi=0.08\times\frac{1250}{2000}\times 0.6=3\%$$

满足 $\Delta U\%<5\%$ 的要求。

（5）热稳定校验。计算短路电流的热效应计算式为

$$Q_k=\frac{t_k}{12}(I''+10I^2\frac{t_k}{2}+I^2t_k)=\frac{1.2}{12}\times(22.15^2+10\times 22.12^2+22.12^2)$$
$$\approx 587[(kA)^2\cdot s]$$

对所选限流电抗器有

$$I_t^2 t=56.8^2\times 1=3226[(kA)^2\cdot s]$$

满足 $I_t{}^2t>Q_k$ 的热稳定要求。

（6）动态稳定校验。由计算结果知冲击电流 $i_{im}=56.48kA$，所选限流电抗器的动稳定电流 $i_{es}=63.7kA$，满足 $i_{es}\geqslant i_{im}$ 的动态稳定要求。

由于限流电抗器安装在主变低压侧，不需校验 10kV 汇流母线残压。

上述计算表明，所选电抗器满足要求，是适宜的。

第四节 互感器及接地开关的配置原则

图 16-3 所示为 220kV 变电站电气主接线图，图中除本章第三节所述设备的选择外，还有电压互感器、电流互感器、避雷器和接地开关等设备，它们的数量很多，布置也各不相同，这里仅就电压互感器、电流互感器和接地开关的配置原则作简单说明。有关避雷器

的配置将在本章第五节中介绍。

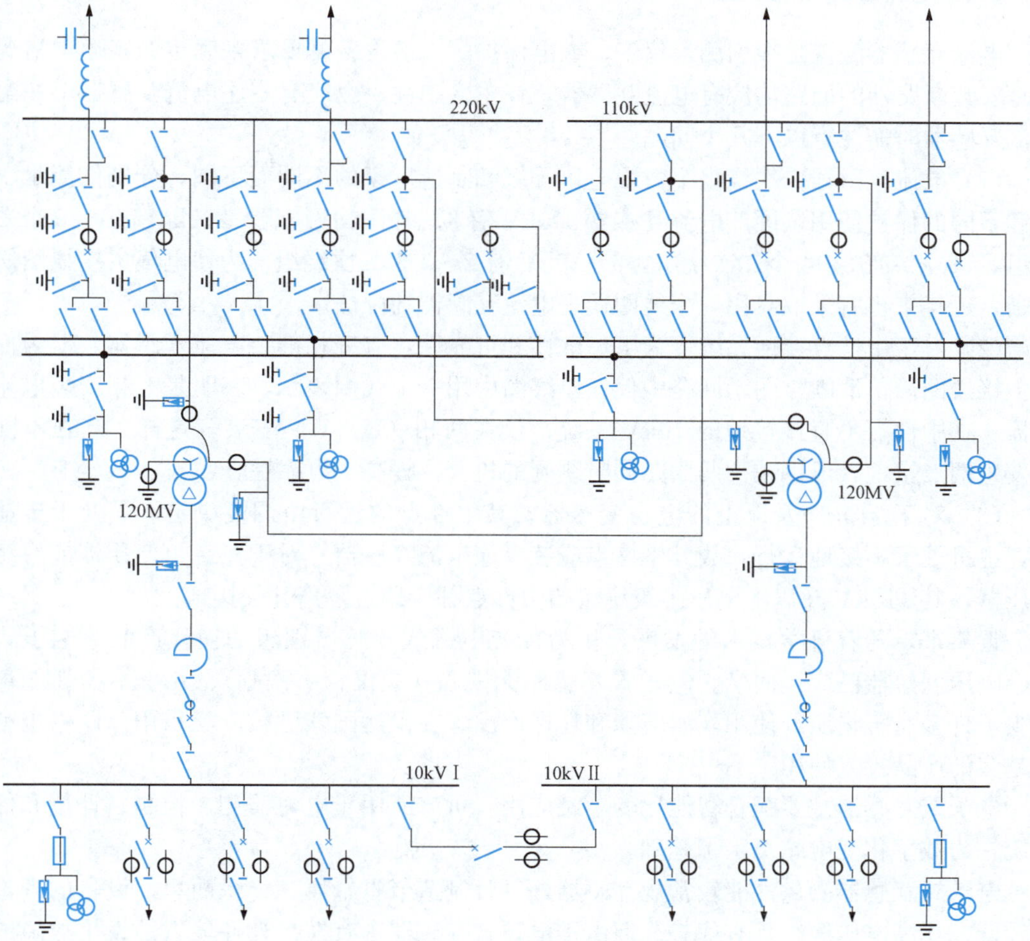

图 16-3　220kV 变电站电气主接线图

一、电压互感器的配置

电压互感器的配置应考虑测量仪表、继电保护及自动控制的要求，对枢纽变电站还要考虑同期点设置的问题。在变电站中通常各电压等级汇流母线的每一组（或每分段）母线的三相上均应装一组电压互感器，一般选用 YNyn0d11 接线。接线为星形的电压互感器二次绕组可测量线电压和相电压，以及供测量仪表、继电保护用，也可用作自动监控装置的电源；而接线为开口三角形的电压互感器辅助绕组可测量零序电压，在中性点不接地系统中作为监视交流绝缘用，在中性点接地系统中作为接地保护用。

110kV 及以上电压等级出线回路则可安装单相或两相或三相电容式电压互感器，供自动重合闸或同期装置抽取电压用。

主变压器回路是否安装电压互感器视二次设备及同期要求而定。

二、 电流互感器的配置

电流互感器配置是根据测量仪表、继电保护等二次设备的要求来确定的，通常情况下凡是安装断路器的回路均应有电流互感器，在主变中性点也应有零序电流互感器。在配置电流互感器时需注意以下几个问题。

（1）电流互感器二次绕组个数视电压等级和制造厂家的不同而不同，分别供测量、计量和不同的保护使用，国产电流互感器 500kV 有 8～9 个二次绕组，220kV 有 4～6 个二次绕组，110kV 有 3～4 个二次绕组，6～35kV 有 2～3 个二次绕组。为使电气主接线图简单清晰，近年来也有采取只用一个线圈代表电流互感器的画法。

（2）对于中性点接地系统，为了灵敏性和可靠性，应三相都装电流互感器。但为使电气主接线图简单清晰，图示回路中仅在单线图中用一个线圈表示，表明是三相安装电流互感器。在中性点不直接接地的 10kV 系统，仅在两相（U，W）安装，这样，当在不同回路发生两点接地，可以减少两回路同时跳闸的机会，提高了可靠性。

（3）对于 110kV 及以上的电力变压器，其中性点的运行由调度决定，可处于接地运行，也可处于不接地运行，故其中性点应装零序电流互感器。对于三绕组变压器或双绕组变压器，其 110kV 及以上电压等级绕组的中性点都应通过隔离开关接地。

近年来，随着科学技术的发展，作为传统电磁式互感器理想的换代产品，电子式电流、电压互感器已应运而生。电子式互感器无铁心（或仅含小铁心）、几乎不消耗能量且减少了许多有害物质的使用，属节能和环保产品，在发达国家已被广泛采用，国内也有越来越多的产品投入使用。

电子式互感器主要配合智能化变电站应用，可广泛用于电力监测、控制、计量和保护系统，为数字化变电站奠定了基础。

电子式互感器测量性能较常规互感器好，且制造节省金属，绝缘简单。设备的理论成本较低，在高电压等级具有优势。但由于电子式互感器含有在户外环境下易发生故障的电子设备，可靠性差，维护费用高。在将维护费用分摊到设备成本后，设备的实际成本将大大增加，因此对于电子式互感器的应用目前还存在较大的争议。

三、 接地开关的配置

如图 16-3 所示，为了电气设备和母线检修的安全，每组（段）汇流母线宜装 1～2 组接地开关或接地器，也可在母线电压互感器回路安装两侧带接地开关的母线隔离开关；旁路母线一般装设一组接地开关，设在旁路回路隔离开关的旁路母线侧。为防止带接地线合闸事故发生，63kV 及 110kV 断路器两侧隔离开关的断路器侧及线路隔离开关的线路侧，宜配置接地开关。为了检修和操作方便，110kV 以上的隔离开关宜两侧装设接地开关。

第五节 防雷装置的配置原则

变电站可采取的防雷措施主要有：用避雷针保护全站电气设备不受直接雷击，用进线段避雷线防止架空进线直接雷击；用避雷器防止变电站的电气设备不被雷电侵入波损坏。

一、避雷器配置的原则

(1) 各汇流母线应安装一组避雷器，且与电压互感器共用一组隔离开关布置在同一间隔中。

(2) 三绕组变压器、三相自耦变压器三侧靠近主变处均应安装一组避雷器，以防当一侧开路，另一侧发生过电压。

(3) 双绕组变压器高压侧是否安装避雷器，视电压等级和主变距高压配电装置的距离而定。

(4) 对于 110kV 及以上变压器，如果采用分级绝缘，中性点应安装一只比其额定电压低一级的避雷器。

二、避雷针配置的原则

(1) 变电站的所有建（构）筑物应在避雷针的保护范围内。

(2) 110kV 及以上配电装置，一般可将避雷针装在配电装置的架构或房顶上，但在土壤电阻率大于 1000Ω·m 的地区，宜装设独立避雷针。

(3) 66kV 的配电装置，允许将避雷针装在配电装置的架构或房顶上，但在土壤电阻率大于 500Ω·m 的地区，宜装设独立避雷针。

(4) 35kV 及以下高压配电装置的架构或房顶上不宜装避雷针。

(5) 装设在架构上的避雷针与主接地网的地下连接点至主变压器接地线与主接地网的地下连接点之间，沿接地体的长度不得小于 15m。

(6) 独立避雷针不应设在人经常通行的地方，避雷针及其接地装置与道路和出入口等的距离不宜小于 3m。

(7) 独立避雷针宜设置独立的接地装置。

(8) 独立避雷针与配电装置带电部分的空中距离，以及独立避雷针的接地装置与变电站接地网间的地中距离应符合 GB 50169—2016《电气装置安装工程接地装置施工及验收规范》的要求。

(9) 发电厂主厂房、主控室和配电装置室一般不装避雷针。

三、进线保护的配置原则

(1) 在离变电站 1～2km 内的进线段上加强防雷措施。出入变电站的 35～110kV 无避雷线的线路，要在其靠近变电站的 1～2km 线路上加装避雷线。全线有避雷线的线路要采取措施提高变电站附近 2km 长线路的耐雷水平。

(2) 110kV 及以上的变电站，可将线路的避雷线引接到出线门形架构上，当土壤电阻率大于 1000Ω·m 时，应装设集中接地装置。

(3) 35、66kV 变电站，在土壤电阻率不大于 500Ω·m 的地区，允许将线路的避雷线引接到出线门形架构上，但应装设集中接地装置。当土壤电阻率大于 500Ω·m 时，避雷线应架设到终端杆塔为止，从线路终端杆塔到变电站的一档线路的保护，可采用独立避雷针，也可在线路终端杆塔上装设避雷针。

第六节 绝缘的选择

变电站的绝缘包括电气设备的绝缘和架空导线的绝缘。这些绝缘按其工作条件和结构特点可分为内绝缘和外绝缘两大类。其中与大气直接接触，工作条件和大气条件（气压、气温、湿度、雾、雨、冰雪等）密切相关的绝缘称为外绝缘。不与大气直接接触，工作条件和大气条件无关的绝缘则称为内绝缘。

电气设备的绝缘壳体、支持绝缘子、出线套管、悬挂架空导线用的绝缘子串以及空气间隙等均为外绝缘部件。沿面闪络和气隙击穿是外绝缘丧失绝缘性能的常见形式，但事后其绝缘性能一般能自动恢复，故亦称自恢复型绝缘。内绝缘一般是指处于壳体内的由液体、气体和固体材料组成的复合绝缘，例如变压器类设备的油纸绝缘，这类绝缘在过电压多次作用下，会因累积效应使绝缘性能下降，而且一旦绝缘被击穿，其绝缘特性不能自动恢复，故属非自恢复型绝缘。

绝缘部件在工作时，除了要承受工频电压的长期作用外，还会遭到内部电压和大气过电压的作用。在这些电压的作用下，绝缘部件不应出现闪络、击穿或发生其他损坏。

一、绝缘水平及其确定原则

绝缘能耐受的、不发生闪络、击穿或其他损坏的电压值称为该绝缘装置的绝缘水平。

电气设备绝缘部件耐受电压的能力要通过试验来确定。由于在工频电压、雷过电压和操作过电压的作用下，电气设备耐受电压的能力是不相同的，所以电气设备的绝缘水平需用下列耐受电压值来表示：

（1）额定雷电冲击耐受电压用全波（1.2/50μs）雷电冲击试验电压表示，称为基本冲击绝缘水平（Basic Insulation Level，BIL）。

（2）额定操作冲击耐受电压用操作波（250/2500μs）冲击试验电压表示，称为操作冲击绝缘水平（Switching Insulation Level，SIL）。

架空线路耐受电压的能力主要取决于悬挂导线的绝缘子链所用绝缘子的片数以及导线间和导线对铁塔的空气间隙的大小，所以架空导线的绝缘水平可直接由绝缘子片数和空气间隙大小来表示。

显然，绝缘水平取得过高会使电气设备的尺寸和造价增大，降低绝缘水平又会使运行中的绝缘事故增多，加大电气设备的维修费用和停电损失。因此在选择电气设备和架空线路的绝缘水平时，应综合考虑运行中允许出现的各种过电压大小和所用过电压限制装置的特性及造价，不同绝缘水平电气设备的造价以及设备因过电压损失和故障带来的损失后，通过技术经济比较确定。这种如何使绝缘水平和各种作用电压间得到合理配合的问题称为绝缘配合，它是一个复杂的、综合性很强的技术经济问题。

下面要用到的是一种比较简单的、常用的确定绝缘水平的方法。即先根据电气设备安装点的预期最大过电压，参照运行经验乘以一个考虑各种影响因素并有一定裕度的配合系数来确定绝缘能耐受的电压水平，再要求绝缘的最低抗电强度不低于上述耐受电压。这种方法也称惯用法。由于过电压幅值和绝缘强度都是随机变量，很难确定其上限值和下限值，为了安全起见，只能采用留出较大裕度的办法来解决，所以用惯用法确定的绝缘水平是偏高的。

惯用法对自恢复绝缘和非自恢复绝缘都是适用的。

二、电气设备绝缘水平的选择

1. 基本冲击绝缘水平 BIL

变电站电气设备的雷电过电压保护是通过避雷器来实现的，因此避雷器的残压是确定变电站电气设备基本冲击绝缘水平的基础。电气设备的雷电基本冲击绝缘水平 BIL 可由避雷器的残压 U_R 乘以一定的配合系数 K_l 求得，即

$$\mathrm{BIL}=K_lU_R \tag{16-33}$$

对于 220kV 及以下的电气设备，避雷器的残压 U_R 一般取 5kA 残压；对 330～500kV 的电气设备，U_R 取 10kA 残压。配合系数 K_l 是一个考虑避雷器与被保护设备间的距离、避雷器运行中参数的变化、被保护设备绝缘的老化和变压器工频励磁的影响等多个影响因素后得出的，通常取 1.4。

BIL 即电气设备在进行雷电全波冲击耐压试验时所需加的电压。

2. 操作冲击绝缘水平 SIL

在 220kV 及以下的系统中，一般不需采取专门的限制操作过电压的措施，因此电气设备的操作过电压绝缘水平可直接根据统计所得的最大操作过电压倍数 K_0（见表 16-6）求得，即

$$\mathrm{SIL}=K_sK_0U_{pm} \tag{16-34}$$

式中：U_{pm} 为系统最大运行相电压幅值；K_s 为操作过电压下的绝缘配合系数，通常取 1.15。

表 16-6　　操作过电压倍数

系统标称电压	中性点接地方式	操作过电压倍数 K_0
35kV 及以上	低电阻接地	3.2
66kV 及以下	非有效接地	4.0
110kV 及 220kV	有效接地	3.0
330kV	有效接地	2.2
500kV	有效接地	2.0
750kV	有效接地	1.8

在 330kV 及以上的系统中，变电站内的阀式避雷器除了要对雷电过电压进行保护外，也要对操作过电压进行限制，因此 330kV 及以上电压等级电气设备的操作冲击绝缘水平要以避雷器的操作冲击残压 U_{RS} 为基础求出，即

$$\mathrm{SIL}=K_sU_{RS} \tag{16-35}$$

SIL 即电气设备在进行操作冲击耐压试验时所需加的电压。

为了简化试验设备，给试验工作提供方便，在进行 220kV 及以下电压等级电气设备的耐压试验时，可用 1min 工频耐压试验来等效取代雷电冲击和操作冲击耐压试验。

与雷电冲击试验等值的 1min 工频耐受电压 $U_{1(1min)}$（有效值）为

$$U_{1(1min)} = \frac{BIL}{\sqrt{2}\beta_1} \tag{16-36}$$

式中：β_1 为换算系数，通常取 1.48。

与操作冲击试验等值的 1min 工频耐受电压 $U_{2(1min)}$ 为

$$U_{2(1min)} = \frac{SIL}{\sqrt{2}\beta_2} \tag{16-37}$$

式中：β_2 为换算系数，取 1.3～1.35。

电气设备的 1min 工频试验电压应在式（16-36）和式（16-37）的计算结果中取大者。

【例 16-2】 某 110kV 变电站，采用额定电压为 108kV 的金属氧化物避雷器保护，其 5kA 残压为 281kV，系统最高运行电压为 126kV，求设备绝缘的 BIL、SIL、$U_{1(1min)}$、$U_{2(1min)}$。

解 （1）由式（16-33）可得设备绝缘的雷电冲击耐受电压为

$$BIL = 1.4 \times 281 = 393.4(kV)$$

（2）由表 16-6 取操作过电压倍数 $K_0=3$，由式（16-34）可得设备绝缘的操作冲击耐受电压为

$$SIL = 1.15 \times 3 \times \frac{126}{\sqrt{3}} \times \sqrt{2} = 355(kV)$$

（3）由式（16-36）可得与雷电冲击试验等值的 1min 工频耐受电压为

$$U_{1(min)} = \frac{393.4}{\sqrt{2} \times 1.48} = 188(kV)$$

（4）由式（16-37）可得与操作冲击试验等值的 1min 工频耐受电压为

$$U_{2(1min)} = \frac{355}{\sqrt{2} \times 1.3} = 193(kV)$$

（5）由此可得 1min 工频试验电压的有效值为

$$U_{(1min)} = \max(U_{2(1min)}, U_{2(1min)}) = 193(kV)$$

考虑在运行电压和工频过电压作用下内绝缘的老化和外绝缘污秽性能的变化，对某些电气设备还需进行长时间的工频耐压试验。

有关变电站电气设备绝缘水平和试验电压的详细规定可参阅国家标准 GB 311.1—2012《绝缘配合　第 1 部分：定义、原则和规则》，和 GB/T 50064—2014《交流电气装置的过电压保护和绝缘配合设计规范》。

三、变电站架空导线绝缘水平的选择

1. 悬挂架空导线的绝缘子片数的选择

运行经验证明，工作电压下雾闪引起的架空线路绝缘子闪络是常见的故障。绝缘子的雾闪和所加的工作电压、绝缘子沿表面的有效爬电距离 L 和污秽情况以及空气的污染情况与水分的多少有关。定义每千伏最高工作线电压 U_{lm}（有效值）所对应的绝缘子的爬电距离为 λ（称爬电比距或泄漏比距），则当绝缘子片数为 n 时，可得

$$\lambda = \frac{nL}{U_{lm}} \tag{16-38}$$

有关绝缘子有效爬电距离 L 的大小可参看 Q/GDW 152—2006《电力系统污区分级与外绝缘选择标准》。

表 16 - 7 列出了在各种污秽等级下，绝缘子发生雾闪的最小爬电比距 λ_0。显然，为避免在工作电压下发生雾闪，在选择绝缘子片数 n 时必须满足 $\lambda > \lambda_0$ 的条件，据此可得

$$n \geqslant \frac{\lambda_0 U_{lm}}{L} \tag{16-39}$$

表 16 - 7　　不同污秽等级下的最小爬电比距

污秽等级	最小爬电比距（m/kV）	污秽等级	最小爬电比距（m/kV）
0	1.39	Ⅲ	2.5
Ⅰ	1.6	Ⅳ	3.1
Ⅱ	2.0		

注　0 级为无明显污秽地区，Ⅳ级为重污秽区。

绝缘子串除了应能耐受工作电压的长期作用不发生闪络外，还应能耐受操作过电压的作用，因而在按工作电压由式（16 - 39）选定绝缘子片数后，还应按内部过电压的要求进行校验。即要求绝缘子串的 50%操作冲击放电电压 $U_{50\%(s)}$（正极性）满足

$$U_{50\%(s)} \geqslant K_s U_s \tag{16-40}$$

式中：U_s 为系统中可能出现的最大操作过电压值；K_s 为绝缘子串的操作过电压配合系数，在 220kV 及以下的系统中，K_s 取 1.17，在 330kV 及以上的系统中，K_s 取 1.25。

如果绝缘子串的 50%操作冲击放电电压不能满足式（16 - 40）的要求，则需要在原先选定的绝缘子片数的基础上，进一步增加绝缘子片数，直至满足式（16 - 40）的要求。

由于变电站的架空导线一般不会受直接雷击，而且线路雷电冲击耐受能力（即耐雷水平）的提高主要不靠增加绝缘子片数来解决，而要靠诸如降低杆塔接地电阻等措施，因此在选定绝缘子片数时不需进行雷电过电压的核算。

表 16 - 8 列出了线路绝缘子每串最少片数和最小空气间隙。线路耐张杆的绝缘子片数要比直线杆多1～2 片。发电厂、变电站内绝缘子链，因其串数不多，且重要性较大，每串绝缘子片数可按线路耐张杆选取。

表 16 - 8　　线路绝缘子每串最小片数和最小空气间隙

系统标称电压（kV）	35	66	110	220	330	500
悬垂绝缘子串的绝缘子片数	3	5	7	13	17（19）	25（28）
S_1（cm）	45	65	100	190	230（260）	330（370）
S_2（cm）	25	50	70	145	195	270
S_3（cm）	10	20	25	55	90	130

注　1. 绝缘子型式：一般为 XP 型；330、500kV 括号内、外分别为 XP1 和 XP2 型。
2. 绝缘子适用于 0 级污秽。污秽地区绝缘加强时，间隙仍用表中的数值。
3. 330、500kV 括号内雷电过电压间隙与括号内绝缘子片数相对应，适用于发电厂、变电站进线保护段杆塔。

2. 架空导线对构架的空气间隙的选择

在确定架空导线对构架的空气间隙时要综合考虑工频工作电压、操作过电压和雷电过电压的作用以及悬挂架空导线的绝缘子受风力作用发生摇摆而出现的风偏角。

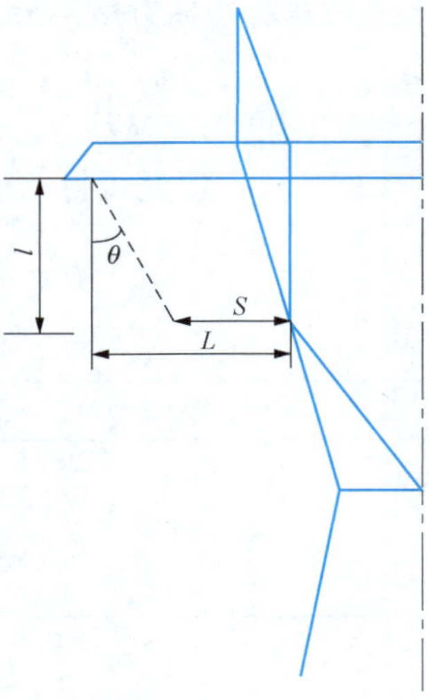

图 16-4 绝缘子串的风偏角

如图 16-4 所示，在没有风力作用时，绝缘子处于铅垂位置，此时导线对构架的空气间隙为 L，当绝缘子受风力的作用而偏转形成风偏角 θ 后，导线对构架的空气间隙将减小为 S。设绝缘子的长度为 l，则 L 和 S 间的关系为

$$L = S + l\sin\theta \tag{16-41}$$

显然，在确定导线和构架间空气间隙的绝缘水平时，应采用风偏后的空气间隙 S。

由表 16-8 可知，不同电压等级下，由雷电过电压、操作过电压和最大工作电压所确定的最小空气间隙 S_1、S_2 和 S_3。不难看出，表中按雷电过电压的要求确定的空气间隙最大。但是从风偏角的方面来看，则由于工作电压是长期作用在导线上的，在考虑风力使导线发生摇摆时，应按最大风速考虑（在一般地区为 25～35m/s）；操作过电压持续的时间较短，在设计时可按最大风速的 50%，即 12.5～17.5m/s 考虑；而雷电过电压作用的时间最短，设计时风速只需按 10m/s 考虑。因此与 S_1 相应的雷电过电压的风偏角 θ_1，与 S_2 相应的操作过电压的风偏角 θ_2 以及与 S_3 相应的最大工作电压的风偏角 θ_3 间将有以下的关系

$$\theta_1 < \theta_2 < \theta_3 \tag{16-42}$$

与 S_1、S_2、S_3 相对应的 L_1、L_2、L_3 将分别为

$$L_1 = S_1 + l\sin\theta_1$$
$$L_2 = S_2 + l\sin\theta_2$$
$$L_3 = S_3 + l\sin\theta_3$$

显然在设计时 L 应取三值中的大者，即

$$L = \max(L_1, L_2, L_3) \tag{16-43}$$

第七节 配电装置的选择

一、 配电装置的分类及基本要求

所谓配电装置是指将发电厂变电站电气主接线中所有开关电器、保护测量及其辅助设备，按照一定要求建造在一起用来接受和分配电能的总体装置。电气主接线不同，所选电气设备不同，配电装置的布置型式也就不同。

1. 配电装置分类

按照安装位置的不同，配电装置可分为屋内式配电装置和屋外式配电装置两种，另外还有装配式配电装置和成套开关式配电装置。装配式配电装置是指配电装置中的电气设备在现场组装，而成套开关式配电装置是指制造厂家先按照电气接线要求把开关电器、互感器等安装在柜中，然后成套运至安装地点。成套装置的特点是：①结构紧凑，占地面积小；②可减少现场安装工作量、缩短建设周期；③运行可靠、维护方便、便于建设和搬

迁；④消耗钢材较多，造价较高。成套开关柜式配电装置分为低压配电屏、高压开关柜、箱式变电站和 SF_6 全封闭组合电器（GIS）等。

究竟采用何种配电装置要根据电压等级、设备类型、地理位置、周围环境条件等各种因素，通过技术经济比较后确定。

2. 配电装置的基本要求

（1）保证工作的可靠性和防火的要求。

（2）保证工作人员的人身安全。

（3）保证操作、维护、检修的方便。

（4）力求提高经济性，减少有色金属和钢材的消耗，减少占地面积。

（5）满足扩建、分期过渡的需要。

整个配电装置的结构及其设备的布置和安装情况，通常采用平面图、断面图和配置图来说明，并作为施工图纸。

所谓平面图，是按比例绘出的配电装置电气间隔、房屋、走廊、出口等处的布置俯视图。所谓配置图是根据电气设备布置的实际情况，把进出线、断路器、隔离开关、互感器、避雷器等设备合理地分配在各层间隔中，并且用代表图形表示出导线和电气设备在各间隔中布置轮廓的示意图。图 16-5 所示为典型的 10kV 屋内配电装置的配置图，通过它可以了解配电装置的组成和布置，从而可以对设备的布置进行分析并对所用主要设备的数量进行统计。所谓断面图，是按比例表示出的配电装置所取断面间隔中，各设备相互连接及其具体布置的结构图，图 16-6～图 16-9 均为典型的配电装置断面图。

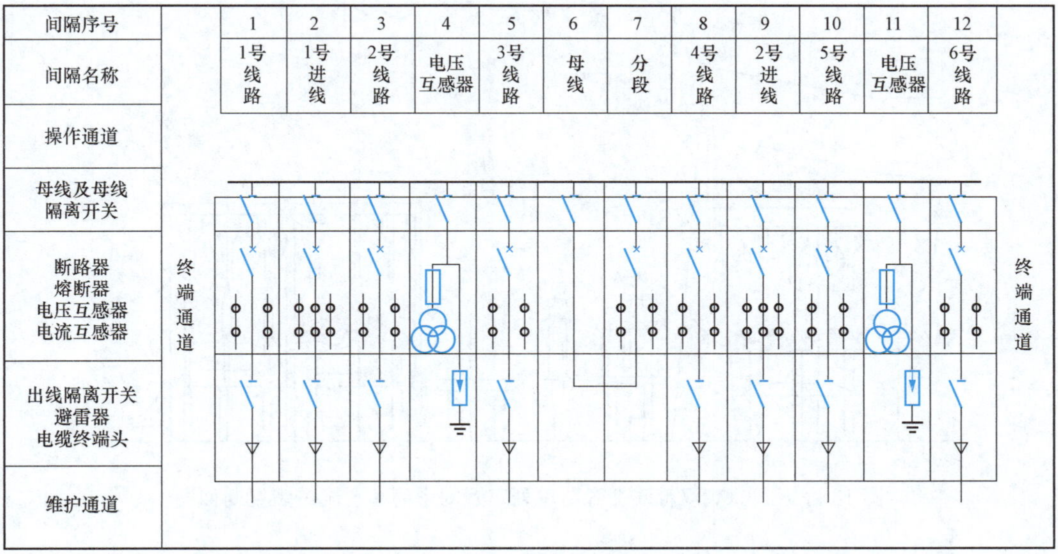

图 16-5　10kV 屋内配电装置配置图

二、 屋外配电装置

屋外配电装置具有下列特点：

（1）土建工程量小，不需要建造特殊房屋，建设周期短，投资少。

(2) 相邻设备之间距离较大，便于带电作业，便于巡视观察，事故蔓延可能性小。

(3) 受气候条件和空气污染影响大，运行维护条件差，需加强绝缘，占地面积大。

屋外配电装置通常适用于 35kV 及以上的电压等级，其结构形式与电气主接线的形式、电压等级、主变压器容量、重要程度、母线和构架的型式、断路器和隔离开关型式等有着密切关系。根据电气设备和母线布置的高度，屋外配电装置通常可分为普通中型、分相中型、半高型和高型等类型。

普通中型布置配电装置是最普遍的一种布置方式，具有较成熟的运行经验。普通中型布置配电装置是将所有的开关电气设备安装在同一水平面内，并安装在一定高度的基础支架上，使带电部分对地保持必要的高度，让工作人员能安全地在地面上进行操作和维护。中型配电装置的汇流母线所在的水平面都稍高于开关电器所在的水平面。这种配电装置布置清晰明了、运行可靠、不易误操作、运行维护方便、架构高度较低、消耗钢材较少、造价低，它的最大缺点是占地面积过大。

普通中型布置配电装置的断路器布置有单列、双列之分。单列布置是将进出线断路器排成一列，它缩短了纵向（与母线垂直方向）尺寸，便于进线参加旁路，但引线跨数较多，给施工和检修带来不便；双列布置是将进出线断路器分成两列，分别布置在母线两侧，它减少了跨越，缩短了横向（沿母线方向）尺寸。单列布置和双列布置各有其特点和适用条件，要结合具体工程实际情况综合比较确定。

图 16 - 6 所示为 220kV 双母线带旁路单列布置的中型布置配电装置断面图。

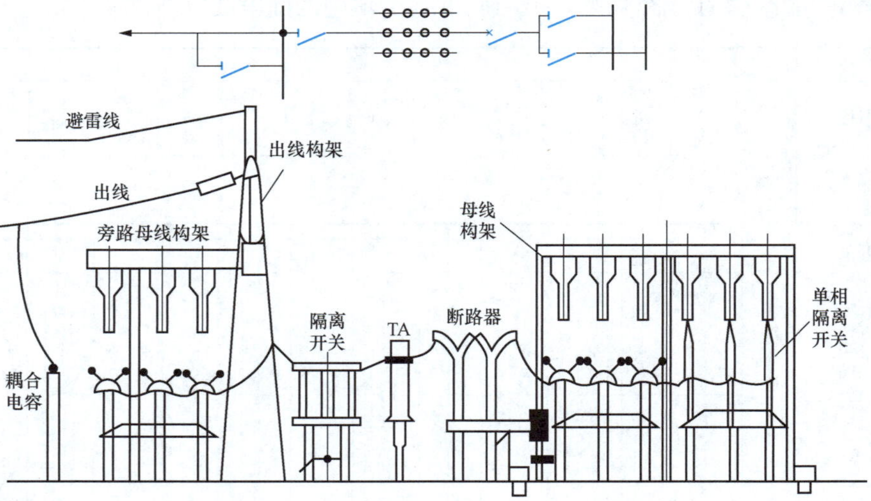

图 16 - 6　220kV 双母线带旁路单列布置的中型布置配电装置断面图

分相中型配电装置是将母线隔离开关直接布置在各相母线的下方，有的仅一组母线隔离开关采用分相布置，有的所有母线隔离开关均采用分相布置。隔离开关选用单柱式隔离开关，母线引线直接自分相隔离开关支持和棒式绝缘子引至断路器，这样避免了普通中型复杂的双层构架。分相中型可采用软母线或硬管型母线。图 16 - 7 所示为 110kV 普通分相中型配电装置断面图。

分相中型配电装置比普通中型配电装置的占地面积减少 20%～30%，尤其采用铝管母线配合单柱式隔离开关的布置方案，清晰、美观，可省去大量构架。目前，在 220～

500kV 配电装置中，分相中型布置被广泛应用。

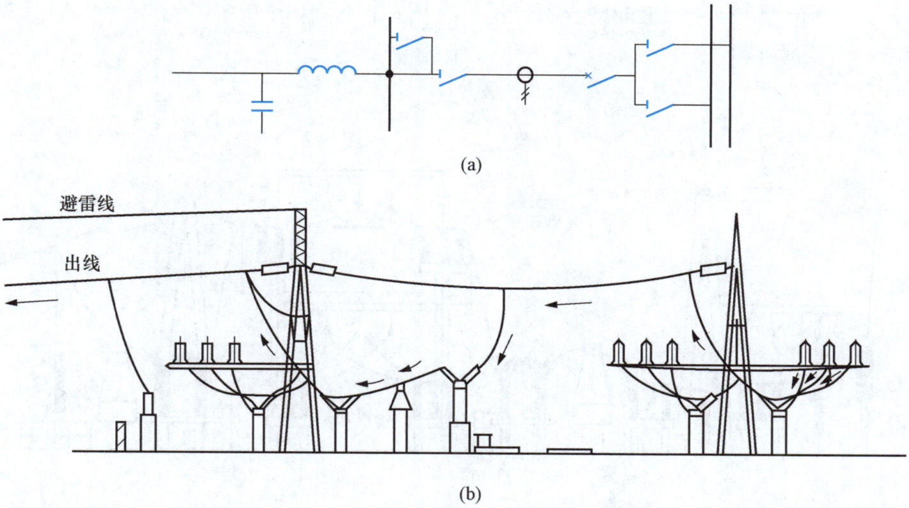

图 16 - 7 110kV 普通分相中型配电装置断面图

高型和半高型布置配电装置的母线和电器分别重叠布置在几个不同高度的水平面上。凡是将一组母线与另一组母线重叠布置的就称为高型布置。如果仅将母线与其他电气设备重叠布置的就称为半高型布置。高型布置的配电装置最大优点是节省占地面积，一般为普通中型布置配电装置的一半，相应还减少了绝缘子串和导线，布置显得紧凑。

图 16 - 8 所示为 110kV 半高型布置配电装置的断面图。图 16 - 9 所示为 220kV 高型布置配电装置断面图。

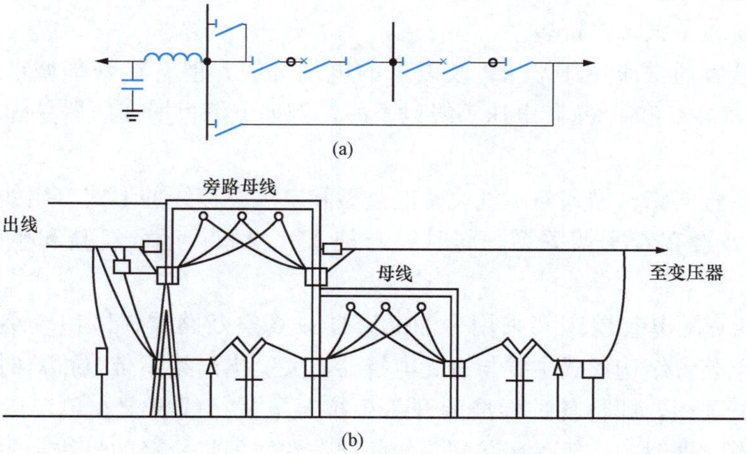

图 16 - 8 110kV 半高型布置配电装置断面图

高型和半高型布置的最主要缺点是消耗钢材多，尤其是高型布置，其钢材耗量为中型布置的 1～2 倍。另外，采用高型和半高型布置时，设备的维护、操作和检修都没有中型布置时方便。

现在 110～500kV 配电装置若采用空气绝缘一般都是中型布置，如果为了节省占地或

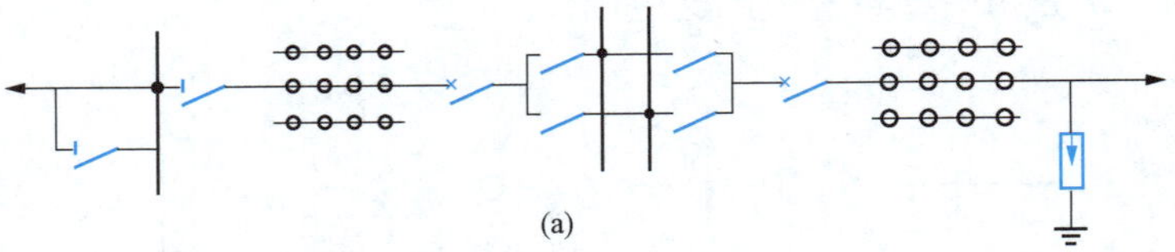
(a)

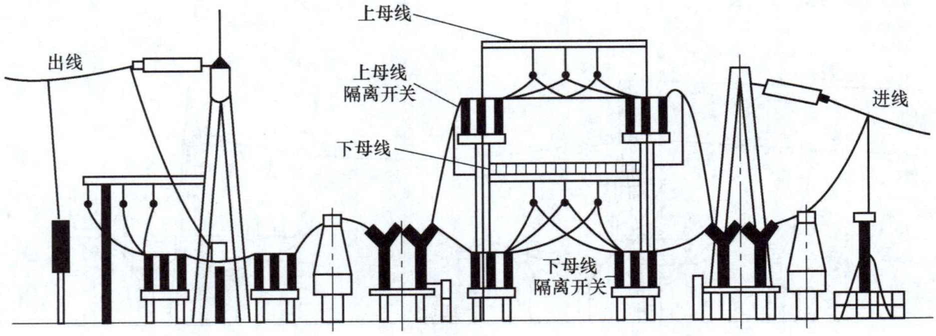

(b)

图 16 - 9　220kV 高型布置配电装置断面图

建于污秽严重的地区，一般都采用 GIS 或全户内站的型式。

三、 屋内配电装置

屋内配电装置具有下列特点。

（1）维护、操作、巡视在屋内进行，比较方便。

（2）设备不易受外界环境条件和空气污秽的影响，维护工作量小。

（3）允许安全净距小，可分层布置，所以布置紧凑，占地面积小。

（4）土建工程量大，投资多。

屋内配电装置通常应用于 35kV 及以下的电压等级，但若在繁华城市或污秽严重地区，也有用于 110kV 和 220kV 电压等级以上的，例如上海世博变压器是 500kV 的地下式全屋内配电装置。

屋内配电装置的结构型式与电气设备的类型和电气主接线的形式、出线回路数多少及有无电抗器等因素有着密切关系，同时还与施工、检修、运行经验和生活习惯等因素有关。

变电站 10kV 配电装置因多采用少油断路器或真空断路器，体积较小，又多为屋内型，因此，配电装置结构形式主要与有无电抗器有关。当出线不带电抗器时，一般采用单层布置的成套开关柜，即将各种标准的开关柜按照电气接线要求在单层屋内进行配置组合。当出线带电抗器时，一般采用装配式的两层布置，即将较轻的母线和隔离开关布置在最上层，断路器、电抗器和出线隔离开关布置在最下层。

图 16 - 10 所示为二层二通道双母线带电抗器的 6～10kV 屋内配电装置的断面图。由该图可看出第一层中间部分为操作维护走廊，两边分别为布置电抗器和断路器等笨重设备的小间，出线采用电缆隧道引出，小间下边有通风道以改善冷却条件。第二层布置母线和母线隔离开关。两组汇流母线用墙隔开便于一组母线工作、另一组母线检修，三相母线垂直布置。第二层有两个维护通道，为便于巡视和操作，母线隔离开关靠走廊一侧设有网状

遮栏。这种配电装置层数和走廊较少，巡视线路短，断路器又集中布置在第一层，操作运行维护方便，因此应用较广。

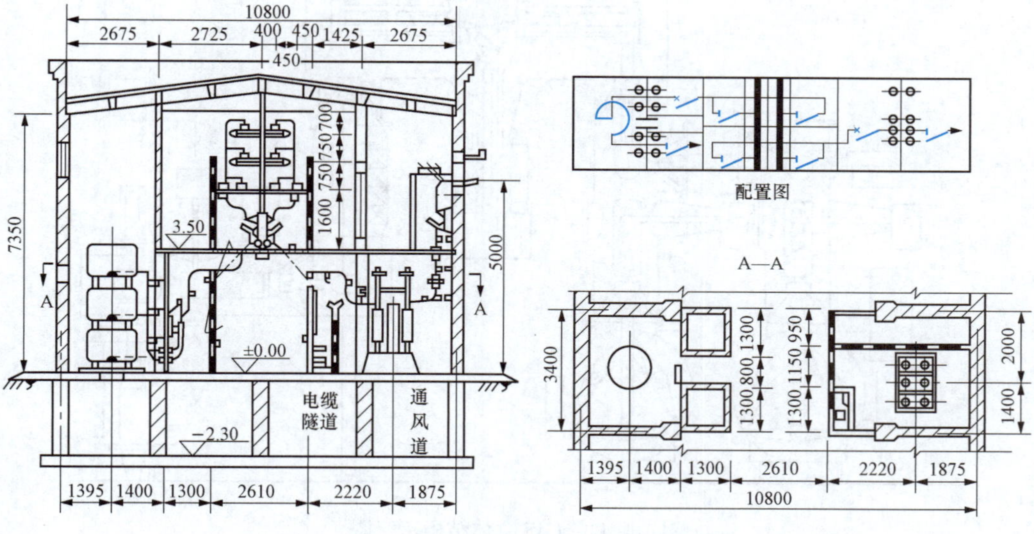

图 16 - 10　6～10kV 屋内配电装置断面图

四、 成套配电装置

成套配电装置是由制造厂按照电气主接线设计要求将同一电路的开关电器、测量仪表、保护电器和辅助设备装在封闭或半封闭柜中，在工厂组装好成套供应。成套配电装置按用途可分为低压配电屏、高压开关柜和 SF_6 全封闭组合电器。按照开关是否可以移动，高压开关柜又分为固定式和手车式，变电站 10kV 配电装置多采用固定式开关柜，发电厂厂用电多采用手车式开关柜。

SF_6 全封闭组合电器（Gas Insulated Station，GIS）是根据电气主接线要求将断路器、隔离开关、快速或慢速接地开关、电流互感器、电压互感器、避雷器、母线、电缆终端等元件依次连接组成一整体，并且全部封闭于接地的金属外壳中的配电装置，壳内充以高抗电性能的 SF_6 气体作为良好的绝缘介质和灭弧介质。图 16 - 11 所示为 GIS 总体结构示意图。

为了便于支撑和检修，汇流母线布置在下部，断路器（双断口）水平布置在上部（也有采用立式布置以减小占地面积的），出线用电缆，整个回路按照电路顺序成 Π 形布置，使装置结构紧凑；两组汇流母线分别采用三相共体的结构，置于底部的圆筒内，三相母线分别用支持绝缘子固定在壳体上。这种母线结构与分相式母线结构相比，可以缩小安装场地，但它的电场分布没有分相式均匀，且相间电动力大，结构较复杂。其余元件采用分箱式。盆式绝缘子用于支撑带电导体和将装置分隔成不漏气的隔离室；隔离室具有便于监视、易于发现故障点、限制故障范围以及检修或扩建时减少停电范围的作用；在两组汇流母线汇合处设有伸缩节，以减少由温差和安装误差引起的附加应力。此外，装置外壳上还设有检查孔、窥视孔和防爆盘等设备。

与常规配电装置相比，GIS 具有以下特点：

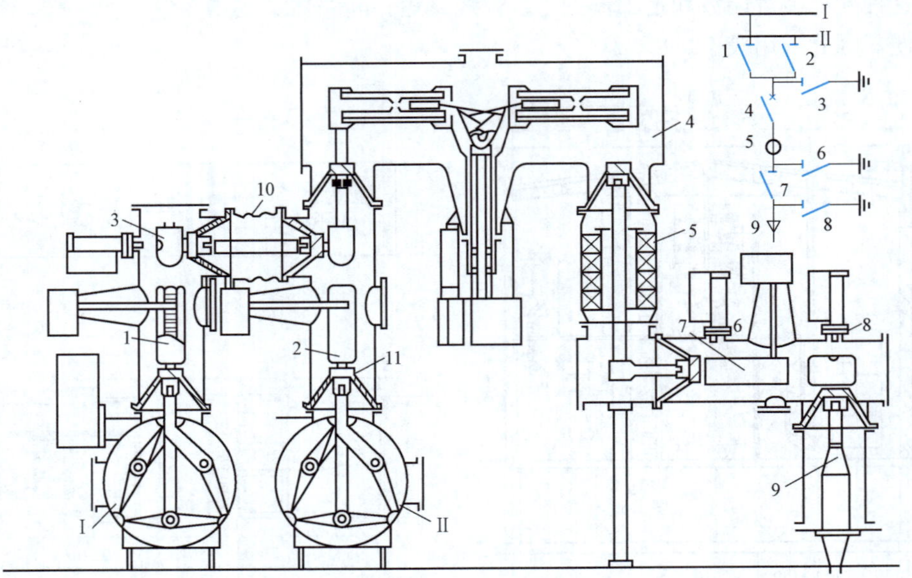

图 16-11　GIS 总体结构示意图

Ⅰ、Ⅱ—主母线；1、2、7—隔离开关；3、6、8—接地开关；4—断路器；
5—电流互感器；9—电缆终端；10—伸缩节；11—盆式绝缘子

(1) 可靠性高、运行维护工作量小。元件全部封闭在接地金属壳内，无触电和火灾危险，绝缘事故少，设备检修周期长，在使用寿命内几乎可以不解体检修。不少厂家的 GIS 设备直接按“免维护”标准设计制造。

(2) 对环境的适应性强。由于全封闭，不受外界环境影响，消除了静电感应、无线电和噪声干扰。同时由于重心低、脆性元件少，它的抗振性好。

(3) 占用面积和空间小。220kV GIS 变电站占地面积仅为常规变电站的 35%～45%。

(4) 安装工期短，安装调试方便。

所以，当经技术经济比较合理时，在深入市内的变电站，高海拔、高污染、高烈度地震以及布置场所特别狭窄地区的 110kV 及以上变电站应优先采用 GIS。

当前，在我国电力系统高压、超高压、特高压电网中，根据所采用开关设备及设备布置的不同，配电装置又可分为常规敞开式开关设备（Air Insulated Station，AIS)、全封闭开关设备（Gas Insulated Station，GIS）及具有敞开式母线的半封闭式组合开关设备(Half Gas Insulated Station，HGIS)。

AIS 由单一功能的独立单元组成，单元之间采用架空线连接，靠空气绝缘。这种配电装置投资小、运行经验丰富，但是占地面积大且抗震能力不强；带电部分外露较多，设备性能受环境影响较大，而且维护检修工作量大，适用于对环境、占地面积、可靠性要求不高的地方。

HGIS 也称混合式绝缘的组合电器，它是在 GIS 组合电器的基础上，把同一间隔的断路器、隔离开关、接地开关、电流互感器等集成一个模块，将发生事故几率极低的母线采用敞开式布置、空气绝缘的方式，设备两侧通过套管与常规敞开式母线相连。因此，可以认为 HGIS 是没有母线的 GIS。HGIS 具备 GIS 的技术先进、运行可靠性高、便于安装和维护、扩建方便、综合性价比高等特点，又很好地解决了AIS占地面积大、可靠性不高、检修维护量大的缺点。因此，近年来在国外和我国相继出现了HGIS配电装置。

按当前实际工程的情况，HGIS与同规模的AIS相比，投资高20%，但占地面积可减少40%；若与同规模的GIS相比，投资减少30%，占地面积增加10%，而使用的SF_6气体量仅为GIS的20%。设计者应综合考虑各方面因素科学选用。

附 录

附录Ⅰ 导体常用规格及载流量

附表Ⅰ-1 LGJ 型钢芯铝绞线长期允许载流量* (A)

导线型号 \ 导体最高允许温度	70℃	80℃	90℃	导线型号 \ 导体最高允许温度	70℃	80℃	90℃
LGJ-35/6	134	158	180	LGJ-240/30	445	552	639
LGJ-50/8	161	191	218	LGJ-240/40	440	546	633
LGJ-50/30	166	195	218	LGJ-240/55	445	554	641
LGJ-70/10	194	232	266	LGJ-300/15	495	615	711
LGJ-70/40	196	230	257	LGJ-300/20	502	624	722
LGJ-95/15	252	306	351	LGJ-300/25	505	628	726
LGJ-95/20	233	277	319	LGJ-300/40	503	628	728
LGJ-95/55	230	270	301	LGJ-300/50	504	629	730
LGJ-120/7	287	350	401	LGJ-300/70	512	641	745
LGJ-120/20	285	348	399	LGJ-400/20	595	746	864
LGJ-120/25	265	315	365	LGJ-400/25	584	730	845
LGJ-120/70	258	301	335	LGJ-400/35	583	729	844
LGJ-150/8	323	395	454	LGJ-400/50	592	741	857
LGJ-150/20	326	400	461	LGJ-400/65	597	752	876
LGJ-150/25	331	407	469	LGJ-400/95	608	767	895
LGJ-150/35	331	407	469	LGJ-500/35	670	842	977
LGJ-185/10	372	458	528	LGJ-500/45	664	834	967
LGJ-185/25	379	468	540	LGJ-500/65	667	850	983
LGJ-185/30	373	460	531	LGJ-630/45	763	964	1120
LGJ-185/45	379	469	541	LGJ-630/55	775	979	1136
LGJ-210/10	397	490	565	LGJ-630/80	774	977	1131
LGJ-210/25	405	501	579	LGJ-800/55	887	1126	1310
LGJ-210/35	409	507	586	LGJ-800/70	884	1121	1301
LGJ-210/50	409	507	586	LGJ-800/100	878	1113	1288

注 载流量计算条件：环境温度 40℃，风速 0.5m/s，辐射系数 0.9，吸热系数 0.9，日照强度 $1000W/m^2$。

* 此表上册已有，为方便使用，此处重复列出。

附表Ⅰ-2　　矩形导体长期允许载流量和集肤效应系数 K_s

导体尺寸 $h \times b$ (m×m)	单条			双条			三条		
	平放（A）	竖放（A）	K_s	平放（A）	竖放（A）	K_s	平放（A）	竖放（A）	K_s
50×5	637	671	1.0	884	930	1.03			
63×6.3	872	949	1.02	1211	1319	1.07			
63×8	995	1082	1.03	1511	1644	1.1	1908	2075	1.2
63×10	1129	1227	1.04	1800	1954	1.14	2107	2290	1.26
80×6.3	1100	1193	1.03	1517	1649	1.18			
80×8	1249	1358	1.04	1858	2020	1.27	2355	2560	1.44
80×10	1411	1535	1.05	2185	2375	1.3	2806	3050	1.6
100×6.3	1363	1481	1.04	1840	2000	1.26			
100×8	1547	1682	1.05	2259	2455	1.3	2778	3020	1.5
100×10	1663	1807	1.08	2613	2840	1.42	3284	3570	1.7
125×6.3	1693	1840	1.05	2276	2474	1.28			
125×8	1920	2087	1.08	2670	2900	1.4	3206	3485	1.6
125×10	2063	2242	1.12	3152	3426	1.45	3903	4243	1.8

注　载流量按最高允许温度+70℃，基准环境温度+25℃，无风、无日照计算的。

附表Ⅰ-3

槽形导体长期允许载流量及计算数据

截面尺寸（mm）				双槽导体截面（mm^2）	集肤效应系数 K_s	导体载流量(A)							双槽焊成整体时				共振最大允许距离（cm）	
h	b	c	r				截面系数 W_Y（cm^3）	惯性矩 I_Y（cm^4）	惯性半径 r_Y（cm）	截面系数 W_X（cm^3）	惯性矩 I_X（cm^4）	惯性半径 r_X（cm）	截面系数 W_{Y0}（cm^3）	惯性矩 I_{Y0}（cm^4）	惯性半径 r_{Y0}（cm）	静力矩 S_{r0}（cm^3）	双槽实联	双槽不实联
75	35	4	6	1040	1.02	2280	2.52	6.2	1.09	10.1	11.6	2.83	23.7	89	2.93	14.1		
75	35	5.5	6	1390	1.04	2620	3.17	7.6	1.05	14.1	53.1	2.76	30.1	113	2.85	18.4	178	114
100	45	4.5	8	1550	1.038	2740	4.51	14.5	1.33	22.2	111	3.78	48.6	243	3.96	28.8	205	125
100	45	6	8	2020	1.074	3590	5.9	18.5	1.37	27	135	3.7	58	290	3.85	36	203	123
125	55	6.5	10	2740	1.085	4620	9.5	37	1.65	50	290	4.7	100	620	4.8	63	228	139
150	65	7	10	3570	1.126	5650	14.7	68	1.97	74	560	5.65	167	1260	6.0	98	252	150
175	80	8	12	4880	1.195	6600	25	144	2.4	122	1070	6.65	250	2300	6.9	156	263	147
200	90	10	14	6870	1.32	7550	40	251	2.75	193	1930	7.55	422	4220	7.9	252	285	157
200	90	12	16	8080	1.165	8800	46.5	291	2.7	225	2250	7.6	490	4900	7.9	290	283	157
225	105	12.5	16	9760	1.575	10 150	66.5	490	3.2	307	3400	8.5	645	7240	8.7	390	299	163
250	115	12.5	16	10 900	1.563	11 200	81	660	3.52	360	4500	9.2	824	10 300	9.82	495	321	200

注 1. 截流量按最高允许温度+70℃，基准环境温度+25℃，无风、无日条件计算的。

2. h 为槽形铝导体高度，b 为宽度，c 为壁厚，r 为弯曲半径。

附录Ⅱ 开 关 电 器 参 数

附表Ⅱ-1 **10、35kV断路器技术参数**

型号	额定电压（kV）	最高工作电压（kV）	额定电流（A）	额定短路开断电流（kA）	额定短路关合电流峰值（kA）	动稳定电流峰值（kA）	热稳定电流/t（kA/s）	固有分闸时间（s）	合闸时间（s）
SN10-10Ⅰ	10	11.5	630 1000	16 16（20）	40（50）	40（50）	16（20）/4	0.06≤	0.2≤
SN10-10Ⅱ			1000	31.5	80	80	31.5/4		
SN10-10Ⅲ			1250 2000 3000	40	80	80	40/4		
ZN5-10			630 1000	20 25	50 63	50 63	20/4 25/4	0.07≤	0.1≤
ZN12-10			1250 1600 2000 2500	31.5	80	80	31.5/4	0.06≤	0.15≤
			3150	50	125	125	50/4		
ZN28-10			630 1250 1600 2000 3150	12.5 20 25 25 40	31.5 50 63 63 100	31.5 50 63 63 100	12.5/4 20/4 25/4 25/4 40/4	0.06≤	0.15≤
SN10-35	35	40.5	1250	20	50	50	20/4	0.06≤	0.25≤
SW_2^4-35			1250 1500 2000	16.5 25 25	42 63 63	42 63 63	16.5/4 25/4 25/4		
ZN12-35			1250 1600 2000	25 31.5 31.5	63 80 80	63 80 80	25/4 31.5/4 31.5/4	0.075≤	0.09≤

附表Ⅱ-2　110～220kV 断路器技术数据

型　号	额定电压（kV）	最高工作电压（kV）	额定电流（A）	额定短路开断电流（kA）	额定短路关合电流峰值（kA）	动稳定电流峰值（kA）	热稳定电流/t（kA/s）	固有分闸时间（s）	合闸时间（s）
SW4-110G SW4-110Ⅲ	110	126	1250 1250	21 31.5	55 80	55 80	21/4 31.5/4	0.06≤	0.25≤
SW6-110	110	126	1250 1250 1250	15.8 21 31.5	41 55 80	41 55 80	15.8/4 21/4 31.5/4	0.04≤	≤0.2
SW7-110Z	110	126	1600	21	55	55	21/4		
LW-110	110	126	1250 1600 2000 3150 4000	25 31.5 31.5 31.5 40	63 80 80 80 100	63 80 80 80 100	25/3 31.5/3 31.5/3 31.5/3 40/3	≤30ms	≤120ms
SW4-220G SW4-220Ⅲ	220	252	1250 1250	21 31.5	55 80	55 80	21/4 31.5/4	≤0.06 ≤0.05	≤0.25 ≤0.18
SW7-220	220	252	1600	21	55	55	21/4	≤0.042	≤0.2
LW-220	220	252	1250 1600 2000 3150 4000	31.5 40 40 50 60	80 80 100 100 125	80 80 100 100 125	31.5/3 40/3 40/3 50/3 60/3	≤20ms	≤120ms

附表Ⅱ-3　　隔离开关技术数据

型号	额定电压（kV）	最高工作电压（kV）	额定电流（A）	动稳定电流峰值（kA）	t 秒热稳定电流/t（kA/s）
GN19-10 GN19-10C	10	11.5	400	31.5	12.5/4
			630	50	20/4
			1000	80	31.5/4
			1250	100	40/4
GN10-10T			3000	160	75/4
			4000	160	80/4
			5000	200	100/4
GN2-10			2000	100	40/2
GW5-35（D）	35	40.5	630	50	20/4
			1250	80	31.5/4
			1600	80	31.5/4
GN2-35T			1250	80	31.5/2
			2000	100	40/2
GN19-35	35	40.5	630	50	20/4
			1250	80	31.5/4
GW5-110D D（W）	110	126	630	50	20/4
			1250	80	31.5/4
			1600	80	31.5/4
GW7-220D D（W）	220	252	1250	125	50/2
			2000	125	50/2
			3150	125	50/3
GW10-220D D（W） （单柱式）			1600	100	40/3
			2500	125	50/3
			3150	125	50/3

附录Ⅲ 电抗器技术数据

附表Ⅲ-1 **10kV NKL 型铝电缆限流电抗器技术数据**

型号	额定电流（A）	额定电压（kV）	通过容量（kV·A）	无功容量（kvar）	额定电抗（%）	一相中75℃时损耗（W）	稳定性		每相重量（kg）	电抗标幺值（S_B=100MV·A）
							动稳定（A）	1s热稳定（A）		
NKL-10-400-3	400	10	3×2310	69.4	3	3060	26 000	22 250	800	0.392
NKL-10-400-4	400	10	3×2210	92.4	4	3625	25 500	22 200	818	0.524
NKL-10-400-5	400	10	3×2310	115.4	5	4180	20 400	22 000	988	0.654
NKL-10-400-6	400	10	3×2310	138.7	6	4780	17 000	15 500	445	0.784
NKL-10-400-8	400	10	3×2310	185	8	5780	12 750	15 500	513	1.045
NKL-10-400-10	400	10	3×2310	231	10	6800	10 200	15 300	574	1.305
NKL-10-500-3	500	10	3×2890	86.5	3	3290	23 500	27 000	655	0.314
NKL-10-500-4	500	10	3×2890	115.6	4	4000	31 900	27 000	750	0.418
NKL-10-500-5	500	10	3×2890	144.5	5	5640	4000	21 000	815	0.524
NKL-10-500-6	500	10	3×2890	173	6	6290	5640	20 600	930	0.627
NKL-10-500-8	500	10	3×2890	231	8	7580	15 900	20 500	1085	0.836
NKL-10-600-4	600	10	3×2470	138.5	4	4130	38 250	34 000	745	0.349
NKL-10-600-5	600	10	3×2470	173.5	5	5870	30 600	28 600	755	0.436
NKL-10-600-6	600	10	3×2470	208	6	6800	22 500	24 700	830	0.524
NKL-10-600-8	600	10	3×2470	277	8	8160	19 100	24 800	860	0.698
NKL-10-600-10	600	10	3×2470	346	10	9770	15 300	24 400	920	0.873
NKL-10-750-5	750	10	3×4340	216.5	5	6180	38 200	32 100	730	0.349
NKL-10-750-6	750	10	3×4340	260	6	6770	31 900	31 600	740	0.418
NKL-10-750-8	750	10	3×4340	347	8	8100	23 900	31 600	860	0.599
NKL-10-750-10	750	10	3×4340	432	10	9870	19 150	30 300	935	0.699
NKL-10-1000-6	1000	10	3×5780	346	6	7540	42 500	41 000	880	0.314
NKL-10-1000-8	1000	10	3×5780	462	8	9960	31 900	37 100	1090	0.418
NKL-10-1000-10	1000	10	3×5780	578	10	11 250	25 500	38 600	1130	0.524
NKL-10-1500-6	1500	10	3×8660	520	6	11 400	63 750	62 300	1270	0.209
NKL-10-1500-8	1500	10	3×8660	693	8	14 200	47 800	59 800	1480	0.279
NKL-10-1500-10	1500	10	3×8660	866	10	16 100	38 200	56 400	1900	0.349
NKL-10-2000-8	2000	10	3×11 560	923	8	15 450	63 750	56 800	1340	0.209
NKL-10-2000-10	2000	10	3×11 560	1156	10	17 850	51 000	71 200	1490	0.262

附录Ⅳ　电力变压器技术数据*

附表Ⅳ-1　　**双绕组变压器技术参数**

型号及容量 (kV·A)	高压侧电压 (kV)	低压侧电压 (kV)	连接组别	损耗 (kW)		阻抗电压 (%)	空载电流 (%)	质量 (t)
				空载	短路			
SF7-20000/110	110，121±2×2.5%	6.3，6.6，10.5，11	YNd11	27.5	104	10.5	0.9	32.1
SF7-20000/110	110，121	35，38.5		29.0	110		1.3	33.5
SF7-31500/110	110，121±2×2.5%	6.3，6.6，10.5，11		38.5	148		0.8	50.4
SF7-31500/110	110，121	35，38.5		40.5	156		1.2	
SFP7-40000/110	110，121	6.3，6.6，10.5，11		46.0	174		0.7	64.3
SFP7-50000/110	110，121±2×2.5%	6.3，6.6，10.5，11		55.0	216		0.7	66.6
SFP7-63000/110	110，121±2×2.5%	6.3，6.6，10.5，11		65.0	260		0.6	8.5
SFP7-75000/110	121±2×2.5%			74.0	297		0.9	81.8
SFP7-90000/110	110，121	6.3，6.6，10.5，11		85.0	330		0.5	94
SFP7-120000/110	110，121±2×2.5%	10.5，13.8		115	470		0.8	123.6
SFP7-150000/110	110，121±2×2.5%	13.8		107	547	13	0.6	136
SFP7-150000/110	121±2×2.5%	13.8		79	505	13	0.6	115
SFP7-120000/220	220，242	10.5，11，13.8		118	385	12～14	0.9	154
	110，242±2×2.5%	10.5，15.75		118	385	12～14	1.3	171
	242±2×2.5%	121		118	385	12～14	0.9	151
	220±2×2.5%			126	490	14	0.8	161
SFP7-240000/220	220，242	15.75，		200	630	12～14	0.7	98.5
	220，242±2×2.5%	11，13.8，15.75						200～250
SFP7-360000/220	236±2×2.5%	20		180	828	13.13	0.6	263
	242±2×2.5%	18，20		272	860	14	0.6	257
	242±2×2.5%	18		190	860	14.3	0.28	256
	242±2×2.5%	15.75，18		272	860	12～14	0.6	260

* 此附录上册已有，为方便使用，此处重复列出。

附表Ⅳ-2　**220kV 无励磁调压自耦变压器技术数据**

型　号	额定容量（kV·A）	额定电压（kV）			连接组别	损耗（kW）		空载电流（%）	阻抗电压（%）			质量（t）
		高压	中压	低压		短路	空载		高低	高中	中低	
OSFPS7-120000/220	120 000 100/100/50	$220\pm_{7}^{10}\times 2.5\%$ $230\pm_{1}^{3}\times 2.5\%$ $220\pm 2\times 2.5\%$	121	38.5 10.5，11，38.35，38.5 38.5	YNa0d11	320 320 340	82 70 71	0.5 0.5 0.6	37 28～34 32	8.5 8～10 49	25 18～24 22	134.7 141 147
OSFPS7-120000/220	120 000 100/50/100	$242\pm 2\times 2.5\%$ $220\pm_{1}^{3}\times 2.5\%$	121	10.5，13.8 38.5		378 300	77 75	0.7 0.3	8～12 10.5	12～14 10	14～18 18.5	105
OSFPS7-150000/220	150 000 100/100/50 100/100/30	$230\pm_{1}^{3}\times 2.5\%$ $220\pm 2\times 2.5\%$ $242\pm 2\times 2.5\%$	117 121 121	37 11，35，38.5 6.3		380 400	82 61	0.5 0.16	31.3 28～34 29.2	8.3 8～10 8.7	20.2 18～24 18.3	143 132 132
OSFPS7-180000/220	180 000 100/100/50 100/50/100	220 242 $220\pm 2\times 2.5\%$ $242\pm 2\times 2.5\%$	121 121 121 121	10.5，11，13.8，18 15.75，38.5 38.5 10.5，13.8，15.78 18		515 430 430 430～515	105 95 53 95～105	0.6 0.5 0.7 0.6	8～12 28～34 31.2 8～12	12～14 8～10 7.8 12～14	14～18 18～24 21.4 14～18	152 152 152 152

附表Ⅳ-3　　**110～220kV 无励磁调压三绕组变压器技术数据**

型　号	额定容量（kV·A）	额定电压（kV）			连接组别	损耗（kW）		空载电流（%）	阻抗电压（%）			质量（t）
		高压	中压	低压		短路	空载		高低	高中	中低	
SFS7-31500/110	31 500	110，121， 110	35，38.5 38.5	6.3，6.6，10.5 10.5	YNYn0d11	175 175	46.0 46.0	1.0 1.0	17～18 （降） 10.5	10.5 （降） 18	6.5 6.5	
SFS7-40000/110 SFS7-50000/110	40 000 50 000	110 121	35，38.5 38.5	6.3，6.6，10.5 6.3，6.6，10.5		210 250	54.5 65.0	0.9 0.9	10.5 17～18	17～18 10.5	6.5	
SFS7-80000/110		110，121	35，38.5	6.3，6.6，10.5		460	80.0	0.8	17～18	10.5	10.5	196
SFS7-120000/220	120 000	220，242±2×2.5% 230±2×2.5% 220±4×2.5% 220_{-1}^{+3}×2.5%	121 121 121 121	10，10.5，11，38.5 10.5 38.5 10.5，11		480 480 640 480	133 133 148 138	0.8 0.8 0.8 0.8	22～24 24 24 23	12～24 14 15 13	7～9 8 7.4 8	196 196 206 175
SFS7-150000/220	150 000	220±2×2.5% 220，242	121 121，69	11，13.8 11，13.8，15.75 35，38.5		570 570	157 157	0.7 0.7	22～24 22～24	12～14 12～14	7～9 7～9	200 211
SFS7-180000/220	180 000	220±2×2.5% 220，242	121 121	10.5， 11，13.8，15.75 35，38.5		650 650	178 178	0.7 0.7	23 12～14	14 22～24	7 7	247 213
SFPS7-240000/220	240 000	242±2×2.5% 242±2×2.5%	121 121	17.57， 11，13.8，15.75 35，38.5		380 800	170 220	0.7 0.6	22～24 22～24	12～14 12～14	7～9 7～9	268

参 考 文 献

[1] Narain G. Hingorani，Laszlo Gyugyi. Understanding FACTS：Concepts and Technology of Flexible AC Transmission Systems. New York：Wiley - IEEEPress，1999.
[2] 戴熙杰．直流输电基础．北京：水利电力出版社，1990.
[3] 解广润．电力系统过电压．北京：水利电力出版社，1985.
[4] 解广润．过电压及保护（增订版）. 北京：电力工业出版社，1980.
[5] 陈维贤．电网过电压教程．北京：中国电力出版社，1996.
[6] 陈慈萱，马志瀛．高压电器．北京：水利电力出版社，1987.
[7] 陈慈萱．过电压保护原理与运行技术．北京：中国电力出版社，2002.
[8] 贺家李，宋从矩．电力系统继电保护原理．4 版．北京：中国电力出版社，2010.
[9] 李骏年．电力系统继电保护．北京：水利电力出版社，1993.
[10] 陈德树，吴希再，吕继绍．电力系统继电保护原理与运行．北京：电力工业出版社，1981.
[11] 殷小贡，刘涤尘．电力系统通信工程．武汉：武汉水利电力大学出版社，2000.
[12] 刘健，倪建立，邓永辉．配电自动化系统．北京：中国水利水电出版社，1999.
[13] 王承恕．通信网基础．北京：人民邮电出版社，1999.
[14] 盛寿麟．电力系统远程监控原理．2 版．北京：中国电力出版社，1998.
[15] 韩祯祥．电力系统自动控制．北京：水利电力出版社，1994.
[16]《中国电力百科全书（第三版）》编委会．中国电力百科全书—电力系统卷．3 版．北京：中国电力出版社，2014.
[17] 商国才．电力系统自动化．天津：天津大学出版社，2000.
[18] 于尔铿，刘广一，周京阳．能量管理系统（EMS）. 北京：科学出版社，1998.
[19] 杨冠城．电力系统自动装置原理．5 版．北京：中国电力出版社，2012.
[20] 郭培源．电力系统自动控制新技术．北京：科学出版社，2001.
[21] 方富祺．配电网自动化．北京：中国电力出版社，2000.
[22] 黄益庄．变电站综合自动化技术．北京：中国电力出版社，2001.
[23] 王仁祥．常用低压电器原理及其控制技术．北京：机械工业出版社，2001.
[24] 周文俊．电气设备实用手册．北京：中国水利水电出版社，1999.
[25] 白忠敏，等．电力工程直流系统设计手册．北京：中国电力出版社，1999.
[26] 国家电力公司电力机械局，等．电力系统继电保护自动化设备手册．北京：中国电力出版社，2000.
[27] 刘振亚．智能电网技术．北京：中国电力出版社，2010.
[28] 宋继成．220～500kV 变电站电气主接线设计．2 版．北京：中国电力出版社，2013.
[29] 卓乐友．电力工程电气设计 200 例．北京：中国电力出版社，2004.
[30] 苗世洪．发电厂电气部分．5 版．北京：中国电力出版社，2015.
[31] 于桂音．电气控制与 PLC. 北京：中国电力出版社，2010.
[32] 王德志，范孝铨，李兰宁．阀控密封铅酸蓄电池．北京：中国铁道出版社，2001.
[33] 唐涛，江平，柏嵩. 监控技术在发电厂与变电站中的应用. 北京：中国电力出版社，2014.
[34] 黄新波. 智能变电站原理与应用．北京：中国电力出版社，2013.
[35] 黄益庄. 智能变电站自动化系统原理与应用技术．北京：中国电力出版社，2012.